600MW火电机组系列培训教材
第七分册

锅炉设备检修

中国大唐集团公司
长沙理工大学 组编

鄢晓忠 主编

中国电力出版社
www.cepp.com.cn

内容提要

　　为确保 600MW 火电机组的安全、稳定、经济运行，提高 600MW 火电机组的生产运行人员、检修人员和技术管理人员的技术素质和管理水平，适应员工岗位培训工作的需要，中国大唐集团公司和长沙理工大学组织编写了《600MW 火电机组系列培训教材》。

　　本书是《600MW 火电机组系列培训教材》中的第七分册。本分册详细介绍了当前国内火电厂 600MW 机组锅炉设备的结构、原理、性能、检修工艺及方法，以及锅炉用钢材和锅炉设备所发生的典型故障与处理方法。本书以与 600MW 机组配套的锅炉为主要对象，内容上覆盖了亚临界及超临界锅炉等各种型式的锅炉，内容全面、资料翔实。

　　本套教材适合作为 600MW 及其他大型火电机组的岗位培训和继续教育，也可供从事 600MW 及其他大型火电机组设计、安装、调试、运行、检修的工程技术人员和管理人员阅读，并可供高等院校相关专业师生参考。

图书在版编目（CIP）数据

锅炉设备检修 / 中国大唐集团公司，长沙理工大学组编.
北京：中国电力出版社，2009.12（2017.5 重印）
　（600MW 火电机组系列培训教材：7）
　ISBN 978-7-5083-9584-5

Ⅰ. 锅…　　Ⅱ. ①中…②长…　　Ⅲ. 火电厂–锅炉–检修–
技术培训–教材　　Ⅳ. TM621.2

　中国版本图书馆 CIP 数据核字（2009）第 191054 号

中国电力出版社出版、发行
（北京市东城区北京站西街 19 号　100005　http://www.cepp.sgcc.com.cn）
北京丰源印刷厂印刷
各地新华书店经售

*

2009 年 12 月第一版　　2017 年 5 月北京第四次印刷
787 毫米×1092 毫米　16 开本　20.5 印张　500 千字
印数 7001—7150 册　　定价 **80.00** 元

前　言

　　近年来，为进一步深入落实实践科学发展观以及适应国家节能减排及环保的需求，大容量、高参数、高自动化的大型火力发电机组在我国日益普及。600MW 火电机组因其具有大容量、高参数、低能耗、低污染、高可靠性等优点，现已成为我国火力发电厂的主力机型。为确保 600MW 火电机组的安全、可靠、经济及环保运行，600MW 火电机组从业人员的岗位培训显得十分重要。

　　为适应这一形势发展的需要，中国大唐集团公司与长沙理工大学组织人员编写了《600MW 火电机组系列培训教材》。本系列教材目前包括《单元机组集控运行》、《单元机组设备运行》、《辅控集控设备及运行》、《点检定修管理》、《汽轮机设备检修》、《电气设备检修》、《锅炉设备检修》、《热工控制系统及设备》共八册。今后还将根据电力技术发展情况，不断地充实完善。

　　本系列教材适用于具有大中专及以上文化程度的 600MW 及其他大型火电机组生产人员和技术管理人员的岗位培训和继续教育，也可供从事 600MW 及其他大型火电机组设计、安装、调试、运行、检修的工程技术人员和管理人员阅读，以及高等院校相关专业师生参考。

　　《锅炉设备检修》是本系列培训教材中的第七分册。全书详细介绍了当前国内火电厂600MW 机组锅炉设备的结构、原理、性能、检修工艺及方法，以及锅炉用钢材和锅炉设备所发生的典型故障与处理方法。本书以与 600MW 机组配套的锅炉为对象，覆盖了亚临界及超临界锅炉的各种型式锅炉，内容比较全面、详细。

　　本书由长沙理工大学鄢晓忠主编。第一章第一至四节、第五章第一、三、四节、第六章第一节由鄢晓忠编写，第一章第五节由张爱军编写，第二章第一节、第三章第一至三节、第四章第三节由徐慧芳编写，第二章第二至四节、第四章第四节由陈忠雄编写，第三章第四、五节由李立东编写，第四章第一、二节由张宝武编写，第四章第五节、第五章第二节由王勇编写，第六章第二至四节由符慧林编写。

　　本书由张爱军、王勇、李立东、陈忠雄担任编审，他们对本书进行了认真的审阅，提出了很多宝贵的意见与建议，在此谨表诚挚的谢意。

　　本书在编写过程中得到了内蒙古大唐国际托克托发电有限责任公司、天津大唐国际盘山发电有限责任公司、福建大唐国际宁德发电有限责任公司、大唐华银金竹山火力发电分公司、大唐湘潭发电有限责任公司张正坤等单位及个人的大力支持，并参阅了相关电厂、制造厂、设计院、安装单位和高等院校的技术资料、说明书、图纸等，在此一并表示感谢。

本系列教材由长沙理工大学陈冬林教授负责统稿。

由于编者水平所限和编写时间紧迫，疏漏之处在所难免，敬请读者批评指正。

编者

2009 年 7 月

目　录

第一章

锅 炉 检 修 概 述

锅炉是火力发电厂的三大动力设备之一，是一种生产蒸汽的热交换设备。它的主要作用是用燃料燃烧释放出的热能加热锅炉给水，以生产一定压力和温度、具有优良品质的蒸汽，送到汽轮机做功。

近年来，随着我国改革开放的不断深入，市场经济的快速发展对电力工业提出了更高的要求，同时加强了对环境保护和能源开发综合利用程度的重视，火力发电向高参数、大容量的超临界、超超临界压力锅炉方向发展。从目前情况看，我国600MW火电机组将成为主力机型，而且在吸收国外先进锅炉制造技术的同时，800、1000MW机组成套设备也将先后投入运行，使我国火力发电机组跨入世界先进行列。为保证这些锅炉安全、经济、低污染地运行，尽快了解和掌握这些锅炉的机组特性和检修技术就显得日益重要。据统计，在火力发电厂中，锅炉事故在全厂总事故中占有很大的比例，而大部分事故与检修质量又有直接关系。因此，随着锅炉容量的增大，对大机组的检修技术也提出了越来越严格的要求。

第一节 锅炉检修施工管理

一、锅炉机组检修的目的及范围

锅炉设备经过一段时间的运行后，零部件的磨损、变形，严密可靠性的降低，材料使用期限的缩短，受热面的结垢、腐蚀，以及堵灰、结渣现象的出现，均会影响锅炉的安全经济运行，降低设备的使用寿命。因此，必须对锅炉机组进行必要的预防性和恢复性检修。锅炉机组检修的主要目的是检查、发现、消除设备存在的缺陷，排除潜在的事故因素，并不断对设备进行改进或改造，从而提高设备的健康水平，确保锅炉机组运行的安全性和经济性。为了实现上述目的，在锅炉检修工作中，认真搞好管理及锅炉的检修工作，是保证电厂安全经济运行，提高发电设备可用系数，充分发挥设备潜力的重要措施，也是设备全过程管理中的一个重要环节。

锅炉检修就是通过检查和修理以恢复或改善锅炉机组原有性能的工作。锅炉检修范围主要包括锅炉受热面、汽包、炉水循环泵及煤粉燃烧器等本体部件，以及风机、制粉系统设备、空气预热器、空气压缩机、汽水管道、阀门、吹灰器、支吊架等设备及部件。此外，还包括炉墙、管道及设备的密封与保温等。

二、设备检修分级

设备检修等级以机组检修规模和停用时间为原则，将机组的检修分为A、B、C、D四个等级。

（1）A 级检修。A 级检修是指对机组进行全面的解体检查和修理，以保持、恢复或提高设备性能。

（2）B 级检修。B 级检修是指针对机组某些设备存在的问题，对机组部分设备进行解体检查和修理。B 级检修可根据机组设备状态评估结果，有针对性地实施部分 A 级检修项目或定期滚动检修项目。

（3）C 级检修。C 级检修是指根据设备的磨损、老化规律，有重点地对机组进行检查、评估、修理、清扫。C 级检修可进行少量零件的更换，设备的消缺、调整，预防性试验等作业，以及实施部分 A 级检修项目或定期滚动检修项目。

（4）D 级检修。D 级检修是指当机组总体运行状况良好，而对主要设备的附属系统和设备进行消缺。D 级检修除进行附属系统和设备的消缺外，还可根据设备状态的评估结果，安排部分 C 级检修项目。

三、设备检修施工管理

1. 检修前的准备

（1）根据审批部门下达的检修计划，各基层企业修订本企业年度检修计划，各检修车间（检修公司或队）应编制施工计划和控制进度网络图，开工前各班（组）应根据检修车间（检修公司或队）编制的施工计划和控制进度网络图，编制出本班（组）作业计划，按计划执行以避免盲目性。

（2）所需材料、备品备件及加工件均已备齐，并验收合格。

（3）安全用具、专用工器具、交通工具、起重工具、交通设施等均已备齐并试验合格。

（4）参加检修的人员已经落实，且经过了安全、技术培训与考试。

（5）准备好技术记录所需要的图纸和表格，确定应测绘和校核的备品配件图纸。

（6）安全、技术措施均已得到落实，检修和重大特殊等项目明确了项目负责人。

（7）检修场地平面布置、网络计划进度均已安排完毕。

2. 施工中的管理

（1）列入计划检修的发电设备，必须按现场规程的规定停止运行，并有保证安全的组织措施和技术措施。

（2）参加检修工作的人员要明确各自的任务与责任。检修开工后，严格执行规程，保证人身安全。

（3）要加强施工管理，采用网络计划管理技术，厂（公司）、检修车间（检修公司或队）、班（组）的网络计划要协调、配套。在施工过程中，针对出现的问题，不断加以优化，以实现最佳效果。

（4）严格质量标准，执行工艺规程，遵守工艺纪律。修复后的设备要达到满出力，无泄漏，修前缺陷得到消除，达到验收质量标准。

（5）施工中要每日或分段召开碰头会，随时掌握和平衡施工进度，解决检修中遇到的技术、材料问题，做好劳力调配，保证工期按时完成。

（6）认真做好原始记录，特别是解体装配的测量数据、试验数据以及更换部件、改变设备结构或接线方式等，均要做到记录正确完整，必要时附图纸说明。

（7）检修工作中，要注意工器具的使用与保管，防止损坏及丢失。每日收工时要清点工器具，并做好现场卫生。

3. 检修后的验收与总结

（1）为了保证检修质量，必须做好质量检查和验收工作。质量检验实行检修人员的自检和验收人员的检查相结合。检修人员必须确保检修质量，在每项检修工作完毕后，要按照有关标准自行检查，合格后才能交工，由有关人员验收。

（2）质量验收实行班组、车间、厂（公司）三级验收制度。施工工艺比较简单的工序，一般由检修人员自检，班组长重点帮助，并全面掌握检修质量。对于重要工序，由总工程师按检修工艺的复杂性和部件的重要性，分别确定由班组、车间、厂部负责验收。有关各项技术监督的验收项目，应由专业人员参加验收。

（3）设备分部试运行应由检修或运行负责人主持，有关检修人员和运行人员参加。在检查检修项目、检修质量、技术记录和有关资料后，进行分部试运行。

（4）设备检修后的总验收和整体试运行，由生产副厂长（副总经理）或总工程师主持，指定有关人员参加。试运行内容包括各项冷态和热态试验以及带负荷试验。

（5）锅炉设备检修后，检修总负责人应组织有关人员认真总结经验，肯定成绩，找出缺点，不断提高检修质量和工艺水平。

4. 检修后的设备启动运行

（1）检修后启动试运前，应由设备检修部门向各有关运行部门写出设备和系统变更情况、重大缺陷检查处理情况和分步试运情况的检修移交书，并按现场规程的规定办理竣工手续，检修后的设备正式移交运行。

（2）设备检修后须启动设备才能鉴定设备检修动态质量时，事先应终结工作票或将工作票交给运行人员，由运行人员进行检查和启停操作。若需继续检修，必须重新办理工作票或向运行人员索回工作票，否则不得继续进行检修工作。

（3）检修后的设备整体启动试运行，由生产副厂长（副总经理）或总工程师批准。如有重大项目检修，则应制定试运行措施。

（4）检修后试运行的组织和事故处理工作要特别明确责任制，在现场必须明确试运行领导人、现场指挥、运行操作、事故处理、设备检修等职责分工。

第二节　超临界锅炉机组的技术特点

超临界火电技术由于参数本身的特点决定了超临界锅炉只能采用直流锅炉，在超临界锅炉内随着压力的提高，水的饱和温度也随之提高，汽化潜热减少，水和汽的密度差也随之减少。当压力提高到临界压力（22.115MPa）时，汽化潜热为0，汽和水的密度差也等于零，水在该压力下加热到临界温度（374.15℃）时即全部汽化成蒸汽。超临界压力与临界压力时情况相同，当水被加热到相应压力下的相变点（临界温度）时即全部汽化。因此，超临界压力下水变成蒸汽不再存在汽水两相区，由此可知，超临界压力直流锅炉由水变成过热蒸汽经历了两个阶段，即加热和过热，而工质状态则由水逐渐变成过热蒸汽。因此，超临界直流锅炉没有汽包，启停速度快，与一般亚临界汽包炉相比，超临界直流锅炉从启动到满负荷运行，变负荷速度可提高1倍左右，变压运行的超临界直流锅炉在亚临界及超临界压力范围内工作时，都存在工质的热膨胀现象，并且在亚临界压力范围内可能出现膜态沸腾；在超临界压力范围内可能出现类膜态沸腾。超临界直流锅炉要求的汽水品质高，要求凝结水进行

100%除盐处理。由于超临界直流锅炉水冷壁的流动阻力全部依靠给水泵克服，所需的压头高，既提高了制造成本，又增加了运行耗电量，且直流锅炉普遍存在着流动不稳定性、热偏差和脉动水动力问题。另外，为了达到较高的质量流速，必须采用小管径水冷壁，与同容量的自然循环锅炉相比，超临界直流锅炉本体金属耗量最少，锅炉质量轻。但由于蒸汽参数高，要求的金属等级高，其成本高于自然循环锅炉。

一、超临界机组的参数、容量及效率

水临界状态点的参数为22.115MPa、374.15℃。理论上认为，在水的状态参数达到临界点时，水完全汽化会在一瞬间完成，即在临界点时，饱和水与饱和蒸汽之间不再有汽水共存的两相区存在，两者的参数不再有区别。与较低压力下水的特性不同，在压力很高的情况下，特别在临界点附近，水的质量定压热容 c_p 值会有较显著的变化。水蒸气动力循环装置理论分析表明，提高循环蒸汽的初参数和降低循环的终参数都可以提高循环的热效率。除此之外，采用再热循环和回热循环也可以提高循环的热效率。

实际上，蒸汽动力装置的发展和进步一直是以提高参数为目的的。另外，在蒸汽参数相同的情况下，机组容量增加，其热耗率会有所降低。在机组容量一定的情况下，蒸汽参数的提高虽然会提高循环热效率，但由于蒸汽压力升高、质量热容减小，有可能会对汽轮机的高压缸内效率带来不利影响。因此，在实际中或许会有一个"最小经济容量"的问题，即在机组容量小于"最小经济容量"的情况下，采用超临界参数有可能是不经济的。

事实表明，提高蒸汽参数并与发展大容量机组相结合是提高常规火电厂效率及降低单位容量造价最有效的途径。与同容量亚临界火电机组的热效率相比，在理论上，采用超临界参数可提高效率2%～2.5%，采用超超临界参数可提高4%～5%。目前，世界上先进的超临界机组效率已达47%～49%。

二、超临界机组的运行灵活性与可靠性

目前，先进的大容量超临界机组具有良好的启动、运行和调峰性能，能够满足电网负荷的调峰要求，并可在较大的负荷范围（30%～90%额定负荷）内变压运行，变负荷速率多为5%/min。美国《发电可用率数据系统》1980年的分析报告中公布了71台超临界机组和27台亚临界机组的运行统计数据，表明这两类机组的平均运行可用率、等效可用率和强迫停运率已无差别。据美国EPRI的统计，容量为600～835MW，具有二次中间再热的超临界机组整机可用率已达90%，1300MW二次中间再热的燃煤超临界机组整机可用率为92.3%，有的还要高一些；有1台ABB公司制造的1300MW超临界机组甚至创造过安全运行605天的记录。同时，从国内引进的几台超临界机组的运行情况看，也说明了这一点，即目前投运的超临界机组的运行可靠性指标已经不低于亚临界机组，有的甚至更高。

三、超临界机组的投资造价比较

提高蒸汽参数将使机组的初投资有所增加，这是因为压力提高后很多设备和主蒸汽管道的壁厚要相应增加，或者说要选用性能和价格更高一些的材料；而温度提高后则要使用更多价格昂贵的合金钢材。一般认为，超临界机组的造价比亚临界机组大约增加3%～10%。但由于各地的具体情况不同，且各个电站的设计和辅机配套方案等也有所不同，因此，造价增加的幅度不同。

电厂的运行成本主要取决于燃料成本，因超临界机组的效率高，可抵偿一些造价略高的影响，所以运行成本有可能比亚临界电厂低。许多专家认为，若煤价超过30美元/t，就应

当采用超临界机组；而在煤价较低的地区采用亚临界机组仍然较为合适。如果考虑到污染排放收费的情况，或许该煤价还应再低一些。此外，在进行不同方案的综合技术经济比较和分析时，可能还有其他一些因素也值得考虑，如电站所处的地理位置、电网的负荷率、上网电价以及环保因素等。

四、水冷壁管圈型式

传统的观念认为，只有螺旋管圈水冷壁才能满足全炉膛变压运行的要求，但是目前欧洲的火电机组锅炉仍然采用下炉膛螺旋管圈、上炉膛垂直管屏的传统设计，这种水冷壁系统对光管水冷壁获得足够的冷却能力十分必要，其优点：可以采用较大口径的光管水冷壁管；可以有效地补偿沿炉膛断面上的热偏差；不需要根据热负荷分布进行平行管系中复杂的流量分配；在低负荷下仍能保持平行管系流动的稳定性。

螺旋管圈水冷壁的缺点是结构复杂、流动阻力大和现场安装工作量大。因而，日本三菱公司在亚临界控制循环锅炉设计制造经验基础上，开发出了一次上升垂直管圈水冷壁变压运行超临界锅炉，其特点是采用内螺纹管来防止变压运行至亚临界区域时水冷壁系统中发生膜态沸腾和在水冷壁管入口处设置节流圈使管内流量与吸热相适应。截至 2000 年，日本在运行的垂直管圈水冷壁高效超临界锅炉已有 7 台。

五、承压部件材质的选择

大容量电站锅炉承压部件用钢主要有奥氏体和铁素体两类。奥氏体钢热强性高，但导热性差，膨胀系数大，抗应力腐蚀能力低，工艺性能差，且成本高。因此，设计时应尽量少用奥氏体钢，多用新开发的铁素体钢和改进的奥氏体钢。

由于制造，特别是安装的要求，锅炉水冷壁必须用无需焊后热处理的材料制成，现代超临界锅炉水冷壁通常采用的钢种为 T22/13CrMo44。这种材料就水冷壁而言，最高许用温度为 $460 \sim 470℃$，对于高效超临界锅炉，当主蒸汽参数为 28MPa/580℃/580℃ 时，水冷壁采用这种材料还是可行的。

低合金 Cr – Mo 钢的最大不足是其高温蠕变断裂强度低，随着参数的提高、管壁厚度的增加，其成本和工艺复杂性也相应提高，从而降低了运行的灵活性。日本新研制的 HCM2S 钢不仅具有优于常规低铬铁素体钢的高温蠕变强度，而且具有优于 2.25Cr – IMo 钢的可焊性，也不需要焊前预热和焊后热处理。

HCM2S 钢已获得生产 SME 规范认可，列为 SA213 – T23 钢，可用于替代 T22 钢用于更高的蒸汽参数。对于过热器、再热器出口集箱及其连接管道，当前所用的 P22/X2OCrMoV 1 21 钢，在技术上认为在合理的壁厚和管径范围内，其极限许用温度略高于 500℃。若采用改善的 9%Cr 钢 P91 做集箱，其极限许用温度可超过 580℃。用 P91 替代 P22，尽管其焊接性能不及 P22，但壁厚可减薄 50% 以上，其经济效益十分可观。在集箱领域中，对 P91 的进一步改进，新一代 9%~12%Cr 系钢按其高温蠕变，断裂强度已经进入奥氏体钢的温度范围，在 600℃ 的汽温条件下，其壁厚可比 P91 减薄 40%，如 E911、NF616 和 HCMI2A 等。对于过热器、再热器管束，在 600℃ 的汽温条件下，最高管壁温度达 650~670℃，因此选用奥氏体钢是十分必要的，如 TP347 H、TP347HFG 和 Super304 H 等，甚至部分高温段采用 20~25Cr 系的奥氏体钢，如 HR3C、NF709 和 TempaloyA – 3。这种材料具有足够的蠕变断裂强度，且由于含 Cr 高，能很好地抗高温腐蚀。奥氏体钢在受到热疲劳时易出问题，但用于管束，由于其口径小、管壁薄，因此产生热疲劳的可能性不大。

六、二次中间再热的调温方式和受热面的配置

采用二次再热可使机组的热效率提高 1% ~ 2%，但也造成了调温方式和受热面布置上的复杂性。二次再热锅炉同样有Ⅱ型和塔式两种炉型。对于Ⅱ型布置的炉型，一、二次再热的冷段和低温过热器分别布置在尾部 3 个分烟道中，热段布置在水平烟道中，通过摆动式燃烧器、烟气挡板和烟气再循环调节来达到设计汽温。对于塔式布置的炉型，一、二次再热器上、下间隔布置，一次再热汽温可采用摆动燃烧器或少量喷水调节，使用烟气再循环来调节二次汽温。烟气再循环有冷、热两种。热烟气从空气预热器入口处取出，这意味着空气预热器在再循环回路之外；冷烟气则取自空气预热器出口处，那么这台空气预热器就存在空气流和烟气流之间出力的不平衡。为此，还需开发出一种再循环空气预热器。

第三节　超临界机组与亚临界机组的特点比较

随着我国电力工业的发展及电力结构的调整，600MW 级火电机组已经成为我国火电的发展方向并即将成为电网的主力机组，尤其超临界参数机组，由于其更低的运行成本和高效益，使得此类型的机组在现有的电力市场中更具有竞争性。

一、超临界机组和亚临界机组特点比较

超临界机组是指主蒸汽压力高于临界压力的锅炉和汽轮发电机组，它与亚临界机组比较具有如下特点：

（1）热效率高、热耗低。超临界机组比亚临界机组可降低热耗约 2.5%，因此可节约燃料，降低能源消耗和大气污染物的排放。

（2）超临界压力时的水和蒸汽比体积相同，状态相似，单相的流动特性稳定，没有汽水分层和在中间集箱处分配不均的困难，并不需要像亚临界压力锅炉那样用复杂的分配系统来保证良好的汽水混合，回路比较简单。

（3）超临界锅炉水冷壁管道内单相流体阻力比亚临界汽包炉双相流体阻力低。

（4）超临界压力下工质的热导率和比热容比亚临界压力的高。

（5）超临界压力工质的比体积和流量比亚临界的小，因此锅炉水冷壁管内径较细，汽轮机的叶片可以缩短，汽缸可以变小，减轻了质量，降低了成本。

（6）超临界压力直流锅炉没有大直径厚壁的汽包和下降管，制造时不需要大型的卷板机和锻压机等机械，制造、安装、运输方便。同时取消汽包而采用汽水分离器，汽水分离器远比亚临界锅炉的汽包小，内部装置也很简单，制造工艺相对容易，相应地降低了成本。

（7）启动、停炉快。超临界压力直流锅炉不存在汽包上、下壁温差等安全问题，且其金属质量轻和储水量小，因而锅炉的储热能力差，其增减负荷允许的速度快，启动、停炉时间可大大缩短，一般在较高负荷（80% ~ 100%）时，其负荷变动率可达 10%/min。

（8）超临界压力锅炉适宜于变压运行。

（9）超临界锅炉机组的水质要求较高，使水处理设备费用增加。例如，蒸汽中铜、铁和二氧化硅等固形物的溶解度随着蒸汽密度的减小而增大，因而在超临界压力下，即使温度不高，铜、铁和二氧化硅等的溶解度也很高，为防止它在锅炉蒸发受热面及汽轮机叶片上结垢，超临界锅炉需 100% 的凝结水精处理，除盐除铁。

（10）超临界压力锅炉的蓄热特性不及汽包炉，外界负荷变动时，汽温、汽压变化快，

因而必须有相当灵敏可靠的自动调节系统,锅炉机组的自控水平要求也较高一些。

(11) 变压运行的超临界锅炉压力随机组负荷变化而变化,不需用汽轮机调节阀门控制机组负荷,而且部分负荷运行时,由于蒸汽容积流量变化小,能保持较高的汽轮机效率,并通过改善锅炉过热器和再热器的流量分配,提高了机组效率。

但是超临界机组也存在着一些不足:

(1) 超临界压力锅炉由于参数高,锅炉停炉事故的概率比亚临界大,降低了设备的可用率和可靠性。另外,超临界压力锅炉出现管线破裂和启动阀泄漏故障时影响较大。

(2) 超临界压力锅炉虽然热效率高,但锅炉给水泵、循环泵却要消耗较多的电能,压力参数的提高又会增加系统的漏泄量,实际上对热效率的提高和热耗的减少都会有一定的影响。

(3) 超临界压力锅炉为了保证水冷壁和过热器的冷却,启动时要建立一定的启动压力和流量,为此要配置一整套专用的启动旁路系统,因而启、停的操作较复杂,热损失也大。

(4) 超临界直流锅炉水冷壁的安全性较差。在直流锅炉的水冷壁出口处,工质一般已微过热,故管内会发生膜态沸腾,自然循环有自补偿特性,而直流炉没有这种特性,因此,直流锅炉水冷壁管壁的冷却条件较差,较易出现过热现象。

二、600MW 超临界锅炉的一些特殊要求

由于超临界锅炉的温度和压力比亚临界锅炉高,因此对锅炉提出了一些特殊的要求:

(1) 超临界锅炉受热面工作条件比亚临界锅炉差,故对于受热面钢种、管道规格等在选择上提出了较高的要求。尤其选择过热器管时,更应注意所用钢材的抗腐蚀性和晶粒度指标。

(2) 保证锅炉在各种工况下水动力的可靠性,在各种负荷下,从超临界压力到亚临界压力广泛的运行工况范围内,各水冷壁出口温度上下幅度须限定在规定范围内,确保水动力稳定性不受破坏;尤其当水冷壁悬吊管系中设有中间联箱时,必须采取措施避免在启动分离器干湿转换、工质为两相流时,联箱中出现流量分配不均匀而使悬吊管温差超限,导致悬吊管扭曲变形等问题。

(3) 超临界变压运行锅炉水冷壁对炉内热偏差的敏感性较强,当采用四角切圆燃烧方式时,必须采取有效地消除烟气温度偏差的措施(锅炉出口两侧最大烟温偏差不得大于50℃)。

三、600MW 超临界和亚临界机组性能比较

1. 热经济性比较

通过对国内部分600MW机组的热耗进行比较发现,由于制造厂和生产年代不同,各机组的热耗存在着较大的差异。从目前情况看,国产超临界机组比亚临界机组热耗下降约3.8%,可以节约煤约11g/kWh。

超临界机组具有无可比拟的经济性,单台机组发电热效率最高可达50%,煤耗最低仅有255g/kWh(丹麦BWE公司),比亚临界压力机组(煤耗最低约为327g/kWh)煤耗低;同时采用低氧化氮技术,在燃烧过程中减少65%的氮氧化合物及其他有害物质的形成,且脱硫率大于98%,可实现节能降耗、环保的目的。

2. 可靠性比较

600MW超临界机组与亚临界机组对于汽轮机主要是高压缸及高压通流部分的区别,对于锅炉,主要是汽水流程不同,其他基本是相同的;辅机绝大部分是相同的。机组的系统基本相同,许多先进的设计对于两者均适用。通过对超临界机组高温高压所产生问题的不断完善,过去超临界压力机组突出的锅炉爆管、固体粒子侵蚀以及高压加热器泄漏、阀门故障已经得到了较好的解决。

3. 环保效益

由于超临界机组比亚临界机组的煤耗低，且锅炉设计中采用了低 NO_x 燃烧技术，因此电厂所排放到大气中的二氧化碳、二氧化硫、氧化氮及烟尘均可以减少。超临界机组有利于环保，符合国家的产业政策。

第四节   600MW 锅炉主要技术规范及结构

一、锅炉主要参数

锅炉参数一般指锅炉容量、蒸汽压力、蒸汽温度和给水温度。

锅炉容量或锅炉蒸发量分为额定蒸发量（BRL）和最大连续蒸发量（BMCR）。额定蒸发量是指锅炉在额定参数下、使用设计燃料并保证效率时所规定的蒸发量。最大连续蒸发量是指锅炉在额定参数下、使用设计燃料、长期连续运行时所能达到的最大蒸发量。锅炉蒸发量常以每小时所能供应蒸汽的吨数来表示，单位为 t/h。最大连续蒸发量通常为额定蒸发量的 1.03 ~ 1.2 倍，国产及引进型机组多为偏大值，进口机组多为偏小值。

锅炉的蒸汽参数是指锅炉过热器出口送出蒸汽的压力和温度，锅炉设计时所规定的蒸汽压力和温度称为额定蒸汽压力和额定蒸汽温度；对于具有中间再热的锅炉，蒸汽参数中还应包括再热蒸汽压力和温度。压力的单位为 MPa，温度的单位为℃。

给水温度是指进入省煤器前的给水温度。

600MW 机组锅炉主要参数系列见表 1-1。

表 1-1   600MW 机组锅炉主要参数系列

压力类别	蒸汽压力 （MPa）	蒸汽温度 （℃）	给水温度 （℃）	额定蒸发量 （t/h）	配套机组容量 （MW）
亚临界压力	17.5	540/540	260 ~ 290	2050	600
超临界压力	25.4	571/569	281	1900	600

二、锅炉主要技术经济指标

锅炉主要技术经济指标一般用锅炉热效率、锅炉成本及锅炉可靠性三项来表示。

1. 锅炉热效率

锅炉热效率是指送入锅炉的全部热量中被有效利用的百分数，现代电站锅炉的热效率一般都在 90% 以上。

2. 锅炉成本

锅炉成本一般用一个重要的经济指标——钢材消耗率来表示。钢材消耗率是指锅炉单位蒸发量所用的钢材质量，即锅炉的每 1t/h 蒸发量所用钢材吨数，电站锅炉的钢材消耗率一般为 2.5 ~ 5。

3. 锅炉可靠性

锅炉可靠性常用下列三种指标来衡量：

（1）连续运行小时数

$$连续运行小时数 = 两次事故之间的运行时数$$

（2）事故率

$$事故率 = \frac{事故停用小时数}{运行总时数 + 事故停用小时数} \times 100\%$$

（3）可用率

$$可用率 = \frac{运行总时数 + 备用总时数}{统计时间总时数} \times 100\%$$

锅炉事故率和可用率统计期间，可以用一个适当长的周期来计算。我国大型电站锅炉过去在正常情况下，一般两年安排一次大修和若干次小修，因此在统计时可以以一年或两年作为一个统计期间。随着锅炉设计、制造、安装、运行以及检修水平的提高，现在大型电站锅炉，尤其600MW及以上容量锅炉的大修周期都有不同程度的延长，达到三年或更长，所以相应的事故率下降而可用率上升。但如果按照机组容量来比较的话，则随着机组容量的增大，可用率会相应降低。

三、600MW 机组锅炉主要结构型式

根据锅炉蒸发系统中工质的流动方式，锅炉可分为自然循环锅炉、强制循环锅炉和直流锅炉。目前，对于600MW机组，亚临界机组有相当部分仍采用自然循环锅炉或控制循环锅炉，但超临界机组的蒸汽压力已提高到25.31MPa，温度控制在540℃左右，一般采用直流锅炉。现代直流锅炉在型式上逐渐趋于一致，主要有三种型式：一次垂直上升管屏式（UP型）；炉膛下部多次上升、炉膛上部一次上升管屏式（FW型）；螺旋围绕上升管屏式。现介绍600MW机组锅炉的几种典型结构。

1. 600MW 亚临界压力自然循环锅炉结构及布置

B&WB–2028/17.4–M为亚临界压力、一次再热、单炉膛平衡通风、自然循环、单汽包W形锅炉，如图1-1所示。设计燃料为无烟煤。采用双进双出钢球磨煤机正压直吹冷一次风机制粉系统，燃烧器采用B&W标准设计的浓缩型双调风旋流燃烧器，燃烧器布置在锅炉水冷壁的前后拱上，形成W形燃烧方式。尾部设置双烟道，采用烟气分流挡板调节再热器出口汽温。锅炉本体采用全钢构架加轻型金属屋盖、倒U形布置，固态连续排渣。

每台锅炉配有6台BBD4060型双进双出钢球磨煤机，每台磨煤机对应锅炉4只燃烧器，每台锅炉有24只燃烧器，布置在锅炉的前后拱上，前后拱各有12只燃烧器。

2. 600MW 亚临界压力多次强制循环锅炉典型布置

SG–2008/17.5–M901为亚临界参数汽包炉，采用控制循环、一次中间再热、单炉膛、四角切圆燃烧方式、燃烧器摆动调温、平衡通风、固态排渣、全钢悬吊结构，露天布置燃煤锅炉。如图1-2所示，该锅炉的制粉系统采用中速磨冷一次风机正压直吹式系统。过热器的汽温调节由2级喷水来控制。再热器的汽温采用摆动燃烧器方式调节（投自动），再热器进口设有事故喷水。锅炉燃烧系统按中速磨冷一次风直吹式制粉系统设计。尾部烟道下方设置2台3分仓受热面旋转容克式空气预热器。炉底排渣系统采用机械刮板捞渣机装置。

直流燃烧器、四角布置、切圆燃烧是CE公司的传统燃烧方式。这种燃烧方式因气流在炉膛内形成一个较强烈旋转的整体燃烧火焰，对稳定着火、强化后期混合、保证燃料完全燃烧十分有利。采用了正压直吹式制粉系统，配置6台ZGM113N中速磨煤机，燃烧器四角布置，切向燃烧。煤粉管道从磨煤机出口供至燃烧器进口，每台磨煤机出口由4根煤粉管道接至同一层四角布置的煤粉燃烧器。每角燃烧器风箱分成14层，其中A～F 6层为一次风喷

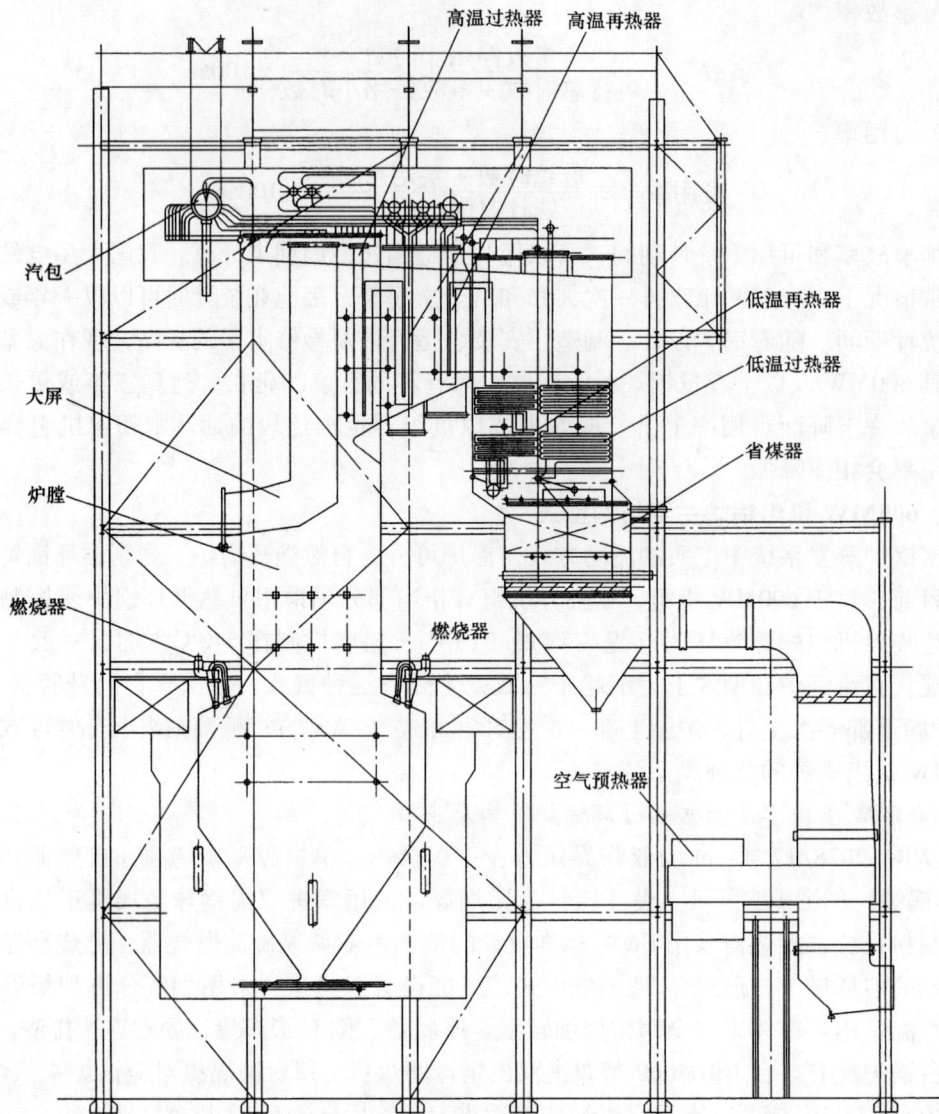

图 1-1　600MW 机组 W 型火焰锅炉

嘴，其余 8 层为二次风喷嘴。一、二次风呈间隔排列，在 AB、CD、EF 3 层二次风室内设有启动及助燃油枪，共 12 支。

3. 600MW 超临界压力直流锅炉典型布置

DG1900/25.4 – II1 型锅炉（见图 1-3 和图 1-4）是东方锅炉（集团）股份有限公司与日本巴布科克—日立公司及东方—日立锅炉有限公司合作设计、联合制造的 600MW 超临界参数变压直流本生型锅炉。从外形上看，除了没有汽包外，该锅炉几乎与传统的亚临界压力自然循环锅炉没有什么差别。该炉采用传统的 II 型布置方式，炉膛为单炉膛，再热器采用一次中间再热，燃烧器采用前后墙布置的对冲燃烧方式，尾部采用双烟道结构，在尾部低温再热器与省煤器出口处设置了用于调节再热汽温的烟气调节挡板，空气预热器采用回转式，锅炉采用全悬吊的全钢结构，平衡通风，露天布置，固态排渣方式。

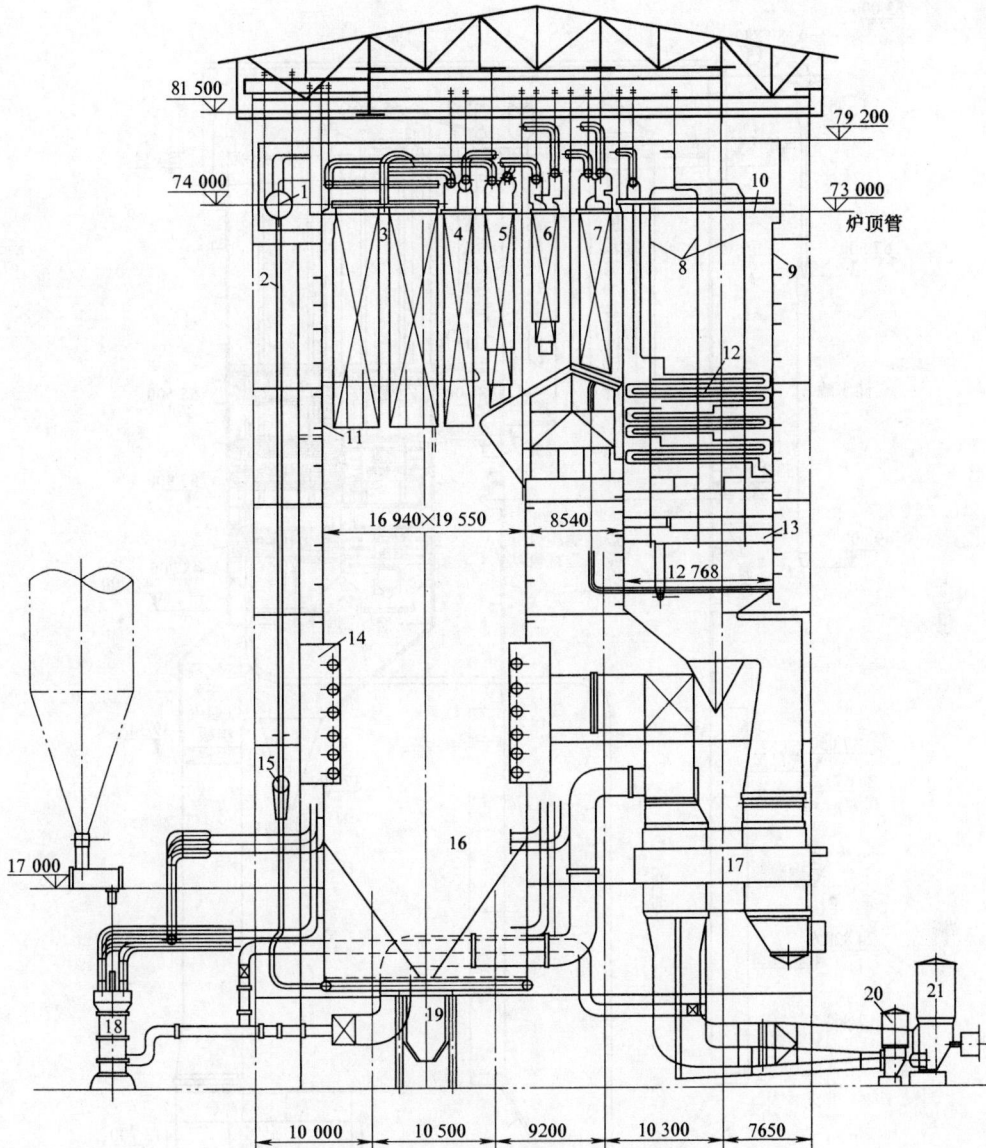

图 1-2   600MW 控制循环锅炉

1—锅筒；2—下降管；3—分隔屏过热器；4—后屏过热器；5—屏式再热器；6—末级再热器；

7—末级过热器；8—悬吊管；9—包覆管；10—炉顶管；11—墙式辐射再热器；12—低温水平过热器；

13—省煤器；14—燃烧器；15—循环泵；16—水冷壁；17—容克式空气预热器；18—磨煤机；

19—出渣装置；20——次风机；21—二次风机

锅炉的工质循环系统由启动分离器、储水罐、下降管、下水连接管、水冷壁上升管及汽水连接管等组成。在负荷不小于 25% BMCR 后，直流运行，一次上升，启动分离器入口具有一定的过热度。为了解决启动阶段及低负荷亚临界压力阶段运行时水冷壁管出口的汽水分离问题，采用内置式启动旁路系统。

炉膛的水冷壁结构由上下两大部分组成。折焰角下部是下部螺旋管圈水冷壁与上部垂直

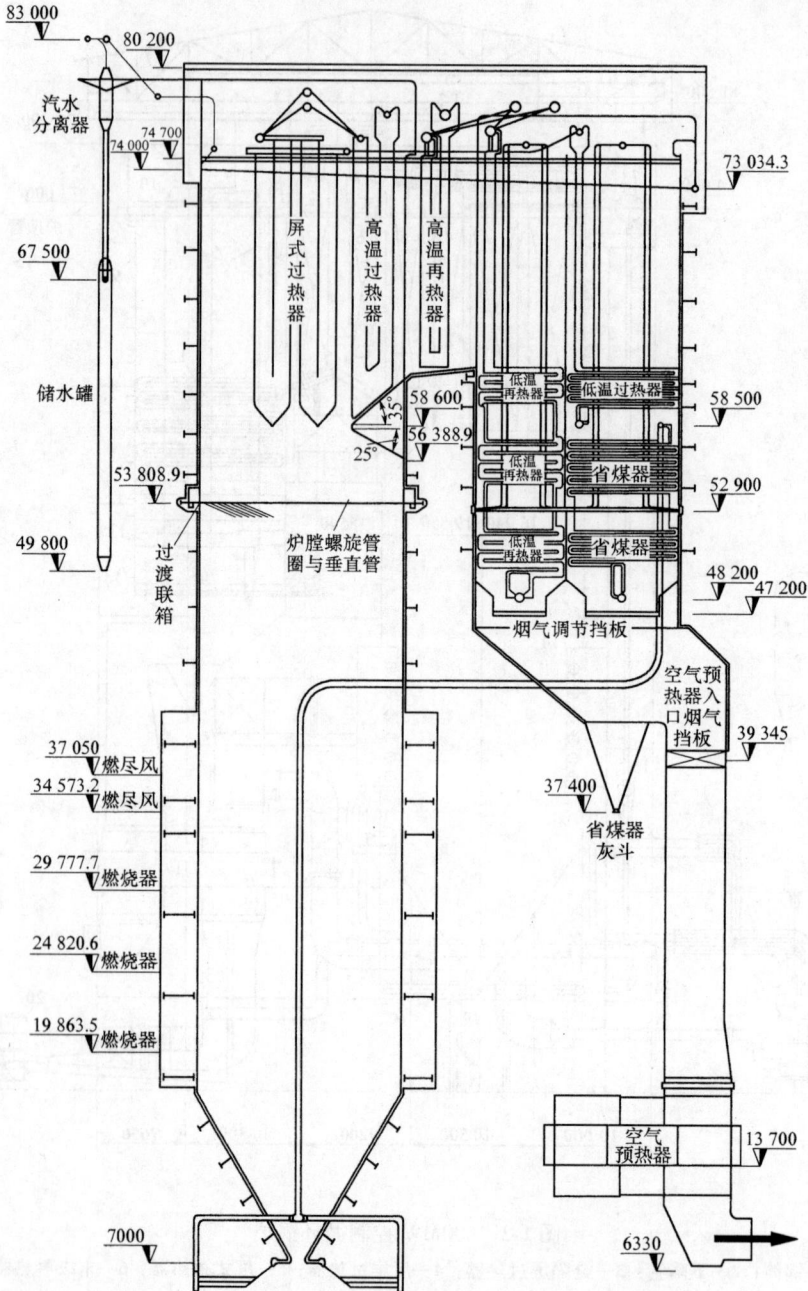

图 1-3　DG1900/25.4－Ⅱ1 型锅炉整体布置与结构简图

管屏的分界面，两部分水冷壁通过中间过渡联箱过渡连接。下部螺旋管圈水冷壁采用全焊接的螺旋上升膜式管屏，螺旋管水冷壁管采用了内螺纹管；上部水冷壁采用全焊接的垂直上升膜式管屏，既保证了炉膛的气密性，同时又减少了工地的焊接组装工作量。由于同一管带中管子以相同方式绕过炉膛，因此，吸热均匀，水冷壁出口的介质温度和金属温度非常均匀，为机组的调峰运行提供了保证。

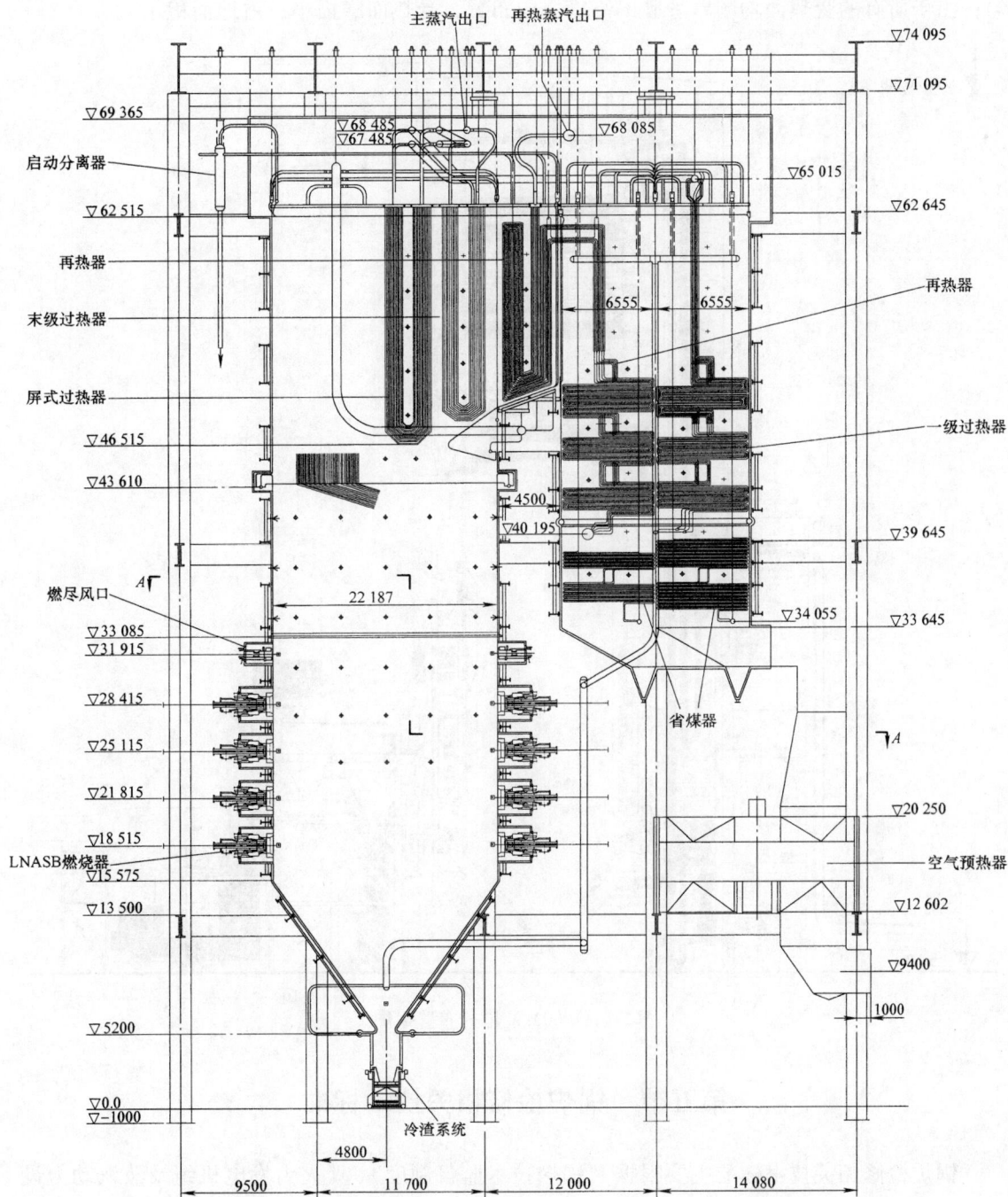

图1-4 600MW 机组前后墙对冲燃烧直流锅炉整体布置图

4. 1000MW 超临界压力直流锅炉典型布置

塔式锅炉是不同于双烟道锅炉的一种炉型,如某 1000MW 超超临界塔式锅炉为单炉膛、一次中间再热、单切圆燃烧方式、平衡通风、固态排渣、全钢悬吊结构塔式锅炉,露天布置燃煤锅炉,如图1-5 所示。该锅炉所有的受热面均采用水平布置,具有很强的自疏水能力,具备优异的备用和快速启动特点;采用单烟道结构,过热器、再热器烟气温度、速度分布均匀；由于所有的受热面均顺着炉膛的高度方向布置，受热面磨损小；占地面积小。

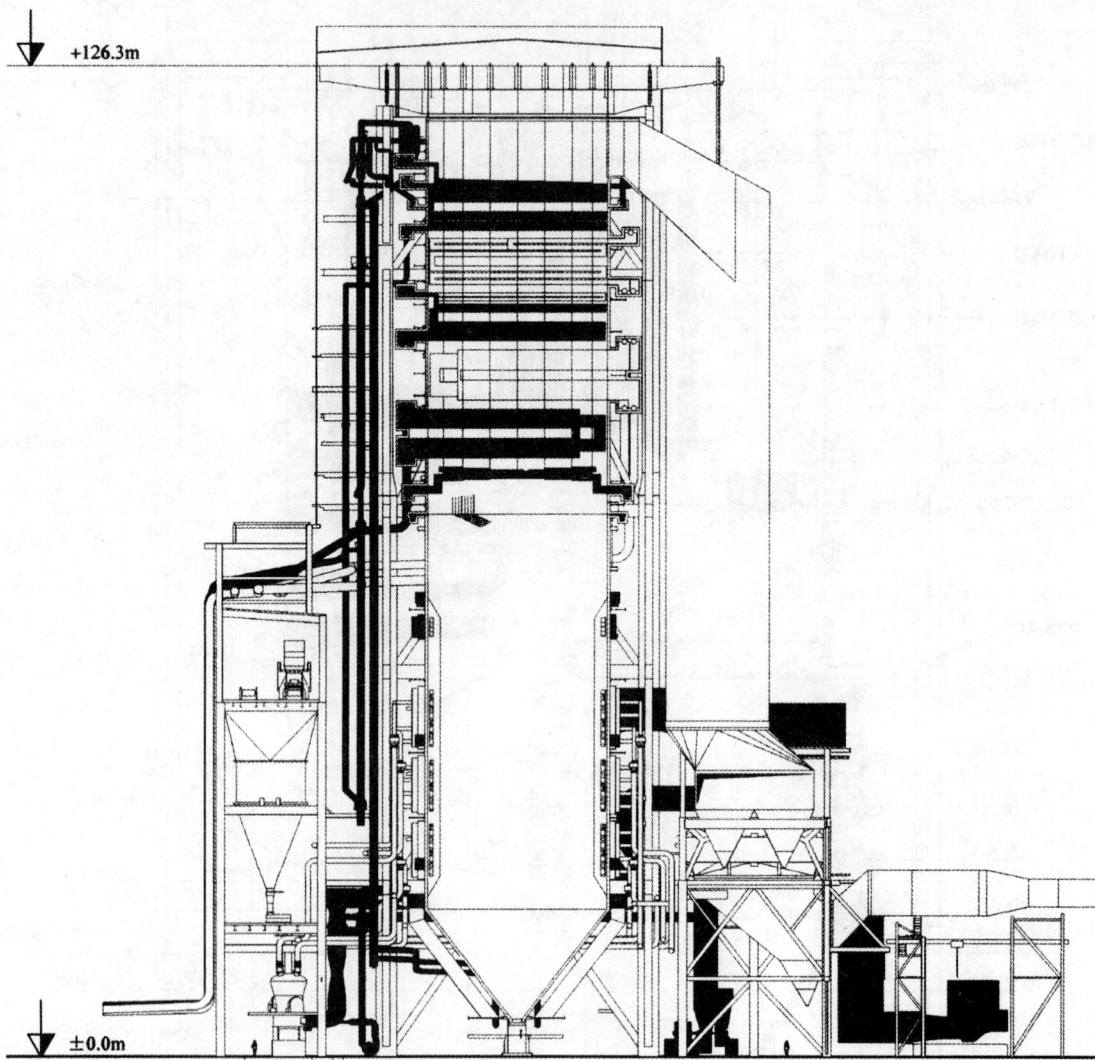

图 1-5　1000MW 塔式布置锅炉

第五节　锅炉检修相关技术标准

锅炉检修相关技术标准主要根据《锅炉技术监督制度》、《火力发电机组及蒸汽动力设备水汽质量》、《火力发电厂水汽试验方法》、《锅炉设备型号编制方法》、《火力发电厂锅炉设计技术规定》等有关标准、制造技术资料和现场具体情况介绍及编写。

DL/T 748 系列标准由下列 10 部分组成：

DL/T 748.1　　　　《火力发电厂锅炉机组检修导则　第 1 部分：总则》

DL/T 748.2　　　　《火力发电厂锅炉机组检修导则　第 2 部分：锅炉本体检修》

DL/T 748.3　　　　《火力发电厂锅炉机组检修导则　第 3 部分：阀门与汽水系统检修》

DL/T 748.4　　　　《火力发电厂锅炉机组检修导则　第 4 部分：制粉系统检修》

DL/T 748.5	《火力发电厂锅炉机组检修导则　第 5 部分：烟风系统检修》
DL/T 748.6	《火力发电厂锅炉机组检修导则　第 6 部分：除尘器检修》
DL/T 748.7	《火力发电厂锅炉机组检修导则　第 7 部分：除灰渣系统检修》
DL/T 748.8	《火力发电厂锅炉机组检修导则　第 8 部分：空气预热器检修》
DL/T 748.9	《火力发电厂锅炉机组检修导则　第 9 部分：干输灰系统检修》
DL/T 748.10	《火力发电厂锅炉机组检修导则　第 10 部分：脱硫装置检修》
DL 438—2000	《火力发电厂金属技术监督规程》
DL/T 5366—2006	《火力发电厂汽水管道应力计算技术规程》
DL 612—1996	《电力工业锅炉压力容器监察规程》
DL 647—2004	《电站锅炉压力容器检验规程》
DL/T 959—2005	《电站锅炉安全阀应用导则》
DL/T 679—1999	《焊工技术考核规程》
DL/T 439—2006	《火力发电厂高温紧固件技术导则》
DL/T 440—2004	《在役电站锅炉汽包的检验、评定及处理规程》
DL/T 441—2004	《火力发电厂高温高压蒸汽管道蠕变监督导则》
JB/T 4730—2005	《承压设备无损检测》
DL 5031—1994	《电力建设施工与验收技术规范（管道篇）》
DL/T 869—2004	《火力发电厂焊接技术规程》
DL/T 752—2001	《火力发电厂异种钢焊接技术规程》
DL/T 586—2008	《电力设备监造技术导则》
GB/T 3323—2005	《金属熔化焊焊接接头射线照相》
GB/T 13814—2008	《镍及镍合金焊条》
DL/T 679—1999	《焊工技术考核规程》
DL/T 869—2004	《火力发电厂焊接技术规程》
GB/T 19004—2000	《质量管理体系业绩改进指南》
DL/T 800—2001	《电力企业标准编制规则》
DL/T 838—2003	《发电企业设备检修导则》
DL/T 870—2004	《火力发电企业设备点检定修管理导则》
DL/T 793—2001	发电设备可靠性评价规程
IEC	国际电工委员会标准
IEEE	国际电气电子工程师学会标准
ISO	国际标准化组织标准
ECCC	欧洲蠕变合作委员会标准（2005）
GB	中国国家标准
AISC	美国钢结构学会标准
AISI	美国钢铁学会标准
ASME	美国机械工程师学会标准
ASNT	美国无损检测学会
ASTM	美国材料试验标准

AWS	美国焊接学会
EPA	美国环境保护署
NSPS	美国新电厂性能（环保）标准
NFPA	美国防火保护协会标准《多燃烧器锅炉炉膛防爆/内爆标准》
PFI	美国管子制造商协会标准
SSPC	美国钢结构油漆委员会标准
DIN	德国工业标准
BSI	英国标准
JIS	日本标准
NERC	北美电气可靠性协会
国家质检总局	《锅炉压力容器焊工考试规则》（2002 版）
GB/T 9222—2008	《水管锅炉受压件强度计算》
GB/T 50017—2003	《钢结构设计规范》
DL/T 435—2004	《电站煤粉锅炉膛防爆规程》
HEI	热交换学会标准
SD	（原）水利电力部标准
DL	电力行业标准
JB	机械部（行业）标准
电力工业部建设协调司	《火电施工质量检验及评定标准（焊接篇）》
电力工业部	《电力工业锅炉压力容器安全性能检验大纲》（1995 版）
电力工业部建设协调司	《火电施工质量检验及评定标准（焊接篇）》
原电力部	《火力发电厂基本建设工程起动及竣工验收规程》（1996 版）
原电力部	DL 5053—1996《火力发电厂劳动安全和工业卫生设计规程》
原电力部	《电力建设施工及验收技术规范》
原电力部	《火电工程起动调试工作规定》
原电力部	DL 612—1996《电力工业锅炉压力容器监察规程》
原劳动部	《蒸汽锅炉安全技术监察规程》（1996 版）
原能源部	《防止火电厂锅炉四管爆漏技术守则》（1992 版）
国家电力公司	DL 5000—2000《火力发电厂设计技术规程》
原劳动部	《压力容器安全技术监察规程》（1999 版）
原电力部	DL/T 589—1996《火力发电厂燃煤电站锅炉的热工检测控制技术导则》
原电力部	DL 5022—1993《火力发电厂土建结构设计技术规定》
电力行业标准	DL/T 5095—2007《火力发电厂主厂房荷载设计技术规程》
原国家经贸委	DL/T 831—2002《大容量煤粉燃烧锅炉炉膛选型导则》
中国电力企业联合会	《发电设备可靠性管理信息软件》
中国大唐集团公司可靠性管理办法	
中国大唐集团公司防止火电厂锅炉四管泄漏管理办法	
大唐国际发电股份公司可靠性管理办法	

华北电力集团公司　　　　《华北电力集团公司焊工技术培训、考核管理办法》（1995 版）

华北电力集团　　　　　　《高参数火电机组运行十万小时后重要金属部件检查指南》
　　　　　　　　　　　　（1995 版）

华北电力集团公司　　　　《汽包金属技术监督导则》（1998 版）

华北电力集团公司　　　　《除氧器金属技术监督导则》（1998 版）

华北电力集团公司　　　　《火力发电厂主要铸钢件金属技术监督导则》（1998 版）

华北电力集团公司　　　　《电力生产用压力容器金属技术监督导则》（1998 版）

华北电力集团公司　　　　《电力工业锅炉压力容器安全监督规定实施细则》（1996 版）

华北电力集团公司　　　　《锅炉受热面管子金属技术监督导则》（1990 版）

华北电力集团公司　　　　《汽轮（发电）机转子技术监督导则》（1990 版）

华北电力集团公司　　　　《高温螺栓金属技术监督导则》（1990 版）

华北电力集团公司　　　　《200MW 汽轮机靠背轮螺栓金属技术监督导则》（1990 版）

华北电力集团公司　　　　《主蒸汽管道及其附件金属技术监督导则》（1990 版）

华北电力集团公司　　　　《发电机护环金属技术监督导则》（1990 版）

华东电网电力可靠性管理暂行办法

200MW 及以上大型火电机组主机与主要辅机可靠性统计办法

发电设备可靠性通用大纲（2003 年 12 月）

电力可靠性管理工作若干规定

第二章

超临界锅炉受热面金属材料

第一节 概　述

锅炉本体设备是由在常温下承受静载荷的部件（钢架、支座、平台等）和承受高压高温的部件（汽包、联箱、受热面的管子及承受高温的支吊、定位部件等）所组成。前者可用一般的结构钢制造，后者需用具有特殊性质的钢材即所谓锅炉钢来制造。锅炉金属材料的正确选择和使用，对确保电站锅炉的安全运行至关重要。设计、制造、安装、检修等任何环节中若发生"错选、错用"金属材料（包括焊接材料），对于锅炉安全，则往往构成重大危险点，导致承压部件的爆破事故。

通常金属材料的使用都是有限定条件的，在规定条件下使用是符合要求的。锅炉承压部件金属材料选用过程中，若发生低材高用，即超限使用，后果肯定是短时间内就会发生爆管事故；反之，高材低用，相当于降限使用，如碳钢焊接采用合金焊条或碳钢部位使用合金管，也同样会构成危险点。材料失效位置不在母材而在焊缝热影响区，发生失效的时间间隔可能长于前者。从焊接角度上看，焊接接头总是钢制结构中的薄弱环节，而异种钢焊接接头与同种钢焊接接头性能相比较，就更是薄弱部位。在锅炉安全监察规程和金属技术监督规程中，对异种钢焊接接头的监察和监督检验，都有严格而明确的规定，关注力度严于同种钢焊接接头。因此，错用钢材（包括焊接材料）过程中形成的异种钢焊接接头，就相对增加了它的潜在爆炸危险性。

为了能够切实把好选用材料关，从事电站锅炉检修、改造工作的工程人员，掌握金属材料的基本知识，了解不同类型发电锅炉用材情况等，对实际工作是有益处的。

第二节　超临界及以上机组锅炉用钢

电站锅炉用耐热钢的发展，从 20 世纪 60 年代开始，经过近 40 年的努力，火电锅炉经历了从超高压（$13 \sim 15\text{MPa}$，$t \leqslant 540℃$）、亚临界（$16 \sim 19\text{MPa}$，$t \leqslant 540℃$）、超临界（$24 \sim 26\text{MPa}$，$t \leqslant 566℃$）到超超临界（$24 \sim 31\text{MPa}$，$t \geqslant 580℃$）的发展历程，超临界和超超临界是当今世界火力发电的共同发展趋势。

为了发展高效率的超超临界机组，从 20 世纪 80 年代初开始，美国、日本和欧洲就已投入了大量的财力和研究人员来开展各自新材料的研发，到目前为止，欧洲已经成功地投运了主蒸汽温度为 580℃ 的超超临界机组，日本投运了主蒸汽温度为 600℃ 的机组，目前国际上成熟的材料已经可以用于建造蒸汽温度为 620℃ 的机组。

从目前世界各国发展情况看，锅炉和管道用钢的发展可以分为两个方向：① 铁素体耐热钢的发展；② 奥氏体耐热钢的发展。所谓珠光体、贝氏体、马氏体耐热钢，按国际惯例统称为铁素体耐热钢。

铁素体耐热钢的发展可以分为两条主线：① 逐渐提高主要耐热合金元素 Cr 的含量，从 2.25Cr 提高到 12Cr；② 通过添加 V、Nb、Mo、W、Co 等合金元素。奥氏体钢按含 Cr 量可分为四类：15Cr、18Cr、20 ~ 25Cr 和高 Cr – Ni 合金，奥氏体钢在其发展过程中，最初添加 Ti、Nb，是从抗腐蚀的角度来提高钢的稳定性；其次在保持稳定的前提下，适当降低 Ti 和 Nb 的含量，以提高蠕变强度，而不是提高抗腐蚀性能；然后添加 Cu，以铜富相的沉积和热处理来提高沉积强化；进一步的趋势是添加 0.2% 的 N 和一定量的 W，以增强固溶体的强度。目前，广泛应用于超临界机组的新型耐热钢较多，下面对应用较为广泛的新型耐热钢的性能进行简单介绍。

一、铁素体耐热钢

1. T23、T24 钢

T23 是在 T22（2.25Cr – 1Mo）钢的基础上加入了钨，减少了钼，把碳含量降低到了 0.04% ~ 1.10%。此外，还添加了少量的钒、铌、氮和硼等微合金化元素。T24 钢与 T22 钢相比，也是适当减少了含碳量，加入了微合金化元素钒、钛、硼等。除了这些变动之外，两种钢的硫、磷等杂质含量都被明显地限制和降低了，其成分见表 2-1。

表 2-1　　　　　　　　　　T23、T24 钢各成分含量

标准	钢号	C	Si	Mn	P	S	Cr	Mo	Ti	V	W	Nb	B	N	Ni	Al
ASTMA213	T23	0.04 0.10	≤0.50	0.10 0.60	≤0.03	≤0.01	1.90 ~ 2.60	0.05 ~ 0.30	n.s.	0.20 0.30	1.45 1.75	0.02 0.08	0.005 ~ 0.000 6	≤0.03	n.s.	≤0.03
ASTMA213	T24	0.05 0.10	0.15 0.45	0.30 0.70	≤0.02	≤0.01	2.20 ~ 2.60	0.90 ~ 1.10	0.05 0.10	0.20 0.30	n.s.	n.s.	0.001 5 0.007 0	≤0.012	n.s.	≤0.02

注　表中 n.s. 表示无规定。

T23 在 600℃时的强度比 T22 高 93%，与钢 102 相当，但由于 C 含量降低，于是降低了焊接热影响区的硬度，提高了蠕变断裂强度，在某些情况下可以焊前不预热；当壁厚小于等于 8mm 时，焊后可以不热处理。T24 同 T23 类似，在某些情况下也可以焊前不预热，当壁厚小于等于 8mm 时，焊后可不热处理。

T23、T24 是超临界、超超临界锅炉水冷壁的最佳选择材料，并可应用于壁温小于等于 600℃的过热器、再热器管，其允许使用温度范围为 570℃。

2. T91/P91、T92/P92 钢

早在 20 世纪 50 年代末和 80 年代初期，大型火电锅炉的蒸汽压力就已分别达到超临界压力和超超临界压力，但蒸汽温度却受锅炉耐热钢发展的限制，一直在 566℃以下徘徊。直到 20 世纪 80 年代中期，由于具有划时代意义的 T91/P91 钢的研制成功，到 20 世纪 90 年代末，电站锅炉的蒸汽温度分别达 593℃和 610℃，使机组的效率得到更进一步的提高。T91/P91、T92/P92 钢的化学成分见表 2-2。

表 2-2　　　　　　　　　　T91/P91、T92/P92 钢的化学成分

钢种	C	Si	Mn	P	S	Ni	Cr	Mo	W	V	Nb	Al	N
T91/P91	0.08 ~ 0.12	0.20 ~ 0.50	0.30 ~ 0.60	≤0.020	≤0.010	≤0.40	8.0 ~ 9.50	0.85 ~ 1.05	—	0.18 ~ 0.25	0.06 ~ 0.10	≤0.04	0.06 ~ 0.07

钢种	C	Si	Mn	P	S	Ni	Cr	Mo	W	V	Nb	Al	N
T92/P92	0.07 ~ 0.13	≤0.50	0.30 ~ 0.60	≤0.020	≤0.010	≤0.40	8.5 ~ 9.5	0.3 ~ 0.6	1.50 ~ 2.50	0.15 ~ 0.25	0.04 ~ 0.09	≤0.04	0.03 ~ 0.07

T91/P91 钢有小于不锈钢且更加接近 P22 钢的线膨胀系数和良好的导热性，其在炼制和加工中的主要特点有：

（1）大幅度提高了钢质的纯净度，把杂质含量控制在相当低的水平，同时降低了含碳量。

（2）采用了 Nb、V、N 进行微合金化。

（3）采用了控轧控冷的成材加工工艺。T91/P91 除了固溶、合金碳化物析出外，更大程度上由于细化晶粒、析出弥散细小的 Nb、V 的碳、氮化合物和高密度位错取得室温和更高的高温强度。T91/P91 除了具有更高的强度外，还具有优异的韧性，其抗高温氧化性能和抗高温蒸汽腐蚀性能优于 T23/P23、T24/P24。

T91/P91 在 593℃下 10 万 h 的蠕变强度可达 100MPa，通常其推荐使用温度为 593℃，适用于 600℃以下的过热器、再热器受热面管子，主蒸汽管和联箱。

T91/P91 钢管焊前预热温度为 200～250℃，层间温度为 200～300℃；焊后热消氢热处理温度为 300～350℃，保温时间为 2h；焊后热处理的温度为 750±20℃，热处理保温时间为 2～2.5h；焊接保护气体为氩气。

当使用温度超过 600℃时，T91/P91 已不能满足长期安全运行的要求，对于调峰任务重的机组，其管材疲劳失效也是个大问题。NF616（T92/P92）钢是在 T91/P91 的基础上再加 1.5%～2.0% 的 W，降低了 Mo 的含量，增强了固溶强化效果，在 600℃下的许用应力比 T91 高 34%，达到了 TP347 的水平，是可以替代奥氏体钢的候选材料之一，在 600℃、10 万 h 下的持久强度可达 130MPa。T92 适用于蒸汽温度为 580～600℃、金属最高温度为 600～620℃的锅炉本体过热器、再热器；P92 适用于锅炉外部的管道和集箱，其蒸汽温度可高达 625℃。

T91/P91 的焊接技术可以直接适用于 T92/P92 钢，其预热在 200℃左右进行，焊接后将温度冷却到低于 100℃是非常必要的，以实现马氏体完全转变。焊后的热处理必须随后尽快进行，因为这样高硬度的马氏体在潮湿的环境下形成应力腐蚀裂纹的敏感性极高。

3. T122 /P122 钢

在 T91/P91 钢开发成功以后，日本住友金属株式会社和三菱重工株式会社在传统的 12Cr 钢的基础上，通过减少 C、Mo、S、P 的含量，添加 W、Cu、Nb、B、N 等合金元素，合作开发了含 Cr 量为 12% 的具有高热强性和耐蚀性的铁素体耐热钢，即 HCM12A（T122/P122）。其耐蚀性优于 9Cr 钢，在 650℃以下时，其蠕变强度高于 SUS347H，在 600℃时许用应力是 T91/P91 的 1.3 倍，其化学成分见表 2-3。

表 2-3   T122 /P122 钢的化学成分

钢种	C	Si	Mn	P	S	Ni	Cr	Mo	W	Cu	V	Nb	Al	B	N
T122/P122	0.07 0.14	0.50 max	0.70 max	0.02 max	0.01 max	0.50 max	10.0 12.50	0.25 0.60	1.50 2.50	0.30 1.70	0.15 0.30	0.04 0.10	0.04 max	0.005 max	0.04 0.01

T122/P122 钢母材本身常温韧性不如 T91/P91、T92/P92 钢富裕，且极容易产生 δ 相，虽然其裂纹敏感性比 F12 钢低，但仍应采用预热施焊。实际焊接的预热温度应考虑部件的尺寸和拘束程度，同时应考虑焊接条件。对于厚壁管道，推荐预热温度为 200～300℃，其焊后必须进行热处理，热处理温度为 740℃，保温时间依据焊件的厚度而定，推荐每英寸（25.4mm）至少保温 1h。对于 T122 钢来说，由于其合金含量较高，即使其壁厚较薄（小于10mm），仍建议保温时间最小不应低于 30min。

二、奥氏体耐热钢

1. Super304H 钢

Super304H 钢是 TP304H 的改进型，添加了 3% 的 Cu 和 0.4% 的 Nb，从而获得了极高的蠕变断裂强度，在 600～650℃ 下的许用应力比 TP304H 高 30%，这一高强度是奥氏体基体中同时产生 NbCrN、Nb、M23C6 和细的富铜相沉淀强化的结果。运行 2.5 年后的材料性能试验表明，该钢的组织和力学性能稳定，而且价格便宜，是目前超超临界锅炉过热器、再热器的首选材料，其化学成分见表 2-4。

表 2-4   Super304H 钢化学成分

钢种	标准		化学成分（%）										
	ASME	JIS	C	Si	Mn	Ni	Cr	Mo	W	V	Nb	Ti	B	其他
18Cr-8Ni	TP304H	SUS304HTB	0.08	0.6	1.6	8.0	18.0	—	—	—	—	—	—	
	Super304H	Sus304JIHTB	0.10	0.2	0.8	9.0	18.0	—	—	—	0.40	—	—	3.0Cu 0.10N

2. TP347HFG 钢

TP347H 钢经高温下正常化固溶处理，其许用应力在 18Cr-8Ni 钢中最高，然而高的固溶温度使这种钢产生了粗晶粒结构，导致蒸汽侧抗蒸汽氧化能力降低。TP347HFG 是通过特定的热加工艺和热处理工艺得到的细晶奥氏体耐热钢，由于采用较低的固溶处理温度，使其具有较细的晶粒，从而得到较高的蠕变强度，并有极好的抗蒸汽氧化性能，比 TP347H 粗晶粒的许用应力提高 20% 以上，已被广泛应用于超超临界机组锅炉过热器、再热器管，其化学成分见表 2-5。

表 2-5   TP347HFG 钢化学成分

钢种	标准		化学成分（%）										
	ASME	JIS	C	Si	Mn	Ni	Cr	Mo	W	V	Nb	Ti	B	其他
18Cr-8Ni	TP347H	SUS347HTB	0.08	0.6	1.6	10.0	18.0	—	—	—	0.8	—	—	—
	TP347HPG		0.08	0.6	1.6	10.0	18.0	—	—	—	0.8	—	—	—

3. HR3C（TP310NbN）

HR3C 是日本住友金属命名的钢牌号，是 TP310 耐热钢的改良钢种，通过添加元素铌和氮，使得它的蠕变断裂强度提高到了 181MPa，其综合性能比 TP300 系列奥氏体钢中 TP304H、TP321H、TP347HT 和 TP316H 的任何一种都更为优良。在 TP347H 耐热钢乃至新型奥氏体耐热钢 Super304H 和 TP347HFG 钢不能满足向火侧抗烟气腐蚀和内壁抗蒸汽氧化的工况下，应选用 HR3C 耐热钢，其化学成分见表 2-6。

表 2-6 20－25Cr 钢化学成分含量

| 钢种 | 标准 | | 化学成分（%） | | | | | | | | | | | |
	ASME	JIS	C	Si	Mn	Ni	Cr	Mo	W	V	Nb	Ti	B	其他
20－25Cr	TP310	SUS310TB	0.08	0.6	1.6	20.0	25.0	—	—	—	—	—	—	—
	TP310NbN	SUS310JITB	0.06	0.4	1.2	20.0	25.0	—	—	—	0.45	—	—	0.2N

除了以上介绍的新型材料外，还有许多耐热钢材料在亚临界、超临界、超超临界机组中得以应用。600MW 及以上超临界、超超临界机组应用新型耐热钢的情况见表 2-7。

表 2-7 600MW 及以上超临界、超超临界机组应用新型耐热钢的情况

部件名称	泌北电厂600MW	外高桥电厂900MW	后石电厂600MW
高温过热器	T23、T91	T91	T12、T22、T91、TP347H
一级屏式过热器	T2、T12	T91	T12、T22、T91、TP347H
二级屏式过热器	T23、T91、TP347H	T91	T2
高温再热器	T91、TP347H	T91	T12、T22、T91
低温再热器	SA－210C、12Cr1MoV	T91、T11、T1	SA210－A1、T12、T22
水冷壁	SA213 T2、T12	T11、T1	T12
省煤器	SA－210C	SA106C	SA210C
主蒸汽管道	P91	P91	P91
再热蒸汽管道冷段	P22	P11	A234GB65/CL22
再热蒸汽管道热段	P91	P91	SA182GF22
给水管道	WB36	SA106C	SA106C

三、电厂常用钢材的金相组织

超临界机组锅炉用钢的金相组织见表 2-8。

表 2-8 超临界机组锅炉用钢的金相组织

钢　种	金相组织	钢　种	金相组织
T23	铁素体	P122	铁素体
T24	铁素体	E911	铁素体
T91	铁素体	Super 304H	奥氏体
T92	铁素体	TP347 HFG	奥氏体
P91	铁素体	HR3C（TP310NbN）	奥氏体
P92	铁素体	NF709	奥氏体
T122	铁素体	SAVE25	奥氏体

第三节　合金耐热钢焊接工艺及方法

焊接新型奥氏体钢首先要克服的是焊接裂纹，在获得完整的焊接接头的情况下，还要避免接头发生应力腐蚀破裂和焊缝的 σ 相脆化。防止这类钢的焊缝发生高温裂纹，不能采用

在焊接一般 Cr－Ni 奥氏体钢时常用的增加铁素体形成的元素含量，因为这种方法会增加焊缝发生 σ 相脆化的危险。为了防止焊缝发生高温裂纹，只能采用降低焊接热量输入、降低层间温度的工艺方法和措施。也就是说，应尽量采用熔池体积小的 TIG 焊接工艺以及确保层间温度低的短焊接和间断焊接方法，对直径不大、管壁不厚的小直径管更希望采用全氩弧焊焊接。熔敷金属的选择只能考虑采用和母材成分相同且杂质含量低的材料或采用镍基焊材。原则上焊后不需热处理，但如果在有 Cl⁻ 的环境中施工，为了防止 Cl⁻ 对热影响区的污染而引起应力腐蚀时需要进行焊后固深处理。

一、低中合金耐热钢焊接工艺

1. 焊接方法

焊接低中合金耐热钢常用的焊接方法为手弧焊、埋弧自动焊、气体保护电弧焊和电渣焊等。低合金耐热钢对上述焊接方法适应性强，中合金耐热钢冷裂敏感性大，而应优先选用低氢的焊接方法，如氩弧焊。

（1）手弧焊。手弧焊的优点是机动灵活，能进行全位置焊，因而在铬—钼耐热钢管道焊接应用十分广泛。但是，手弧焊难以建立起理想的低氢条件，因此使对冷裂较敏感的铬—钼耐热钢的焊接工艺复杂化。

（2）埋弧焊。埋弧焊熔敷速度快，特别适用于铬—钼耐热钢厚壁压力容器的对接纵缝和环的焊接。

（3）钨极氩弧焊。钨极氩弧焊的焊接气氛具有超低氢特点，焊接低合金铬—钼钢时可以降低预热温度。钨极氩弧焊可以不加填充金属，因此常用于铬—钼钢薄板的焊接。此外，钨极氩弧焊焊缝的背面成形性好，因此主要用于只能单面施焊的场合（如管道的焊接），可以不加焊接衬垫。

钨极氩弧焊的缺点是熔敷效率低，因此在铬—钼钢厚壁管焊接时，钨极氩弧焊只用作打底焊，其余填充焊道可采用手弧焊。

（4）熔化极气体保护焊。这种焊接方法可采用氩气加少量 CO_2（或 O_2）的氧化性混合气体。这种气氛也具有低氢特点。

铬—钼耐热钢熔化极气体保护焊平焊时主要采用射流过渡；全位置焊时采用脉冲射流过渡或短路过渡。在实现耐热钢厚壁大直径管道自动焊接方面，熔化极气体保护焊是很有前途的。

（5）电渣焊。在各种熔焊方法中，电渣焊是熔敷效率最高的一种。电渣焊已应用于铬—钼耐热钢厚壁压力容器的焊接，尤其在容器直缝的焊接中得到稳定的应用。电渣焊产生的大量热能对焊接熔池上面的母材起到了预热作用，热影响区就不易产生淬硬组织，因此特别适用于淬透性高、对冷裂敏感的铬—钼耐热钢的焊接。通常，低合金铬—钼钢电渣焊焊前不需要预热，焊后也可以省略大厚度耐热钢电弧焊所必需的后热处理。但是，对淬透性特别高、冷裂非常敏感的中合金铬钼耐热钢电渣焊时，利用电渣焊本身的热量很难保持预定的温度。这种情况下，就有必要采用辅助加热装置将焊缝的温度保持在一定的范围内。

电渣焊的线能量极大（500～5000kJ/cm），因此焊缝热影响区的初晶十分粗大，接头韧性明显低于其他焊接方法。为细化晶粒，提高接头冲击韧性，焊后应进行正火处理。

2. 焊接材料

低中合金耐热钢焊接材料的选择原则是，在保证焊接接头与母材具有相匹配的高温性能

（抗氧化性和高温蠕变强度）的前提下，改善其焊接性，即提高其抗裂能力。

（1）焊缝金属化学成分的选择。除了含碳量之外，焊缝金属应该与母材金属具有接近的化学成分。通常，为了提高焊缝金属的抗裂能力，填充金属的含碳量应比母材金属低。但是，如果需要焊件的强度与经淬火＋回火或正火＋回火件的强度相当时，则要求填充金属具有与母材相当的含碳量。降低含碳量确有助于提高焊缝的塑性和韧性，从而提高焊缝金属的抗裂能力。但是，降低含碳量同时也会降低焊缝金属的室温强度。更为重要的是，过低的含碳量会使钢的蠕变强度急剧降低。而且，即便对冲击韧度而言，也并非含碳量越低越好。例如，1.25Cr–1Mo 钢和 2.25Cr–1Mo 钢焊缝金属缺口冲击韧度的影响研究表明，含碳量为 0.08% 的焊缝金属，冲击韧度不仅高于含碳 0.11% 的焊缝，而且也高于含碳 0.05% 的焊缝。因此，铬—钼钢焊缝金属的含碳量不易过高，也不易过低，最好控制在 0.08%～0.10%。

铬—钼耐热钢中常见合金元素对焊缝金属性能的影响，可以用铬当量来表示。对于 9Cr–2Mo 钢，其铬当量为

$$Cr_{eq}(\%) = Cr + 4Si + 1.5Mo - (22C + 0.5Mn + 1.2Ni)$$

对于手弧焊和埋弧焊焊缝，焊缝金属的铬当量控制在 9.2% 以下就能获得高韧性的单相马氏体组织。对于钨极氩弧焊焊缝，由于氢含量特别低，即使焊缝金属呈马氏体和铁素体混合组织，仍能获得较高的韧性。

（2）焊接材料的选用。焊接低中合金耐热钢的焊接材料可参照相关资料选用，其中焊接中合金耐热钢的焊接材料有两种方案：① 选与母材成分相当的焊接材料；② 选奥氏体不锈钢焊接材料，此时就成异种钢的焊接，焊前可不预热，焊后不用热处理，简化工艺，防止冷裂。但是异种钢焊接接头使用中也存在许多问题，如母材和焊缝金属线膨胀系数差别大，接头服役过程受热循环作用，很易提前失效。即使这样，异种钢接头在高温使用下仍有足够的韧性，可以安全运行。

3. 焊接线能量

从降低冷却速度、防止接头淬硬冷裂角度考虑，应适当提高低中合金耐热钢的焊接线能量。但是，提高线能量有可能增加这类钢对再热裂纹的敏感性。在各项力学性能指标中，以冲击韧度受焊接线能量的影响为最大。在各种电弧焊方法中，线能量较大的埋弧焊，其焊缝韧性较低。

总的来看，铬—钼钢具有较低的焊接线能量，焊接较好，焊接时应采用多道焊和窄焊道。如果必须摆动电弧，摆幅也不应大于 9.5mm 或不大于焊丝直径的 2.5 倍，或取两者的最小值。

4. 焊前预热和焊后热处理

（1）焊前预热。预热是减缓焊缝金属和焊接热影响区冷却速度的有效措施，目的是防止焊接冷裂纹的产生。低中合金耐热钢在多数情况下都要求焊前预热。2.25Cr–1Mo 钢板采用自动埋弧焊的拘束裂纹试验结果表明，当板厚为 50～100mm 时，预热和层间温度为 150～175℃就可以防止焊接裂纹；而当板厚为 150mm 以上时，则需将预热温度提高到 200～225℃才能防止裂纹。

实践表明，预热温度并非越高越好。例如，对于铬含量大于 2% 的铬—钼钢，为防止氢致延迟裂纹的产生，规定较高的预热温度是必要的。但是，预热温度不应高于马氏体转变终了温度（M_f 点），否则，当焊件完成最终的焊后热处理时，将会残留部分未转变的奥氏体；

当热处理后冷却速度较快时，残余奥氏体又有可能转变成马氏体，从而失去了焊后热处理的基本。因此，预热和层间温度均需控制在 M_f 点以下，焊接结束后奥氏体将在控制温度范围内完全转变为马氏体，马氏体随后可以通过焊后回火而改善韧性。

（2）焊后热处理。对于低合金耐热钢来说，焊后热处理的目的不仅是消除焊接残余应力，更重要的是降低焊接区硬度、去氢、稳定组织、提高焊接焊头的综合力学性能，如高温蠕变强度。因此，在拟定耐热钢接头的焊后热处理时，应考虑如下方面：

1）对某些合金成分较低、厚度较薄的低合金耐热钢接头，焊前经预热，使用低碳的焊接材料，则焊件在焊后不必作热处理。

2）消除焊接残余应力是防止耐热钢产生延迟裂纹和再热裂纹的重要措施，热处理加热温度应保证接头残余应力降低到尽可能低的水平。提高加热温度和延长保温时间，均可显著减少焊接残余应力。某些技术标准中规定接头残余应力不应超过 50N/mm。

3）焊后热处理应尽量避免在回火脆性及裂纹倾向敏感的温度范围内进行，在危险温度范围内应保持较快的加热速度。

4）焊后热处理，尤其重复热处理应不能使母材和焊接接头的各项力学性能降低到设计规定的最低限度。回火温度过高或保温时间过长，将造成焊缝金属强度低于规定值。不同焊后热处理对 2.25Cr–1Mo 钢焊缝金属蠕变强度的对比试验结果表明，较高的回火温度提高了组织稳定性而延长了蠕变断裂时间。随着回火温度［或回火参数（p）］的增大，焊缝金属的韧性逐渐提高，当回火温度［或回火参数（p）］超过某值之后，韧性反而下降，所以各国都规定了这类低中合金耐热钢最佳焊后热处理回火温度。

焊后热处理可以整体在炉中进行，也可进行局部处理。大型焊件常采用局部热处理。采用局部加热时与炉中加热不同，不管保温时间多长，在整个焊件厚度方向上总是有一个温度梯度，截面越厚，梯度就越大，由此而产生的应力也越大。因此，推荐铬—钼钢局部热处理加热带的宽度应是厚度的 5 倍，且不小于 150mm，此时可以采用快速加热方法。

二、高合金耐热钢的焊接工艺

1. 奥氏体耐热钢的焊接工艺要点

在各类耐热钢中，奥氏体耐热钢具有较好的焊接性，其焊接工艺与奥氏体不锈钢相似，可以采用多种焊接方法焊接奥氏体耐热钢。

目前，焊接奥氏体耐热钢时都是选择相应的奥氏体不锈钢焊接材料，对于长期在高温下运行的奥氏体钢，为了防止 σ 相脆化，应控制焊缝金属中 δ 铁素体的含量不超过 5%。在镍含量大于 15% 的奥氏体钢（如 25–20 型）焊接时，选用锰含量为 6% ~8% 的焊接材料，可以获得抗裂性能较高的单相奥氏体焊缝。

2. 马氏体耐热钢的焊接工艺要点

（1）焊接方法。马氏体耐热钢可以采用各种焊接方法焊接。不过马氏体钢冷裂倾向大，对氢致延迟裂纹非常敏感，因此，必须严格保持低氢甚至超低氢，同时还应保持低的热影响区冷却速度。对于拘束度较大的接头，最好采用无氢源的钨极氩弧焊和熔化极氩弧焊。

（2）焊接材料。通常选用铬含量与母材基本相同的焊接填充金属来焊接马氏体耐热钢，如选用 E1–13–15（G207）或 H0Cr14 和 H1Cr13。焊接以 Cr12 为基的多元合金化马氏体耐热钢（如 1Cr11MoV、1Cr12WMoV）时，为了确保焊接接头具有与母材相匹配的高温力学性能，要求其焊缝为细而均匀的马氏体组织。这类钢焊接时易于形成马氏体与铁素体的混合组织，其中的铁素体相对高温机械性能不利。为了避免产生铁素体，必须适当降低焊缝中铁素体形成元素（如铬）的量或者增加奥氏体形成元素（碳、锰或镍）的量加以平衡。但是，过多地增加碳含量，会急剧降低 M_s 点，增加钢的冷裂敏感性，因此，焊缝的含碳量不宜超过 0.19%。以 1Cr11MoV 和 1Cr12WMoV 手弧焊为例，这两种钢的焊缝中都可能出现粗大的块状或网状铁素体，这可通过适当选择焊材加以解决。焊条成分增加奥氏体形成元素的量，同时降低铁素体形成元素的量，如 R827 比 1Cr11MoV 明显增加了镍和锰的含量，而 R817 比 1Cr12WMoV 明显降低了铬和钨的含量，其目的就是为了解决 1Cr12WMoV 钢焊缝金属中存在的过量铁素体使焊缝韧性恶化问题。

（3）预热。马氏体耐热钢电弧焊时，采取适当的焊前预热措施并保持层间温度是防止焊接冷裂纹的最有效方法。预热温度的选择取决于钢的碳含量、接头的厚度和拘束度及焊接方法。预热温度范围一般为 150～300℃，过低的预热温度，起不到防止冷裂纹的作用；过高的预热温度将会降低接头的韧性。

（4）焊后热处理。马氏体耐热钢焊后热处理的主要目的是为了降低焊缝金属和热影响区的硬度，改善韧性或提高强度，同时消除焊接残余应力。常用的焊后热处理包括完全退火和亚临界退火两种方法。完全退火可以产生最大限度的软化，通常不宜采用；亚临界退火温度范围为 650～760℃，保温结束后空冷。

碳含量较高的马氏体耐热钢焊后不能直接冷却到室温，而应立即进行焊后热处理或施以后热。

3. 铁素体耐热钢的焊接工艺要点

铁素体耐热钢对过热十分敏感，因此，只能采用手弧焊和钨极氩弧焊等热输入量低的焊接方法。

铁素体耐热钢的焊接填充金属有三类：

（1）化学成分与母材相匹配的高铬钢填充金属（如 E0-17-XX 和 H1Cr17）。

（2）铬、镍奥氏体钢（不宜用于高温下长期使用的接头）。

（3）镍基合金（价格昂贵）。

铁素体耐热钢焊接时常常需要预热，其目的并非防止冷裂，而是为了提高铁素体钢的韧性。为了避免 475℃ 脆性和防止晶粒粗化，预热温度不宜过高，一般为 150～230℃。

铁素体耐热钢焊后一般要进行热处理。热处理应在 700～840℃ 进行，热处理后应快速通过 370～540℃ 区间，以防 475℃ 脆性。对于 σ 相脆化倾向大的钢种，应避免在 650～850℃ 敏感区间内长时间保温。

三、异种钢的焊接

1. 异种钢焊接的种类

在化工、电站、航空、矿山机械等行业中，异种钢焊接结构应用较多。工程上常见的异种钢焊接可归纳为：不同珠光体钢间的焊接（如低碳钢 Q235 与中碳调质钢 40Cr 焊接）、不同奥氏体钢焊接（如奥氏体不锈钢 00Cr18Ni10 与奥氏体耐热钢 0Cr23Ni18 焊接）、珠光体钢与奥氏体钢焊接（如珠光体耐热钢 15CrMo 和奥氏体不锈钢 0Cr18Ni9 焊接）。

2. 珠光体钢与奥氏体钢的焊接

（1）珠光体钢与奥氏体钢焊接的主要问题。

1）稀释和合金化。稀释是异种金属焊接的普遍问题。在异种钢中，由于珠光体钢与奥氏体钢化学成分差异大，因此低合金的珠光体钢母材对焊缝的冲淡，即稀释作用是最为突出的。

a. 焊缝的平均成分。珠光体钢与奥氏体钢相焊时，由于电弧力的搅拌作用，两种母材和填充金属之间能够比较充分地混合，因此，除了熔合线附近的狭窄区域之外，焊缝金属绝大部分的化学成分是均匀的，可以用"焊缝的平均成分"来表示。一般来说，焊缝金属的平均成分取决于两个因素：两种母材以及填充金属各自的化学成分；每种母材对焊缝的稀释率。显然，在混合充分的前提下，焊缝的平均成分可以取两种母材以及填充金属成分的加权平均值，即

$$X_w = D_P X_P + D_A X_A + (1 - D_T) X_E$$
$$D_T = D_P + D_A$$

式中　　　　　　　X_w——焊缝金属的平均成分；

X_P、X_A、X_E——珠光体钢、奥氏体钢和填充金属的成分；

D_T——母材的总稀释率；

D_P、D_A——珠光体母材和奥氏体母材的稀释率。

当采用填充金属的合金化程度比两种母材都高时（异种钢焊接时经常如此），两种母材的熔入都对焊缝金属产生稀释作用，其中尤其以低合金珠光体钢的稀释作用最为明显。在异种钢焊接时，应从合理选择填充金属及控制焊接工艺两个方面入手，控制焊缝的成分，进行合金化。

b. 焊缝的金相组织。根据两种母材以及填充金属的化学成分和相对稀释率，利用舍夫勒图也可以直接估计焊缝的组织类型。

2）马氏体脆性过渡层的形成。前面讨论焊缝的平均成分和组织，都是在假定焊缝所受的稀释作用是均匀的前提下进行的。但是，母材与填充金属相互混合的程度，即稀释率在焊缝的不同部位是不同的。在熔合线附近的金属是熔池的边缘，焊接时这一区域的金属是液固两相共存的糊状，本身的流动性差，加之受电弧的搅拌作用也小，混合不可能充分。因此，在熔合线附近 0.2~0.6mm 的狭窄区域内存在着很大的浓度梯度。例如，在低碳钢与奥氏体焊缝的边界附近存在着明显的浓度梯度，其中尤以主要合金元素铬、镍的变化最大。用舍夫勒图近似估计，这一过渡区域应为马氏体组织。因此，这一区域可以称为马氏体过渡层。

马氏体过渡层虽然很窄，但对珠光体钢与奥氏体钢接头的抗裂性能的影响却很大。通常，过渡层两侧的低碳钢和奥氏体焊缝都无淬硬性，不会冷裂，但马氏体过渡层的硬度却很高，脆性也很大，是珠光体钢和奥氏体钢焊接接头在使用中最易发生破坏的部位。不论采用哪一种填充金属，过渡层的韧性比母材和焊缝金属都低。填充金属的含镍量越低，韧性下降幅度越大，马氏体过渡层越宽。实验表明，对于指定的母材金属，提高填充金属的镍当量与铬当量之比，尤其是提高含镍量，将会减小马氏体过渡层，改善熔合区的抗裂性能。同时，采用镍基填充金属还具有防止熔合区碳迁移的作用。

3）碳迁移。为了避免母材金属的稀释作用引起焊缝金属的脆化，珠光体钢与奥氏体钢焊接时一般都选择铬、镍奥氏体钢填充金属，形成奥氏体（有时还有少量铁素体）焊缝组织。因为奥氏体焊缝在液、固两态对碳的溶解度都远远高于珠光体钢母材，加之奥氏体焊缝中较高的铬含量对碳具有很强的吸引力，所以珠光体钢母材中的碳就有向焊缝扩散迁移的倾向。

当珠光体与奥氏体钢接头在高于427℃长时间热处理或使用时，碳迁移就会发生。温度越高，碳迁移造成的脱碳层越深；高于600℃时，碳迁移速度将明显加快。当温度达到800℃时，碳迁移速度是600℃的几倍。

珠光体钢与奥氏体钢焊接接头碳迁移的结果，将在珠光体母材一端的熔合线两侧分别造成脱碳层和增碳层，合称为碳迁移过渡层。在珠光体母材一侧，由于脱碳而发生软化；而在奥氏体焊缝一侧，则由于增碳引起碳化物析出而发生硬化。熔合线两侧硬度的这一突变，会对接头的使用性能，特别是高温使用性能（如持久强度）产生不良影响。

对于那些要在较高温度下长期使用的珠光体钢与奥氏体钢焊接接头，必须采取适当的措施阻止碳的迁移。阻止碳扩散迁移的关键，是要消除或减小熔合线两侧金属对碳的溶解度差和亲和力差。采用镍基填充金属或者在珠光体母材上预先堆焊含有强碳化物形成元素的隔离层，都能起到上述作用。

值得指出的是，在珠光体钢与奥氏体钢焊接时，通常都是采用奥氏体型填充金属，形成奥氏体型焊缝组织，这样，马氏体过渡层和碳迁移过渡层就只在珠光体钢母材一侧的熔合线附近形成。因此，在珠光体钢与奥氏体钢焊接接头中，珠光体钢母材一侧的熔合线就是整个接头的最薄弱部位，焊接缺陷和使用中的破坏，多数集中在这一部位发生。

尽管马氏体过渡层与碳迁移过渡层产生的部位相同，但两者的成因和影响是不同的。产生马氏体过渡层的根源是母材对焊缝的稀释作用；而产生碳迁移的原因是熔合线两侧金属对碳的溶解度以及亲和力存在着差别所致。马氏体过渡层是在焊缝凝固过程中快速形成的，有时也称为凝固过渡层；而碳迁移过渡层只有在已焊成的接头经受热处理长期保温或高温长期使用时才能逐渐形成。

4）热应力的大小及其分布。

a. 热应力的大小。异种金属焊接接头的热应力与两母材的线膨胀系数差成正比。在各类钢中，以珠光体钢与奥氏体钢的线膨胀系数相差最为悬殊。因此，珠光体钢与奥氏体钢的焊接接头，在焊后冷却、焊后热处理以及较高温度使用过程中，都会产生很大的热应力。此外，热应力还与温差成正比。分析表明，珠光体钢与奥氏体钢焊接接头的热应力，几乎比接头工作应力和接头两端温度梯度所产生的应力大一个数量级。尤其是接头承受热循环时（工程中常见的工作条件），较大的交变热应力极易使接头产生热疲劳而过早断裂。

b. 热应力的分布。在珠光体钢与奥氏体钢焊接接头中，珠光体钢母材一侧的熔合线附近因易形成马氏体过渡层和碳迁移过渡层而较薄弱。该部位本身抗裂性能较差，又易产生应力集中，这在承受热循环中更为突出。因此，改善珠光体钢与奥氏体钢焊接接头的应力分布状态，使最大应力不落在薄弱的珠光体钢母材一侧的熔合线附近，是很有实用意义的。

c. 焊后热处理对热应力大小及其分布的影响。焊后热处理也是一种热循环，不会彻底消除异种金属焊接接头的热应力，但会使其重新分布。通常情况下，热处理对接头残余应力的影响是很难预测的，通过热处理来改善接头应力的分布也很难掌握。而且，如果接头在更高的温度或热循环条件下使用，接头应力势必重新分布，焊后热处理所改善的应力分布也无法保持。因此，不推荐仅仅出于消除应力为目的而对异种钢接头进行焊后热处理。

（2）珠光体钢与奥氏体钢的焊接工艺要点。

1）焊接方法的选择。焊接方法对珠光体钢与奥氏体钢焊接接头最主要的影响是熔合比，也即稀释率。通常，珠光体钢与奥氏体钢焊接时，希望稀释率越低越好。目前，手弧焊方法以其操作方便、成本低和可获得较小的稀释率而广泛用于异种钢焊接。

2）填充金属的选择。珠光体钢与奥氏体钢焊接的关键是填充金属的选择。填充金属应满足两项基本要求：① 能够承受母材的稀释作用，不产生脆性组织和裂纹；② 能确保接头具有一定的使用性能和使用寿命。因此，具体填充金属的选择常常与下述预期的使用条件有关。

a. 常温下使用的焊接焊头。在427℃以下常温使用的焊接接头，一般采用奥氏体钢填充金属。这种情况下选择镍基合金当然也可以，但镍基合金成本高，最好不采用。

采用奥氏体填充金属时，随着填充金属成分和稀释率的不同，焊缝的成分和组织也可能不同。通常，希望焊缝金属是奥氏体加少量 δ 铁素体的双相组织。第二相 δ 铁素体的存在，能够细化奥氏体组织，净化硫和磷等杂质，提高焊缝的抗裂能力。但是，过多的 δ 铁素体会提高焊缝的脆性转变温度，增加对475℃脆性和 σ 相脆化的敏感性，在较高温度下使用的接头更是如此，通常要求奥氏体焊缝金属中含有 3% ~ 8% 的 δ 铁素体。

珠光体钢与奥氏体钢焊接时。最常用的奥氏体钢填充金属有三种：23 - 13 型、23 - 13Mo2 型和 25 - 20 型。在正常的焊接工艺下（即正常的稀释率），23 - 13 型填充金属（如焊条 A302）是焊接珠光体钢与奥氏体钢最通用的填充金属。23 ~ 13Mo2 型填充金属（如焊条 A312）焊得的焊缝中含有更多的 δ 铁素体，因而适合于焊接珠光体钢与含铝的奥氏体钢，但接头使用温度不可过高。用 25 - 20 型填充金属（如焊条 A402）焊得的焊缝是纯奥氏体组织，焊缝的抗热裂性能差些，使用时应减小接头的拘束度和奥氏体母材一端的过热度，如果在珠光体钢母材一端堆焊隔离层，就不易产生热裂。

b. 中高温下使用的焊接接头。焊接在 371℃以上的中高温使用的接头，按惯例应采用镍基合金填充金属。用镍基合金焊得的焊缝能够容许多种母材的稀释，而不致形成对裂纹敏感的焊缝组织和马氏体过渡层。同时，镍基合金对碳的溶解度小，因而能够避免碳迁移过渡层的形成。此外，镍基填充金属线膨胀系数介于珠光体钢与奥氏体钢之间，并更接近于珠光体钢的值，因而用镍基填充金属焊成的接头，热应力小且分布合理，可以承受较高的工作温度和热循环。

镍基合金比较昂贵，为此，焊接550℃以下使用的接头时，也经常采用高镍的奥氏体钢填充金属，如 16 - 25Mo6 型（如焊条 A507）和 16 - 35 型（如焊条 A607）等。用这类填充金属能焊成更为稳定的全奥氏体焊缝，比较适合于在 450 ~ 550℃范围内工作。但是，全奥氏体焊缝的抗热裂性能差，焊接时应采取措施减小过热度和焊接应力。

3）预热。珠光体钢与奥氏体钢焊接时，奥氏体钢母材不仅不需要预热，而且应尽量提高其冷却速度，以避免奥氏体钢的过热。但是，珠光体钢母材的情形就有所不同。如果珠光体钢母材也是对冷裂不敏感的钢种，如低碳钢，那么整个接头在焊接过程中都无需预热；如果珠光体钢母材是对冷裂敏感的易淬火钢，如 2.25Cr - 1Mo 钢，则需对珠光体钢母材一侧单独进行预热。在对冷裂特别敏感的情况下，还有必要对珠光体钢母材控制好层间温度和采取后热等措施。不过，由于珠光体钢与奥氏体钢焊接时总是采用奥氏体钢填充金属或镍基填充金属，焊缝在冷却过程中仍能保持对氢较高的溶解度，不会向珠光体钢母材的热影响区排氢。因此，这种情况下珠光体钢母材的冷裂倾向要比珠光体钢同种金属焊接时小得多。

4）焊后热处理。珠光体钢与奥氏体钢接头焊后热处理的目的是消除内应力。焊后热处理的回火作用对珠光体钢一般是有益的。但焊后热处理必须注意三个问题：热处理有可能使奥氏体钢母材析出碳化物而敏化；热处理有可能引起接头应力的重新分布；热处理有可能造成或加剧碳的扩散迁移。

5）堆焊隔离层及预焊过渡段。

a. 堆焊隔离层。如果控制稀释比较困难，或者在母材较厚预热困难等情况下，可以在珠光体钢母材上先堆焊一层或多层 23－13 型或其他填充金属，使最容易产生问题的那部分焊缝，即接头中最薄弱的部位，在拘束度最小的状态下熔敷。隔离层堆焊完后，可进行加工和检验。不允许奥氏体钢母材敏化的接头，在隔离层堆焊完后，还可对珠光体钢一端单独进行热处理，以避免将来对奥氏体钢母材的加热。堆焊了隔离层之后的珠光体钢与奥氏体钢之间的焊接，就转变成了奥氏体钢之间及相同组织异种钢的焊接问题了，因此可以采用适当的奥氏体钢填充金属和普通的工艺进行焊接了。

b. 预焊过渡段。某些大型容器或管道的异种钢接头只能在工地上现场施焊，接头质量难以保证。可以在车间有利的条件下，预先在珠光体钢母材一端焊接一个短的奥氏体钢过渡段，从而把困难的异种钢焊接问题转移到车间里来解决，这样在工地上只进行最终的同种钢焊接就容易得多了。在车间预焊过渡段时，装配、定位、变位、预热等一系列工艺措施都很容易控制，必要时还可以采取隔离层堆焊方法，焊后也很容易进行消除应力处理。

四、焊接新工艺简介

随着科学技术的不断发展，在焊接技术领域里也出现了不少先进的焊接工艺方法，如真空电子束焊、超声波焊、激光焊、扩散焊、爆炸焊等，使得焊接技术的应用日趋广泛。

1. 真空电子束焊

电子束焊是利用加速和聚焦的电子束轰击置于真空或非真空中焊件所产生的热能进行焊接的方法，真空电子束焊只是电子束焊的一种，也是目前发展较成熟的一种先进工艺。真空电子束焊与现有焊接方法相比，具有许多优点。例如：电子束能量密度很高，约为电弧焊的 5000 多倍，所以焊接速度快；又因焊接时的电子束电流很小，线能量较低，热循环快，所以焊件的热影响区和变形极小；焊缝深而窄，深宽比可达 20∶1，这对焊接不开坡口的单道焊缝是十分有利的；由于在真空环境下焊接，而且熔池金属无金属电极的沾污，故焊缝金属的纯度极高。

电子束焊的主要缺点是设备复杂，成本高，使用维护较困难，对接头装配质量要求严格，需要防护 X 射线等。

2. 超声波焊

利用超声波的高频振荡能对焊件接头进行局部加热和表面清理，然后施加压力实现焊接的一种压焊方法，称为超声波焊。

超声波焊接的焊点形成主要靠高频机械振动，金属不需要加热到很高温度（远低于熔点）就形成接头，焊接所需要的能量比接触焊小得多，因此焊点和热影响区的组织与性能变化极小，焊后的残余应力和变形也很小。它可以焊接用一般焊接方法难以焊接的材料，如高导热性、高导电性的轻金属及其合金和其他耐高温的特殊材料（如钼），也可以进行异种金属甚至物理性能差别很大的金属（如铝与铜、钢与钨、铝与镍等）间的焊接，以及非金属与金属之间的焊接。

焊前的焊件接触面清理要求不高，只需要除去油污，一般不需要清理氧化膜。由于超声波焊接有许多优点，这就增加了焊接技术的应用范围，在国内外航空火箭工业中获得了大量的应用。

3. 激光焊

激光是一种新能量，激光可以用来焊接、切割、打孔或进行其他加工。激光焊是以聚焦的激光束作为能源轰击焊件所产生的热量进行焊接的方法。

激光束能准确聚焦为很小的光点（直径为 $10\mu m$），因此焊缝可以极为窄小。激光束辐射能量大，且极为集中，穿透深度大（用 90kW CO_2 激光器焊接，深度可达 51mm），加热温度可达 $5000 \sim 9000℃$，可以熔化和焊接所有金属。焊接作用时间极短（1ms 左右），因此焊件不易氧化。不论是在真空、保护气体或空气中焊接，效果几乎同等，因此激光焊能在任何空间进行焊接。整个焊接过程都非常快，其凝固速度为其他熔化焊方法的 $10 \sim 100$ 倍，因此焊接热影响区极小，几乎看不出。晶粒为极细的树枝状结晶。

由于激光焊接具有上述特点，所以它被用于仪器、微型电子工业的超小型元件和宇宙技术中的特殊材料的焊接，可以焊接同种或异种材料。

4. 扩散焊

扩散焊接是近几年才应用的一种新的焊接方法。它是将两个接触的金属焊件加热到略低于固相线的温度，并施加一定的压力，此时焊件产生一定的显微变形，经过较长的时间后，便由于它们的原子互相扩散而得到永久的结合。为了防止金属接触面的热循环被氧化污染，扩散焊接一般都是在真空或保护气体中进行的。加热、加压产生必要的显微变形是为金属接触面原子相互扩散而创造条件，加速原子的扩散。

扩散焊接的特点：加热温度低，对基体金属的性能影响小，能用于连接不适于熔化焊接的材料。焊接接头成分、性能都与焊件金属相近似，利用显微镜也难看出结合面。它特别适用于要求真空密封、与基本金属等强度和无变形的小零件的焊接。它是制造真空密封、耐热、耐振和不变形接头的唯一方法，因此在工业生产中得到广泛的应用。

5. 爆炸焊

利用炸药产生的冲击力造成焊件的迅速碰撞，实现连接焊件的一种压焊方法，称为爆炸焊。爆炸焊过程是"冷过程"，因为整个焊接过程只有几微秒，它在爆炸热量未传到金属结合面时，焊接就已完成。因此，无热影响区，金属的性能变化很小。这与一般焊接方法有很大差别。因此，用一般焊接方法较难焊接的材料，可用爆炸焊接，如熔点相差很大的铝与钢、热膨胀系数相差很大的钛与不锈钢都可用爆炸焊接。由于两种金属都不熔化，因此在两金属结合面上也不会出现脆性金属间化合物。

爆炸焊接接头具有双重连接特点，即冶金特点的连接与犬牙交错的机械连接，故接头强度高。

为了进一步降低能耗和减少污染排放，改善环境，提高发电厂效率，600MW 超临界、超超临界机组在我国越来越多，1000MW 超超临界机组也相继投产，取得了很大的进步。但与国外先进水平相比仍然有很大的差距，而且我国现有超临界机组的新型耐热钢基本依赖进口，为了尽快缩小与发达国家的差距，需付出更大的努力。

第四节 火电厂的金属技术监督

为了保证火力发电厂金属技术监督范围内各种金属部件的运行安全和人身安全，根据 DL 438—2000《火力发电厂金属技术监督规程》及相关技术监控管理办法，必须对火电厂金属进行技术监督。金属技术监督是电力生产、建设过程中技术监督的重要组成部分，是保证火力发电厂安全生产的重要措施，主要从设备设计、选型、制造、安装、调试、试运行、运行、停用、检修、设备改造等各个环节进行全过程技术监督和技术管理。

一、金属技术监督的目的

通过对受监部件的检测和诊断，及时了解并掌握设备金属部件的质量情况和健康状况，防止由于选材不当、材质不佳、焊接缺陷、运行工况不良、应力状态不当等因素而引起各类事故，减少非计划停运次数，保证人身安全，提高设备安全运行的可靠性，延长设备的使用寿命。

二、金属技术监督的任务

（1）做好受监范围内各种金属部件在设计、制造、安装和检修过程中的材料选型、制造质量、焊接质量、部件质量监督以及相应的金属试验工作。

（2）检查和掌握受监部件服役过程中金属部件受力状况、组织变化、性能变化和缺陷发展情况。如发现问题，及时采取防爆、防断、防裂措施。对调峰运行的机组，其重要部件应加强监督。

（3）掌握受监范围内管道长期运行后的应力状态和支吊架全面检查的结果。

（4）进行受监金属部件事故的调查和原因分析，总结经验，提出处理对策，并督促实施。

（5）进行焊工培训考核工作，加强焊接管理。

（6）进行新机组的材料选型、设备监造和老机组更新改造工作，进行带缺陷设备和超期服役机组的安全评估、寿命预测和寿命管理工作。

（7）采用先进的诊断或在线监测技术，及时、准确地掌握和判断受监金属部件寿命损耗程度和损伤状况。

（8）建立和健全金属技术监督档案。

三、锅炉机组金属技术监督的项目

火力发电厂在役锅炉机组金属技术监督重点项目见表 2-9。

表 2-9   火力发电厂在役锅炉机组金属技术监督重点项目

部件名称	检查部位	检查项目	检查周期	检查比例	备注
主蒸汽管道、高温再热蒸汽管道及其附件	装有蠕变测点的管段	蠕胀测量	大修	100% 进行测量	应由专人、专用工具定期检查
	直管	外观检查	运行至 10 万 h 进行普查，以后大修抽查	普查：100%。抽查：不低于 25%	10CrMo910、540℃ 9.81MPa、公称规格为 $\phi273 \times 22mm$ 的主蒸汽管 9 万 h 前普查
		测厚	运行至 10 万 h 进行普查，以后大修抽查	普查：每根直管段两端及中部。抽查：不低于 25% 直管段两端及中部	

续表

部件名称	检查部位	检查项目	检查周期	检查比例	备注
主蒸汽管道、高温再热蒸汽管道及其附件	直管	金相	运行至 10 万 h 进行普查，以后大修抽查	普查：每根直管段各查 1 点。 抽查：抽取不低于 10% 直管段，每根直管段查 1 点	10CrMo910、540℃、9.81MPa、公称规格为 φ273×22mm 的主蒸汽管 9 万 h 前普查
		硬度测量	运行至 10 万 h 进行普查，以后大修抽查	普查：每根直管段。 抽查：不低于 25% 直管段	
	弯头、弯管	外观检查	运行 5 万 h 进行普查，以后检查周期不超过 5 万 h	普查：100%	
		不圆度测量			
		测厚			
		金相		普查：每个弯头、弯管最外弧各查 1 点	
		碳化物分析	运行至 10 万 h 进行普查，以后大修抽查	普查：100% 弯头、弯管。 抽查：不低于 10% 弯头、弯管	
		硬度测量	运行 5 万 h 进行普查，以后检查周期不超过 5 万 h	普查：100% 弯头、弯管	
		无损检测			
	同种钢焊缝	外观检查	运行至 10 万 h 进行普查，以后大修抽查	普查：100%。 抽查：不低于 10%	10CrMo910、540℃、9.81MPa、公称规格为 φ273×22mm 的主蒸汽管 9 万 h 前普查
		无损检测	运行至 10 万 h 进行普查，以后大修抽查	普查：100% 对接焊缝。 抽查：不低于 30% 对接焊缝	
	异种钢焊缝	无损探伤	运行 5 万 h 普查，以后检查周期为 3 万~5 万 h	普查：100%。 抽查：不低于 30%	F11、F12 和 P91 等高合金钢管
	三通	外观检查	运行 5 万 h 进行普查，以后检查周期不超过 5 万 h	普查：100%	
		无损检测			
	阀门壳体	外观检查	运行 5 万 h 进行普查，以后检查周期不超过 5 万 h	普查：100%	
		无损检测		普查：100% 阀门壳体	
	支吊架	热态检查	每年 1 次	100%	
		冷态检查	大修	100%	
低温再热蒸汽管道	焊缝（含纵、环焊缝）	无损检测	第 1 次大修进行，以后检查周期为 5 万 h	不低于 20%	
	弯管、弯头	不圆度测量		不低于 30%	
		测厚		不低于 30%	

续表

部件名称	检查部位	检查项目	检查周期	检查比例	备注
低温再热蒸汽管道	支吊架	全面检查和调整	300MW 及以上机组运行 3 万~4 万 h；100MW 及以上机组运行 8 万~10 万 h	100%	
锅炉出口导汽管	装有蠕变测点的管段	蠕胀测量	大修	100%进行测量	应由专人、专用工具定期进行
	弯管	外观检查	运行至 5 万 h 第 1 次检查，以后大修抽查	普查：100%。抽查：不低于 50%	
		不圆度测量		普查：100%。抽查：不低于 50%	
		测厚		不低于 50%	
		金相		抽取 2 根温度较高的导汽管，对其所有弯管最外弧各查 1 点	
		硬度测量		抽取 2 根温度较高的导汽管，对其所有弯管最外弧各查 1 点	
		无损检测		普查：100%抽查：每次大修不低于 50%	
	对接焊缝	无损检测		普查：100%抽查：不低于 50%	
过热器管、再热器管	管子	外观检查	大修	工况恶劣处	
		胀粗检查	大修	定点检查	
		氧化皮测厚	大修	外壁氧化严重处	必要时
	定点割客	割管鉴定	检修	高温部位 1~2 根	必要时
水冷壁管、省煤器管	管子	外观检查	大修	工况恶劣处	
		腐蚀深度测量	检修		必要时
高温过热器出口联箱、高温过热器入口联箱、高温再热器出口联箱	装有蠕变测点的管段	蠕胀测量	大修	100%	应由专人、专用工具定期普查、复查
	筒体	外观检查	运行至 10 万 h 普查，以后检查周期不超过 5 万 h	普查：100%	
		测厚			
		金相			
		硬度			

续表

部件名称	检查部位	检查项目	检查周期	检查比例	备注
高温过热器出口联箱、高温过热器入口联箱、高温再热器出口联箱	封头对接焊缝	无损检测	运行至10万h普查，以后检查周期不超过5万h	普查：100%	
		测厚			
		金相			
		硬度			
	排管管座、管孔间	外观检查		可打磨部位	
		无损检测			
水冷壁联箱、省煤器联箱	筒体	外观检查	运行至10万h普查，以后大修抽查	普查：100%。抽查：不低于10%	
		测厚			
	封头焊缝	无损检测	运行至10万h普查，以后大修抽查	普查：100%。抽查：不低于10%	
集汽联箱	筒体	外观检查	运行至10万h普查，以后检查周期不超过5万h	普查：100%	
		测厚			
		金相			
		硬度			
	封头对接焊缝	无损检测			
		金相			
		硬度			
	安全门接管座	无损检测			
减温器联箱	装有蠕变测点的管段	蠕胀测量	大修	100%	应由专人、专用工具定期检查
	筒体	外观检查	运行至10万h普查，以后大修抽查	普查：100%。抽查：一侧封头焊缝	
	封头焊缝	无损检测			
	内部结构件	内窥镜检查			必要时进行无损检测
汽包	筒体及主焊缝	外观检查	5万h第1次检查，以后大修检查	筒体内壁可见部分	
		无损检测		环缝≥10%，纵缝≥25%	
		金相		环缝2处，纵缝2处，丁字口3处	必要时
		硬度		环缝2处，纵缝2处，丁字口3处	必要时
	集中下降管管座角焊缝	无损检测		100%	
	分散下降管管座角焊缝	无损检测		25%	

续表

部件名称	检查部位	检查项目	检查周期	检查比例	备注
汽包	内部管孔预埋件焊缝、封头过渡区及其他接管座角焊缝	宏观检查	5万h第1次检查，以后大修检查	可见部位	
	人孔加强圈焊缝	无损检测		100%	
大于和等于M32的高温螺栓	螺纹处	无损检测	大修	100%	
	螺栓杆	无损检测	大修	100%	必要时
		硬度	大修	100%	上海引进型300MW机组 GH4145/SQ 高温螺栓应在端面进行
		金相	大修	同一服役位置的螺栓组中抽取1~2根硬度较高的螺栓	
		冲击韧性	大修		必要时
主给水管道	三通	外观检查	运行至5万h普查，以后检查周期为5万h	普查：100%	
	阀门	外观检查			
		对接焊缝无损检测			
		阀门后管段测厚			
	弯头	外观检查			
		无损检测			
		测厚			
	对接焊缝	无损检测			
	支吊架	冷态检查	大修	100%	
		热态检查	每年	100%	

注　1. 直管测厚点位置选取：周向每隔90°各取1点，共4点。
　　　2. 弯头、弯管测厚点位置选取：起弧处各1点；最外弧1点；起弧与最外弧中间各1点；最外弧两侧中性面各1点，共7点。

第三章

锅 炉 本 体 检 修

锅炉主要由锅炉本体和辅助设备两部分组成。锅炉本体设备包括汽包（自然循环锅炉、控制循环锅炉）、分离器（直流锅炉）、炉膛、受热面、燃烧设备、空气预热器、炉墙构架及其他附件。其中，受热面又包括省煤器、水冷壁、过热器、再热器，俗称锅炉"四管"。辅助设备主要包括制粉设备、通风设备、给水设备、除灰除渣设备、除尘设备和自动控制设备等。

第一节 锅炉主要布置及本体组成

一、锅炉布置型式

为了更好地进行锅炉检修，了解锅炉的布置型式及其结构特点是十分必要的。常见锅炉的布置型式主要有五种：Π型、Γ型、Τ型、塔型及半塔型，如图3-1所示。

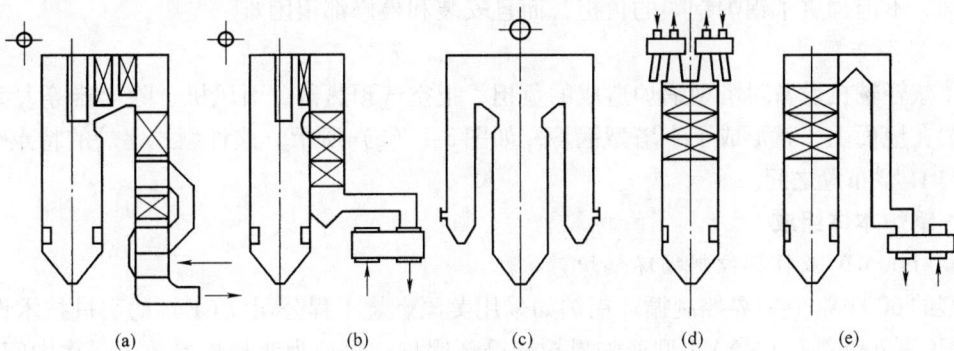

图 3-1 常见锅炉的布置型式

(a) Π型；(b) Γ型；(c) Τ型；(d) 塔型；(e) 半塔型

在燃用煤粉的自然循环锅炉、强制循环锅炉和直流锅炉中，广泛采用Π型布置方式，它包含由水冷壁蒸发受热面组成的炉膛、布置对流受热面的水平烟道以及尾部竖直烟道三个主要部分。

1. Π型布置

Π型布置锅炉的特点：

(1) 锅炉的排烟口在下部，大而重的转动机械可以布置在地面上，便于检修中吊装运输。

(2) 由于在水平烟道内可以布置较多的对流受热面，因此锅炉的厂房高度较低。

(3) 水平烟道内空间较大，可以灵活布置各种对流受热面，便于检修与维护。

(4) 尾部竖直烟道内可以布置较多的对流受热面，锅炉的结构紧凑。

(5) 锅炉的钢架结构复杂，由于存在水平烟道，烟道内烟气流动需要转弯，造成飞灰浓度不均匀，影响传热效果，同时使对流受热面局部磨损严重。

2. Γ 型布置

Γ 型布置就是在 Π 型布置的基础上取消了水平烟道，是 Π 型布置的一种改进，如图 3-1（b）所示。

Γ 型布置锅炉的特点：

（1）由于取消了水平烟道，锅炉的结构更加紧凑，占地面积小，节省钢材。

（2）因为锅炉的结构紧凑，检修空间较小，所以安装、检修不方便。

3. T 型布置

T 型布置常见于前苏联生产的锅炉，该型锅炉比 Π 型布置多一个水平烟道和尾部竖直烟道，如图 3-1（c）所示。T 型布置比较复杂，其布置特点同 Π 型布置。

4. 塔型布置

塔型布置型式如图 3-1（d）所示，从图中可以看出，炉膛的上方就是烟道，受热面全部布置在对流烟道内。

塔型布置锅炉的特点：

（1）占地面积小。

（2）取消了不易布置受热面的转向室，烟气一直向上，减轻了受热面的磨损。

（3）对流受热面可以全部水平布置，易于疏水，减少了受热面管内腐蚀。

（4）锅炉的厂房较高，连接过热器、省煤器等受热面的管道较长。

（5）由于锅炉的排烟口在上方，空气预热器、引风机、除尘器等大型笨重设备布置在锅炉顶部，不但加重了锅炉钢架的负担，而且安装和检修都很困难。

5. 半塔型布置

为了减轻辅机设备对塔型锅炉造成的负担，把空气预热器、引风机、除尘器等大型笨重设备布置在地面上，就形成了半塔型锅炉，如图 3-1（e）所示。这种型式锅炉的特点介于 T 型布置与 Π 型布置之间。

二、锅炉本体组成

（一）600MW 亚临界控制循环锅炉

典型的 600MW 亚临界控制循环锅炉如采用美国燃烧工程公司（CE）的引进技术设计和制造的 HG－2008/17.4－YM5 型亚临界控制循环锅炉。锅炉为亚临界参数、一次中间再热、控制循环汽包炉，采用平衡通风、直流式燃烧器四角切圆燃烧方式，设计燃料为准格尔烟煤，挥发分高达38%。锅炉以最大连续负荷（BMCR 工况）为设计参数，在机组电负荷为660MW 时，锅炉的最大连续蒸发量为 2008t/h。机组电负荷为 600MW（额定工况）时，该锅炉的额定蒸发量为 1757t/h。该锅炉结构及总体布置如图 3-2 所示。

1. 锅炉给水及水循环系统

在该锅炉下降管系统中装有低压头炉水循环泵，可保证水冷壁系统具有可靠的水循环。在水冷壁下集箱内，每根水冷壁管的入口处都装有节流孔板，使各水循环回路保证有合理的循环水速。

锅炉给水经由止回阀、电动闸阀进入省煤器入口集箱，进入省煤器蛇形管，水在省煤器蛇形管中与烟气成逆流向上流动，被加热后汇集到省煤器出口集箱，从省煤器出口集箱引出水冷吊挂管来悬吊尾部烟道内低温过热器，水冷吊挂管汇集到吊挂管集箱，在锅炉顶部大包内，经由大口径连接管引到炉前，并从汽包的底部进入汽包。

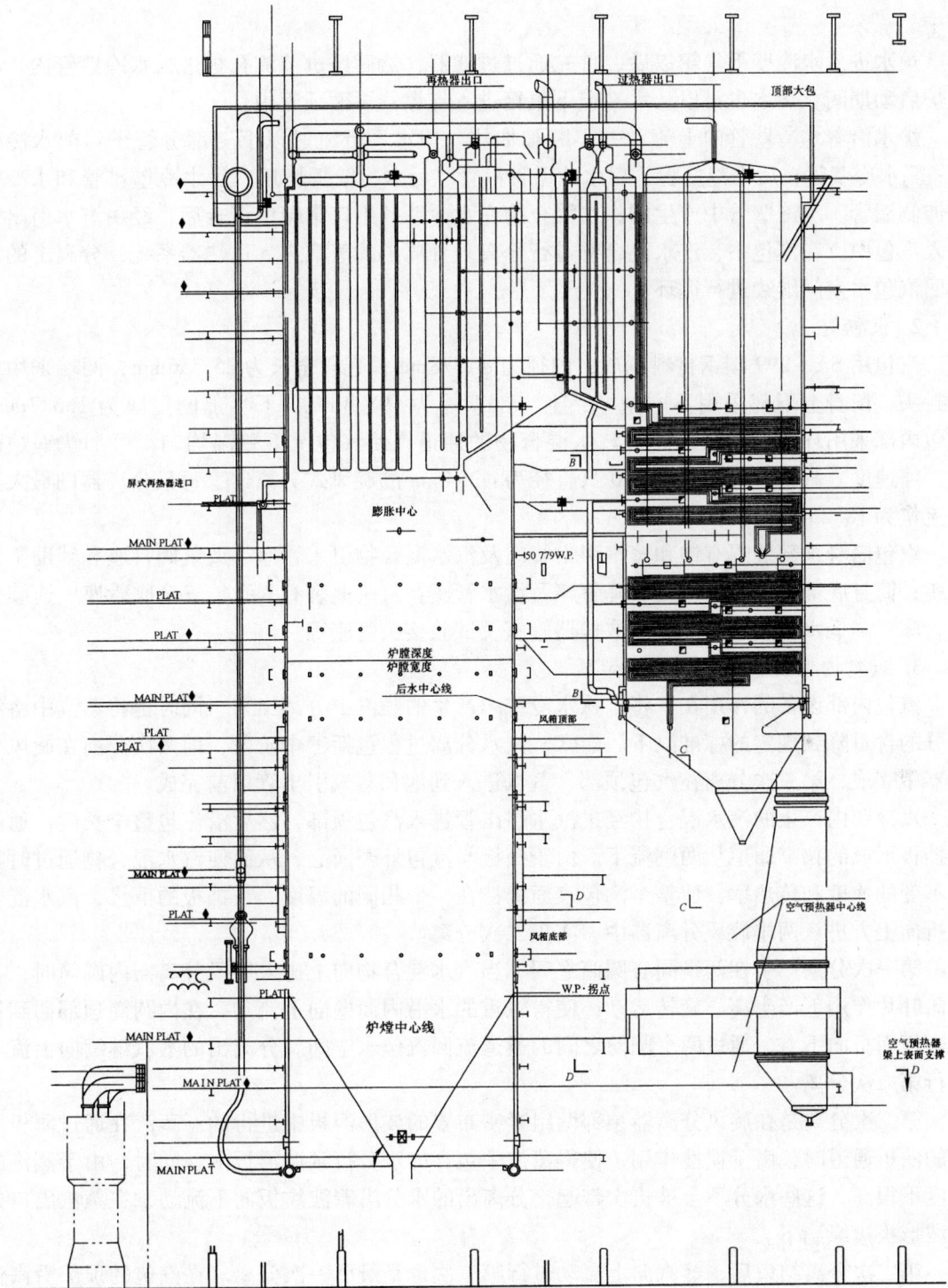

图 3-2　HG - 2008/17.4 - YM5 型亚临界控制循环锅炉结构及总体布置

给水进入汽包后，与汽包中的水混合，然后经由下降管进入循环泵吸入集箱，在锅炉运行时，循环泵将炉水从吸入集箱抽吸过来，经过排放阀和排放管道，将炉水排入水冷壁下集箱中。

炉水进入水冷壁下集箱以后，首先通过过滤器，然后经过节流孔板进入水冷壁管内。在锅炉启动期间，炉水也可以从水冷壁下集箱进入省煤器再循环管中。

炉水沿着水冷壁管向上流动并不断被加热。炉水平行流过以下三部分管子：前水冷壁管；侧水冷壁管；后水冷壁管、后水冷壁悬吊管、后水冷壁折焰角、后水冷壁排管和水冷壁延伸侧墙管。水冷壁管中产生的汽水混合物在水冷壁各出口集箱中汇合后，经由汽水引出管进入汽包中。在汽包中，汽水混合物进行分离。分离出的蒸汽进入过热器系统，分离出的水又回汽包水空间继续进行循环。

2. 汽包

汽包用 SA – 299 碳钢材料制成，内径为 ϕ1778mm，直段全长为 25 756mm，两端采用球形封头。筒身上下部采用不同壁厚，上半部壁厚为 198.4mm，下半部的壁厚为 166.7mm。汽包内部采用环形夹层结构作为汽水混合物的通道，使汽包上下壁温均匀，可加快锅炉的启、停速度。汽包内部布置有 110 只直径为 ϕ254mm 的旋风式分离器，每只分离器的最大蒸汽流量为 18.25t/h。

汽包筒身顶部装焊有饱和蒸汽引出管座及汽水混合物引入管座、放气阀管座和辅助蒸汽管座；筒身底部装焊有大直径下降管座及给水管座；封头上装有人孔、安全阀管座、连续排污管座、高低水位表管座、液面取样器管座及试验接头管座等。

3. 汽包内部设备、水位测示装置

汽包内部设备的作用在于将水从水冷壁内产生的蒸汽中分离出来，同时也将蒸汽中溶解盐分的含量降到规定的标准以下。通常，汽水分离过程包括三个阶段，前两次分离在旋风分离器中完成，第三次分离在汽包顶部、蒸汽进入到饱和蒸汽引出管以前完成。

水冷壁内产生的汽水混合物经过汽水引出管进入汽包顶部，然后沿汽包整个长度，通过由挡板形成的狭窄通道从两侧流下。由于挡板与汽包外壳同心，从而使汽水混合物通过时具有不变的速度和传热率，使整个汽包表面维持在一个相同的温度。在挡板的下缘，汽水混合物折向上方进入两排旋风分离器中，实现二次分离。

第一次分离产生在两个同心圆筒之间。当汽水混合物向上进入旋风分离器内圆筒时，在转向叶片作用下产生离心旋转运动，使得较重的水沿内筒壁向上流动，在内圆筒顶部遇到转向弯板而折向下方，通过两个圆筒之间的通道流回汽包水空间。分离出的蒸汽继续向上流动进行第二次分离。

第二次分离是在旋风分离器顶部两组紧密布置的波形薄板中进行的。蒸汽在通过薄板之间的曲折通道时，由于惯性作用，使得蒸汽中包含的水分打到波形板上。同时，由于蒸汽的速度不很高，这些水分不会被再次带起，分离出的水分沿着波纹板向下流动，在蒸汽出口处沿波形板边缘滴下。

第二次分离结束后，蒸汽向上流动进行第三次也是最后一次分离。在汽包的顶部沿汽包长度方向布置有数排百叶窗分离器，排间装有疏水管道，在蒸汽以相当低的速度穿过百叶窗弯板间的曲折通道时，携带的残余水分会沉积在波形板上，水分不会被蒸汽再次带起，而是沿着波形板流向疏水管道，通过这些管道返回汽包水空间。

大容量锅炉（设计压力大于或等于 $170kg/cm^2$）的汽包中装有液面取样器，以便在高压运行时测出汽包内的真实水位，以此对水位表和远方水位指示装置所示的水位进行校核。

4. 省煤器

省煤器布置在锅炉尾部竖井烟道下部，管子为 $\phi51\times6.5mm$，在锅炉宽度方向由 134 片顺列布置的水平蛇形管组成。所有蛇形管都从入口集箱引入，终止于出口集箱。给水经过省煤器止回阀和省煤器电动闸阀进入省煤器入口导管，再经过省煤器入口集箱进入蛇形管。水在蛇形管中与烟气成逆流向上流动，以此达到有效的热交换，同时也减小了蛇形管中出现汽泡造成停滞的可能性。给水在省煤器中被加热后，进入省煤器出口集箱，经水冷吊挂管进入水冷吊挂管出口集箱，经出口导管引入汽包。

在省煤器入口集箱端部和后水冷壁下集箱之间连有省煤器再循环管。在锅炉启动时，该管可将炉水引至省煤器，防止省煤器中的水产生汽化。启动时，再循环管路中的阀门必须打开，直到连续供水时再关上。

5. 过热器和再热器

过热器由五个主要部分组成：末级过热器、过热器后屏、过热器分隔屏、立式低温过热器和水平低温过热器、顶棚过热器和后烟道包墙系统。

末级过热器位于后水冷壁排管后方的水平烟道内，共 96 片，管径为 $\phi57mm$，以 190.5mm 的横向节距沿整个炉宽方向布置。

过热器后屏位于炉膛上方折焰角前，共 24 片，管径为 $\phi60mm$，以 762mm 的横向节距沿整个炉膛宽度方向布置。

过热器分隔屏位于炉膛上方，前墙水冷壁和过热器后屏之间，沿炉宽方向布置六大片，每大片又沿炉深方向分为八小片。管径为 $\phi57mm$，从炉膛中心开始，分别以 2286、3048mm 的横向节距沿整个炉膛宽度方向布置。

立式低温过热器位于尾部烟道转向室内，水平低温过热器上方，共 130 片，管径为 $\phi63mm$，以 153mm 的横向节距沿炉宽方向布置。

水平低温过热器位于尾部竖井烟道省煤器上方，共 130 片，管径为 $\phi57mm$，以 153mm 的横向节距沿炉宽方向布置。

顶棚过热器和后烟道包墙系统部分由顶棚管、侧墙、前墙、后墙、后烟道延伸包墙组成。顶棚过热器和后烟道包墙系统形成一个垂直下行的烟道；后烟道延伸包墙形成一部分水平烟道。

再热器由三个主要部分组成：末级再热器、再热器前屏、墙式辐射再热器。

末级再热器位于炉膛折焰角后的水平烟道内，在水冷壁后墙悬吊管和水冷壁排管之间，共 72 片，管径为 $\phi63mm$，以 254mm 的横向节距沿炉宽方向布置。

再热器前屏位于过热器后屏和后水冷壁悬吊管之间，折焰角的上部，共 48 片，管径为 $\phi63mm$，以 381mm 的横向节距沿炉宽方向布置。

墙式辐射再热器布置在水冷壁前墙和侧墙靠近前墙的部分，高度约占炉膛高度的 1/3。前墙辐射再热器有 256 根 $\phi60mm$ 的管子，侧墙辐射再热器有 276 根 $\phi60mm$ 的管子，以 63.5mm 的节距沿水冷壁表面密排而成。

6. 蒸汽流程

过热器系统流程如图 3-3 所示。

汽包 → 饱和蒸汽引出管 → 顶棚管入口集箱 → 顶棚管 → 顶棚管出口集箱

顶棚旁路管 → 包墙系统旁路管

后烟道顶棚管 → 后烟道后墙管 → 后烟道后墙下集箱 → 后烟道侧墙下集箱(后) → 后烟道后部侧墙管

后烟道前墙管 → 后烟道前墙下集箱 → 后烟道延伸侧墙下集箱 / 后烟道侧墙下集箱(前) → 后烟道延伸部分侧墙管 / 后烟道前部侧墙管 → 后烟道侧墙上集箱

低温过热器入口连接管 → 水平低温过热器入口集箱 → 水平低温过热器 → 立式低温过热器 → 立式低温过热器出口集箱

一级减温器入口连接管 → 过热器一级减温器 → 一级减温器出口连接管 → 分隔屏入口集箱 → 过热器分隔屏

分隔屏出口集箱 → 分隔屏与后屏间连接管 → 后屏入口集箱 → 过热器后屏 → 后屏出口集箱

二级减温器入口连接管 → 过热器二级减温器 → 二级减温器出口连接管 → 末级过热器入口集箱 → 末级过热器

末级过热器出口集箱 → 过热器出口导管

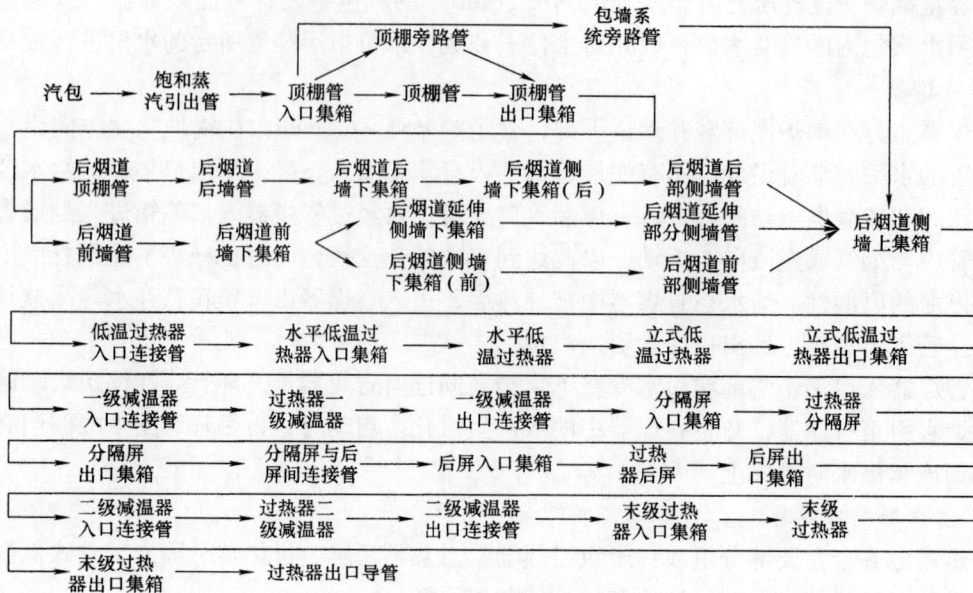

图 3-3 过热器系统流程

蒸汽在汽轮机高压缸做功后，经由冷端再热器管道引回锅炉，进入再热器系统。再热器减温器位于冷端再热器管道上。再热器系统流程如图 3-4 所示。

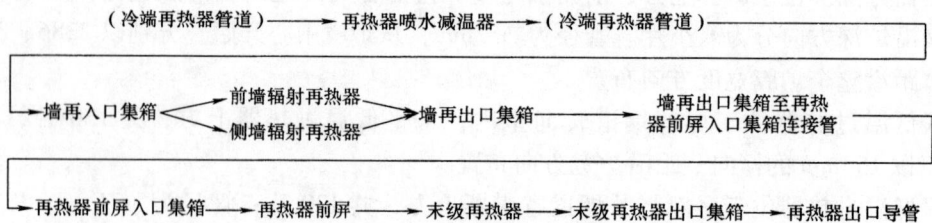

(冷端再热器管道) → 再热器喷水减温器 → (冷端再热器管道)

墙再入口集箱 → 前墙辐射再热器 / 侧墙辐射再热器 → 墙再出口集箱 → 墙再出口集箱至再热器前屏入口集箱连接管

再热器前屏入口集箱 → 再热器前屏 → 末级再热器 → 末级再热器出口集箱 → 再热器出口导管

图 3-4 再热器系统流程

7. 减温器

在过热器连接管道和再热器入口冷端管道上分别装有减温器，以便在必要时用于调节蒸汽温度，将蒸汽温度保持在设计值。

过热器减温器分二级布置，数量为 4 只。第一级布置于立式低温过热器出口集箱至分隔屏入口集箱之间的连接管道上，左、右各一只。第二级布置于过热器后屏出口集箱至末级过热器入口集箱之间的连接管道上，左、右各一只。

再热器减温器布置于冷端再热管道上，数量为 2 个。

每只减温器的喷水量由装有自控驱动装置的调节阀来控制。调节阀的两端装有电动截止阀和气动闭锁阀，可在必要时将调节阀隔离。调节阀下方的疏水阀可用于系统泄压或在调节阀维修时管路疏水用。

8. 膜式水冷壁结构

水冷壁由外径为 $\phi50.8/\phi51$ 的管子构成，节距为 63.5mm，管子中间的空隙以扁钢焊接，从而达到对烟气的完全密封。炉膛折焰角部分由外径为 $\phi63.5$ 的管子构成，节距为76.2mm，管子中间的空隙以扁钢焊接。

锅炉配置有 2 台 32 - VNT - 2060 型三分仓，一、二次风分隔式回转式空气预热器，每台都有 8 个支座，搁置在标高为 16 850mm 的水平梁上。配有 3 台德国 KSB 公司的湿式炉水循环泵。

600MW 亚临界控制循环锅炉的主要设计特点如下：

（1）锅炉为单炉膛四角布置的摆动式直流燃烧器，切向燃烧，配 6 台进口 MBF 中速磨煤机，正压直吹式系统，每角燃烧器为 6 层一次风喷口，燃烧器可上下摆动，最大摆角为 $\pm30°$；在 BMCR 工况，燃用设计煤种时，5 台磨煤机运行，1 台备用。

（2）炉膛上部布置墙式辐射再热器和大节距的过热器分隔屏以增加再热器和过热器的辐射特性。墙式辐射再热器布置于上炉膛前墙和两侧墙。分隔屏沿炉宽方向布置六大片，能起到切割旋转的烟气流以减少进入水平烟道沿炉宽方向的烟温偏差的作用。

（3）采用 CE 公司于 20 世纪 70 年代末期发展的内螺纹管膜式水冷壁的强制循环系统（简称 CC），可以降低锅炉循环倍率至 2 左右，以便采用低压头的循环泵，减少电耗并提高运行可靠性；对每个水冷壁回路的各种工况均用计算机进行了精确的水循环计算，确保水循环的可靠性。膜式水冷壁为光管加扁钢焊接型式。

（4）各级过热器和再热器最大限度地采用蒸汽冷却的定位管和吊挂管，以保证运行的可靠性。分隔屏和后屏沿炉膛宽度方向有六组汽冷定位夹紧管并与墙式再热器之间装设导向定位装置以作为管屏的定位和夹紧，防止运行中管屏的晃动；过热器后屏和再热器前屏用横穿炉膛的汽冷定位管定位以保证屏与屏之间的横向间距，并防止运行中的晃动；布置于后烟道中的水平式低温过热器采用自省煤器出口集箱引出的水冷吊挂管悬吊和定位；省煤器采用金属撑架固定；对于高温区的管屏（过热器分隔屏、过热器后屏、再热器前屏）通过延长最里面的管圈作管屏底部管束的夹紧用。

（5）根据国内运行经验和设计煤种的特性，对流受热面的设计采用较低的烟速。

（6）各级过热器和再热器采用较大的横向节距，防止在受热面上结渣、结灰，同时还便于在蛇形管穿过顶棚处装设高冠板式密封装置，以提高炉顶的密封性。

（7）各级过热器和再热器均采用较大直径的管子，如 $\phi57$、$\phi60$、$\phi63mm$ 等。增加管子在制造和安装过程中的刚性，有利于降低过热器和再热器的阻力；这种较粗管子的顺列布置对降低管子的烟气侧磨损及提高抗磨能力均有利。

（8）各级过热器、再热器之间采用单根或数量很少的大直径连接管相连接，能对蒸汽起到良好的混合作用，以消除偏差。各集箱与大直径连接管相连处均采用大口径三通。

（9）过热器、再热器蛇形管的材质。所有大口径集箱和连接管在保证性能和强度的基础上采用与国内常用钢材相近的美国牌号的无缝钢管。

（10）汽温调节方式。过热器采用二级喷水。第一级喷水减温器设于低温过热器与分隔屏之间的大直径连接管上，左、右各一点。第二级喷水减温器设于过热器后屏与末级过热器之间的大直径连接管上，左、右各一点。这样，可更有效地消除过热器出口左右汽温偏差。减温器采用笛管式。再热器的调温主要靠燃烧器摆动，再热器的进口导管上装有 2 只雾化喷嘴式的喷水减温器，主要作事故喷水用。过量空气系数的改变对过热器和再热器的调温也有一定的作用。

（11）在炉膛、各级对流受热面和回转式空气预热器处均装设不同型式的吹灰器，吹灰器的运行采用程序控制，所有的墙式吹灰器和伸缩式吹灰器根据燃煤和受热面结灰情况需经常投运，整台锅炉吹灰器全部投运一次需 2～4h。

（二）600MW 亚临界自然循环锅炉

典型的 600MW 亚临界自然循环锅炉如 DG2070/17.5－Ⅱ4 型 600MW 前后墙对冲燃烧锅炉。该锅炉为亚临界参数、自然循环、前后墙对冲燃烧方式、一次中间再热、单炉膛平衡通风、固态排渣、尾部双烟道、紧身封闭、全钢构架的汽包炉。再热汽温采用烟气挡板调节，空气预热器置于锅炉主柱外。该锅炉主要技术参数：最大连续蒸发量为 2070t/h，过热蒸汽压力为 17.5MPa，蒸汽温度为 541℃/541℃。设计煤种为准格尔矿煤，煤的干燥无灰基挥发分为 38%，低位发热量为 17 981kJ/kg。锅炉结构及总体布置如图 3-5 所示。

1. 水、汽流程

锅炉给水分两路自省煤器入口 T 型母管通过宫廷吊灯式连接管引入省煤器进口集箱，流经省煤器蛇形管、省煤器吊挂管进口集箱、省煤器吊挂管和省煤器吊挂管出口集箱后由连接管引入汽包，与炉水混合，经下降管、下水连接管进入水冷壁下集箱，水通过受热的水冷壁向上流动并且产生蒸汽，形成汽水混合物进入水冷壁上集箱，再由连接管引入汽包，经过汽包中的旋风分离器进行汽水分离，分离出来的水与给水混合后进入炉膛水冷壁进行再循环，分离出来的饱和蒸汽依次经顶棚过热器、包墙过热器、低温过热器、屏式过热器和高温过热器，最后由高温过热器出口导管分左、右侧两路引出。过热蒸汽流程如图 3-6 所示。

整个过热器系统布置了两次左右交叉：低温过热器出口至屏式过热器进口，屏式过热器出口至高温过热器进口各进行了一次左右交叉，有效地减少了烟气流过锅炉宽度上不均匀性带来的影响，有利于减少屏间及管间的热偏差。过热器系统采用了两级喷水减温方式：第一级喷水减温器位于低温过热器出口集箱至屏式过热器进口集箱的连接管上，第二级喷水减温器位于屏式过热器出口集箱至高温过热器进口集箱的连接管上。每一级有两只喷水减温器，分左右两侧分别喷入减温水。第一级喷水减温器用于粗调，并对屏式过热器起保护作用；第二级喷水减温器用于微调过热蒸汽温度，使过热器出口蒸汽温度维持在额定值。

从汽轮机高压缸排出的蒸汽分左、右侧两路进入低温再热器进口集箱，经过低温再热器、高温再热器后，进入再热器出口集箱，最后由高温再热器出口导管分左、右侧两路引出至汽轮机中压缸。再热蒸汽流程如图 3-7 所示。

低温再热器与高温再热器之间通过小管子直接连接，不设中间集箱，可有效地减少再热器系统的阻力。

在低温再热器进口管道上布置有两只再热器事故喷水减温器，分左右两侧喷入减温水。再热器事故喷水仅用于紧急事故工况、扰动工况或其他非稳定工况。正常情况下，通过布置在尾部烟道内的烟气调节挡板调节再热器汽温：在满负荷时，过热器侧烟气挡板全开，再热器侧烟气挡板部分打开；负荷逐渐降低，过热器侧挡板逐渐关小，再热器侧挡板逐渐开大，直至锅炉运行至最低负荷，再热器侧全部打开。

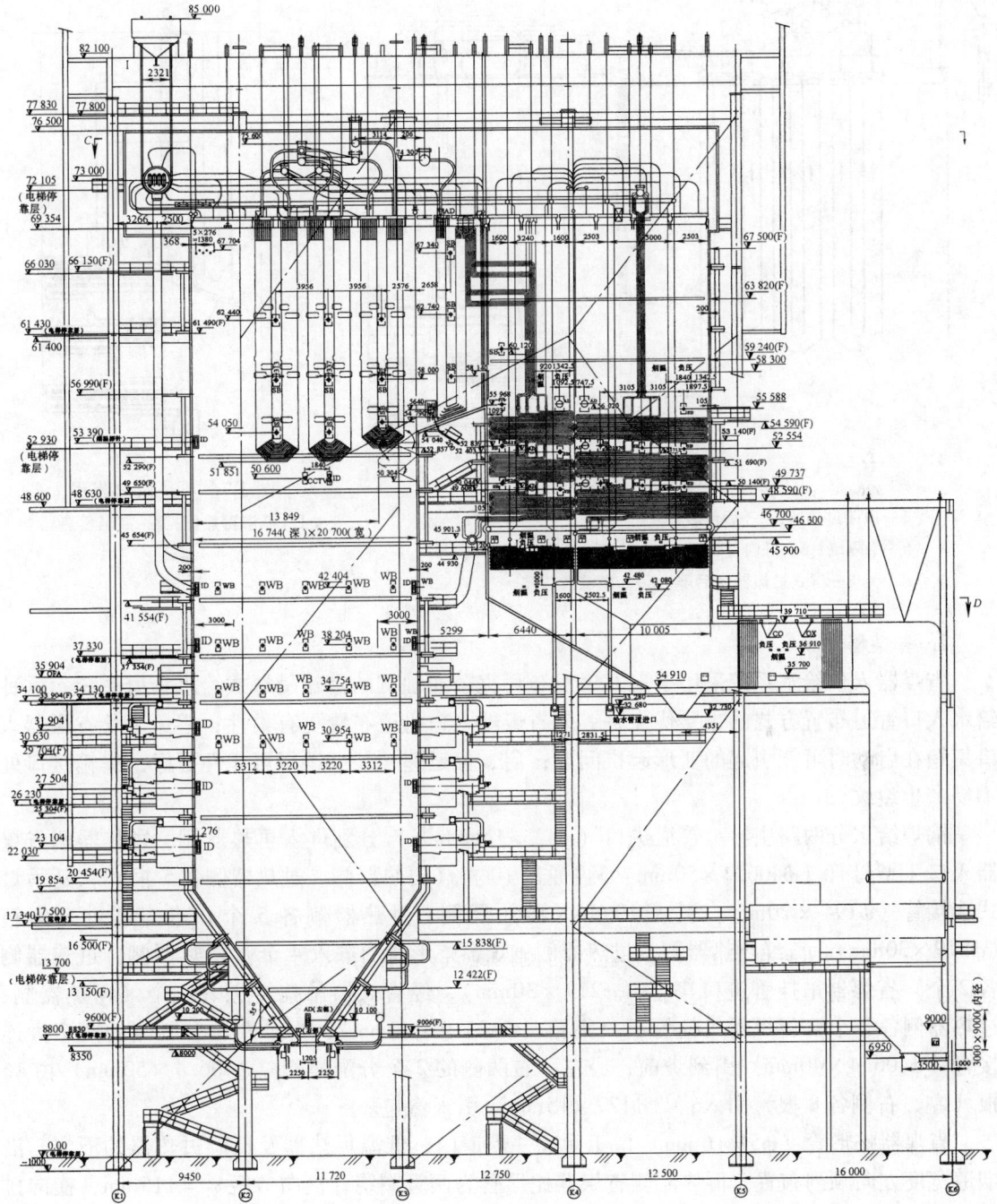

图 3-5　DG2070/17.5－Ⅱ4 型锅炉的结构及总体布置图

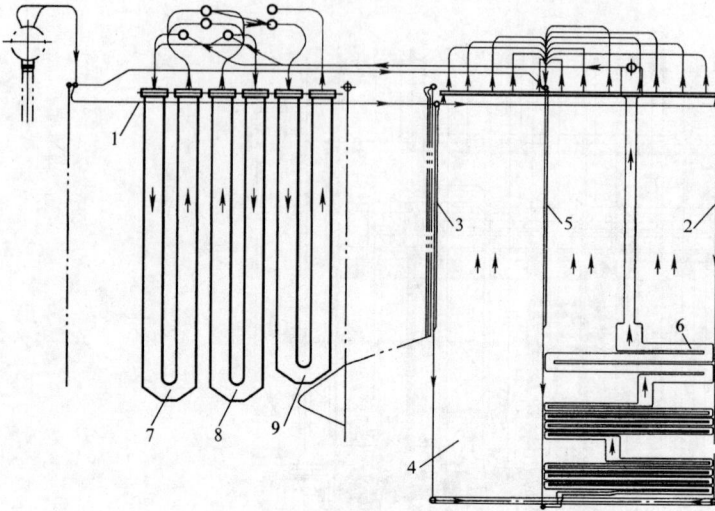

图 3-6 过热蒸汽流程

1—顶棚过热器；2—后包墙；3—前包墙；4—侧包墙；

5—中隔墙；6—低温过热器；7—屏式过热器（前屏）；

8—屏式过热器（后屏）；9—高温过热器

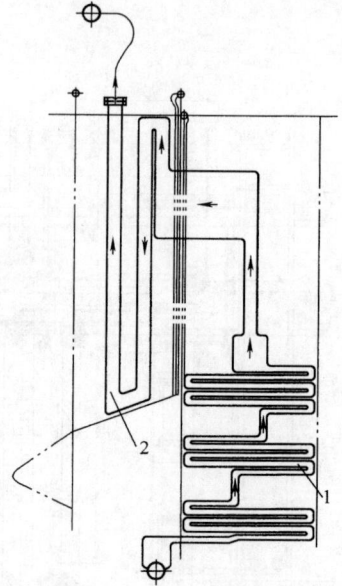

图 3-7 再热蒸汽流程

1—低温再热器；2—高温再热器

2. 省煤器系统

省煤器入口给水系统采用了三井·巴布科克公司独有的宫廷吊灯式给水管道系统。这种给水入口管道布置方式的主要优点是：使省煤器入口管道布置更有柔性；避免了长省煤器入口集箱在启动时可能引起的变形起拱问题；启、停迅速；长期运行可靠性更好；集箱接口处不易产生裂纹。

锅炉给水分两路主给水管道进口（$\phi323.9 \times 28mm$）分别进入再热器侧、过热器侧省煤器入口 T 型母管（$\phi406.4 \times 50mm$），再通过 10 根（再热器侧、过热器侧各 5 根）宫廷吊灯式连接管（$\phi194 \times 20mm$）引入 10 个（再热器侧、过热器侧各 5 个）省煤器进口集箱（$\phi219 \times 30mm$），流经再热器侧、过热器侧省煤器蛇形管后进入 4 个（再热器侧、过热器侧各 2 个）省煤器吊挂管进口集箱（$\phi219 \times 30mm$），经省煤器吊挂管进入 4 个（再热器侧、过热器侧各 2 个）省煤器吊挂管出口集箱（$\phi323.9 \times 40mm$），再由左、右两侧的两个大连接管（$\phi406.4 \times 40mm$）引到炉前，经左、右两侧的 2 个分配集箱（$\phi406.4 \times 50mm$）由 16 根（左、右侧各 8 根）引入管（$\phi127 \times 15mm$）引入汽包。

省煤器蛇形管（$\phi51 \times 6mm$）位于后竖井烟道内，低温再热器及低温过热器的下方，沿烟道宽度方向顺列布置。再热器侧省煤器蛇形管为两管圈绕，横向节距 $s_1 = 115mm$，横向排数为 178，纵向节距 $s_2 = 71.1mm$，纵向排数为 24，逆流布置；过热器侧省煤器蛇形管也为两管圈绕，横向节距 $s_1 = 147mm$，横向排数为 140，纵向节距 $s_2 = 71.1mm$，纵向排数为 24，逆流布置。

3. 汽包

汽包内径 $D_n = 1800mm$，壁厚为 145mm，筒身直段长为 24.733m，两端为球形封头，总长约为 26.983m, 筒体和封头的材料为 DIWA353（13MnNiMo54）, 由两根 $\phi200$ 的 U 形吊杆将其悬吊于顶板梁上, 可使汽包自由热膨胀。吊杆材料为 SA – 675Gr.70, 汽包中心线标高为 73m, 汽包和内部设备总重约为 215t（含熔焊金属）。在汽包封头两端各设一套无盲区双色水位计和两套单室平衡容器。

4. 水冷壁系统

锅炉的水冷壁系统由 28 个（每面墙各 7 个）水冷壁下集箱（$\phi219 \times 40mm$）、水冷壁管、22 个（前墙 7 个、两侧墙各 7 个、后墙 1 个）水冷壁上集箱（$\phi273 \times 55mm$）、5 个（两侧墙各 2 个、后墙 1 个）水平烟道上集箱（$\phi273 \times 50mm$）和 62 根（前墙 14 根、两侧墙各 14 根、后墙 4 根、水平烟道两侧墙各 4 根、水平烟道后墙 8 根）汽水引出管（$\phi168 \times 18mm$）组成。为提高水冷壁下集箱的强度, 水冷壁管在下集箱不开通孔, 而采用 $d_r = 32mm$ 的节流孔形式。

5. 燃烧设备

机组采用前后墙对冲燃烧方式, 制粉系统为中速磨煤机正压直吹式系统, 磨煤机为 HP1103 型中速磨煤机, 共 6 台。燃用设计煤种在 BMCR 工况时, 其中一台备用。锅炉共配有 30 只 LNASB 低 NO_x 轴向旋流式煤粉燃烧器, 30 只 LNASB 燃烧器分三层分别布置在锅炉前后墙水冷壁上, 每层各有 5 只 LNASB 燃烧器。燃烧器布置时充分考虑了燃烧器之间的相互影响。

6. 锅炉主要特点

（1）锅炉带基本负荷, 并具有一定调峰能力。不投油最低稳燃负荷不大于 30% BMCR。

（2）采用定—滑—定方式运行, 也可采用定压方式运行。

（3）采用宫廷吊灯式省煤器入口管系。

（4）为增加水冷壁管 DNB 裕度, 在炉膛高热负荷区域布置了大量内螺纹管。

（5）燃烧器区域水冷壁布置在前后墙, 每面墙布置三层煤粉燃烧器, 每层 5 只, 共 30 只煤粉燃烧器。布置一层燃尽风喷口, 共 10 只。

（6）燃烧系统采用三井·巴布科克公司设计的 LNASB 燃烧器, 组织对冲燃烧, 满足燃烧稳定、高效、可靠、低 NO_x 的要求。采用分级燃烧, 炉膛设有 OFA 风口, 进一步抑制 NO_x 的生成。

（7）过热器、再热器系统采用短管集箱与小管相连, 由于短管集箱口径小孔桥间不易产生裂纹, 而且热应力和疲劳应力低, 能够适应快速启、停要求, 长期运行的可靠性高。再热器采用尾部烟道挡板调温, 低温再热器入口设有事故喷水。

（三）600MW 超临界直流锅炉

典型的 600MW 超临界直流锅炉如 DG1900/25.4 – Ⅱ1 型 600MW 超临界参数变压直流本生型锅炉。该锅炉为一次再热, 单炉膛, 前后对冲燃烧方式, 尾部双烟道结构, 采用挡板调节再热汽温, 固态排渣, 全钢构架, 全悬吊结构, 平衡通风, 露天布置。该炉主要技术参数: 最大连续蒸发量为 1900t/h, 过热蒸汽压力为 25.4MPa, 蒸汽温度为 571℃/569℃。设计煤种为晋南、晋东南地区贫煤、烟煤的混合煤种, 设计煤种的干燥无灰基挥发分为 14.44%。锅炉整体布置与结构如图 1-3 所示。

1. 水、汽流程

自给水管路出来的水由炉前右侧进入位于尾部竖井后烟道下部的省煤器入口集箱, 水流经省煤器受热面吸热后，由省煤器出口集箱右端引出经下水连接管进入螺旋水冷壁入口集箱，经螺旋水冷壁管、螺旋水冷壁出口集箱、混合集箱、垂直水冷壁入口集箱、垂直水冷壁管、垂直水冷壁出口集箱后进入水冷壁出口混合集箱汇集后，经引入管引入汽水分离器进行汽水分离，循环运行时从分离器分离出来的水进入储水罐后排往冷凝器，蒸汽则依次经顶棚管、后竖井/水平烟道包墙、低温过热器、屏式过热器和高温过热器。进入直流运行时，全部工质均通过汽水分离器进入顶棚管。

调节过热蒸汽温度的喷水减温器装于低温过热器与屏式过热器之间和屏式过热器与高温过热器之间。

汽轮机高压缸排汽进入位于后竖井前烟道的低温再热器和水平烟道内的高温再热器后，从再热器出口集箱引出至汽轮机中压缸。

再热蒸汽温度的调节通过位于省煤器和低温再热器后方的烟气调节挡板进行控制，在低温再热器出口管道上布置再热器微调喷水减温器作为事故状态下的调节手段。

2. 烟、风流程

送风机将空气通过暖风器送往两台三分仓再生式空气预热器，锅炉的热烟气将其热量传送给进入的空气，受热的一次风与部分冷一次风混合进入磨煤机，然后进入布置在前后墙的煤粉燃烧器，受热的二次风进入燃烧器风箱，并通过各调节挡板进入每个燃烧器二次风、三次风通道，同时部分二次风进入燃烧器上部的燃尽风喷口。

由燃料燃烧产生的热烟气将热传递给炉膛水冷壁和屏式过热器，继而穿过高温过热器、高温再热器进入后竖井包墙，后竖井包墙内的中隔墙将后竖井分成前、后两个平行烟道，前烟道内布置低温再热器，后烟道内布置低温过热器和省煤器。烟气调节挡板布置在低温再热器和省煤器后，烟气流经调节挡板后进入再生式空气预热器，最后进入除尘器，流向烟囱，排向大气。

3. 省煤器

省煤器位于后竖井后烟道内低温过热器的下方，沿烟道深度方向顺列布置。给水从炉右侧单侧进入省煤器进口集箱（$\phi508 \times 88mm$），经 168 排省煤器蛇形管，进入省煤器出口集箱（$\phi508 \times 88mm$），然后从炉右侧通过单根下水连接管引入螺旋水冷壁。省煤器蛇形管由管子 $\phi50.8 \times 7.1mm$ 光管组成，4 管圈绕，横向节距为 114.3mm，省煤器分上下两组逆流布置，上组布置在后竖井下部环形集箱以上包墙区域，下组布置在后竖井环形集箱以下护板区域。

4. 水冷壁及其布置

整个炉膛四周为全焊式膜式水冷壁，炉膛由下部螺旋盘绕上升水冷壁和上部垂直上升水冷壁两个不同的结构组成，两者间由过渡水冷壁和混合集箱转换连接。

经省煤器加热后的给水，通过单根下水连接管（$\phi457.2 \times 62mm$）引至两个下水连接管分配集箱（$\phi368.3 \times 68mm$），再由 32 根螺旋水冷壁引入管（$\phi127 \times 19mm$）引入两个螺旋水冷壁入口集箱（$\phi190.7 \times 38mm$）。

炉膛下部水冷壁（包括冷灰斗水冷壁、中部螺旋水冷壁）都采用螺旋盘绕膜式管圈。螺旋水冷壁管全部采用六头、上升角 60°的内螺纹管，共 456 根，管子规格 $\phi38.1 \times 7.5mm$，材料为 SA－213T2。螺旋水冷壁前墙、两侧墙出口管全部抽出炉外，后墙出口管则是 4 抽 1 根管子直接上升成为垂直水冷壁后墙凝渣管，另 3 根抽出到炉外，抽出炉外的所有管子均进入 24 根螺旋水冷壁出口集箱（$\phi190.7 \times 43mm$），由 22 根连接管（$\phi141.3 \times 24mm/\phi127 \times 22mm$）从螺旋水冷壁出口集箱引入位于锅炉左右两侧的两个混合集箱（$\phi444.5 \times 96mm$）混合后，再通过 22 根连接管（$\phi141.3 \times 24mm/\phi127 \times 22mm$）从混合集箱引入到 24 根垂直水冷壁进口集箱（$\phi190.7 \times 41mm$），然后由垂直水冷壁进口集箱引出光管形成垂直水冷壁管屏，垂直光管（共 1368 根）与螺旋管的管数比为 3∶1。这种结构的过渡段水冷壁可以把螺旋水冷壁的荷载平稳地传递到上部水冷壁。过渡段水冷壁前墙、两侧墙管子规格为 $\phi38.1 \times 7.5mm$ 内螺纹管和 $\phi31.8 \times 9.1mm$ 的光管，材料为 SA‒213T2。过渡段水冷壁后墙管子规格为 $\phi31.8 \times 7.9mm$ 的光管，材料为 SA‒213T2。

上炉膛水冷壁采用结构和制造较为简单的垂直管屏，垂直管屏管子规格为 $\phi31.8 \times 9.1$，材料为 SA‒213T2，节距为 50.8mm；膜式扁钢厚 $\delta = 6.4mm$，材料为 15CrMo。

水平烟道前部分为膜式水冷壁管屏，由螺旋水冷壁出口混合集箱上 2 根连接管（$\phi127 \times 22mm$，SA‒335P12）引入单独成屏，管屏管子规格为 $\phi31.8 \times 8.6mm$，材料为 SA‒213T2，节距为 63.5mm；膜式扁钢厚 $\delta = 6.4mm$，材料为 15CrMo。

水冷壁出口工质汇入上部水冷壁出口集箱（$\phi190.7 \times 44mm$），后由 22 根连接管（$\phi141.3 \times 25mm/\phi88.9 \times 17mm$）引入水冷壁出口汇集集箱（$\phi584.2 \times 106mm$），再由 12 根连接管（$\phi190.7 \times 31mm$）引入启动分离器。

5. 锅炉启动系统

启动循环系统由启动分离器、储水罐、储水罐水位控制阀等组成。启动分离器布置在炉前，垂直水冷壁混合集箱出口，采用旋风分离形式，分离器规格为 $\phi876 \times 98mm$（保证内径 $\phi680$），材料为 SA‒336F12，直段高度为 2.890m，总长为 4.08m，数量为每台炉两个。经水冷壁加热以后的工质分别由 6 根连接管沿切向向下倾斜15°进入两分离器，分离出的水通过分离器下方的连接管进入储水罐，蒸汽则由分离器上方的连接管引入顶棚入口集箱。分离器下部水出口设有阻水装置和消旋器。启动分离器储水罐的规格为 $\phi972 \times 111mm$（保证内径 $\phi750$），材料为 SA‒336F12，直段高度为 17.5m，总长为 18.95m，数量为每台炉一个。启动分离器和储水罐端部均采用锥形封头结构，封头均开孔与连接管相连。

6. 过热器、再热器

过热器受热面由四部分组成：第一部分为顶棚及后竖井烟道四壁及后竖井分隔墙；第二部分是布置在尾部竖井后烟道内的水平对流过热器；第三部分是位于炉膛上部的屏式过热器；第四部分是位于折焰角上方的末级过热器。

再热器分为低温再热器、高温再热器。高温再热器布置于末级过热器后的水平烟道内。

7. 煤粉燃烧器

锅炉采用前后墙对冲燃烧方式。24 只 HT‒NR3 燃烧器分三层布置在炉膛前后墙上，使沿炉膛宽度方向热负荷及烟气温度分布更均匀，其布置如图 3-8 所示。

8. 空气预热器

采用 32.0‒VI 型回转式空气预热器，每台锅炉配置两台三分仓空气预热器。转子直径为 13 494mm，正常转数为 0.99r/min。预热器采用反转方式，即一次风温低，二次风温高，受热面自上而下分为三层（热端、中间段

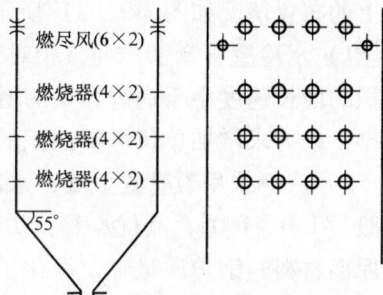

图 3-8　燃烧器布置

和冷端），其高度分别为 300 + 800、800、300mm。热端和中间段蓄热元件由定位板和波形板交替叠加而成，钢板厚度为 0.6mm，高度分别为 300 + 800、800mm，材料为 Q215 - A.F.。冷端蓄热元件由 1.2mm 厚垂直大波纹的定位板和平板构成，高度为 300mm。冷端蓄热元件采用低合金耐腐蚀钢板。

第二节　锅炉受热面的检修

锅炉受热面包括水冷壁、过热器、再热器和省煤器，俗称"四管"。

一、水冷壁检修

（一）水冷壁的结构及特点

水冷壁一般布置在炉膛四周，紧贴炉墙形成炉膛周壁，接受并吸收炉膛火焰和高温烟气的辐射热，使水冷壁管内的水受热产生蒸汽。大容量锅炉有的将部分水冷壁布置在炉膛中间，两面分别吸收高温烟气的辐射热，形成所谓两面曝光水冷壁。亚临界压力以下的汽包锅炉水冷壁主要是蒸发受热面。

锅炉水冷壁具有如下作用：

（1）吸收炉膛中高温火焰的辐射热，使水冷壁内工质吸收热量后由水逐步转变成汽水混合物。

（2）由于辐射传热量与火焰热力学温度的四次方成正比，而对流传热量只与温度的一次方成正比，水冷壁是以辐射传热为主的蒸发受热面，且炉内火焰温度又高，因此采用水冷壁比采用对流蒸发管束节省金属，使锅炉受热面的造价降低。

（3）在炉膛内敷设一定面积的水冷壁，大量吸收了高温烟气的热量，可使炉墙附近和炉膛出口处的烟温降低到软化温度 ST 以下，防止炉墙和受热面结渣，提高锅炉运行的安全性和可靠性。

（4）敷设水冷壁后，炉墙的内壁温度可大大降低，保护了炉墙，且炉墙的厚度可以减小，质量减轻，简化了炉墙结构，为采用轻型炉墙创造了条件。

1. 水冷壁的类型

水冷壁主要是由水冷壁管、上下联箱、下降管、汽水混合物上升管及刚性梁等组成。现代锅炉的水冷壁主要有光管式、膜式和销钉式三种类型，结构如图 3-9 所示。为了消除膜态沸腾，现代大型锅炉还广泛采用膜式内螺纹管式水冷壁。

（1）光管水冷壁。光管水冷壁由普通无缝钢管连续排列并按炉膛形状弯制而成，它在炉墙上的布置情况如图 3-9 （a）所示。现代大型锅炉光管水冷壁的结构有如下两个特点：

1）水冷壁管紧密排列，相对节距 $s/d = 1 \sim 1.1$。这是因为随着锅炉容量的增大，炉壁面积的增长速度小于锅炉容量的增长速度。为了充分冷却烟气，防止受热面结渣，水冷壁应密排，以力求增加单位炉壁面积的辐射传热量。

2）广泛采用敷管式炉墙，水冷壁一半埋入炉墙中。这种布置的管子相对节距 s/d 较小，一般为 $1.0 \sim 1.05$，其优点是：炉墙温度较低，可做成薄而轻的炉墙；节省了高温耐火材料和保温材料；锅炉质量轻，简化了水冷壁炉墙的悬吊结构。水冷壁的特点如下：

（2）销钉式水冷壁。销钉式水冷壁是在光管水冷壁的外侧焊接很多长度为 20 ~ 25mm、直径为 6 ~ 12mm 的圆柱形销钉，并在有销钉的水冷壁上敷盖一层铬矿砂耐火材料，形成卫

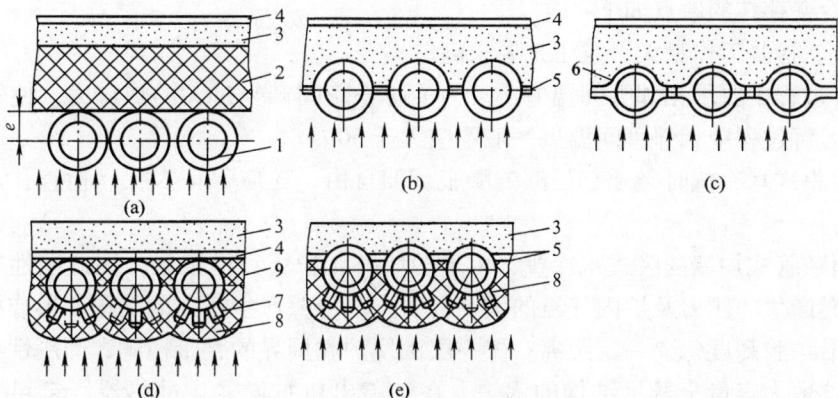

图 3-9　水冷壁结构

（a）光管水冷壁；（b）焊接鳍片管的膜式水冷壁；（c）轧制鳍片管的膜式水冷壁；
（d）带销钉的水冷壁；（e）带销钉的膜式水冷壁

1—管子；2—耐火材料；3—绝热材料；4—炉皮；5—扁钢；
6—轧制鳍片管；7—销钉；8—耐火填料；9—铬矿砂材料

燃带。卫燃带的作用是在燃烧无烟煤、贫煤等着火困难的煤时减少着火区域水冷壁吸热量，提高着火区域炉内温度，稳定着火和燃烧。销钉可使铬矿砂与水冷壁牢固地连接，并可把铬矿砂外表面的热量通过销钉传给水冷壁内的工质，降低铬矿砂的温度，防止其温度过高而烧坏。

（3）膜式水冷壁。现代大中型锅炉普遍采用膜式水冷壁，膜式水冷壁是由鳍片管焊接而成。鳍片管有两种类型：一种是在钢厂直接轧制而成，称轧制鳍片管；另一种是在光管之间焊接扁钢制成，称焊接鳍片管。

目前，国产亚临界压力自然循环锅炉采用焊接鳍片管膜式水冷壁。焊接鳍片管的结构简单，相对来说，轧制钢鳍片管的制作工艺较为复杂，但是每条扁钢有两条焊缝，焊接工作量大，焊接工艺要求也较高。

膜式水冷壁管间节距与锅炉压力、炉膛热负荷等因素有关，一般 s/d 为 1.3~1.5。膜式水冷壁按一定组件大小整焊成片，安装是组件与组件间焊接密封，使整个炉室形成一个长方形的箱壳结构。

膜式水冷壁有如下优点：

1）膜式水冷壁使炉膛具有良好的气密性，适用于正压或负压炉膛，对于负压炉膛还能减少漏风，降低锅炉的排烟热损失。

2）对炉墙具有良好的保护作用。膜式水冷壁将炉墙与炉膛完全隔开，炉墙接受不到炉膛高温火焰的直接辐射，因而炉墙不用高温耐火材料，只需轻质的保温材料，使炉墙质量减轻很多，便于采用全悬吊结构。炉墙蓄热量明显减少，只有采用耐火材料的光管水冷壁结构的炉墙蓄热量的 1/5~1/4，燃烧室升温和冷却快，使锅炉的启动和停运过程缩短。

3）在相同的炉墙面积下，膜式水冷壁的辐射传热面积比一般光管水冷壁大，且角系数 $x=1$，并用鳍片代替部分管材，因而节约了高价管材。

4）膜式水冷壁可在现场成片吊装，使安装工作量大大减少，加快了锅炉安装进度。

5）膜式水冷壁能承受较大的侧向力，增加了抗炉膛爆炸的能力。

膜式水冷壁存在的缺点如下：

1）制造、检修工作量大，且工艺要求高。

2）运行过程中要求相邻管间温差小。为了防止管间产生过大的热应力，使管壁受到损坏，在锅炉运行过程中相邻管间温差一般不应大于50℃。

3）设计膜式水冷壁时必须有足够的膨胀延伸自由，还应保证人孔、检查孔、观火孔等处的密封性。

4）采用敷管式炉墙的膜式水冷壁，由于炉墙外无护板和框架梁，因此刚性差。为了能承受炉膛爆燃产生的压力及炉内气压的波动，防止水冷壁产生过大的结构变形或损坏，在水冷壁外侧，沿炉膛高度每隔一定距离布置一层围绕炉膛周界的腰带横梁，即刚性梁。

现代高参数大容量全悬吊结构的锅炉，在炉膛出口布置屏式过热器，起到凝渣管的作用，这时后墙上部水冷壁管被弯曲成折焰角。现代大容量锅炉一般采用平炉顶结构。折焰角使炉内火焰分布更加均匀，完善了炉内高温烟气对炉膛出口受热面的冲刷程度，减少了炉膛上部的死滞区；另外，折焰角延长了锅炉的水平烟道，便于锅炉布置更多的高温对流受热面，满足了高参数大容量锅炉工质过热吸热比例提高的要求。

2. 自然循环锅炉水冷壁的结构及特点

常用的自然循环锅炉水冷壁结构示意如图3-10所示。

自然循环锅炉的水冷壁采用垂直管屏式布置。由图3-10可以看出，自然循环锅炉的水冷壁布置在炉膛四周，前后墙水冷壁下部形成冷灰斗，后墙水冷壁上部向炉膛内凸出形成折焰角，有的锅炉在折焰角上部还有一定数量的水冷壁悬吊管，用以支撑后墙水冷壁的质量。自然循环锅炉的水冷壁有很多循环回路，每一个回路由一个下联箱、一个上联箱、数根下降管和汽水混合物上升管及许多根水冷壁管组成，由于是建立在自然循环的基础上，循环倍率较高，所以自然循环锅炉一般采用管径较粗的水冷壁管。

自然循环最明显的特征是在锅炉的炉膛上部有一个汽包，循环回路中汽与水的密度差建立了水循环，所以自然循环锅炉的工作压力在临界压力以下。考虑在炉膛的前后墙、侧墙或四角的水冷壁上布置燃烧器的需要以及在适当的位置布置人孔门、吹灰孔、看火孔等，水冷壁管在这些地方需用弯管重叠布置，以便留出空间安装燃烧器等设备。

自然循环锅炉是最典型的锅炉型式，其水冷壁结构最具代表性，其他型式锅炉都是建立在它的基础上，因此都具有自然循环锅炉的特点。

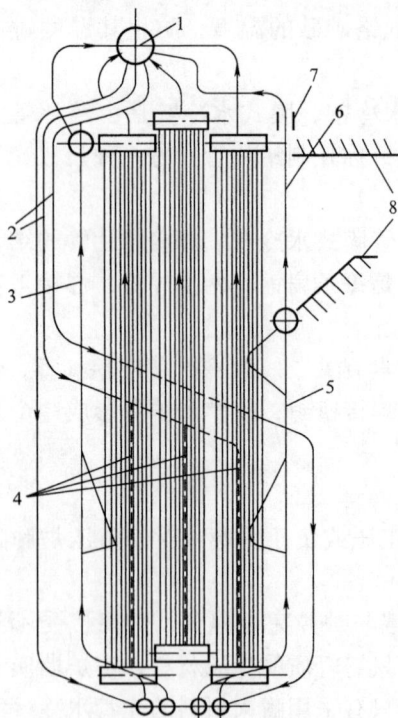

图3-10　常用的自然循环
锅炉水冷壁结构示意

1—汽包；2—下降管；3—前水冷壁；

4—侧水冷壁；5—后水冷壁；6—后水冷壁引出管；

7—中间支座；8—对流烟道

3. 强制循环锅炉水冷壁的结构及特点

随着锅炉容量的增加，参数的提高，汽与水之间的密度差越来越小，此时汽水分离更加困难。为了更有效地建立水循环，在锅炉上升管与下降管之间装设炉水循环泵，利用炉水泵的压头进行强制循环。这样的锅炉称为强制循环锅炉，如图3-11 所示。

由图3-11 可以看出，强制循环锅炉水冷壁与自然循环锅炉水冷壁一样，只是多了炉水循环泵，它们的结构及特点类似。由于安装了炉水循环泵，水循环效果很好，同自然循环锅炉水冷壁相比，强制循环锅炉就可以采用较小内径的汽包及较小管径的水冷壁管。

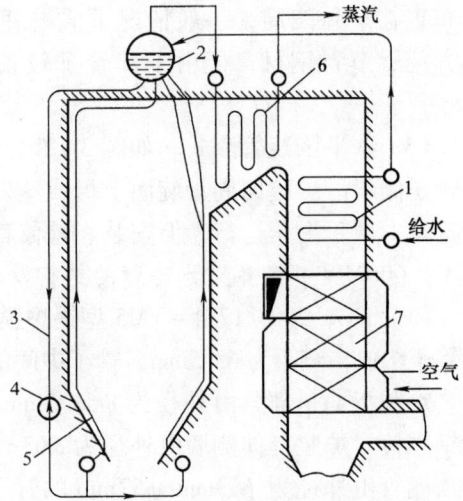

图 3-11　强制循环锅炉

1—省煤器；2—汽包；3—下降管；

4—炉水泵；5—水冷壁；

6—过热器；7—空气预热器

4. 直流锅炉水冷壁的结构及特点

直流锅炉水冷壁管内工质是靠给水泵的压头，以一定的速度流动进行热量交换的，其布置型式一般有三种：垂直管屏式、迂回管屏式及水平围绕管圈式，如图3-12 所示。

（1）垂直管屏式。图3-12（a）所示为垂直管屏式直流锅炉水冷壁，这种直流锅炉水冷壁又可分为一次垂直上升和多次垂直上升两种。垂直管屏式直流锅炉水冷壁的特点是，制造、安装方便，节省钢材，但其对滑压运行的适应性较差。多次垂直上升式水冷壁金属消耗量较大。

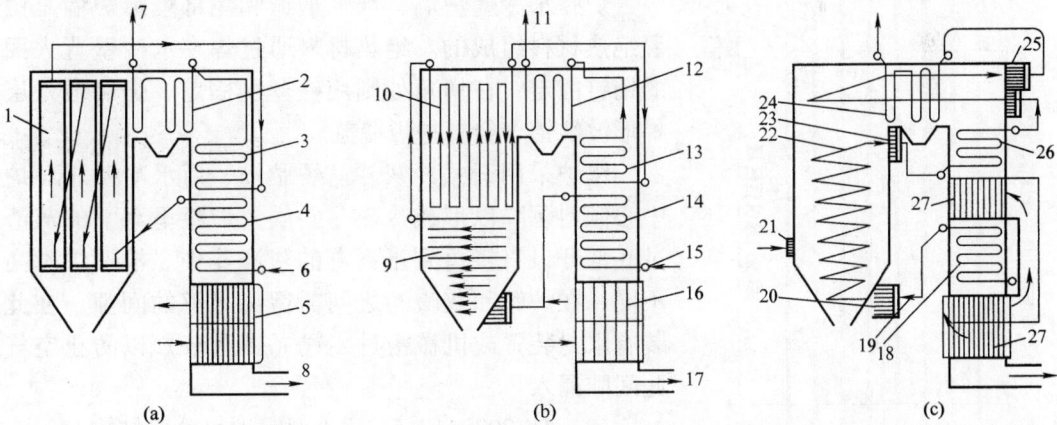

图 3-12　直流锅炉

（a）垂直管屏式；（b）迂回管屏式；（c）水平围绕管圈式

1—垂直管屏；2、12—立式过热器；3、13、26—卧式过热器；4、14、28—省煤器；

5、16、27—空气预热器；6、15—给水入口；7、11—过热蒸汽出口；

8、17—烟气出口；9—水平迂回管屏；10—垂直迂回管屏；15—给水入口；

19—进水管；20—给水分配联箱；21—燃烧器；22—水平围绕管圈；

23—汽水混合物出口联箱；24—对流过热器；25—包墙管过热器

（2）迂回管屏式。图3-12（b）所示为迂回管屏式直流锅炉水冷壁，水冷壁呈屏式水平布置在炉膛四周，一般情况下它与垂直管屏式混合使用。这种结构水冷壁的特点是布置方便，节省钢材，但由于其管子较长且又水平布置，故热偏差较大，制造、安装都很困难。

（3）水平围绕管圈式。如图3-12（c）所示，水平围绕管圈式直流锅炉水冷壁是由很多根管子倾斜沿炉膛四周盘旋而上形成蒸发受热面，其特点是节省钢材，水循环稳定，利于疏水排汽，便于滑压运行，但安装、检修都很困难。

5. 600MW 机组锅炉水冷壁的结构及特点

（1）HG－2008/17.4－YM5 型锅炉膜式水冷壁的结构。水冷壁由外径为ϕ50.8mm/ϕ51mm的管子构成，节距为63.5mm，管子中间的空隙以扁钢焊接，从而达到对烟气的完全密封。

炉膛折焰角部分由外径为 ϕ63.5mm 的管子构成，节距为76.2mm，管子中间的空隙以扁钢焊接。炉膛延伸侧墙由外径为 ϕ63mm 的管子按127mm 的节距用连续鳍片焊成。炉膛上部顶棚管由外径为 ϕ63mm/ϕ57mm 的管子按127mm 的节距用分段鳍片焊接而成。分段鳍片管安装完毕以后，背火面要浇筑耐火混凝土，然后在其上敷以密封板。密封板衔接处要进行密封焊接，以防止炉烟泄漏。

在管子弯向外侧形成的过热器组件穿孔、悬吊管穿孔、观察孔、吹灰孔等处，管子和开孔之间的间隙要用鳍片封住，以形成一个暴露给烟气的完全金属表面。

每层水平刚性梁处都要浇注绝热材料，使之围绕炉膛形成连续的绝热材料围带，以防止从护板和水冷壁之间的间隙泄漏烟气。在垂直刚性梁和切角处，需要装填保温绝热材料。

炉膛水冷壁炉墙、水平烟道和尾部烟道炉墙是由保温绝热材料组成的。绝热材料通过焊在水冷壁背火面上的销钉固定，在切角处则用铁丝网固定。炉墙最外层用梯形波纹铝合金外护板覆盖。

锅炉采用开式冷灰斗。炉膛前、后水冷壁相对炉膛中心倾斜下降以形成冷灰斗斜底。炉膛里落下的灰渣通过底部开口直接落到正下方的灰渣斗中。根据炉膛高度不同，在炉膛和灰渣斗之间需留出足够的间隙，在此处装有水封装置或机械密封装置（膨胀节）以防止空气从此间隙漏入。

（2）DG2070/17.5－Ⅱ4 型锅炉水冷壁结构。

1）水冷壁结构。为增加水冷壁管 DNB 裕度，在炉膛高热负荷区域（前墙、侧墙：标高20 954～52 790mm；后墙：标高20 954～54 150mm）布置了大量内螺纹管，如图3-13 所示。

2）折焰角的设计。后墙管子五抽一作为水冷壁吊挂管；吊挂管在折焰角上下拐点采用三叉管与后墙管相连；

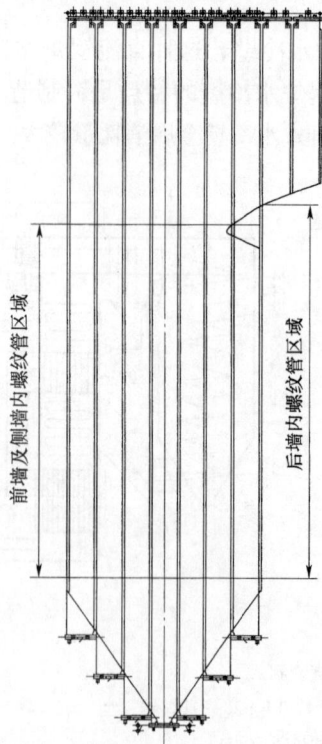

图3-13　DG2070/17.5－Ⅱ4 型锅炉水冷壁结构简图

上拐点汇集后形成43 × 460 = 19 780 的吊挂管束，其折焰角结构如图3-14 所示。

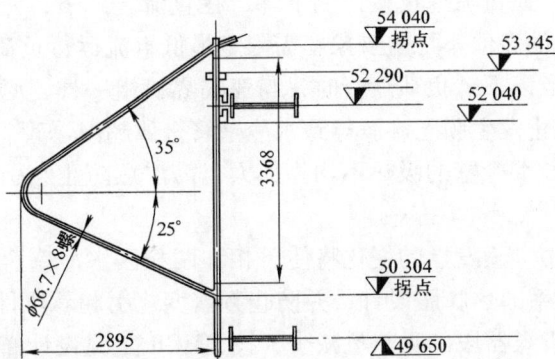

图 3-14　DG2070/17.5 - Ⅱ4 型锅炉折焰角结构

（3）DG2030/17.6 - Ⅱ3 型锅炉水冷壁结构。锅炉水冷壁由 930 根水冷壁管组成，其中前后墙水冷壁管各 361 根，左右侧墙水冷壁各由 104 根管构成，在炉拱区域的翼墙水冷壁管由 28 根构成，炉膛水冷壁包覆而成，水冷壁采用膜式全焊结构，由无缝钢管和扁钢焊接而成。在炉拱区域炉膛横断面为八边形，上部炉膛为矩形。下炉膛宽度为 34.48m，深度为 16.012m；上炉膛宽度为 34.48m，深度为 9.525m；前后墙水冷壁上联箱标高为 60.23m，下联箱标高为 7.700m；左右侧墙水冷壁上联箱标高为 60.35m，下联箱标高为 8.000m；顶棚过热器入口联箱标高为 60.14m，出口联箱标高为 57.437m。前后墙在标高 26.996 ~ 28.42m 处向内弯曲（水平夹角为 25°）形成炉拱，在每个炉拱上部布置 18 只双旋风筒式燃烧器。后墙水冷壁标高 44.455m 处向炉膛内弯曲 1981mm 形成折焰角，折焰角的下倾角为 37°，上倾角为 30°。在炉膛出口处，后墙水冷壁分成两路，前面一路由 59 根后墙水冷壁管组成，管节距为 571.5mm，垂直向上穿过顶棚形成水平烟道前屏，管的下端为后墙水冷壁的悬吊架，形成折焰角的外侧边；另一路由剩下的 302 根后墙水冷壁管向后延伸形成水平烟道全焊底包墙，在标高 47.430m 处向上拉稀形成 134 排的 2 号拉稀管排，管排间距为 254mm，拉稀管一方面作为后墙水冷壁的导出管，另一方面它还起悬吊后墙水冷壁的作用。

（4）600MW 超临界机组直流锅炉水冷壁结构。水冷壁的特点如下：

1）包括冷灰斗在内的炉膛下部采用螺旋盘绕水冷壁，上部采用垂直水冷壁，适于变压运行及锅炉调峰。

2）水冷壁全为膜式结构，并采用微负压炉膛设计，炉内烟气不泄漏。

3）下部螺旋盘绕水冷壁全部采用内螺纹管，可防止水循环不稳定现象的发生，降低最低质量流速，减小水冷壁流动阻力，可得到更低的最小直流负荷。

4）下部水冷壁与上部水冷壁之间设有过渡段，并设有混合分配集箱，加之下部水冷壁采用了螺旋盘绕内螺纹管，使水冷壁出口工质温度偏差小，静态敏感性小。

5）采用不同的刚性梁支撑结构，刚性梁与水冷壁可相对滑动，自由膨胀，不会产生附加热应力。

在超临界本生型直流锅炉的设计中，与其他炉型差异最大之处就在于炉膛水冷壁的设计。炉膛水冷壁实际吸热量份额的大小往往受煤种、炉膛结渣程度、燃烧器投入层数、变压运行负荷以及切高压加热器等因素的影响。由于低压运行时蒸汽比体积大，比热容小，因此当水冷壁吸热量偏差设计值较大时，便会造成不良后果。炉膛水冷壁的设计主要考虑了以下几点：

1）随着负荷的降低，质量流速也按比例下降。在直流方式下，工质流动的稳定性受到影响，为了防止出现流动的多值不稳定现象，需限定最低直流运行负荷时的质量流速。

2）在进入临界压力点以下低负荷运行时，与亚临界机组一样，必须重视水冷壁管内两相流的传热和流动，要防止发生膜态沸腾导致水冷壁管金属超温爆管。

3）负荷降低后，炉膛水冷壁的吸热不均将加大，需注意防止它引起水冷壁管圈吸热不均导致温度偏差增大。

4）在整个变压运行中，蒸发点的变化将使单相和两相区水冷壁金属温度发生变化，需注意水冷壁及其刚性梁体系的热膨胀设计，并防止频繁变化引起承压件上出现疲劳破坏。

5）由于降低负荷后省煤器段的吸热量减少，按 BMCR 工况设计布置的省煤器出口处在低负荷时有可能出现汽化，它将影响水冷壁的流量分配，导致流动工况恶化。

炉膛采用螺旋盘绕的水冷壁结构，由于同一管带中管子以相同方式绕过炉膛的角隅部分和中间部分，因此所有水冷壁管的流量和受热均匀，保证沿炉膛四周的吸热基本相同，使得水冷壁出口的介质温度和金属温度非常均匀，为机组调峰安全可靠地运行提供了保证。

这种布置结构简单，维护工作量小，既不需要变径的节流圈或阀门，同时也不必在水冷壁进口设专门给水流量平衡调节分配装置。水冷壁采用内螺纹管，当流经管子的水速较低时，可达到较高的管内传热系数，若使用光管要达到同样的传热系数，则须提高管内水速。因此，采用内螺纹管由于其管内水速低可以降低水冷壁的压降。

总之，为了防止水冷壁工作可靠性降低，变压运行超临界本生直流炉在下部炉膛和冷灰斗都采用带内螺纹的螺旋盘绕管圈的结构型式，主要是为了在直流炉中负荷减少时，既减少了工质流量又能充分冷却炉膛水冷壁，螺旋管圈炉膛的基本原理就是减少组成炉膛水冷壁管子的数量，保持较高的质量流速，又不加大管子之间的节距，使管子和肋片的金属壁温在任何工况下都安全。因此，螺旋管圈水冷壁设计可以达到以下两个目的：

1）减少各管屏的管子数量，提高管内质量流速，避免管壁金属发生过热和超温。

2）使每根管子都经过炉膛的四面墙就可把管子间的吸热减至最小程度。所有的水冷壁管都是按工质向上流动而布置。

对大容量锅炉水冷壁，螺旋盘绕管和垂直上升管两种布置都是可行的。在此类型锅炉中，炉膛由下部螺旋盘绕上升水冷壁和上部垂直上升水冷壁两个不同的结构组成，都采用膜式结构，两者间由过渡水冷壁转换连接。

下面以某电厂600MW 超临界机组为例介绍水冷壁的具体结构。

炉膛宽为 22 187mm，深度为 15 632mm，高度为 57 250mm，整个炉膛四周为全焊式膜式水冷壁，炉膛由下部螺旋盘绕上升水冷壁和上部垂直上升水冷壁两个不同的结构组成，两者间由过渡水冷壁转换连接，炉膛角部为圆弧过渡结构。炉膛冷灰斗的倾斜角度为 55°，除渣口的喉口宽度为 1427mm。水冷壁展开图如图 3-15 所示，锅炉纵剖图如图 3-16 所示。

整个炉膛水冷壁没有必要均设计成螺旋盘绕式，炉膛上部已离开高热负荷区域，把上部水冷壁设计成结构较为简单的垂直上升管式较为经济，故从倾斜布置的水冷壁转换到垂直上升的水冷壁就需要过渡结构，即过渡段水冷壁。另外，从降低水冷壁出口工质温度偏差上，过渡段水冷壁设置有中间集箱，可使螺旋水冷壁出口工质混合均匀，减小工质温度偏差，同时还可以使上部垂直水冷壁的流量均匀分配。过渡水冷壁的连接方式，直接影响到热偏差的积累、流量的分配、亚临界压力下两相流体的分配，连接方式的选用不仅影响过渡区后垂直

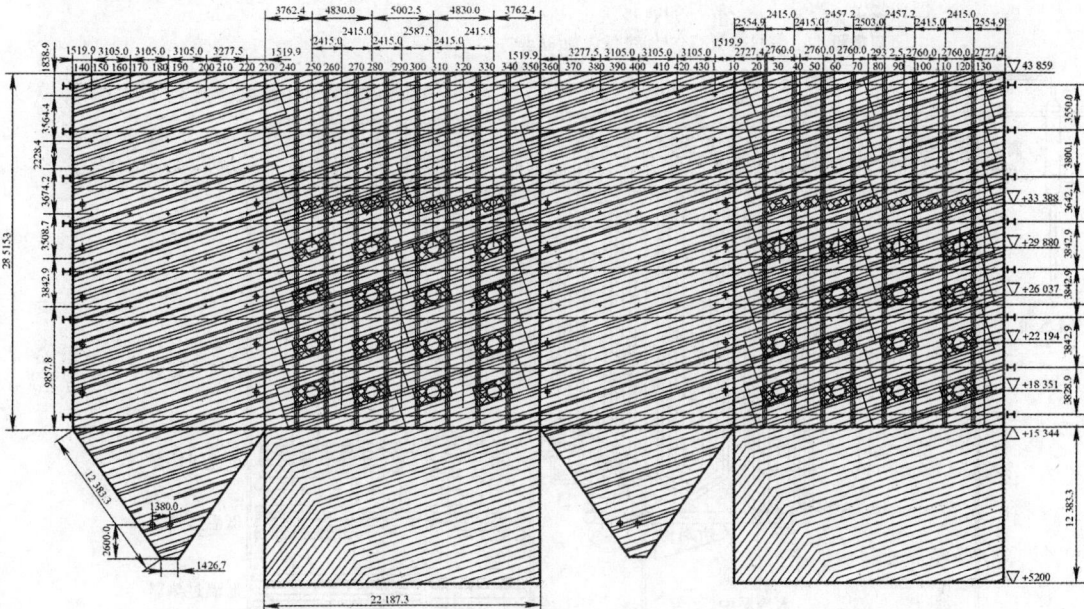

图 3-15　螺旋管圈水冷壁展开图

水冷壁的水动力特性，也会通过流动阻力等方式影响到下部螺旋水冷壁的水动力特性，包括水动力的稳定性。

经省煤器加热后的给水，通过单根下水连接管引至两个下水连接管分配集箱，再由螺旋水冷壁引入管引入两个螺旋水冷壁入口集箱。

冷灰斗：由炉底水冷壁前、后入口集箱引出 436 根管子围绕构成。前后斜坡的斜管段拉开，管间焊有鳍片。两侧垂直面管段密排相切。管子规格为 $\phi38 \times 6.5mm$，材料为 15CrMoG。螺旋冷灰斗的结构如图 3-17 所示。

下炉膛螺旋管圈：由冷灰斗来的 436 根管子组成两个管带，围绕炉膛四壁盘旋上升，倾角为 17.89°，盘旋 1.58 圈。管子规格为 $\phi38 \times 6.5mm$，节距为 53mm，管材为 15CrMoG。

中间混合集箱：混合集箱布置在折焰角下方标高为 46.459m 处。集箱规格为 $\phi219 \times 60mm$，材料为 SA-335P12。由螺旋管圈来的管子从集箱顶部引入，然后从左右两侧引出至炉膛上部垂直管屏，平均一根引入管分配至三根引出管。

上炉膛垂直管屏：共 1312 根，管子规格为 $\phi31.8 \times 5.5mm$，节距 57.5mm，管材为 15CrMoG；折焰角、水平烟道斜坡和对流管束的管子规格为 $\phi44.5 \times 6.3mm$，管材均为 15CrMoG，其中对流管束拉成 4 排，每排 96 根，横向节距为 230mm。后水冷壁吊挂管 95 根，管子规格为 $\phi76.2 \times 12.5mm$，横向节距为 230mm，管材均为 15CrMoG。为了便于水冷壁的悬吊，再加上炉膛上部热负荷低，垂直管内的质量流速已足以冷却管壁。因此，螺旋管圈通常在折焰角下方转换成垂直管屏，螺旋管圈向垂直管屏的过渡有两种形式：一种用分叉管，另一种采用中间混合集箱。该水冷壁采用性能较优越的中间混合集箱过渡形式。中间混合集箱有减小管圈热偏差的作用，而且汽水两相的分配比分叉管有保障。

前、后、左、右四只中间混合集箱布置在炉膛四周。当锅炉负荷变压至 60% MCR 以下时，集箱内的工质将为汽水两相混合物。集箱担负着流量分配不公和汽水两相均匀分配的双

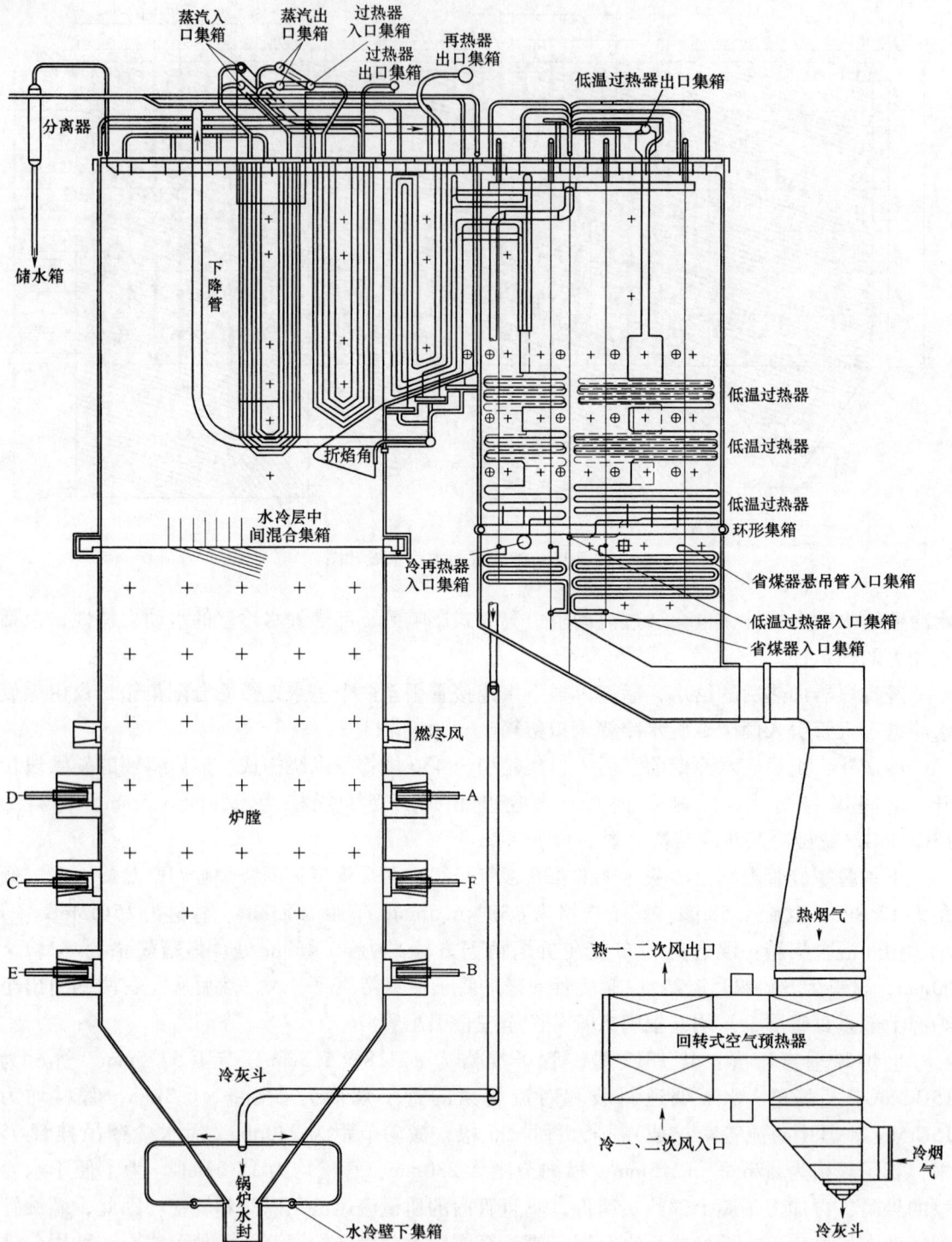

图 3-16 锅炉纵剖图

重任务,当锅炉负荷大于 60% MCR 时,集箱仅起工质流量的分配作用。为了保证 60% MCR 负荷以下的汽水两相的均匀分配,混合物集箱上的引进引出管座成对称布置。引入管在集箱顶部进入，引出管在集箱两侧成 45°夹角引出。这种布置方式能达到汽水均匀分配的目的，更有利的是，集箱内工质的干度较高。37% MCR 时的最小干度为 0.87%，使汽水的均匀分配不成问题。

　　螺旋管和垂直管的过渡区是一个结构较复杂的部位。它既要实现螺旋管圈向垂直管屏的过渡，又要处理好螺旋管圈重量负载的均匀传递，还要妥善解决穿墙管处的密封问题。垂直管屏部分的刚性梁层距约为 3000mm。螺旋管圈部分的层距较大，最大达 7400mm，刚性梁与水冷壁的

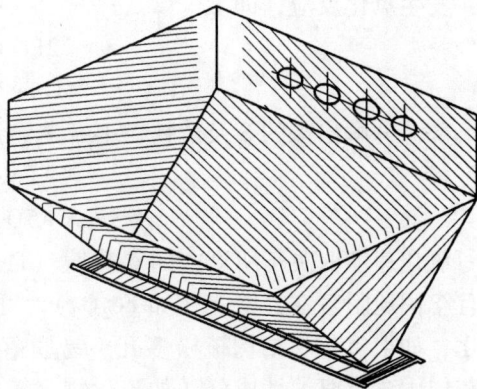

图 3-17　螺旋冷灰斗的结构

连接形式具有良好的膨胀性能，能适应锅炉的快速启停和快速的负荷变化。

　　炉膛内设置有足够的吹灰器，开设有恰当的检修人孔、观察孔和各类测孔，包括炉膛压力、温度、电视摄像机以及漏泄等测孔。

　　水冷壁系统流程：由省煤器出口来的工质通过一根大口径下水管和连接管引入炉底前、后两根水冷壁入口集箱，依次流经冷灰斗和下炉膛螺旋管圈水冷壁进入中间混合集箱。

　　螺旋管圈通过中间混合集箱转换成垂直管屏，其中前墙和两侧墙水冷壁直接引向位于顶棚上面的出口集箱，后墙水冷壁通过吊挂管集箱，悬吊管进入出口集箱。

　　工质由各水冷壁出口集箱引出管汇入两根大口径下降管进入折焰角入口组合集箱，然后分别引入水平烟道两侧墙和折焰角入口短集箱，再经水平烟道两侧墙和折焰角—水平烟道斜坡—对流管束分别进入各自的出口集箱。

　　最后，水冷壁出口工质由水平烟道两侧墙和折焰角斜坡水冷壁出口集箱，通过 24 根连接管分别引入位于水冷壁和过热器之间的 4 只并联工作的汽水分离器。

　　（二）常见水冷壁事故原因及处理方法

　　炉内过程是一个十分复杂的物理化学过程，炉内温度高，气流流场复杂，水冷壁在十分恶劣的环境下工作，在实际运行中容易出现一些问题。固态排渣煤粉炉水冷壁主要存在结渣和水冷壁高温腐蚀问题，还存在管子磨损、胀粗鼓包、结垢、弯曲等问题。

　　1. 高温腐蚀

　　锅炉受热面长期处于高温烟气中，受高温烟气的熏烤，由于烟气中含有一定量的多元腐蚀性气体，它们在高温条件下与受热面管子表面的金属发生化学反应，使受热面管子的表面发生腐蚀。因为这种腐蚀发生在受热面管子的外表面，且又是在高温条件下发生的，所以称为外部腐蚀或高温腐蚀。

　　运行经验和理论研究表明，影响水冷壁外部腐蚀的最主要因素是水冷壁附近的烟气成分和管壁温度。具体地说，由于燃烧器附近火焰温度可高达 1400 ~ 1600℃，因此煤中的矿物成分挥发出的腐蚀性气体（如 $NaOH$、SO_2、HCl、H_2S 等）较多，若水冷壁附近的烟气处于还原性气氛，煤灰的熔点将降低，灰分沉积过程加快，为受热面的腐蚀创造了条件。另外，由于燃烧器区域附近水冷壁管的热流密度很大（约为 200 ~ 500kW/m^2），温度梯度也很大，管壁温度常达 400 ~ 450℃，这对管壁的高温腐蚀也起着促进的作用。

　　水冷壁产生高温腐蚀的机理可简述为：锻炉水冷壁管子金属在氧、硫等氧化剂的作用

下，发生氧化反应，即

$$2Fe + O_2 \longrightarrow 2FeO$$

$$4Fe + 3O_2 \longrightarrow 2Fe_2O_3$$

部分分解出来的 S 及黄铁矿 FeS 与金属化合为

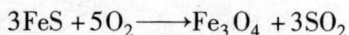

$$Fe + S \longrightarrow FeS$$

$$3FeS + 5O_2 \longrightarrow Fe_3O_4 + 3SO_2$$

氧化速度取决于所形成的氧化膜（FeO、Fe_2O_3、Fe_3O_4）的保护特性。如果氧化膜致密且牢固地附着在管壁上（如 Fe_2O_3），可阻止氧化剂与金属继续发生反应，降低氧化速度。反之，如果氧化膜结构疏松多孔、易脱落（如 FeO、Fe_3O_4），则氧化速度加快。当烟气和积灰层中含有腐蚀性成分（如硫化物、氯化物等）时，管子将发生腐蚀，甚至造成爆管。

在燃烧过程中，燃料灰分中升华出来的 Na_2O 和 K_2O 会凝结在管壁上并与烟气中的 SO_3 化合生成硫酸盐 Na_2SO_4 或 K_2SO_4。碱金属硫酸盐、氧化铁经较长时间的化学作用形成复合硫酸盐，以 K_2SO_4 为例发生如下反应，即

$$3K_2SO_4 + Fe_2O_3 + 3SO_3 \longrightarrow 2K_3Fe(SO_4)_3$$

通过这个反应，使管子表面的 Fe_2O_3 保护膜被消耗掉，管壁上又进行氧化反应并形成新的 Fe_2O_3 保护层；另外，熔化状态的复合硫酸盐还与管壁金属发生如下反应，即

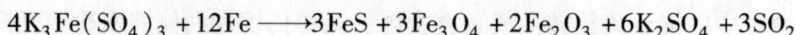

$$4K_3Fe(SO_4)_3 + 12Fe \longrightarrow 3FeS + 3Fe_3O_4 + 2Fe_2O_3 + 6K_2SO_4 + 3SO_2$$

上式中，反应产物有减慢腐蚀速度的趋势。但是如果保护膜 Fe_2O 和 Fe_3O_4 从管壁脱落下来，则又开始新的反应。

此外，烟气对水冷壁管的冲刷也会加速保护膜的脱落。

严重的腐蚀经常发生的区域：水冷壁的高负荷区域，如燃烧器附近被火焰直接冲刷的水冷壁管子。在严重的情况下，管子正面的腐蚀速度可达 $3 \sim 4mm/a$。

减少锅炉水冷壁高温腐蚀的措施主要有：

（1）运行时调整好燃烧。例如：燃用优质煤种，降低锅炉烟气中腐蚀性气体的含量；控制煤粉适当的细度，防止煤粉过粗；组织合理的炉内空气动力工况，防止火焰中心贴壁冲墙；各燃烧器负荷分配尽可能均匀。

（2）避免出现管壁局部温度过高。如避免管内结垢，防止炉膛热负荷局部过高等。

（3）保持管壁附近为氧化性气氛。如在壁面附近喷空气保护膜，适当提高炉内过量空气系数，使有机硫尽可能与氧化合，而不与管壁金属发生反应。

（4）采用耐腐蚀材料。如在燃用易产生高温腐蚀的煤种时，采用抗腐蚀的高温合金作受热管子的材料；对管壁进行高温喷涂防腐材料，如铝铁合金粉、高铬复合粉，或采用渗铝管作水冷壁管等。

2. 积灰（结渣）

固态排渣煤粉炉中，火焰中心温度可达 $1400 \sim 1600℃$，甚至更高。在这样的高温下，炉内烟气中的灰粒多呈熔化或软化状态。随烟气一起运动的灰渣粒子，由于水冷壁的吸热而被冷却下来。当液态的灰渣在接近水冷壁或炉墙之前，已因温度降低而凝固，这时即使它们附着在受热面管壁上，形成的也只是一层疏松的灰层。这样的灰层经吹灰很容易清除。若燃烧过程中形成的熔融灰渣在凝固之前接触到受热面，则会黏结在上面，并积聚和发展成一层硬结且难以清除的灰渣层，这个现象称为结渣（俗称结焦）。煤粉炉中发生结渣的部位，通

常是在燃烧器布置区域和炉膛出口折焰角处，甚至还在屏式过热器及其后的对流管束入口等处，有时在炉膛下部冷灰斗处也会发生结渣。

结渣不但增加了锅炉运行维护和检修的工作量，严重危及锅炉安全经济运行，还可能迫使锅炉降低负荷运行，甚至被迫停炉。结渣本身是一个复杂的物理化学过程，同时还有自动加剧的特点。一旦发生，由于渣层的热阻使传热恶化，炉内烟气温度和渣层表面温度都将升高，加之渣层表面粗糙，渣粒更容易黏附上去，结果结渣过程会愈演愈烈。因此应尽最大努力来减轻或防止锅炉结渣。

（1）影响结渣过程的主要因素。

1）煤粉灰分特性。目前，判断燃煤锅炉燃烧过程中是否发生结渣的一个重要依据是灰的熔融性，通常将灰的软化温度 ST 作为衡量是否发生结渣的主要指标。不同燃料的灰分具有不同的成分和熔融性，灰熔点较低的煤（ST < 1200℃）易结渣。灰的熔融性是在实验室条件下测定的，与炉内实际工况有较大差异，而且煤灰是多种无机化合物的混合物，并不具有单一的熔点。因此，评价煤灰的结渣性能除用灰的熔融性说明外，还必须引用其他一些指标，甚至要用多项指标进行综合评价，目前采用的有硅比、酸碱比、结渣指数及极限黏度等。

2）炉内空气动力特性。炉膛内的烟气温度及水冷壁附近的温度工况和介质气氛等都与炉内空气动力特性密切相关。

正常运行工况下，高温的火焰中心应位于炉膛断面的几何中心。实际运行中，由于气流组织不当，会造成火焰中心偏移，甚至使煤粉气流火焰贴壁冲墙而引起局部水冷壁结渣。另外，运行中炉内空气动力工况组织不好，易形成死滞旋涡区并形成还原性气氛。在还原性气氛中，灰的熔点降低，增大了结渣的可能性。例如，燃用含 Fe_2O_3 较高的煤时，在还原性气氛中熔点较高的 Fe_2O_3 被 CO 还原成熔点较低的 FeO，而 FeO 与 SiO_2 等进一步形成熔点更低的共晶体，有时会使灰的熔点下降 150～300℃。

3）炉膛的设计特性。炉膛容积热负荷 q_V、断面热负荷 q_A 和燃烧器区域热负荷 q_r 数值的大小都会对结渣产生一定的影响。当锅炉设计时炉膛热负荷取得过大，或实际运行时炉膛热负荷过高，都会提高炉膛或局部区域的温度水平，使结渣的可能性增大。

4）锅炉运行负荷。锅炉负荷升高时，炉内温度也相应升高，结渣的可能性也就增大。

（2）防止结渣的措施。防止结渣主要是从避免炉温过高和防止灰熔点降低两个方面着手，主要措施如下。

1）防止受热面附近温度过高，力求使炉膛容积热负荷 q_V、断面热负荷 q_A 和燃烧器区域热负荷 q_r 设计合理，避免锅炉超负荷运行，从而达到控制温度水平，防止结渣的目的。堵塞炉底漏风，以防止火焰中心上移，导致炉膛出口结渣。一、二次风率和风速的合理设计和匹配，给粉机和各燃烧器风、粉量的均匀供给，四角燃烧器中心切圆的正确调试等，都有助于防止火焰中心偏斜和水冷壁结渣。

2）防止炉内生成过多的还原性气体。保持合适的炉内空气动力特性，避免炉内过量空气系数太低，特别是防止水冷壁等受热面附近出现还原性气氛。

3）做好燃料管理工作。进行全面的燃料特性分析，特别是灰的成分分析及灰熔点和结渣特性分析。尽量使用固定煤种，避免锅炉运行时煤种多变。保持合适的煤粉细度和均匀度，不使煤粉过粗，以免火焰中心上移，导致炉膛出口结渣。

4）加强运行监视，及时吹灰除渣。水冷壁表面不可能完全没有积灰或结渣，但必须维持在一个合理的限度上。正确使用吹灰设备可避免产生严重的局部结渣，但是不能无选择地使用，要用到需要的地方。运行中，应根据仪表指示和实际观察来判断是否出现结渣。如发现过热汽温偏高、排烟温度升高、炉膛负压减小等现象，就要注意水冷壁及炉膛出口是否结渣。由于结渣过程是一个自动加速的过程，因此一旦发现结渣就应及时清除。在燃料更换时，如从煤到油或从油到煤，特别是代用燃料燃用时间较长时，要用现有吹灰系统对炉膛进行一次彻底清理。如果从油改烧煤时，预见到由于燃料特性的变化有可能产生严重结渣时，更需要在长期投入运行前，对炉膛进行彻底吹扫。

5）做好设备检修工作。检修时，应根据运行中出现的结渣情况，适当地调整燃烧器。检查燃烧器有无烧坏、变形情况，及时校正修复。检修时，应彻底清除积存灰渣，而且应做好堵塞漏风工作。

3. 磨损

受热面长期受烟气冲刷，烟气中的灰粒使受热面的管壁磨损减薄，这种由烟气冲刷使受热面管壁减薄的现象称为磨损。锅炉受热面的磨损速度与烟气的流速、烟气中灰粒的浓度及硬度、管束的布置方式等因素有关，其中烟气的流速对受热面的磨损影响最大。实验测得，受热面管子的磨损速度与烟气流速的三次方成正比，因此必须有效地对烟气流速进行严格控制。

炉墙的漏风、烟道的局部堵灰、对流受热面局部严重结渣都会使烟道的局部烟气流速过大，使受热面管子局部磨损加剧。另外，当吹灰器工作不良时，高压蒸汽会将受热面的管子吹蚀，使管壁减薄。

减少受热面磨损的方法主要有：降低锅炉负荷，减少烟气流速；燃用优质煤种，降低锅炉烟气中飞灰含量；清除烟道结渣及堵灰，增加烟气流通面积；减少炉墙漏风；加装阻流板或防磨装置等。

4. 管内结垢

由于水冷炉膛的设计热负荷通常很高，因此一定要注意避免水冷壁管子内部产生结垢和铜铁氧化物的沉积。要做到这点，就需要保证炉水和给水的品质。

水垢是附在管子内壁面上的绝热薄膜沉淀，可造成管子向火面金属壁温升高，使管子过热。为避免产生结垢，水处理时要用不结垢成分取代给水中的结垢成分。

在高压锅炉中，由给水系统携入的铜铁氧化物可在其沉淀部位导致内部腐蚀，引起管子损坏。为了避免这种腐蚀，水处理时要在给水系统中加入控制腐蚀的成分。

锅炉投入运行前进行酸洗可将受热面内部清理洁净。在锅炉长时间运行后，特别是在锅炉水工况不当，存在结垢和氧化物沉积的情况下，也要对锅炉进行酸洗。

5. 鼓包

鼓包是指受热面管子的外表面在锅炉高温烟气的长期熏烤下，管子的外表出现的水泡状突出物，它是管子过热的表现之一，也可能是由于管子的原始缺陷造成。水冷壁鼓包主要发生在锅炉水冷壁热负荷最强的区域。消除管子鼓包现象的发生主要有两点：① 加强管子质量检查，不合格的管子坚决不用；② 控制好管子外壁温度。一旦发现管子鼓包，无论大小，均应割管分析，更换新管，并查明原因，采取措施，避免鼓包恶化或重复发生。

6. 裂纹

裂纹是锅炉受热面最常见的、最危险的缺陷之一，它可以发生在锅炉任何受热面上，主要发生在受热面的焊口及其热影响区域，也可发生在管子的弯头、减温器联箱内部等热应力较大的区域。裂纹是由于金属内部冷热不均，金属内部存在较大的热应力，在受到内部较大的压力或受到外力的影响，长时间作用的结果造成金属内部结构发生破坏而形成的。裂纹能引起受热面泄漏，严重时甚至可能发生爆破事故。

防止裂纹发生的措施：加强焊接质量管理，严格按焊接工艺施焊，正确进行焊前预热及焊后热处理，有效地消除焊接热应力；严把管子进货质量关，加强对有弯头或焊口管件的检查力度，最大限度地减少备件质量缺陷；加强检查现场设备，加固各种管道的支吊装置，防止管道发生振动；消除减温器的各种故障，合理使用减温器，防止低负荷时减温水直接喷溅在减温器联箱内壁上。

7. 疲劳

疲劳是指锅炉受热面承受交变热应力长期运行，致使锅炉受热面局部出现永久性损伤的缺陷，锅炉受热面发生疲劳的最终结果是受热面发生微型裂纹。疲劳是锅炉受热面的隐性缺陷，外观很难发现，因此它具有很大的潜在危险，必须给予高度的重视。

锅炉受热面最易发生疲劳的部位：受热面联箱与受热面管子相连接的角焊口处等热应力较集中的区域，锅炉机组的频繁启停是造成该区域疲劳的重要原因之一。另外，频繁发生晃动或振动的锅炉受热面管子也易发生疲劳。减少锅炉机组的启停次数，防止锅炉受热面管子发生晃动或振动，可以减少锅炉受热面发生疲劳的概率。

8. 刮伤

刮伤是指受热面在运行或检修中，受热面的管子与其他设备发生摩擦或碰撞使受热面管子表面造成损伤。

（三）检修验收标准

1. 水冷壁管检查质量标准

（1）管子胀粗不超过原管直径的3.5%，管排不平整度不大于5mm，管子局部损伤深度不大于壁厚的10%，最深不大于1/3壁厚。

（2）焊缝无裂纹、咬边、气孔及腐蚀等现象。

2. 水冷壁割管质量标准

（1）切割点距弯头起点联箱外壁及支架边缘均大于70mm，且两焊口间距大于150mm；割鳍片时，勿割伤管子，防止熔渣掉入管内。

（2）管子坡口为30°~35°，钝边为1~1.5mm，对口间隙为1.5~2.5mm，且管子焊端面倾斜应小于0.55mm。

3. 水冷壁焊接质量标准

（1）新管应用90%管子内径钢球通过，对接管口内壁应平齐，错口不应超过壁厚的1%，且不大于0.5mm，焊接角变形不应超过1mm。

（2）焊缝应圆滑过渡到母材，不得有裂纹、未焊透、气孔、夹渣现象。

（3）焊缝两侧咬边不得超过焊缝全长的10%，且不大于40mm。焊缝加强高度为1.5~2.5mm，焊缝宽度比坡口宽2~6mm，一侧增宽1~4mm。

二、过热器、再热器检修

过热器和再热器是锅炉用于提高蒸汽温度的部件，其目的是提高蒸汽的焓值，以提高电厂热力循环效率。

（一）过热器、再热器的结构及特点

1. 过热器的结构及特点

过热器是用来将饱和蒸汽加热成具有一定温度的过热蒸汽的热交换设备。从电厂热力循环看，蒸汽的初参数压力和温度越高，则循环热效率越高。随着锅炉容量的增大及蒸汽初参数的提高，过热器的作用更显得重要，并在很大程度上影响着锅炉运行的经济性和安全性。

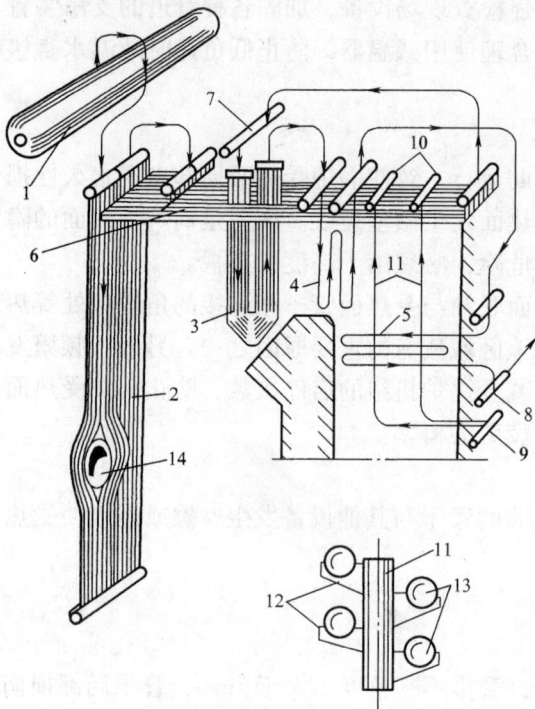

过热器按其传热方式可分为对流式过热器、辐射式过热器及半辐射式过热器；按照所处的位置及结构，过热器又可分为布置在炉膛水冷壁上的墙式过热器，布置在炉膛上部的分隔屏和后屏过热器，布置在对流烟道中的垂直式过热器、水平式过热器，炉膛顶棚及水平烟道与尾部烟井的包覆过热器。现代大型锅炉采用了多种形式的过热器，如图3-18所示。

（1）立式（垂直式）过热器的结构及特点。立式过热器一般布置在锅炉水平烟道内，主要吸收对流热，常见的有顺流布置、逆流布置、双逆流布置和混流布置，如图3-19所示。

立式过热器的特点：不易积灰，支吊方便，但排汽疏水性差，管内容易腐蚀。顺流布置的传热效果最差，受热面最多，壁温最低，因此一般布置在烟气较高的区域。逆流布置和顺流布置正好相反，其传热效果最好，受热面最少，壁温最高，一般布置在烟气温度较低的区域。混流布置具有顺流布置和逆流布置共同的优点，所以在立式过热器中被广泛采用。

图 3-18 过热器的基本结构

1—汽包；2—两行程墙式辐射式过热器；
3—炉膛出口处屏式过热器；4—垂直式对流过热器；
5—水平对流过热器；6—顶棚过热器；
7—喷水减温器；8—过热蒸汽出口联箱；
9—悬吊管进口联箱；10—悬吊管出口联箱；
11—过热器悬吊管；12—支撑隔条；
13—水平过热器蛇形管；14—燃烧器

（2）卧式（水平式）过热器的结构及特点。卧式过热器一般布置在锅炉尾部垂直烟道内，吸收对流热，温度较低，卧式过热器均采用逆流布置，其结构如图3-20所示。

卧式过热器的特点：容易疏水，但支吊较复杂，安装检修不方便。为节省合金钢，常用管子吊挂，安装检修不方便。这种过热器在塔式和箱式锅炉中很普遍，在倒U形锅炉的尾部烟井中也有采用。

对流过热器的受热面由大量平行连接、用无缝钢管弯制成的蛇形管组成。为便于支吊，减少灰渣黏结，一般做顺列布置。横向相对节距 $s_1/d = 2 \sim 3$，纵向相对节距与管子的弯曲半径有关，通常 $s_2/d = 1.6 \sim 2.5$。当进口烟温在1000℃左右时，可将过热器的前几排拉稀成错列布置，拉稀部分的 $s_1/d \geqslant 4.5$，$s_2/d \geqslant 3.5$，以防止结渣。

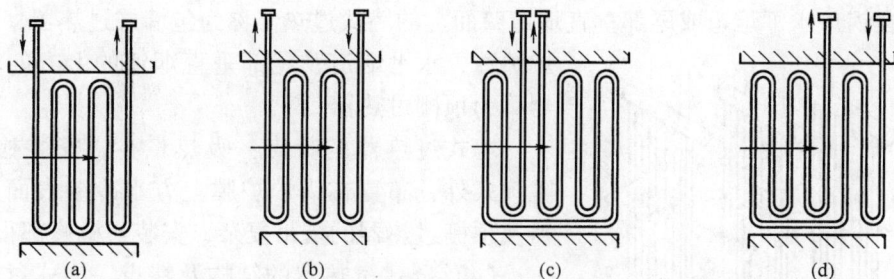

图 3-19 立式过热器（根据烟气与蒸汽相对流动方向划分）
（a）顺流布置；（b）逆流布置；（c）双逆流布置；（d）混流布置

为了同时满足烟气速度和蒸汽速度的要求，并考虑烟道宽度的限制，过热器蛇形管一般采用多管圈型式，在烟速不变的前提下，可降低蒸汽流速。为强化传热，低温对流过热器可采用鳍片管或肋片管。

（3）墙式过热器的结构及特点。墙式过热器一般布置在锅炉水平烟道或尾部垂直烟道的壁面上，以及布置在锅炉炉膛、水平烟道和尾部垂直烟道的上方，其结构及布置如图 3-21 所示。其作用是使该处形成敷管式炉墙，一般制成膜式，也有的墙式过热器布置在锅炉炉膛上方水冷壁的表面上。墙式过热器由于其单面受热，吸热方式为辐射吸热，故吸热量有限，所以大多将其作为初级过热器使用。

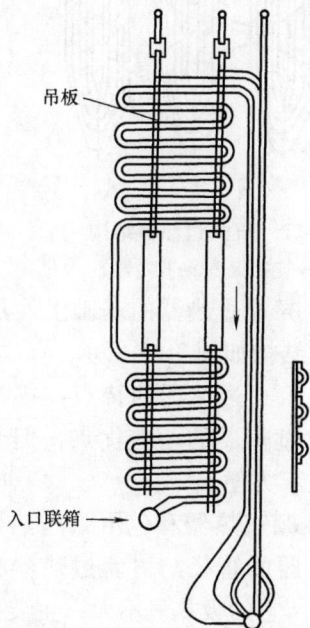

图 3-20 卧式过热器结构

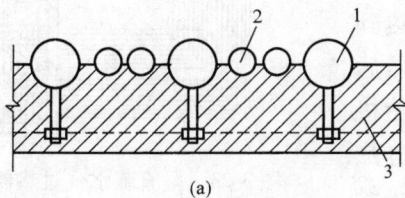

图 3-21 墙式过热器结构及布置
（a）贴炉墙布置；（b）贴水冷壁布置
1—水冷壁管；2—卧式过热器管；3—敷管炉墙

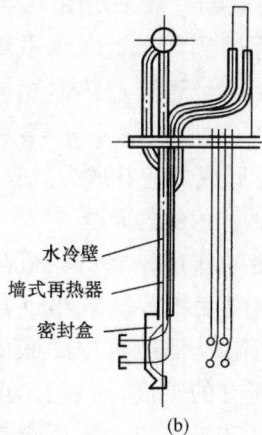

布置在锅炉水平烟道或尾部垂直烟道壁面上的墙式过热器称为包墙式过热器，布置在锅炉炉膛、水平烟道及尾部垂直烟道的上方的墙式过热器称为顶棚过热器。

墙式过热器的特点：吸热量少，安装检修方便。除膜式外，布置在锅炉炉膛上方水冷壁表面上的过热器及顶棚过热器的支吊复杂，安装与检修都很困难。

（4）屏式过热器的结构及特点。屏式过热器布置在锅炉炉膛上方或炉膛出口，主要吸收辐射热，布置在炉膛出口的屏式过热器既吸收辐射热，又吸收对流热，故又称为半辐射式过热器。屏式过热器又分为立式屏式过热器、卧式屏式过热器及垂直疏水式屏式过热器三种，其中现代大型锅炉广泛采用立式屏式过热器，其结构如图 3-22 所示。

立式屏式过热器的特点：结构简单，检查检修方便，管子表面结渣、积灰较轻，但其排汽疏水性较差，管内容易腐蚀。

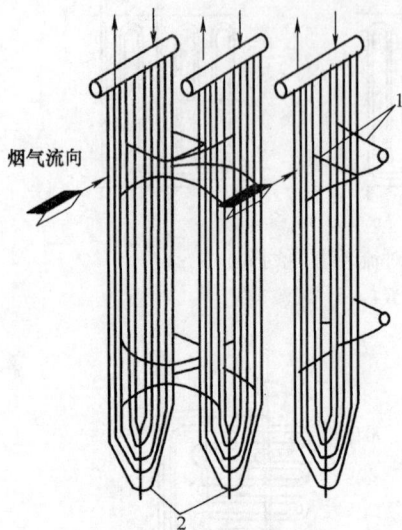

图 3-22 屏式过热器结构
1—连接管；2—扎紧管

在立式屏式过热器的基础上发展起来的垂直疏水式过热器结构如图 3-23 所示。

垂直疏水式过热器的特点：排汽疏水性好，具有立式屏式过热器的一些优点，但其结构复杂，安装、检修很不方便。

（5）顶棚过热器和包覆管过热器。布置在炉顶的顶棚过热器的管径与对流过热器相同，相对节距 $s_1/d \leqslant 1.25$，它的吸热量不大，主要用于支撑炉顶的耐火材料和保温材料，并保持锅炉的气密性。

顶棚过热器一般采用图 3-24 所示的悬吊方法。

包覆管过热器布置在水平烟道和尾部竖井的壁面上，其管径与对流过热器相同，相对节距对光管 $s_1/d \leqslant 1.25$，对膜式壁 $s_1/d = 2 \sim 3$。包覆管过热器的主要作用是形成炉壁并成为敷管炉墙的载体。

2. 再热器的结构及特点

再热器的作用是将汽轮机高压缸的排汽加热到与过热蒸汽温度相等（或相近）的再热温度，然后再送到中压缸及低压缸中膨胀做功，以提高汽轮机尾部叶片蒸汽的干度。一般，再热蒸汽压力为过热蒸汽压力的 20% 左右。采用再热系统可使电站热经济性提高约 4% ~ 5%。

再热器一般布置在对流烟道内，与过热器结构相似，也是由蛇形管组成，布置的位置因锅炉类型

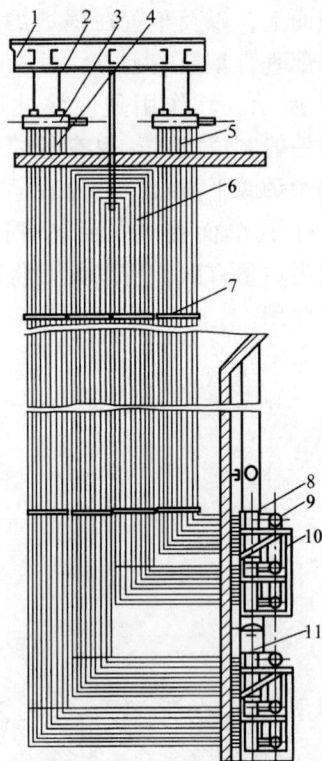

图 3-23 垂直疏水式过热器结构
1—构架上部梁；2—拉杆；3—左管组上联箱；
4—左管组；5—右管组；6—中间管组；
7—夹板；8—下联箱；9—连接联箱；
10—金属结构；11—锅炉构架柱

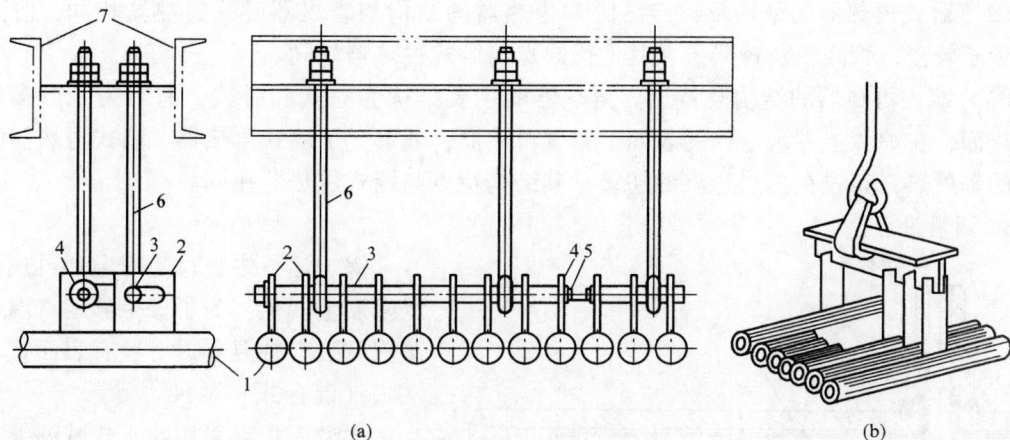

图 3-24　顶棚过热器的支撑结构

（a）通过插销悬吊；（b）通过吊板悬吊

1—顶棚过热器；2—吊耳；3—插销；4—垫圈；5—开门销；6—吊钩；7—梁

不同而异。根据不同蒸汽温度，一般可分为低温再热器和高温再热器，低温再热器一般水平布置在尾部烟道中，由两个或三个独立的部分组成。为了改善汽温特性，大容量锅炉也有墙式再热器和屏式再热器。根据布置方式，也可分为立式、卧式及墙式，不同之处在于再热器加热的蒸汽压力较低，比体积较大，所以再热器采用多管圈布置，且采用薄壁管，从传热面积来看，再热器比过热器大得多。图 3-25 所示为两种典型的再热器系统。

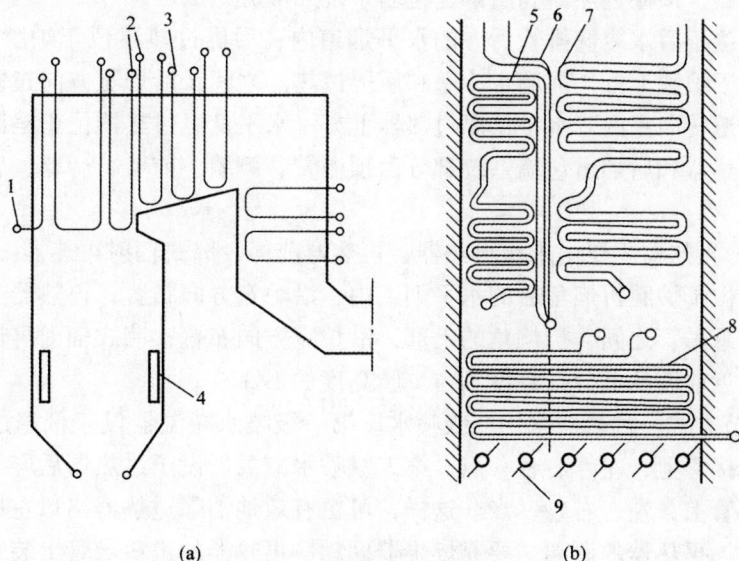

图 3-25　典型的再热器系统

（a）摆动式燃烧器调节再热汽温的系统；（b）烟气挡板调节再热汽温的系统

1—一次再热器；2—二次再热器；3—三次再热器；4—摆动式燃烧器；

5—过热器；6—烟道隔板；7—再热器；8—省煤器；9—烟气挡板

（1）立式再热器的结构及特点。立式再热器的结构特点与立式过热器相同。

（2）卧式再热器的结构及特点。卧式再热器的结构与省煤器卧式过热器相同，卧式再热器管子较密，管间积灰较严重，其他优缺点与卧式过热器相同。

（3）墙式再热器的结构及特点。再热器的主要结构为立式和卧式，有时为了更多地布置受热面，在炉膛上方水冷壁的表面上布置再热器，就形成了墙式再热器。墙式再热器吸收炉膛的辐射热，布置在再热蒸汽的初级，其结构特点与墙式过热器相同。

3. 调温设备

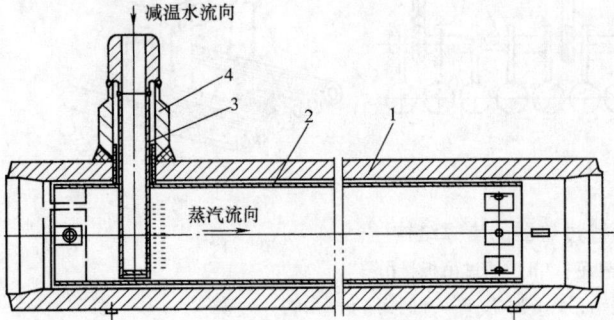

图 3-26 喷水式减温器
1—筒体；2—混合管；3—喷管；4—管座

锅炉运行中，过热汽温和再热汽温经常发生变化。为了保持额定汽温，在蒸汽侧装有减温器，一般有表面式与喷水式（混合式）两种。

大型锅炉都采用喷水式减温器，如图 3-26 所示，其优点是结构简单，调节灵敏，时滞小，汽温调节幅度大（可达 100～130℃）。但对引入的冷却水要求质量较高，以免污染蒸汽，一般情况下减温水来自锅炉的给水。

4. 600MW 机组锅炉过热器、再热器的特点

（1）HG–2008/17.4–YM5 型亚临界控制循环锅炉。

1）过热器。过热器主要由末级过热器、后屏过热器、分隔屏过热器、立式低温过热器和水平低温过热器、顶棚过热器和后烟道包墙系统几部分组成。

末级过热器位于后水冷壁排管后方的水平烟道内；后屏过热器位于炉膛上方折焰角前；分隔屏过热器位于炉膛上方，前墙水冷壁和后屏过热器之间，沿炉宽方向布置；立式低温过热器位于尾部烟道转向室内，水平低温过热器上方；水平低温过热器位于尾部竖井烟道省煤器上方；顶棚过热器和后烟道包墙系统部分由顶棚管、侧墙、前墙、后墙、后烟道延伸包墙组成。

3）再热器。再热器主要由末级再热器、再热器前屏、墙式辐射再热器三部分组成。

末级再热器位于炉膛折焰角后的水平烟道内，沿炉宽方向布置；再热器前屏位于过热器后屏和后水冷壁悬吊管之间，折焰角的上部，沿炉宽方向布置；墙式辐射再热器布置在水冷壁前墙和侧墙靠近前墙的部分，高度约占炉膛高度的 1/3。

3）汽温调节方式。过热器采用二级喷水。第一级喷水减温器设于低温过热器与分隔屏之间的大直径连接管上，左、右各一点。第二级喷水减温器设于过热器后屏与末级过热器之间的大直径连接管上，左、右各一点。这样，可更有效地消除过热器出口左右汽温偏差。减温器采用笛管式。再热器的调温主要靠燃烧器摆动，再热器的进口导管上装有两只雾化喷嘴式喷水减温器，主要作事故喷水用。过量空气系数的改变对过热器和再热器的调温也有一定的作用。

（2）DG2070/17.5–Ⅱ4 型锅炉。

1）过热器。

过热器分 5 级：顶棚过热器、包墙过热器、低温过热器、屏式过热器和高温过热器。

调温方式：两级四点喷水减温、左右侧喷水点可分别调节。

减温器位置：第一级作为粗调；第二级作为微调。

该锅炉过热蒸汽流程如图 3-27 所示。

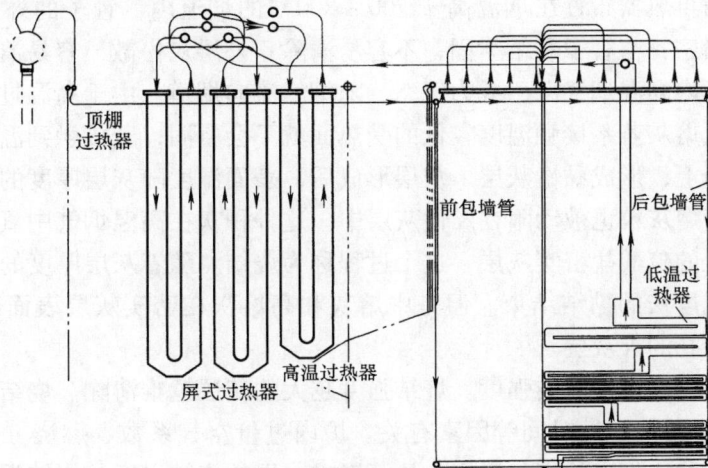

图 3-27　DG2070/17.5 – Ⅱ4 型锅炉过热蒸汽流程

2）再热器。再热器分 2 级，低温再热器和高温再热器，两级再热器之间直接连接，不设中间集箱。

调温方式：采用尾部烟道挡板调温；低温再热器入口设有事故喷水。

该锅炉再热蒸汽流程如图 3-28 所示。

（二）常见过热器、再热器事故原因及处理方法

过热器与再热器的结构、布置方式基本相同，它们的事故原因及处理方法也基本相同。固态排渣煤粉炉过热器与再热器主要存在对流受热面高温积灰和高温腐蚀问题，还存在管子磨损、胀粗、过热、爆管、变形、损伤、蠕变、结垢、刮伤等问题。

1. 高温积灰

前已述及在高温烟气环境中，飞灰沉积在管束外表面的现象称为高温积灰。过热器与再热器管外的积灰即属于高温积灰。积灰使传热热阻增加、烟气流动阻力增大，还会引起受热面金属的腐蚀。

煤灰根据其易熔程度可分为三部分：低熔灰、中熔灰和高熔灰。低熔灰的主要成分是金属氯化物和硫化物 [$NaCl$、Na_2SO_4、$CaCl_2$、$MgCl_2$、$Al_2(SO_4)_3$ 等]，它们的熔点大都为 700 ~ 850℃。中熔灰的主要成分是 FeS、Na_2SiO_3、K_2SO_4 等，熔点为 900 ~ 1100℃。高熔灰由纯氧化物（SiO_2、Al_2O_3、CaO、MgO、Fe_2O_3）组成，熔点为 1600 ~ 2800℃。

高熔灰的熔点超过了炉膛火焰区的温度，当它通过燃烧区时不发生状态变化，颗粒直径

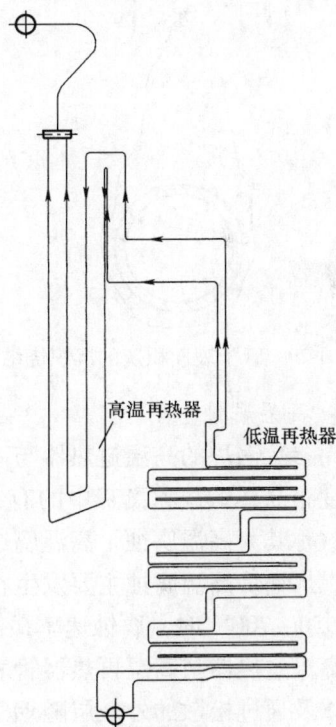

图 3-28　DG2070/17.5 – Ⅱ4
型锅炉再热蒸汽流程

细微，是飞灰的主要成分。飞灰直径分细径灰群（$\leqslant 10\mu m$）、中径灰群（$10 \sim 30\mu m$）和粗径灰群（$\geqslant 30\mu m$）三个灰群。

高温过热器与再热器布置在烟温高于 $700 \sim 800℃$ 的烟道内，管子的外表面积灰由两部分组成，内层灰紧密，与管子黏结牢固，不容易清除；外层灰松散，容易清除。

低熔灰在炉膛内高温烟气区已成为气态，随烟气流向烟道。由于高温过热器和再热器区域的烟温较高，低熔灰若不接触温度较低的受热面就不会凝固，若接触到温度较低的受热面就会凝固在受热面上，形成黏性灰层。灰层形成后，表面温度随灰层厚度的增加而增加。此后，一些中熔、高熔灰粒也被动附在黏性灰层中。这种积灰在高温烟气中氧化硫气体的长期作用下，形成白色的硫酸盐密实灰层，这个过程称为烧结。随着灰层厚度的增加，其外表面温度继续升高，低熔灰的黏结结束。但是中熔灰和高熔灰在密实灰层表面还进行着动态沉积，形成松散且多孔的外灰层。

内灰层的坚实程度称为烧结强度。烧结强度越大的灰层越难清除。烧结强度与温度、灰中 Na_2O、K_2O 的含量及烧结时间等因素有关。炉内过量空气系数、燃烧方式和炉膛结渣程度等都会影响进入对流烟道的烟气温度，从而影响灰层的烧结强度。烧结强度随着时间增长而增大，时间越长灰层越结实，所以，积灰必须及时消除。

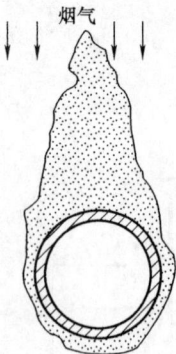

图 3-29   管子表面积灰的沉积烧结示例

此外，对于灰中氧化钙（CaO）含量大于 40% 的燃煤，开始沉积在管子外表的是松散灰层，但是，当烟气中存在氧化硫气体时，在高温（烟气温度大于 $600 \sim 700℃$）长期作用下也会烧结成坚实的灰层。图 3-29 所示为管子表面积灰的沉积烧结示例。

减少积灰的方法：对于灰中含钙较多的燃料，设计过热器与再热器时应重点考虑防止烧结成坚实灰层或减轻其危害件的措施，如加大管子横向节距 s_1，减小管束深度，采用立式管束，装设高效吹灰器，并保证对每根管子都进行有效吹灰。

2. 高温腐蚀

高参数锅炉的高温过热器与高温再热器受热面，以及管束的固定件、支吊件，它们的工作温度很高，烟气和飞灰中的有害成分会与管子金属发生化学反应，使管壁变薄、强度降低，这称其为高温腐蚀。高温腐蚀速度可达 $0.5 \sim 1.0mm/a$。

燃煤锅炉高温腐蚀主要发生在金属壁温度高于 540℃ 的迎风（迎烟气）面，当金属壁温度为 $650 \sim 700℃$ 时，腐蚀速率最高。

高温过热器与高温再热器管表面的内灰层含有较多的碱金属，它与飞灰中的铁、铝等成分，以及通过松散的外灰层随烟气扩散进来的氧化硫气体，经过较长时间的化学作用，生成碱金属的硫酸盐 [$Na_3Fe(SO_4)_3$、$KAl(SO_4)_2$ 等] 复合物，这些复合物对高温过热器和高温再热器金属发生强烈的腐蚀。这种腐蚀大约从 $540 \sim 620℃$ 开始发生，$650 \sim 700℃$ 时腐蚀速度最大。

正硫酸盐（M_2SO_4）在高温区（如过热器的支吊件上）也呈液态而具有腐蚀性，但腐蚀性比复合硫酸盐要轻。

焦性硫酸盐（M_2SO_3）在过热器区域，因温度高，不可能稳定存在，并易迅速与飞灰中

Fe_2O_3 化合而形成复合硫酸盐。由此可见，燃煤锅炉的过热器与再热器的外部腐蚀，主要由于沉积层中有 $M_3Fe(SO_4)_3$ 的存在和管壁具有使它溶化成液态的温度。沉积物中 $M_3Fe(SO_4)_3$ 的形成过程为

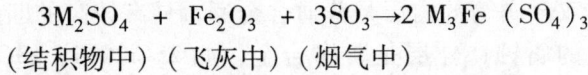

$$3M_2SO_4 + Fe_2O_3 + 3SO_3 \rightarrow 2M_3Fe(SO_4)_3$$
（结积物中）（飞灰中）（烟气中）

复合硫酸盐具有由高温处向低温处移聚的能力。由于结积层外层温度高而贴壁层温度低，于是结积层中陆续形成的复合硫酸盐不断移聚到贴壁层而使腐蚀过程继续进行。

管壁温度高的管子，腐蚀速度也高。图 3-30 所示为腐蚀发生的区域与烟气温度及受热面金属温度的关系。

防止高温积灰与腐蚀的措施：

（1）主蒸汽温度不宜过高。20 世纪 60 年代，国外有的电厂主蒸汽温度高达 650℃ 以上，出现了严重的高温积灰与腐蚀。将主蒸汽温度降低到 540℃ 左右，可显著减轻高温积灰与腐蚀。

（2）控制炉膛出口烟温。火焰温度低时，一方面可以减少对高温积灰和腐蚀影响最大的 Na、K 气态物质的生成量，还可以防止气态硅化物 SiS_2、SiO_2 的生成；另一方面，炉膛温度及炉膛出口烟温低时，受热面的壁温也低，这些气态物质在到达受热面之前已经固化，不具有黏性，从而减少了气态矿物质的沉积量，并降低积灰的烧结强度和烧结速度。不同腐蚀倾向的燃煤对炉膛出口烟温的要求见表 3-1。

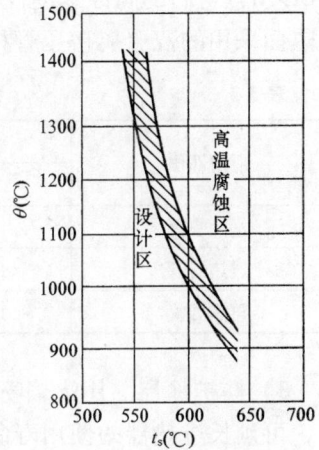

图 3-30 腐蚀发生的区域与烟气温度及受热面金属温度的关系

表 3-1　　　　　　　　不同腐蚀倾向的燃煤对炉膛出口烟温的要求

煤的腐蚀倾向	炉膛出口烟温（℃）	煤的腐蚀倾向	炉膛出口烟温（℃）
低	1300 ~ 1500	高	1200 ~ 1250
中	1250 ~ 1300		

（3）管子采用顺流布置，加大管间节距。高温对流受热面，尤其是处于高烟温区的末级过热器和再热器，采用顺流布置并加大横向节距，能有效地防止积灰搭桥，减轻积灰和腐蚀。美国 CE 公司提出的高温对流受热面横向节距的推荐值见表 3-2。

表 3-2　　　　　　　　美国 CE 公司提出的高温对流受热面横向节距的推荐值

温度范围（℃）	管子节距（mm）	
	不沾污煤	沾污煤
1093 ~ 1316	屏式 558	屏式 558
954 ~ 1093	177	304
788 ~ 954	76	152
<788	50	76

（4）选用抗腐蚀材料。

1）高铬钢管。高锰钢管表面生成一层致密的 Cr_2O_3，抗熔融硫酸盐的溶解能力比一般碳钢好。合金钢的含铬量增加，将明显增强其防腐蚀性。但对腐蚀性特别强的灰沉积物，高铬钢仍不能完全满足防腐要求。

2）双金属挤压管。双金属管的内层是普通合金钢，具有较高的断裂强度和蠕变强度，并可防水和蒸汽中杂质的腐蚀；外层是防腐合金，如 25Cr20Ni、18Cr14Ni、18Cr11Ni 或 18Cr9Ni，它们的腐蚀速度仅为低碳钢的 $1/5 \sim 1/3$。但双金属挤压管的价格十分昂贵。各种受热面采用的双金属挤压管材的匹配见表 3-3。

表 3-3　　　　　　　　各种受热面采用的双金属挤压管材的匹配

应用部位	内　管		外　管	
	材料	壁厚（mm）	材料	壁厚（mm）
水冷壁管	低碳钢	6.5	18Cr910Ni	2
过热器管	15Cr10Ni	3	25Cr20Ni	3.5
再热器管	15Cr10Ni	1.5	25Cr20Ni	2.5

3）防护涂层。用火焰喷镀、电弧或等离子弧喷镀等方法，在管子外表面增加防护涂层，可延长过热器的使用寿命。

4）管子表面渗铬或渗铝。

（5）采用添加剂。用石灰石（$CaCO_3$）和白云石（$MgCO_3 \cdot CaCO_3$）作添加剂，可除去炉内部分 SO_2、SO_3，减轻硫酸盐型高温腐蚀，而且生成的 CaO、MgO 还可与 K_2SO_4 发生如下反应，即

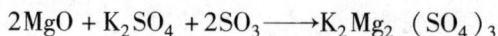

$$2MgO + K_2SO_4 + 2SO_3 \longrightarrow K_2Mg_2(SO_4)_3$$

生成的 $K_2Mg_2(SO_4)_3$ 取代了 $K_3Fe(SO_4)_3$，使管壁上的黏结性灰层转变成松散性灰层，因而也可减轻高温腐蚀。

（6）其他。定期吹灰并提高吹灰效果；低氧燃烧。

3. 蠕变

过热器和再热器是锅炉承压受热面中工质温度和金属温度最高的部件，其工作可靠性与金属的高温性能有很大关系。

在高温下，金属的机械强度明显降低。高温金属在承压状态下，还有另一特点：即使金属所承受的应力远未达到它的强度极限，但在压力和高温这两个因素的长期作用下，金属连续不断地发生缓慢的变形，最后导致破坏。在这种情况下，金属的使用寿命取决于它所受的压力和温度水平。承压金属在高温下所发生的缓慢变形称为蠕变。

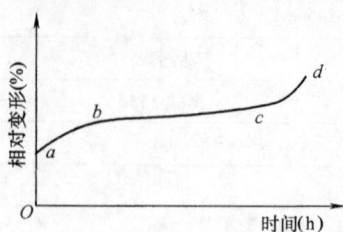

图 3-31　金属蠕变的典型曲线

图 3-31 所示为金属蠕变的典型曲线。该曲线可大致分为三个阶段：第一阶段（线段 ab）为蠕变速度不稳定段，开始时变形速度较高与金属开始施加应力有关；第二阶段（线段 bc），蠕变速度较慢也比较均匀；第三阶段（线段 cd）蠕变速度加速，最后导致金属断裂。锅炉受热面所容许的蠕变速度为 100 000h 的积累变形不得超过 1%。

在固定内部压力下，金属的蠕变速度与温度有很大关系，温度升高，蠕变速度加快，金属的使用时间（寿命）就要缩短。假如某管子在540℃时能连续工作100 000h，那么长期在550℃下工作，它的寿命就可能只有50 000h，即寿命缩短一半。由此可见严格控制蒸汽温度上限的重要性。炉内火焰偏斜、水冷壁结渣，过热器和再热器的积灰、受热面内的结垢和其他吸热不均及流量不均，都会造成整个管组或个别管子的超温，必须设法避免。

腐蚀和磨损会使管壁变薄、应力增大，并加速管子的损坏；周期性的温度变化或管子的振动会产生交变应力，使金属内部结构发生变化，引起金属的疲劳损坏。因此，运行中保持汽温的稳定是很重要的。

4. 磨损

受热面长期受烟气冲刷，烟气中的灰粒使受热面的管壁磨损减薄，这种由烟气冲刷使受热面管壁减薄的现象称为磨损。磨损包括飞灰磨损和管子的接触磨损，飞灰磨损通常发生在烟气走廊、湍流区、密封泄漏区的局部管段；管子的接触磨损常发生在管与管接触、管与卡块接触、管与阻流板接触、穿墙管与鳍片接触等管与金属间的接触部位。锅炉受热面的磨损速度与烟气的流速、烟气中灰粒的浓度及硬度、管束的布置方式等因素有关，其中烟气的流速对受热面的磨损影响最大。实验测得，受热面管子的磨损速度与烟气流速的三次方成正比，因此必须有效地对烟气流速进行严格控制。

炉墙的漏风，烟道的局部堵灰，对流受热面局部严重结渣都会使烟道的局部烟气流速过大，使受热面管子局部磨损加剧。另外，当吹灰器工作不良时，高压蒸汽会将受热面的管子吹蚀，使管壁减薄。

管子磨损经常发生的区域：烟气转向室前立式受热面的下部管子；尾部竖直烟道布置的卧式受热面管排上部第二、三根管子，下部第二、三根管子，管子支撑卡子边缘部位，靠近炉墙的边排管子及个别突出管排的管子等。

减少磨损的方法主要有：降低锅炉负荷，减少烟气流速；燃用优质煤种，降低锅炉烟气中飞灰含量；改变管束布置方式，由错列布置改为顺列布置；清除烟道结渣及堵灰，增加烟气流通面积；减少炉墙漏风；加装阻流板或防磨装置等。

5. 胀粗

锅炉受热面管子既要承受高温，又要承受很高的压力，长时间的运行，管子的金相组织会发生变化，使管子的外径超出原设计管子的外径，这一现象称为胀粗。受热面管子的胀粗是在一定条件下发生的，当受热面管子的壁温在允许温度以下，管子发生胀粗的趋势很小，用普通测量仪器几乎测不出来；当受热面管子的壁温超过允许温度时，管子发生胀粗的趋势明显增大。

对流受热面管子最易发生胀粗的部位：布置在炉膛上方及炉膛出口的屏式过热器，布置在炉膛出口及水平烟道的立式受热面。尤其是布置在炉膛出口的对流过热器管子壁温最高的区域，最容易发生胀粗现象。

管子发生胀粗是由于管子壁温超过该材质管子的最高允许温度而造成的，降低管子壁温就能有效防止管子发生胀粗现象。防止胀粗主要措施有：降低锅炉负荷，调整好燃烧，防止过热器、再热器管壁温度超过最高允许温度，严格禁止超温运行；在过热器或再热器管壁温度最高区域更换耐热温度更高的管子。

合金钢管外径胀粗大于2.5%，碳钢管外径胀粗大于3.5%时，应更换胀粗管段。当管子胀粗发生在一个检修周期内时，应对管子入口节流孔及该管弯曲半径最小的弯头进行检查，以确认节流孔处或弯头部位是否存在异物。

6. 过热

锅炉受热面在运行中，由于没有很好地冷却，控制好管壁温度，受热面在超温状态下长时间运行，就会使受热面管子壁温超过允许温度，管子表面严重氧化，甚至出现脱碳现象，这种现象称为管子过热。管子过热现象的出现与管子胀粗现象同时发生，管子严重过热时会发生爆管事故。

锅炉受热面管子过热与胀粗发生的部位相同。在事故情况下，如锅炉水冷壁水循环破坏、锅炉尾部烟道发生再燃烧或立式过热器、再热器管中堵有杂物等，都会使受热面管子发生过热。防止锅炉受热面管子发生过热应采取的措施有：降低锅炉负荷，调整好燃烧，防止锅炉受热面管子超温运行；保证水冷壁的水循环，防止水循环破坏；合理使用省煤器再循环管，防止省煤器管中的水停止流动或流动不畅；加强尾部受热面的除尘工作，防止发生尾部烟道再燃烧事故；加强检修管理，防止受热面换管时管中落入杂物；对过热器和再热器易于过热的区域更换耐热钢管。

7. 爆管

爆管是锅炉受热面最严重的事故，这会使锅炉机组被迫停止运行。锅炉受热面发生爆管的主要原因：① 受热面管子磨损或腐蚀使其管壁减薄，当其承受不了管内的压力时，管子就会发生爆破。② 过热器或再热器管子由于其长期超温运行，致使管子过热胀粗，造成管子的强度急剧下降，直至引起爆管。另外，水冷壁水循环破坏使管子过热，锅炉受热面管子产生裂纹等都能引起爆管事故的发生。从统计数据来看，过热器或再热器爆管主要是由于过热引起的。

防止锅炉受热面发生爆管，应从以下几个方面入手：

（1）从运行方面，控制好锅炉负荷，调整好锅炉燃烧，减少热偏差，防止锅炉结渣，降低受热面管壁温度，防止管子发生过热现象。

（2）加强运行监控，防止水循环破坏、水流停止及锅炉尾部烟道再燃烧等事故的发生。

（3）从检修方面，加强设备检查与维护，及时发现锅炉受热面管子磨损、腐蚀、裂纹、胀粗等缺陷，根据实际情况进行处理，防止缺陷继续发展扩大。

（4）严格检修管理，防止发生管内落入异物，防止错用钢材或焊接材料等现象的发生。

（三）减温器故障及原因

1. 事故概况

目前，我国电站锅炉上的喷水减温器主要有四种形式：单管（或双管）式、文丘里管式、笛形管式和蜗壳式。前两种型式减温器的断裂事故极为普遍，国内几大锅炉制造厂的产品都曾发生过。文丘里管式减温器的事故多发生在水室，主要是裂纹。对于单喷头及双喷头减温器，主要是喷头及喷水管断裂。

2. 原因分析

（1）变更了原设计条件。前苏联原设计的文氏减温器喷水用的是自制冷凝水，因此，水温等于饱和蒸汽温度，与过热蒸汽的温差较小。而我国从前苏联引进此种结构时，并未遵守原设计条件，而是用给水喷水，而且有不少电厂不投高压加热器，故给水温度只有150℃左右。

（2）水室工艺结构不良。水室结构复杂，变截面过多，需焊接处也较多，零件设计厚薄不均。

（3）振动疲劳断裂。在文氏二级减温器中，由于蒸汽流垂直冲击混合管，加之混合管上的支撑板长度太长，以及支撑板与集箱内壁间隙较大，因此，在高速蒸汽汽流冲击下易产生剧烈振动造成疲劳裂纹。

（4）焊接及机加工质量不良。

（5）以劣代优或碳钢、珠光体钢和奥氏体钢混用。

（6）未投高压加热器。

综上所述，文氏减温器的工作原理正确，雾化效果好，蒸发段短，是不应否定的。问题是要从上述各因素入手，解决所存在的问题。遵守原设计条件并在改造工艺性上下工夫。在上述问题未得到很好解决时，可采用笛形管式或蜗壳式喷水减温器加以过渡。

（四）检修的验收标准

1. 过热器（包括屏式、对流式、包覆管）检修

（1）清灰和检修准备验收标准。

1）管子表面和管排间的烟气通道内无积灰、结渣和杂物。

2）包覆过热器管子表面和鳍片无积灰。

3）电气设备绝缘良好，触电和漏电保护可靠。

（2）管子外观检查中检查管子磨损验收标准。

1）管子表面光洁，无异常或严重的磨损痕迹。

2）管子磨损及腐蚀的减薄量在允许值以内。

（3）管子外观检查中检查管子蠕胀验收标准。

1）碳钢管子胀粗值应小于 $3.5\%D$，合金钢管子胀粗值应小于 $2.5\%D$。

2）管子外表无明显的颜色变化和鼓包。材质为碳钢的受热面管子或三通、弯头的石墨化应不大于 4 级。合金钢管表面球化大于 4 级时，宜取样进行力学性能试验，并提出相应的措施。

3）管子外表的氧化皮厚度须小于 0.6mm，氧化皮脱落后管子表面无裂纹。

4）管子表面腐蚀凹坑深度须小于管子壁厚的 30%。

（4）管子外观检查中检查包覆管和穿顶管的密封验收标准。

1）包覆管的鳍片拼缝无裂纹。

2）穿顶管的顶棚密封焊缝无裂纹，密封良好的碳钢管子胀粗值应小于 $3.5\%D$，合金钢管子胀粗值应小于 $2.5\%D$。

（5）管子外观检查中检查管排变形和整形验收标准。

1）管排排列整齐、平整，无出列管，管排横向间距一致，管排间无杂物。

2）管夹、梳形板和活动连接板完好无损，无变形、脱焊，与管排固定良好，并保证管子能自由膨胀。

3）水平对流定位冷却管与屏式过热器管固定良好，管卡与管子焊缝无裂纹。

4）顶棚管无下垂变形。

（6）割管检查验收标准。

1）割管的切割点应符合 DL 612—1996 的规定和要求。

2）监视管内外壁无损伤。

（7）管子焊缝检查验收标准。

1）焊缝及焊缝边缘母材上无裂纹。

2）补焊焊缝无超标缺陷。焊缝应符合 DL 438—2000 的要求。

（8）防磨装置检查验收标准。

1）防磨板和烟气导流板须完整，无变形、烧损、磨损和脱焊。

2）防磨罩与管子能自由膨胀。

（9）管子更换时管子切割验收标准。

1）切割点位置须符合 DL 612—1996 的要求。

2）切割点管子开口应与管子保持垂直，开口平整。

3）对于采用割炬切割的管子，在管子割开后应无熔渣掉进管内。

（10）新管检查验收标准。

1）管子外表无压扁、凹坑、撞伤、分层和裂纹。

2）管子表面无腐蚀。

3）弯管表面无拉伤，其波浪度应符合 DL/T 869—2004 的要求。

4）弯管实测壁厚应大于直管理论计算壁厚。

5）弯管的不圆度应小于 6%，通球试验合格。

6）管子管径与壁厚的正负公差应小于 10%。

7）合金钢管子硬度无超标，合金成分正确。

8）新管内无铁锈等杂质。

（11）管子更换时新管焊接验收标准。

1）管子焊接质量标准应符合 DL 5007—1992 的要求。

2）管道对口和焊接应符合 DL/T 869—2004 的要求。

3）施工焊缝应 100% 合格。

2. 再热器检修

（1）再热器清灰和检修准备验收标准。同过热器清灰和检修准备验收标准。

（2）管子外观检查中检查管子磨损验收标准。

1）受热面管子表面光洁，无异常或严重的磨损痕迹。

2）管子磨损后其减薄量小于管子壁厚的 30%。

（3）管子外观检查中检查管子蠕胀和高温腐蚀验收标准。管子蠕胀和高温腐蚀的检查质量要求同过热器管子的蠕胀和高温腐蚀质量的检查要求。

（4）管子外观检查中管排变形检查和整形验收标准。同过热器。

（5）割管检查验收标准。同过热器。

（6）管子焊缝检查验收标准。同过热器。

（7）管子更换验收标准。同过热器。

（8）防磨装置检查验收标准。同过热器。

3. 调温装置检修

（1）喷水减温器检修。

1）外观检查验收标准。① 减温器联箱上管座角焊缝和内套管定位螺栓焊缝无裂纹。

② 联箱封头焊缝无裂纹。③ 联箱外壁无腐蚀，无裂纹。

2）内部检查验收标准。① 喷嘴保持畅通，无堵塞，固定良好。② 喷嘴与进水管的对接焊缝无裂纹。③ 内套管无移位和转向。④ 减温器内壁无裂纹和严重腐蚀点。⑤ 内套管和扩散管表面无裂纹。

（2）汽—汽热交换器检修。

1）外观检查验收标准。① 管座角焊缝无裂纹。② 外套管外壁无严重的腐蚀点和氧化皮脱落。③ 热交换器 U 形外套管背弧无裂纹。

2）内部检查验收标准。① 管板焊缝无裂纹。② 管板表面无腐蚀和裂纹。

（3）烟气挡板检修。

1）调节挡板和轴检查及清理验收标准。① 挡板和传动轴表面光洁，无积灰，无污垢。② 挡板外形完整，无变形，关闭后密封良好。③ 挡板与转动轴固定良好，无松动。④ 传动轴密封装置良好。密封垫料完整，无磨损，无泄漏。

2）挡板机械校验和开度校验验收标准。① 挡板开关保持同步和灵活，无卡涩现象。② 挡板实际开度与就地指示及表计指示一致。③ 挡板最大开度与最小开度符合设计要求。④ 就地指示与集控室表计指示一致。

三、省煤器检修

（一）省煤器的作用及种类

1. 省煤器的作用

省煤器的作用是利用锅炉尾部烟气的余热加热锅炉给水。省煤器是现代锅炉中不可缺少的受热面，给锅炉带来以下好处：

（1）节省燃料。在锅炉尾部装设省煤器，可降低烟气温度，减少排烟热损失，提高锅炉效率，因而节省燃料。

（2）改善汽包的工作条件。采用省煤器后，提高了进入汽包的给水温度，使汽包壁与给水之间的温度差及热应力减少，改善了汽包的工作条件，延长了使用寿命。

（3）降低锅炉造价。水的加热是在省煤器中进行的，用省煤器这样的低温部件代替部分价格较高的高温水冷壁，降低了锅炉造价。

2. 省煤器的种类

省煤器按使用材料可分为钢管式省煤器和铸铁式省煤器，目前大中容量锅炉广泛采用钢管式省煤器。省煤器按出口水温可分为沸腾式省煤器和非沸腾式省煤器，中压锅炉多采用沸腾式省煤器，高压以上锅炉多采用非沸腾式省煤器。

（二）省煤器的结构及特点

1. 结构

钢管式省煤器的结构如图 3-32 所示，它是由进、出口联箱和许多并列的蛇形管组成的。蛇形管与联箱的连接一般采用焊接。联箱一般布置在锅炉烟道外面。如果省煤器的受热面较多，总体高度较高，可把它分为几段，在图 3-32 中分为两段，每段高度为 1 ~ 1.5m，段与段之间留出 0.6 ~ 0.8m 的检修空间。此外，省煤器与其相邻的空气预热器之间应留出 0.8 ~ 1m 高的空间，以便进行检修和清除受热面上的积灰。

省煤器一般多为卧式，布置在尾部烟道中，这样既有利于停炉排除积水，减轻停炉期间的腐蚀，也有利于改善传热，节约金属。

为了增强传热并提高结构的紧凑性，可在省煤器钢制蛇形管上焊接矩形鳍片，如图 3-33（a）所示。在金属耗量和通风电耗相等的情况下，焊有矩形鳍片的受热面体积要比光管受热面的体积小 25% ~ 30%；用低价的扁钢代替部分高价钢管，可以降低设备成本。

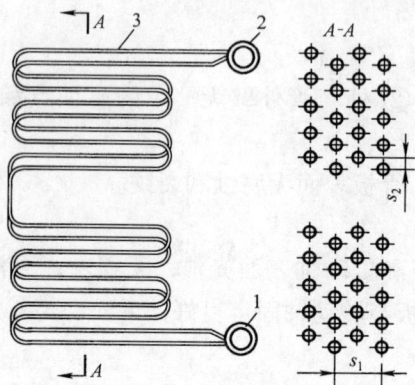

图 3-32　钢管式省煤器的结构
1—进口联箱；2—出口联箱；3—蛇形管

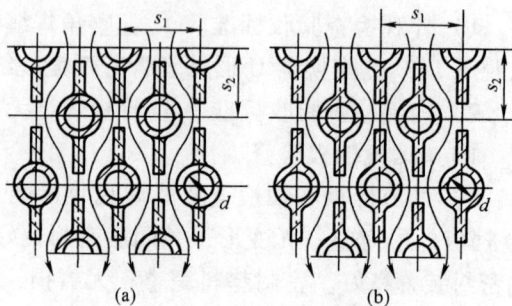

图 3-33　鳍片式省煤器
（a）焊接鳍片；（b）鳍片异形管

近年来，还出现了由鳍片异形管（梯形鳍片）制成的省煤器，如图 3-33（b）所示。鳍片异形管可使省煤器的外形尺寸缩小 40% ~ 50%。

膜式省煤器目前应用较多，如图 3-34 所示。膜式省煤器是由在蛇形管直段部分焊有连续的扁钢条制作而成，扁钢条的厚度为 2 ~ 3mm。膜式省煤器的传热效果比光管省煤器好，且在同样传热条件下，前者的金属耗量要少、成本低，外形尺寸缩小 40% ~ 50%，磨损减轻，运行中可靠性提高。

此外，还出现了带横向肋片（环状或螺旋状）的管子制成的省煤器，如图 3-35 和图 3-36 所示，这类省煤器可用于灰分不黏结的燃料，否则积灰严重。

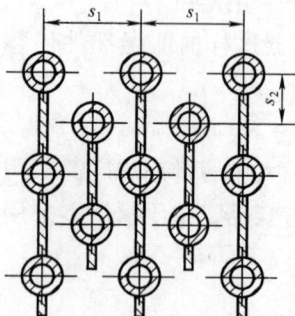

图 3-34　膜式省煤器

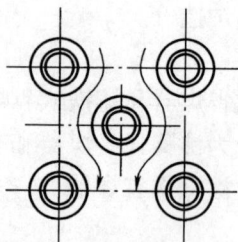

图 3-35　螺旋鳍片管省煤器（错列布置）

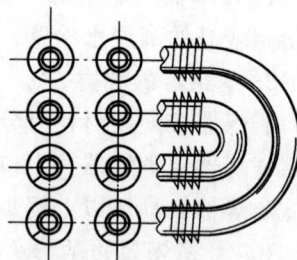

图 3-36　螺旋鳍片管省煤器（顺列布置）

2. 布置

省煤器按蛇形管的排列方式可分为顺列布置和错列布置两种。错列布置因传热效果好，结构紧凑并能减少积灰而被广泛采用，省煤器蛇形管在烟道中的布置方式如图 3-37 所示。

　　省煤器按蛇形管在烟道中的布置方式分为纵向布置和横向布置两种。纵向布置指蛇形管放置方向与锅炉后墙垂直，如图3-37（a）所示。此种布置的特点是，由于尾部烟道的宽度大于深度，所以管子较短，支吊比较简单，且平行工作的管子数目较多，因而水的流速较低，流动阻力较小。但这种布置的全部蛇形管都要穿过烟道后墙，从飞灰磨损角度来看很不利。因为当烟气从水平烟道流入尾部烟道时，拐弯将产生离心力，使烟气中大灰粒多集中在靠近后墙的一侧，这就造成了全部蛇形管局部严重磨损，检修时需要更换全部磨损管段。横向布置指蛇形管放置方向与锅炉后墙平行，如图3-37（c）所示。此种布置的特点是平行工作的管数少，因而水速高，流动阻力大，且管子较长，支吊比较复杂。但因只有少数几根蛇形管靠近后墙，管子的磨损仅局限于靠近烟道后墙的几根管子，所以防护和维修比较简便。为了改进这种因水速高而流动阻力过大的布置方式，可以采用双管圈或双面进水，如图3-37（b）所示。此种布置方式在燃煤锅炉中被广泛采用。燃油炉和燃气炉不存在飞灰磨损问题，省煤器的布置主要取决于水速条件。

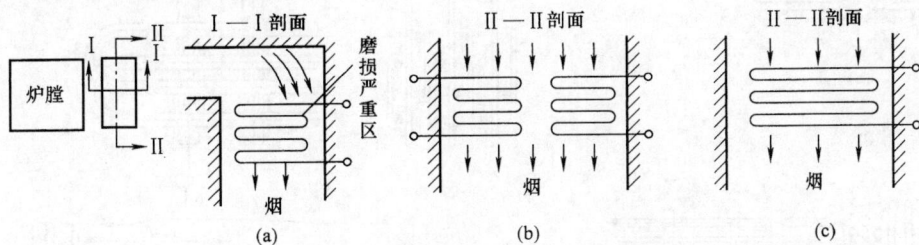

图3-37　省煤器蛇形管在烟道中的布置方式
（a）蛇形管垂直于锅炉后墙布置；（b）、（c）蛇形管平行于锅炉后墙布置

　　3. 省煤器的支吊方式

　　省煤器的支吊方式有支撑结构与悬吊结构两种。支撑结构如图3-38（a）、（b）、（d）、（e）所示，其蛇形管通过固定支架（也叫支杆）支撑在支撑梁或联箱上，支撑梁做成空心，中间通空气冷却，外部用绝热材料包裹，以防变形和烧坏。固定支架还能使蛇形管间保持一定的距离。

　　省煤器也可以采用悬吊结构，如图3-38（c）和图3-39所示，此时联箱被安放在烟道中间用于吊挂或支架省煤器。通常，省煤器出口联箱引出管就是悬吊管，用省煤器出口给水进行冷却，故工作可靠。联箱放在烟道内的最大优点是大大减少了因蛇形管穿墙而造成的漏风，但给检修带来不便。

　　4. 省煤器引出管与汽包的连接

　　省煤器的出口水温度可能低于汽包中的饱和温度，当锅炉运行工况变动时，省煤器的出水温度还可能发生剧烈变化，如果省煤器引出管直接与汽包连接，就会在连接处出现温差热应力和疲劳应力，导致汽包壁产生裂纹，危及汽包安全。为了防止汽包损伤，确保锅炉安全运行，可在省煤器引出管与汽包连接处加装套管，如图3-40所示。这样使水管壁与汽包壁之间有饱和水或饱和蒸汽相隔，从而改善了汽包的工作条件。

　　5. DG2070/17.5 – Ⅱ4 型锅炉省煤器

　　锅炉给水分两路主给水管道分别进入再热器侧、过热器侧省煤器入口T型母管，再通过10根（再热器侧、过热器侧各5根）宫廷吊灯式连接管引入10个（再热器侧、过热器侧各

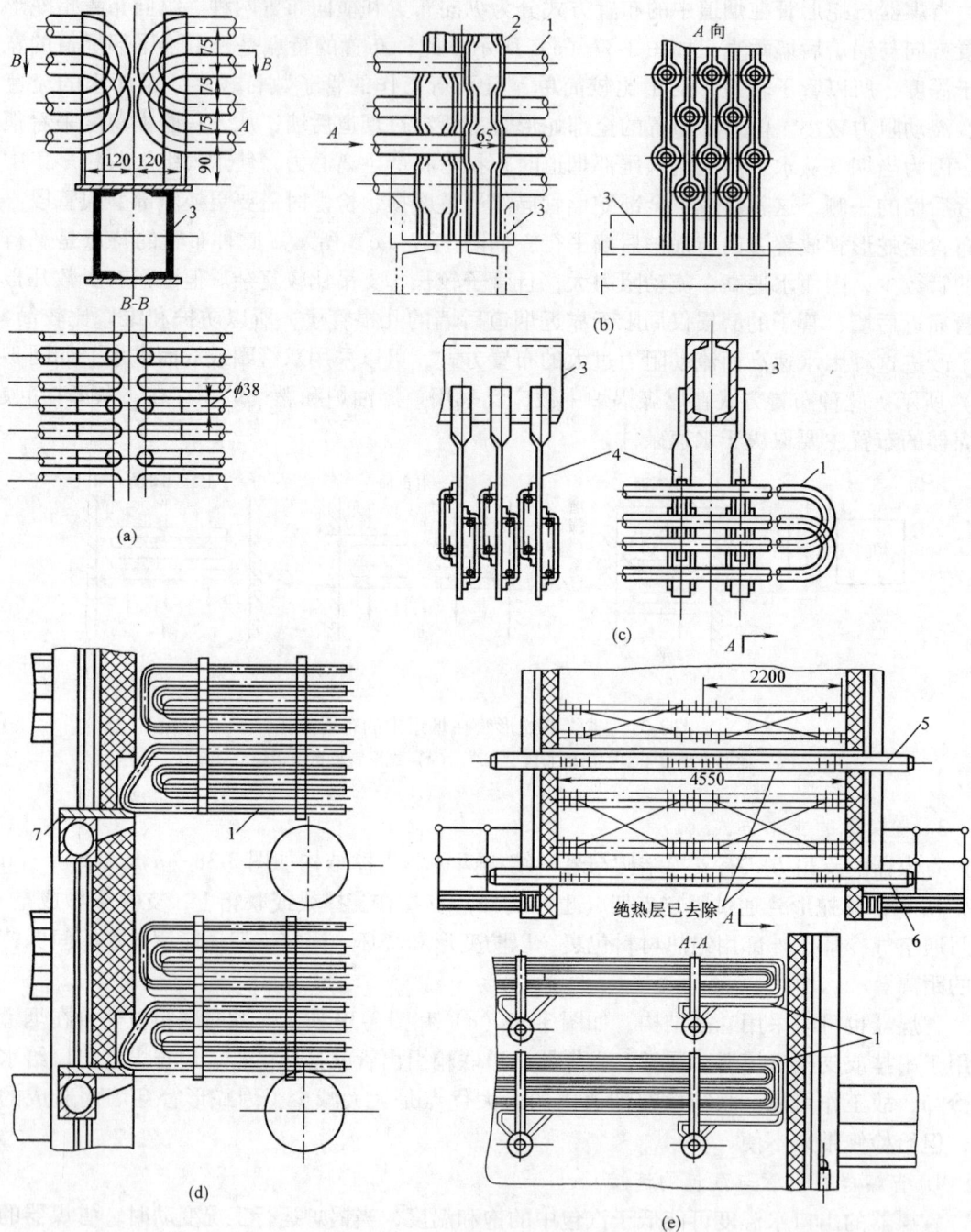

图 3-38 省煤器的几种支吊方式

（a）应用角钢支架；（b）应用冲制支架；（c）应用悬杆；（d）以蛇形管为支撑件；（e）以联箱为支撑件；

1—蛇形管；2—支架；3—支撑梁；4—吊杆；5—上联箱；6—下联箱；7—支撑角钢

5 个）省煤器进口集箱，流经再热器侧、过热器侧省煤器蛇形管后进入 4 个（再热器侧、过热器侧各 2 个）省煤器吊挂管进口集箱，经省煤器吊挂管进入 4 个（再热器侧、过热器侧各 2 个）省煤器吊挂管出口集箱，再由左、右两侧的两个大连接管引到炉前，经左、右两侧

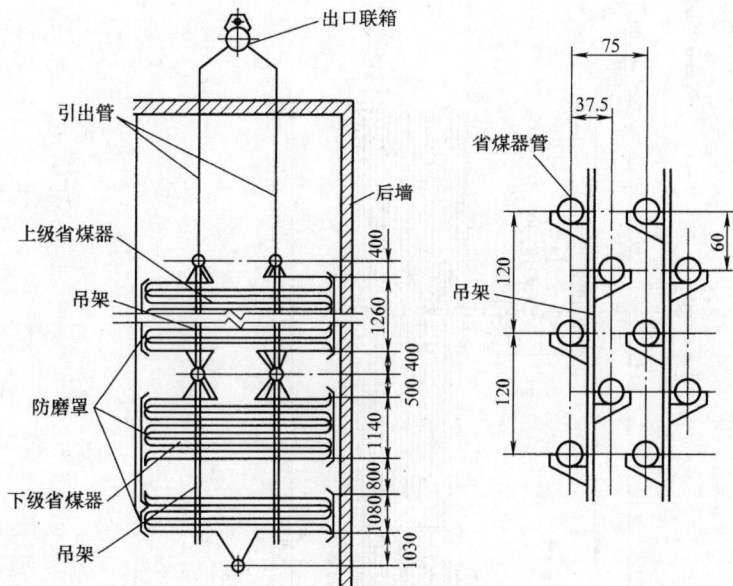

图 3-39　省煤器吊架简图

的 2 个分配集箱由 16 根（左、右侧各 8 根）引入管引入汽包。该锅炉省煤器系统如图 3-41 所示。

省煤器蛇形管位于后竖井烟道内低温再热器及低温过热器的下方，沿烟道宽度方向顺列布置。再热器侧省煤器蛇形管为两管圈绕，横向节距 $s_1 = 115mm$，横向排数为 178，纵向节距 $s_2 = 71.1mm$，纵向排数为 24，逆流布置；过热器侧省煤器蛇形管也为两管圈绕，横向节距 $s_1 = 147mm$，横向排数为 140，纵向节距 $s_2 = 71.1mm$，纵向排数为 24，逆流布置。

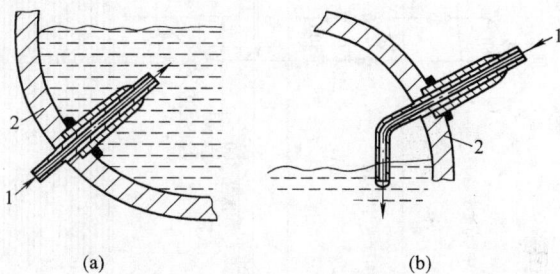

图 3-40　省煤器引出管与汽包壁之间的连接套管
(a) 给水引入汽包水空间时的内部套管；
(b) 给水引入汽包汽空间时的外部套管
1—给水；2—汽包壁

省煤器吊挂管沿后烟道深度方向布置四排：再热器侧吊挂管为吊挂低温再热器水平段受热面，在炉深方向布置 2 排，每排 89 根，横向节距 $s_1 = 230mm$，纵向节距 $s_2 = 3240mm$；过热器侧省煤器吊挂管为吊挂低温过热器水平段受热面，也在炉深方向布置 2 排，每排 89 根，横向节距 $s_1 = 230mm$，纵向节距 $s_2 = 5000mm$。

在省煤器蛇形管第一排易受磨损的区域设置了防磨盖板；在省煤器的烟气进口处，为防止形成烟气走廊，在省煤器蛇形管束与四周包墙间装设了烟气阻流板（均流板）；另外，省煤器吊挂管进口集箱处于烟道中，为防止灰粒磨损，在集箱上也设置了防磨盖板。

再热器侧省煤器跨距为 6440mm，未设防振装置；过热器侧省煤器跨距为 10 005mm，为防止振动，在蛇形管中间位置设置了防振装置。

省煤器入口 T 型母管通过宫廷吊灯式连接管悬吊省煤器进口集箱下，省煤器进口集箱及省煤器蛇形管管排用管夹悬吊在省煤器吊挂管进口集箱下，省煤器吊挂管悬吊在省煤器吊挂

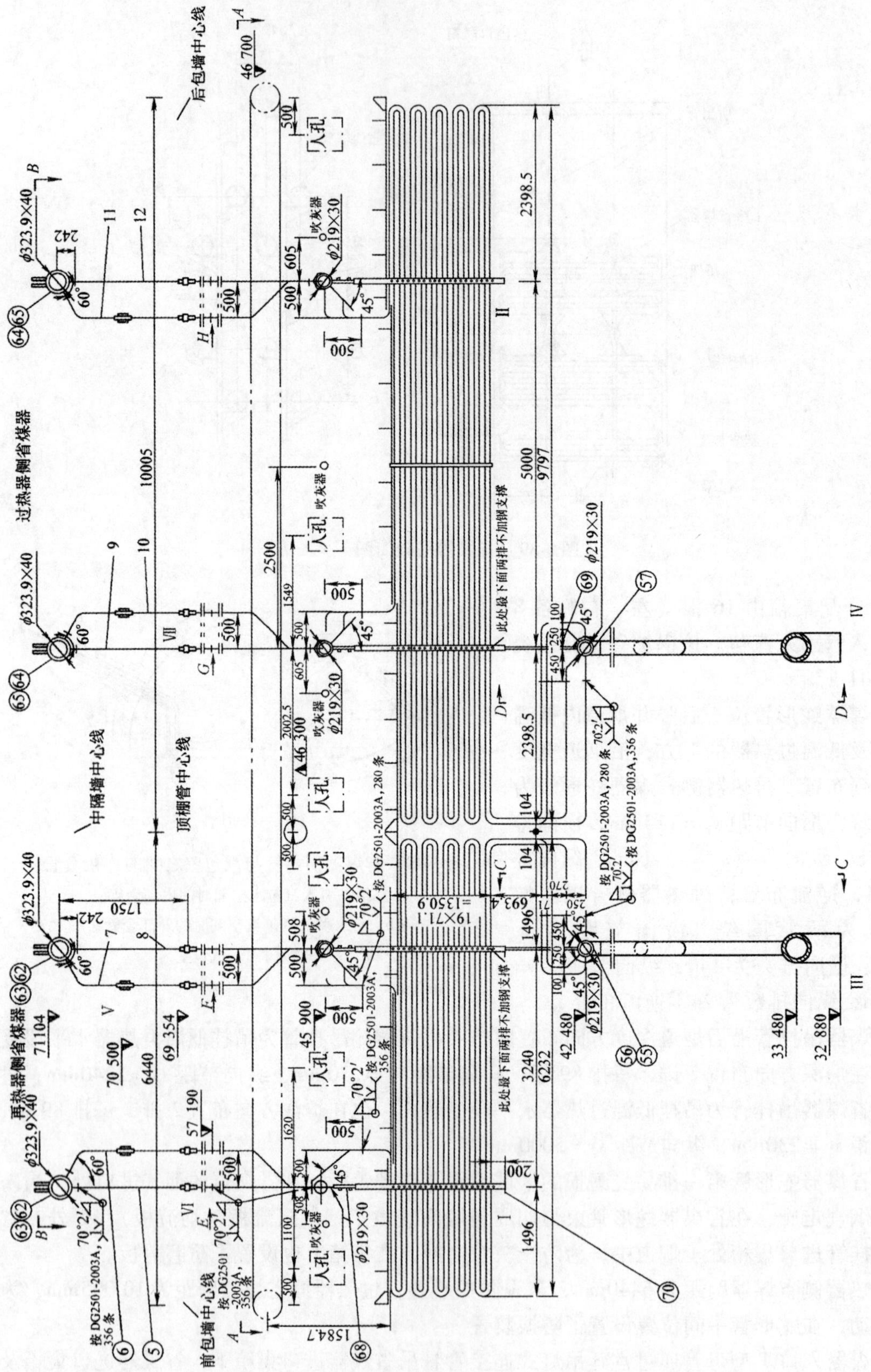

图 3-41　DG2070/17.5-Ⅱ4 型锅炉省煤器系统

管出口集箱下，集箱上的吊杆将荷载传递到锅炉顶部的钢架上；省煤器入口 T 型母管防扭装置的框架生根在省煤器灰斗桁架上，将给水管道所受推力通过桁架传递给冷构架。

采用宫廷吊灯式省煤器入口管系的优点如下：

（1）省煤器入口管道更有柔性。

（2）避免了省煤器入口集箱在启动时产生变形。

（3）集箱接管处不易产生裂纹。

6. 某电厂 600MW 超临界机组 H 型鳍片管省煤器

省煤器为 H 型鳍片管省煤器，传热效率高，受热面管组布置紧凑，烟气侧和工质侧流动阻力小，耐磨损，防堵灰，部件的使用寿命长。

在尾部的前、后烟道内低温再热器和低温过热器下均布置有省煤器管组。省煤器采用 H 型双肋片管。肋片间节距均为 25mm，基管规格为 $\phi44.5 \times 6mm$，材质为 SA – 210C；肋片尺寸为 3mm×90mm×195mm，材质为酸洗碳钢板。

低温过热器出口烟道省煤器采用顺列布置的结构型式，纵向节距为 100mm，纵向排数为 16 排，管组高度为 1500mm；横向节距为 104mm，横向排数为 212 排，管组宽度为 21 944mm；管组有效深度为 7630mm。

低温再热器出口烟道省煤器采用顺列布置的结构型式，纵向节距为 100mm，纵向排数为 12 排，管组高度为 1100mm；横向节距为 104mm，横向排数为 212 排，管组宽度为 21 944mm；管组有效深度为 4095mm。

两组省煤器均采用悬吊结构的方式来支吊省煤器，每组吊板悬吊在省煤器出口集箱下，分别悬挂两排省煤器管束。吊板采用 16mm 厚的钢板，材料为 12Cr1MoV。在吹灰器工作范围内省煤器管布置防吹损的护板。两组省煤器连接出口集箱的管束，均加装瓦形防磨罩，其材料为 1Cr6Si2Mo，厚度为 3mm；两组省煤器的最上排均加装梳形防磨罩，其材料为 SUS304，厚度为 1.5mm。两组省煤器管组与烟道前后墙及两侧墙间均布置烟气阻流隔板，隔板材料为 12Cr1MoV，厚度为 6mm。

（三）常见省煤器事故原因及处理方法

省煤器为锅炉的低温受热面，主要存在低温受热面积灰和磨损问题，还存在胀粗、爆管、变形、损伤、结垢和刮伤等问题。

1. 磨损

（1）飞灰磨损机理。高速烟气携带的飞灰颗粒冲击受热面金属壁面时，对金属壁面产生冲击和切削作用，形成受热面磨损。

当烟气流均匀地横向正面冲刷管束时，位于第 1 排管子上的磨损沿管子圆周方向是不均匀的，最严重的磨损点发生在与烟气流呈对称的 30°～40° 的角度上，如图 3-42（a）所示。当烟气流及飞灰颗粒斜向冲刷管束时，第 1 排管子上将产生最大的磨损，其位置在管子的正面上，如图 3-42（b）所示。

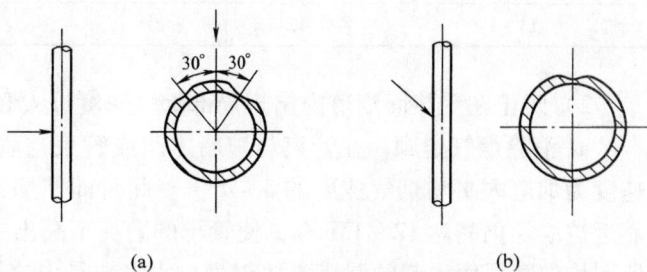

图 3-42　烟气冲刷管外时磨损最大的位置

（a）正向冲刷；（b）斜向冲刷

对于错列管束，第1排以后各排管子的磨损集中于 $\alpha = 25° \sim 30°$ 的对称点上，而最大磨损则是发生在第2排管子上，如图3-43（a）所示。

对于顺列管束，第1排以后各排管子的磨损则集中于 $\alpha = 60°$ 的对称点上，其最大磨损发生在第5排及以后各排管子上。

当烟气在管内纵向流动时，磨损比横向冲刷减轻很多，只有在距进口约150～200mm长的一段管道内磨损严重，如图3-43（b）所示。

飞灰颗粒对于金属表面的磨损主要取决于下列因素：

1）飞灰颗粒的动能。它与飞灰颗粒的大小成正比，并与飞灰颗粒的速度成二次方关系。灰颗粒越大，速度越高，动能也越大。

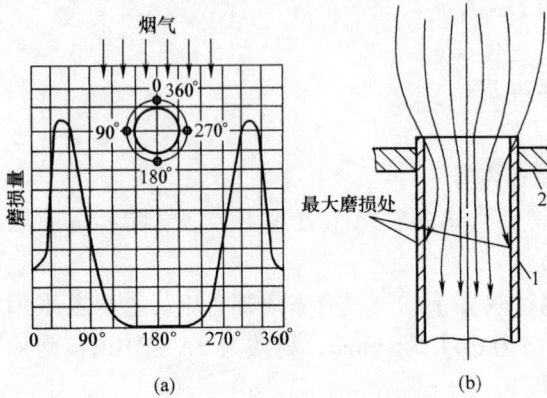

图3-43 受热面管子的飞灰磨损
（a）烟气在管外横向冲刷；（b）烟气在管内纵向冲刷
1—管子；2—下管板

2）单位时间内冲击到管壁金属表面上的飞灰量。它与烟气中的飞灰浓度和速度成正比关系。

3）飞灰颗粒与管壁金属表面发生撞击的概率或飞灰撞击率。它与飞灰颗粒的大小有关，飞灰颗粒越大，撞击率也越大。

（2）减轻和防止对流受热面磨损的措施。

1）限制烟气流速。

实际磨损量与烟气流速的3.1～3.5次方成正比（理论上与流速的3次方成正比），降低烟气速度可有效地减轻对流受热面的磨损。

最大允许烟速 w_{max} 是在对流受热面管子的规定使用期限内和在允许最小管壁剩余厚度的前提下，根据飞灰磨损条件所确定的烟气速度，即对应于最大允许磨损速度和磨损厚度的烟气速度。

根据煤的折算灰分，最大允许烟速推荐值见表3-4。

表3-4　　　　　　　　　　　最大允许烟气速度推荐值

折算灰分 $A_{ar,zs}$ （g/MJ）	最大允许烟气速度（m/s）		折算灰分 $A_{ar,zs}$ （g/MJ）	最大允许烟气速度（m/s）	
	过热器	再热器		过热器	再热器
<12	14	13	18～24	11	9
13～17	12	10	70	8	7

2）防止在受热面烟道内出现局部烟气速度过大和飞灰浓度过大。

a. 消除烟气走廊。在管束与炉墙之间或管束与管束之间存在烟气走廊时，其中的烟气速度为烟道内平均烟气速度的3～4倍。此时即使烟道内的平均烟气速度只有4～5m/s，但靠近炉墙处仍高达12～15m/s，使管子的磨损率高出平均值的几十倍。运行实践表明，省煤器因均匀磨损而引起的漏泄事故很少，大多数是由这类局部磨损造成的。在管束与炉墙之间必须留有一定间隙供管子热膨胀用，所以要完全消除烟气走廊是困难的，但可尽量减少通流面积的差别。

b. 防止局部地方的飞灰浓度过大。在倒 U 型锅炉中，烟气在转向室做 90°转弯后，大部分灰粒，尤其是磨损性强的粗灰粒向后墙浓集，使该处的管子产生强烈磨损。解决的方法：一是在转向室加装均匀挡板；二是在转向室内装置百叶窗式或离心式除尘器。

c. 消除漏风。

3）改善省煤器结构。

a. 选用大直径管子。管子的直径越大，飞灰的撞击概率就越低，飞灰磨损也越轻。例如，管径由 $\phi32$ 改为 $\phi44$，飞灰的撞击概率约下降 10%。以前我国在省煤器设计中，为了降低金属材料消耗，过分强调提高传热系数，一般采用 $\phi32$，甚至 $\phi25$ 的管子。由于小口径管子壁厚小，刚性差，造成管子排列不整齐，在受热面管束之间出现烟气走廊，使省煤器爆管事故多年高居锅炉事故榜首。根据引进技术，现已普遍采用 $\phi42 \sim \phi51$，甚至 $\phi57$ 的管子作省煤器，再加之合适的管夹定距和支撑结构，尽管烟速提高了 50% 左右，但省煤器仍比较安全。

b. 横向节距与管径的比值 s_1/d 越大，则管子的磨损越轻。对于飞灰磨损性强的煤种，希望 $s_1/d > 25$。

c. 顺列管束的磨损比错列管束轻。

d. 采用膜式省煤器或螺旋肋片管省煤器，可有效地减轻磨损。

4）采用防磨措施。在尾部受热面易受磨损部位加装防磨装置，其目的是使磨损转移到防磨保护部件上，检修时只需更换这些部件即可。

图 3-44（a）所示为在省煤器弯头外侧加装集中的防磨板；图 3-44（b）所示是在省煤器弯头与炉墙之间的烟气走廊中装置防磨阻流板；图 3-44（c）和（d）所示是在省煤器的弯头和直段部分加装半圆形防磨罩。它们的目的都是消除烟气走廊的影响。图 3-44（e）、（f）所示是在管束易磨损的前几排焊上圆钢条或用角钢制作的防磨罩，目的是减轻这几排管子的均匀磨损。

防磨罩的安装位置要正确，并要固定牢。否则不但起不到防磨作用，而且还可能促成磨损漏泄事故，如图 3-45 所示。

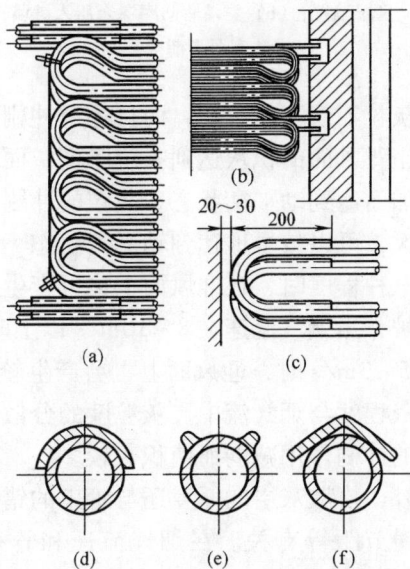

图 3-44 省煤器的防磨装置
(a) 弯头部位加装防磨板；
(b) 弯头和炉墙之间装置防磨阻流板；
(c)、(d) 弯头和直段部位加半圆形防磨罩；
(e) 前几排直管正面焊上圆钢焊条；
(f) 直接焊角钢形的防磨罩

2. 积灰

(1) 积灰的形成及影响因素。烟气在温度低于 $600 \sim 700℃$ 的烟道内，低温受热面管子表面形成的积灰是松散灰。因为该处烟温较低，低熔灰已凝固成固体颗粒，CaO 等灰也无烧结现象。图 3-46 所示为不同烟气流速下管表面松散灰层的形成。管背面的积灰比正面严重，因为管正面受到烟气流的直接冲刷，管背面存在旋涡区，只有在烟气流速 $w_y \leqslant 5m/s$ 时，管子正面才有明显积灰。

烟气中携带的飞灰，由各种颗粒组成，一般均小于 $200\mu m$，其中大部分是 $10\sim20\mu m$ 的颗粒。当含灰的烟气流冲刷受热面管束时，背风面产生旋涡区，大颗粒飞灰由于惯性大，不易被卷入旋涡区，进入旋涡区的灰粒基本上小于 $30\mu m$，细灰粒，特别是小于 $10\mu m$ 的微小灰粒碰上管壁便可能会聚积在管壁上。

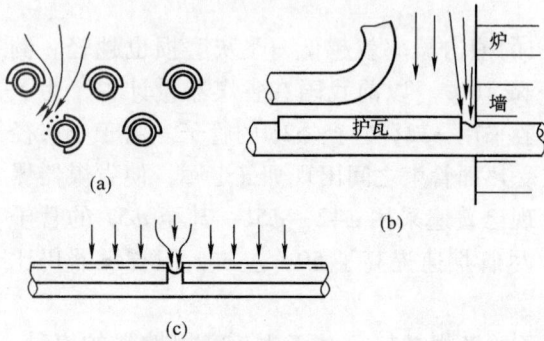

图 3-45　防磨罩安装不当引起的局部磨损
（a）防磨罩偏置；（b）穿墙管防磨罩未压入炉墙；
（c）防磨罩未衔接

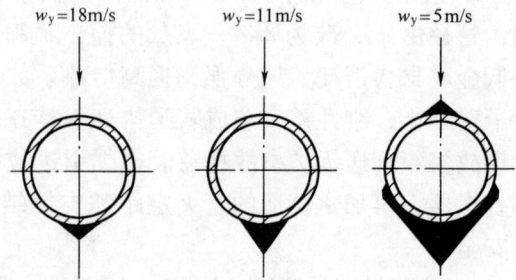

图 3-46　不同烟气流速下管表面松散灰层的形成

大灰粒不仅不易沉积，而且还有冲刷作用，因此沿管壁的两侧面及管子的迎风面就不易积灰。当背风面的积灰达到一定厚度，而能被气流中的大灰粒所冲刷时，该处的积灰层也不会再增加而达到动平衡状态。灰粒的冲刷作用与烟气的流速有关，烟气流速高时，灰粒的冲刷作用大，可以较早地达到动平衡状态，即背风面的积灰层较少；反之积灰较多。当烟气流速低到某种程度时，在迎风面上也可产生灰粒沉积，流速越低，积灰越多。对于燃用固体燃料的锅炉，当烟气流速在 $8\sim10m/s$ 以上时，迎风面上已不易产生灰粒沉积，而当烟气流速低于 $2.5\sim3m/s$ 时，迎风面上也会产生较多的积灰。

积灰程度与烟气流中飞灰粒度的分散度有较大关系，烟气流中含粗灰少而细灰多时，则因粗灰的冲刷作用减弱而使积灰较多。

此外，松散灰层的厚度还与管束的错列、顺列结构，立式、卧式布置方式，错列管束的纵向相对节距等有关。在烟气流速和管径不变时，顺列管束的灰层厚度约是错列管束的 $1.7\sim3.5$ 倍，错列管束的纵向相对节距 s_2/d 越大，灰层厚度也越厚。水平管与倾斜管的积灰比垂直管严重。

（2）减少积灰的措施。对于以积松灰为主的受热面，可以采取以下措施减轻和防止积灰：

1）正确设计和布置吹灰装置。运行时定期进行吹灰。

2）设计时采用足够的烟气流速。在额定负荷下，省煤器烟速应高于 $6m/s$。

3）采用适当的管束布置，包括管束排列型式、管径、横向和纵向节距。对于容易产生黏结灰的燃料，锅炉受热面布置时更要注意。

3．爆管

省煤器爆管的主要原因是磨损，防止省煤器爆管的措施同前面所述。

4．变形

同过热器、再热器。

5. 内部腐蚀

锅炉受热面管内发生的腐蚀称为内部腐蚀，内部腐蚀主要是由于受热面管内水中含有 O_2、CO_2 等气体，这些气体在高温条件下与管子内表面的金属发生化学反应，使管子内表面发生腐蚀。另外，当锅炉停止运行时，立式受热面由于疏水不彻底，使立式受热面下部的 U 形管内存有一定量的水，这些长期存在于管子内部的水对受热面的管子造成腐蚀。长期停用的锅炉，防腐工作做得不好也会使受热面的管子发生腐蚀。

内部腐蚀主要发生的区域：省煤器循环不好的区域，如省煤器边排的管子；低温烟气区域立式受热面下部的 U 形管等。

减少锅炉内部腐蚀的方法主要有：提高除氧器的除氧效果，减少炉水中 O_2 的含量；加强炉水循环，保证一定的水流速度，使气体依附在管子内表面的机会减少；锅炉停止运行时，采用带压放水，加强锅炉立式受热面的疏水，利用锅炉余热将管内的存水蒸发掉，尽量减少立式受热面 U 形弯头处的存水；做好锅炉的防腐工作。

6. 刮伤

同过热器、再热器。

（四）省煤器换管

对飞灰磨损严重或内部结垢、腐蚀严重的管子，应在检修中更换。更换可根据实际损坏的程度而定。可以更换迎烟气流动方向磨损严重的少数几层管子，如图 3-47 中 a 区域内的管子，它的连接焊口位置是 1、3，也可以更换较长的管子，如图 3-47 中 b 区域内的管子，它的连接焊口位置是 1、2。

为了节省检修费用，少用新的钢管，而又能达到更换管子的目的，可采用一种办法，即将图 3-47 中 b 部分的管子剖下来，调头安装。也就是将原来朝上的一头改为朝下，由迎着烟气流向而成背着烟气流向。这种更换管子的办法管子只能用一次。

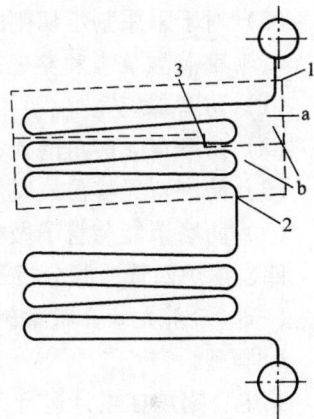

图 3-47　省煤器换管方法
a—方案之一；b—方案之二
1、2、3—焊口位置

在生产现场更换管子时，应注意以下几点：

（1）选择对工作最有利的焊口位置。由于锅炉型号不同，省煤器布置结构也各不相同，而更换管子的焊接工作又是在现场进行的，所以在选择焊口位置时，应充分利用现场条件，选取对于切割、打坡口、对焊口和焊接等最有利的位置。

（2）要把省煤器水放尽，并和运行系统隔离，再更新管子。

（3）要防止杂物掉进管内，否则造成管道的堵塞，从而引起运行中的事故。所以，在工作过程中，应用木塞子或封条封闭暂不焊接的管口。

（4）要保证新换管子能自由热膨胀，管卡子、支架等不能有在膨胀方向上卡死的现象。

（五）检修的验收标准

1. 省煤器外观检查验收标准

（1）检查管子磨损验收标准。

1）管子表面光洁，无异常或严重的磨损痕迹。

2）管子磨损量大于管子壁厚 30% 的，应予以更换。

（2）管排横向节距检查和管排整形验收标准。

1）管排横向节距一致。

2）管排平整，无出列管和变形管。

3）管夹焊接良好，无脱落。

4）管排内无杂物。

2. 监视管切割和检查验收标准

(1) 管子切割部位正确。

(2) 监视管切割时管子内外壁应保持原样，无损伤。

3. 管子更换验收标准

(1) 管子的切割点位置应符合 DL 612—1996 的要求。

(2) 切割点开口应平整，且与管子轴线垂直。

(3) 悬吊管承重侧管子不发生下坠。

(4) 悬吊管更换后保持垂直。

(5) 对于采用割炬切割的管子，在管子割开后应无熔渣掉进管内。

4. 防磨装置检查和整理验收标准

(1) 防磨罩应完整。

(2) 防磨罩无严重磨损，磨损量超过壁厚50%的应更换。

(3) 防磨罩无移位、脱焊和变形。

(4) 防磨罩能与管子做相对自由膨胀。

四、锅炉四管泄漏分析及后屏失效案例

（一）后屏失效分析案例

1. 概述

某电厂锅炉在累计运行34 423h后，发生后屏过热器管排泄漏事故。事故发生部位为后屏过热器炉左数第13排外数第3圈异种钢焊接接头部位，焊口两侧材料分别为：上部12Cr1MoV（规格 $\phi 60 \times 12mm$）与下部TP347（规格 $\phi 60 \times 8mm$），焊缝材料采用镍基焊条。该管泄漏后造成外数第2屏管排受损泄漏。后屏过热器管工作压力为17.5MPa，工作温度为545℃。

2. 宏观检验

爆口宏观形貌如图3-48～图3-51所示。爆口位于后屏过热器管焊接接头上部，沿材料为12Cr1MoV（规格 $\phi 60 \times 12mm$）管材一侧焊缝环向开裂，裂纹开口不大（如图3-48所示），明显可见长度约为管材周长的1/3；管材外表面焊缝附近被吹损局部减薄，管材未见明显胀粗变形。将爆口沿管材纵向剖开并清洗干净后，可以清晰地观察到裂纹形态以及焊缝在管材内壁的外观形貌（如图3-49～图3-51所示）。裂纹贯穿管材，沿焊缝与12Cr1MoV材料侧熔合线扩展；在纵截面观察其扩展途径与坡口角度相吻合。剖开后观察管材内壁焊缝外观不佳，其表面以及附近的母材均存在严重的磨损痕迹，内壁焊缝凸出部分向下方TP347材料侧产生不规则变形。剖开相邻的外2圈管材焊接接头，观察内壁宏观形貌，其焊缝凸出部分为规则的半球形，无磨损和形变的痕迹，在焊缝两侧的母材也未见磨损变形的情况，沿熔合线未见宏观裂纹缺陷（如图3-52所示）。

图 3-48 爆管宏观形貌

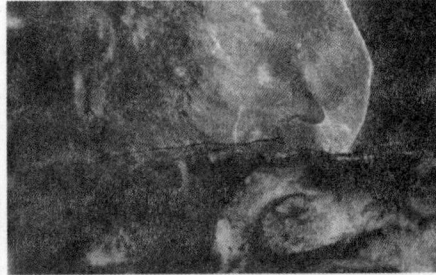

图 3-49 外壁裂纹宏观形貌

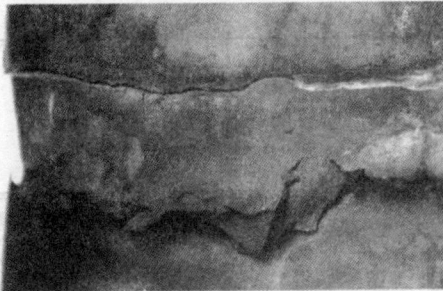

图 3-50 内壁裂纹及焊缝宏观形貌

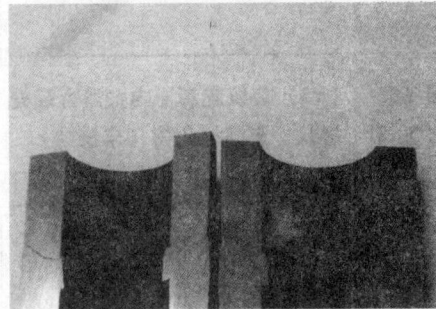

图 3-51 剖开后管材内壁宏观形貌

3. 组织分析

在发生泄漏的外 3 圈管沿焊缝纵向剖开取试样（Y3），观察各部位组织情况，并对裂纹尖端形貌进行观察；再对未发生泄漏但受损伤的外 2 圈管沿其焊缝纵向剖开取试样进行观察分析（Y2），试验结果如下：

通过对所取试样的显微观察，发现裂纹是沿异种钢对接接头焊缝（镍基）与材料

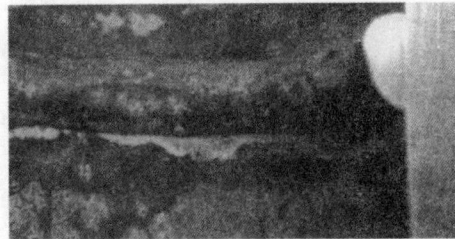

图 3-52 相邻外 2 圈管接头内壁宏观形貌

12Cr1MoV 管材熔合线萌生并扩展的。焊缝组织以及 TP347 材料侧管材组织正常、情况良好。在管材 12Cr1MoV 侧裂纹产生于内壁熔合线处，并沿熔合线由内壁向外壁扩展，在裂纹中充满着氧化产物。可以观察到裂纹一方面沿熔合线扩展，另一方面其两侧的基体均产生明显的氧化现象。这充分说明，裂纹的扩展机理是以高温氧化腐蚀为主，在应力作用下沿薄弱的区域（熔合线）不断发展，直至贯穿整个管材（如图 3-53 ～ 图 3-57 所示）。再观察熔合线附近管材热影响区组织，Y3 试样 12Cr1MoV 侧管材组织为铁素体 + 少量贝氏体（如图 3-58 所示），而未出现问题的 Y2 试样 12Cr1MoV 侧其熔合线附近管材热影响区组织为贝氏体组织（如图 3-61 所示）；而两者的母材组织均为正常的铁素体 + 珠光体组织（如图3-59 ～ 图 3-62 所示）。

图 3-53 （Y3）裂纹起源于内壁熔合线处

50 倍 裂纹中充满氧化物（未浸蚀）

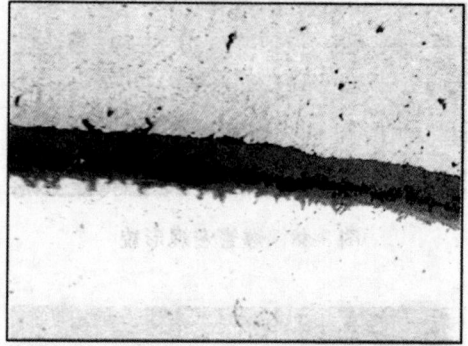

图 3-54 （Y3）裂纹沿熔合线扩展

200 倍 裂纹两侧基本被氧化（未浸蚀）

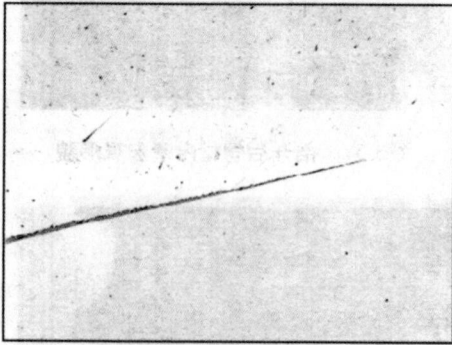

图 3-55 （Y3）裂纹尖端、无分支

50 倍 裂纹中充满氧化物（未浸蚀）

图 3-56 （Y3）裂纹尖端沿熔合线扩展

200 倍 裂纹中充满氧化物（浸蚀后）

图 3-57 （Y3）裂纹两侧基体均产生氧化

400 倍 裂纹中充满氧化物（浸蚀后）

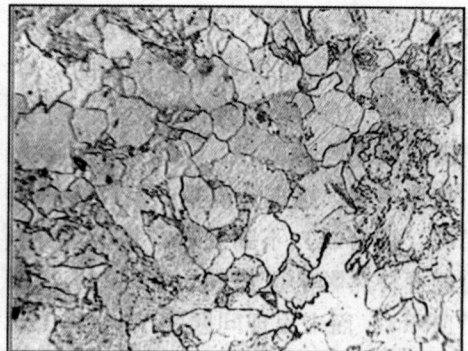

图 3-58 （Y3）12Cr1MoV 侧热影响区

400 倍 铁素体 + 贝氏体（浸蚀后）

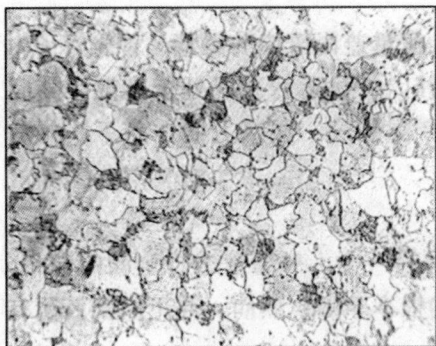

图 3-59　（Y3）12Cr1MoV 侧母材
400 倍　铁素体 + 珠光体（浸蚀后）

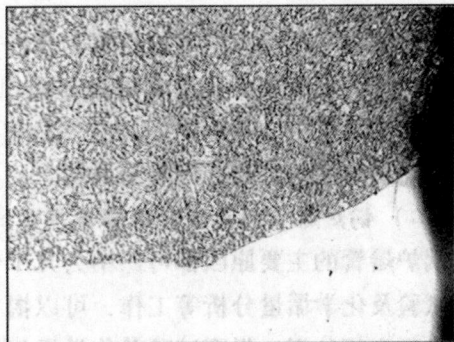

图 3-60　（Y2）在 12Cr1MoV 侧熔合线
50 倍　未产生裂纹、正常（浸蚀后）

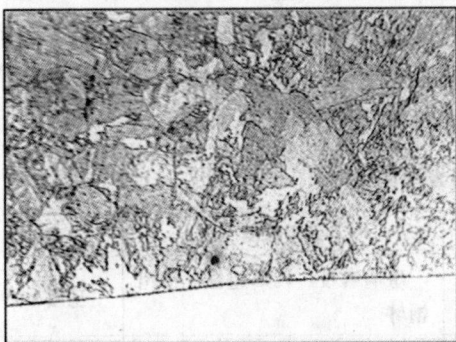

图 3-61　（Y2）12Cr1MoV 侧热影响区
200 倍　贝氏体（浸蚀后）

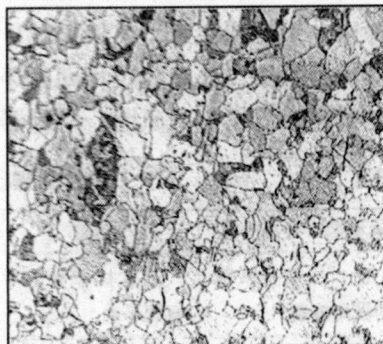

图 3-62　（Y2）在 12Cr1MoV 侧母材
200 倍　铁素体 + 珠光体（浸蚀后）

4. 综合分析

发生爆破的后屏过热器管泄漏位置恰为异种钢焊接接头处。从宏观形貌上判断其爆口呈脆性断口特征，管材无明显变形；管材基体的金相组织也正常，排除了管材超温运行的因素。宏观观察中，注意到外 3 圈管内壁焊道存在严重的磨损变形，而相邻的外 2 圈管内壁形貌正常。初步认为，外 3 圈管内壁出现的异常情况是由于出现了焊瘤缺陷，焊道向内壁凸出过多，以至于在进行通球实验时，被钢球强力通过而出现了严重磨损，并产生了一定的损伤。

裂纹产生位置恰为内壁熔合线处，并沿熔合线扩展，无明显分支，其扩展机理是以高温氧化为主，在裂纹中充满了氧化产物。一侧为 12Cr1MoV 材料管的热影响区，一侧为镍基焊材的焊缝。在产生裂纹的外 3 圈管其热影响区组织与未发生泄漏的外 2 圈管热影响区组织有着明显的区别。外 3 圈管为铁素体 + 少量贝氏体，而外 2 圈管为贝氏体，两者远离焊口处母材组织均为正常的铁素体 + 珠光体组织。热影响区是焊接过程中母材组织在焊接热能量的作用下而发生相变的组织区域，两者的组织形态上的不同，充分说明两组焊缝在施焊时工况存在一定的差别。

结合宏观观察到两者外观形貌的区别，认为外 3 圈管焊缝一方面其存在焊瘤缺陷，另一方面其组织情况也不理想，初步判断是由于焊接时焊接速度过慢，使焊缝区域在高温阶段停留时间过长造成的。由此必然造成该焊接接头质量不佳，使裂纹易由此部位产生并沿该区域发展。

通过实验分析，本次事故是属于异种钢焊接接头质量差而造成的爆管，首先管子内壁在施焊时产生焊瘤缺陷，其次焊缝处显微组织情况不佳。管材运行工况处于高温、高应力状态，在应力最集中、最薄弱的熔合线内壁处，首先产生裂纹，在应力的作用下，伴随着高温，氧化裂纹沿熔合线扩展直至泄漏。

（二）锅炉爆管的典型外观形貌及原因

锅炉爆管的主要原因都可归结为几个根本原因中的一个。对爆管进行全面的金相分析、强度试验及化学垢量分析等工作，可以揭示出爆管的根本原因；然而，并不需要对所有的爆管都进行金相分析、强度试验及化学垢量分析等工作。

爆管的爆口外观形貌能为爆管原因提供有价值的信息。这一信息有助于缩小可能发生爆管原因的范围，有时，结合一些锅炉运行方面的知识，就足以确定其损坏的原因。

本节列举了一些最为常见的锅炉爆管的爆口外观形貌及其发生的原因，有助于确定爆管发生的原因。但必须注意，仅根据爆口外观形貌无法区别许多爆管原因，某些时候不同的原因会导致看上去爆口外观形貌相同的爆管，必须结合金相分析、强度试验、化学垢量分析等才能真正确定爆管发生的原因。常见爆管外貌、位置及发生原因见表3-5。

表3-5　　　　　　　　　　常见爆管外貌、位置及发生原因

序号	典型爆口外观形貌	位置	爆管模式	发生原因	备注
1	断口无明显减薄的纵向破裂	除省煤器外的所有管子上	蠕变	超期服役、长期超温、错用钢材	见图3-63
2	纵向破裂	所有管子上	腐蚀疲劳	制造缺陷	见图3-64
3	带有外部耗蚀的纵向破裂	水冷壁	蠕变	火焰冲刷［管子的外部和（或）内部可能有一层厚的沉积物］	见图3-65
4	纵向破裂	过热器、再热器弯头的中心轴线	腐蚀疲劳	制造缺陷、停运腐蚀等	见图3-66
5	断口无明显减薄的横向断裂	所有管子	疲劳	振动；支吊架失效或布局不合理引起管子振动	见图3-67
6	横向断裂	上升管胀口（如水冷壁上联箱和汽包的汽水连接管的胀口）	应力腐蚀	管子或汽包胀接处泄漏导致腐蚀物质聚集（类似情况可能在胀接处泄漏的任何管子上发生）	见图3-68
7	弯头部分的多处横向裂纹，裂纹起始于内表面	蒸发管排（如汽包和顶棚管入口联箱的连接管）	应力腐蚀破裂	水质不合格；制造缺陷处的过负荷或腐蚀疲劳	见图3-69
8	多处横向断裂，裂纹由管子内壁向外扩展	蒸发管排	热疲劳	间断性的蒸发停滞或急冷引起水侧金属周期性冷却（类似情况可能在有水位波动的任何管子上发生）	见图3-70

续表

序号	典型爆口外观形貌	位置	爆管模式	发生原因	备注
9	"大象皮肤状"密布的多处横向破裂	水冷壁	热疲劳	吹灰时急冷或渣层间断性地被浸润而引起的热交变（类似情况可能发生在热交变的所有管子上）	见图3-71
10	"大象皮肤状"	与安装或使用不当的吹灰器相邻近的所有管子，均可能发生类似情况	热疲劳	吹灰时冲刷引起的热交变（类似情况可能发生在热交变的所有管子上）	见图3-72
11	断口无明显减薄的窗口状爆破	水冷壁	氢脆	管内垢下酸性腐蚀，可能因不当或不完全的酸洗引起	见图3-73
12	边缘呈薄形的鱼嘴状爆破	所有管子	热拉伸破裂	短期超温（如工质流量偏小、炉膛热负荷过高等）；管壁因冲刷减薄（特别是弯头后直管段）	见图3-74
13	断口处无明显减薄的鱼嘴状爆破	所有管子	疲劳	由纵向夹杂引起的破裂；长期超温引起的蠕变；超期服役；错用管材；垢量超标；热负荷过高	见图3-75
14	爆破边缘呈薄形，且外壁减薄	所有管子	拉伸破裂	因外壁受蒸汽冲刷或飞灰冲蚀引起管外壁减薄	见图3-76
15	穿孔，且外部冲蚀	所有靠近爆管周围的管子	冲蚀	被邻近爆管的蒸汽冲刷（非首爆管，是受害管子）	见图3-77
16	大面积点蚀	所有管子	点蚀	停炉腐蚀	见图3-78
17	大的局部腐蚀坑，且内壁有厚的沉积物	水冷壁水侧内表面（内表面）	垢下腐蚀	不适当的酸洗、水质长期不合格	见图3-79
18	充满沉积物的火侧点蚀	水冷壁	点蚀	因燃煤的硫分较高，且有湿气时，火侧湿分与表面沉积物结合形成腐蚀性物质，如当停炉时可能存在湿分	见图3-80
19	单个穿孔	省煤器	点蚀	由氧或腐蚀性物质引起的水侧腐蚀	见图3-81
20	管子外壁渣垢下的耗蚀	过热器	腐蚀、冲蚀	由含焦硫酸盐或金属硫酸盐引起的熔灰侵蚀	见图3-82
21	穿孔，且管壁内凹	所有管子	撞击损坏	外来物质的撞击损坏	见图3-83
22	焊接接头处的环向破裂	过热器或再热器的异种钢焊缝	蠕变	热差胀	见图3-84
23	焊接接头处的环向破裂	所有管子的焊缝	蠕变	热差胀	见图3-85

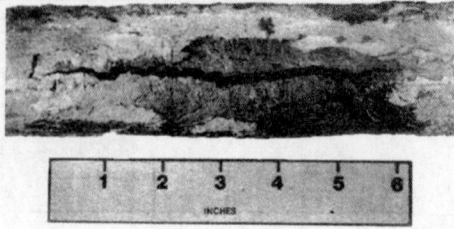

图 3-63 爆口外貌 1

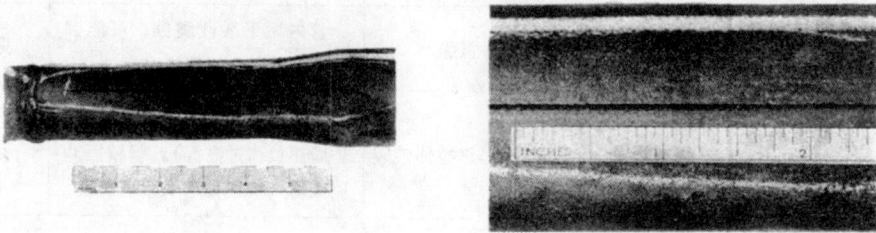

图 3-64 爆口外貌 2

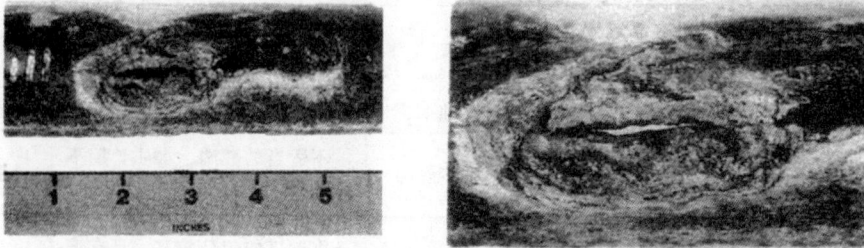

图 3-65 爆口外貌 3

图 3-66 爆口外貌 4

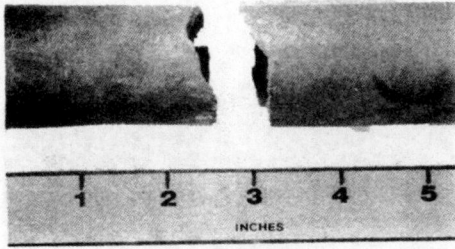

图 3-67　爆口外貌 5

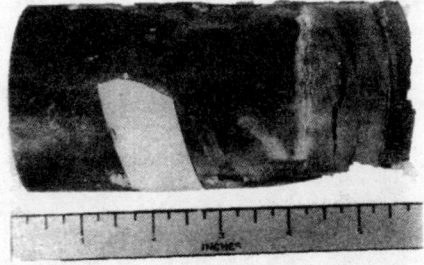

图 3-68　爆口外貌 6

图 3-69　爆口外貌 7

(a)

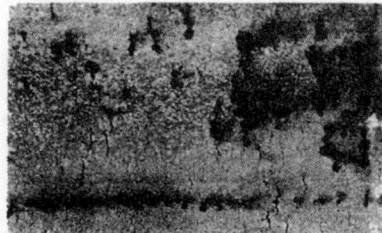

(b)

图 3-70　爆口外貌 8
（a）外表面；（b）内表面

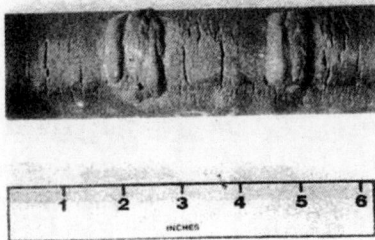

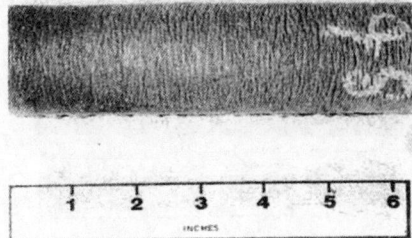

图 3-71　爆口外貌 9

图 3-72　爆口外貌 10

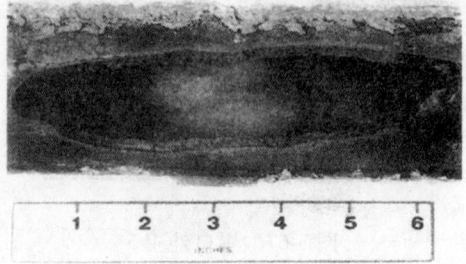

图 3-73　爆口外貌 11

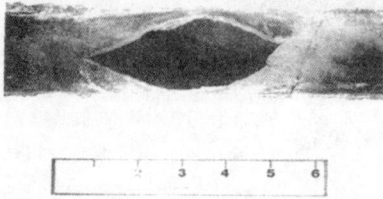

图 3-74　爆口外貌 12

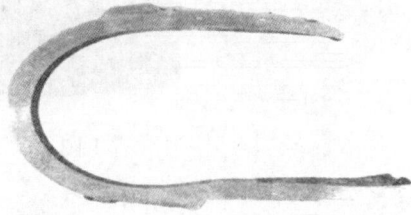

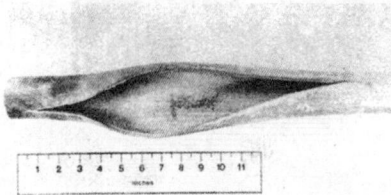

图 3-75　爆口外貌 13

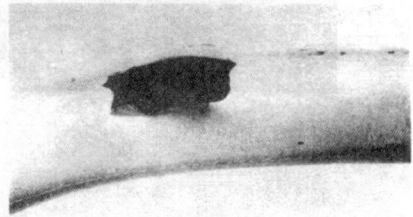

图 3-76　爆口外貌 14

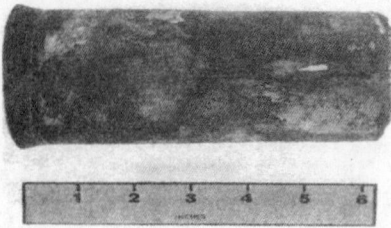

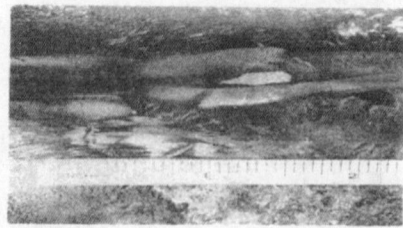

图 3-77　爆口外貌 15

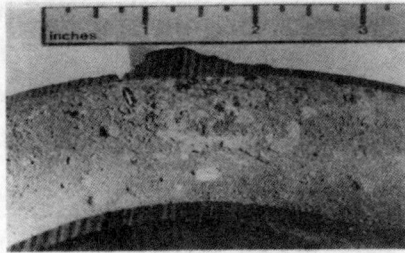

图 3-78　爆口外貌 16

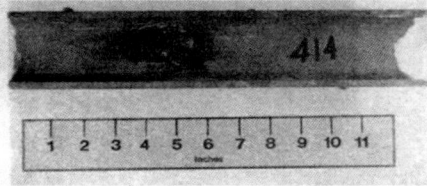

图 3-79　爆口外貌 17

图 3-80　爆口外貌 18

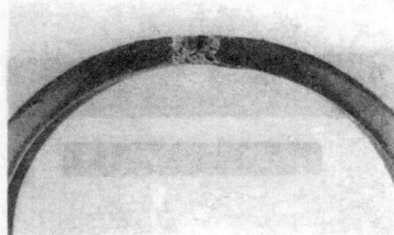

图 3-81　爆口外貌 19

图 3-82　爆口外貌 20

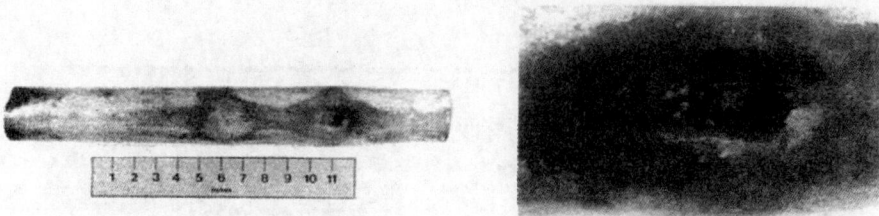

图 3-83　爆口外貌 21

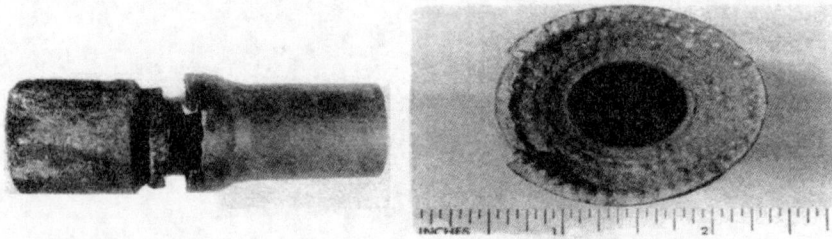

图 3-84　爆口外貌 22

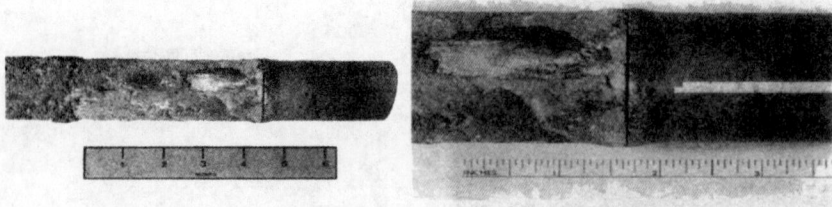

图 3-85　爆口外貌 23

第三节 汽包的检修

一、汽包的检修

(一) 汽包的结构

汽包是由钢板制成的长圆筒形容器,其外形结构如图 3-86 所示。它由筒身和两端的封头组成。筒身是由钢板卷制焊接而成;封头由钢板模压制成,焊接于筒身。在封头留有椭圆形或圆形人孔门,以备安装和检修时工作人员进出。在汽包上开有很多管孔,并焊上称作管座的短管,通过对焊,可分别连接给水管、下降管、汽水混合物引入管、蒸汽引出管,以及连续排污管、给水再循环管、加药管和事故放水管等,还有一些连接仪表和自动装置的管座。

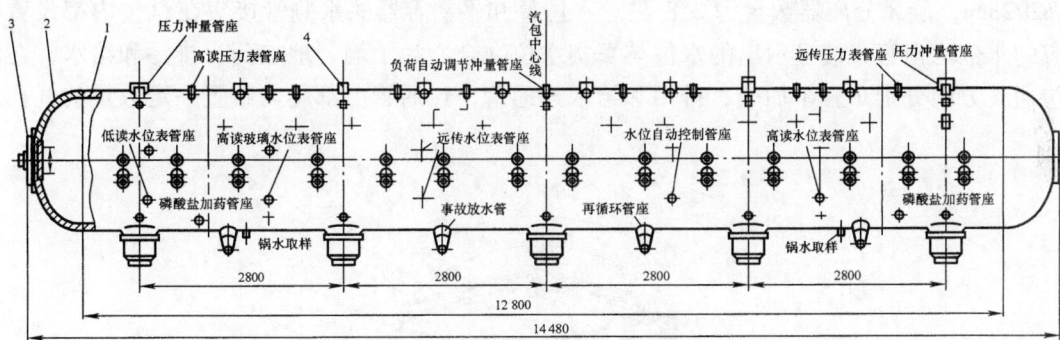

图 3-86 汽包的外形结构
1—筒身;2—封头;3—人孔门;4—管座

汽包是由厚钢板卷制而成的,其质量巨大,正常运行时质量一般可达百吨以上。所以对于汽包的支撑结构提出较高的要求,常见的支撑结构有两种:支撑式与悬吊式。

支撑式结构:在锅炉上部钢架汽包中间位置安放一个强度很高的固定支座,在汽包两侧各安放一个强度很高的活动支座,活动支座里安放有纵横叠放的滚子。滚子周围有限位装置,可以限制其移动范围。滚子上安放汽包支座,汽包支座可以纵横移动,汽包就安放在这两个活动支座和一个固定支座上。因为汽包安放在可以纵横移动的活动支座上,所以就能满足汽包的热膨胀要求与承重要求。

悬吊式结构:利用 U 形吊杆将汽包悬吊在汽包上部的钢架上,并采用多个吊杆承担汽包的质量,中间的吊杆采用固定式,两侧的吊杆采用滑动式,以适应汽包受热膨胀的需要。

为了保证汽包能自由膨胀,现代锅炉的汽包都用吊箍悬吊在炉顶大梁上。汽包横置于炉顶外部,不受火焰和烟气的直接加热,并具有良好的保护。

汽包的尺寸和材料与锅炉的容量、参数及内部装置的型式等因素有关。汽包的长度应适合锅炉的容量、宽度和连接管子的要求;汽包的内径取决于锅炉的容量、汽水分离装置的要求;汽包的壁厚取决于锅炉的压力、汽包的直径与结构以及钢材的强度。锅炉压力越高及汽包直径越大,汽包壁则越厚。但汽包壁太厚,使得制造困难,且变工况运行时还会产生较大的热应力。为了限制汽包的壁厚,一方面,高压以上锅炉的汽包内径一般不超 1600 ~

1800mm，相应壁厚为 80～150mm；另一方面，使用强度较高的低合金钢，如常用钢材有 15MnMoNi、18MnMoVNb 和 BHW35 等。另外，汽包内部采用合理的结构布置，可减少锅炉启停和变工况运行时汽包产生的热应力，汽包壁厚可相应减小。

亚临界参数自然循环锅炉的汽包装置的主要特点：汽包内部一般不设置蒸汽清洗装置；汽包体积相对较小；为了减小汽包的热应力，汽包下半部设置汽水混合物夹层，将经省煤器来的给水、锅炉水和汽包壁隔开，尽量减少汽包上下壁温差，为避免夹层内水层停滞过冷，必须使夹层内汽水混合物处于流动状态。

1. DG2070/17.5－Ⅱ4 亚临界参数自然循环锅炉的汽包装置

图 3-87 所示为 DG2070/17.5－Ⅱ4 亚临界参数自然循环锅炉的汽包装置。汽包内径为 φ1800mm，壁厚为 145mm，总长为 26.983m，直段长为 24.733m，材料采用 13MnNiMo54（DIWA353），总重约 215t（含内件）。汽包内件采用 MB 成熟的布置方式，旋风分离器直径为 φ292mm，旋风分离器数量为 218 只。水位计和平衡容器的水侧管接头在汽包内都设置了相应的水位均衡管，使显示出的水位与真实水位吻合。为了均匀地加药、排污和给水，在沿汽包通长方向分别布置了加药、排污和给水连通管，连通管上都均匀布置一定数量的开孔。

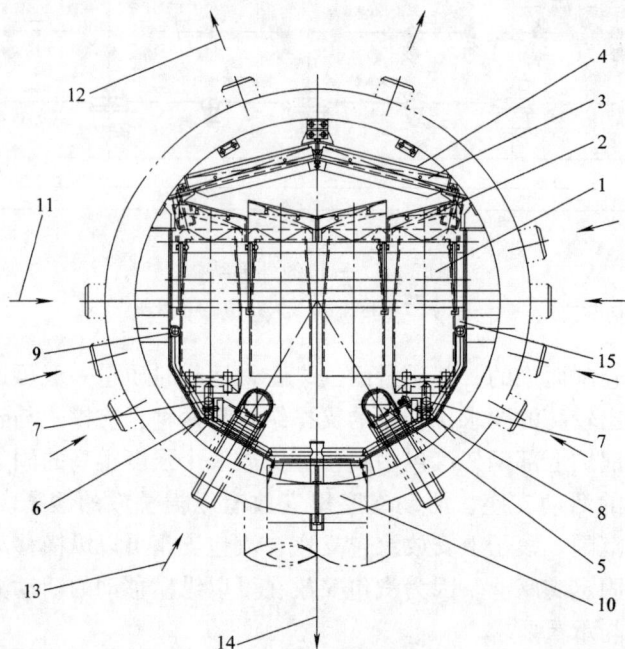

图 3-87 DG2070/17.5－Ⅱ4 亚临界参数自然循环锅炉的汽包装置
1—旋风分离器；2—旋风分离器顶帽；3—百叶窗分离器；4—均汽孔板；5—给水分配管；
6—水位计水位均衡管；7—平衡容器水位均衡管；8—加药管；9—连排管；10—防旋装置；
11—汽水混合物；12—饱和蒸汽；13—给水；14—锅炉水；15—汽水混合物内夹套

2. DG2030/17.6－Ⅱ3 型锅炉汽包筒内部设备的布置

DG2030/17.6－Ⅱ3 型亚临界参数自然循环锅炉的汽包位于锅炉循环系统的最高点，中心标高为 62 540mm。它由筒体和两个半球形封头组成，为熔接焊结构，由两根 U 形吊板将其悬吊于顶板梁上。

图 3-88 所示为 DG2030/17.6－Ⅱ3 型亚临界参数自然循环锅炉汽包筒内部设备的布置。

置内部的内夹套几乎沿整个汽包长度布置，来自炉膛水冷壁的汽水混合物进入汽包的内夹套中，然后通过406只卧式分离器，汽水混合物的第一次分离在此完成。当湿蒸汽通过分离器曲线型体时，较重的水颗粒被甩向外侧并通过泄水槽排出，然后通过金属丝网进入汽包水空间。金属丝网可消除排出水的速度并且可以使水夹带的蒸汽逸出。分离出来的蒸汽从每个分离器的中心孔流出，经钢丝网分离器再次分离后，进入81个干燥箱中。蒸汽以很低的速度进入由"W"形波形板组成的干燥箱中，流向发生几次急剧的变化，使夹带的湿蒸汽中的水分黏附于波形板的表面，然后水膜靠重力作用落到汽包下面。分离出的蒸汽流入干燥室，然后通过汽包顶部的蒸汽连接管进入过热器系统。

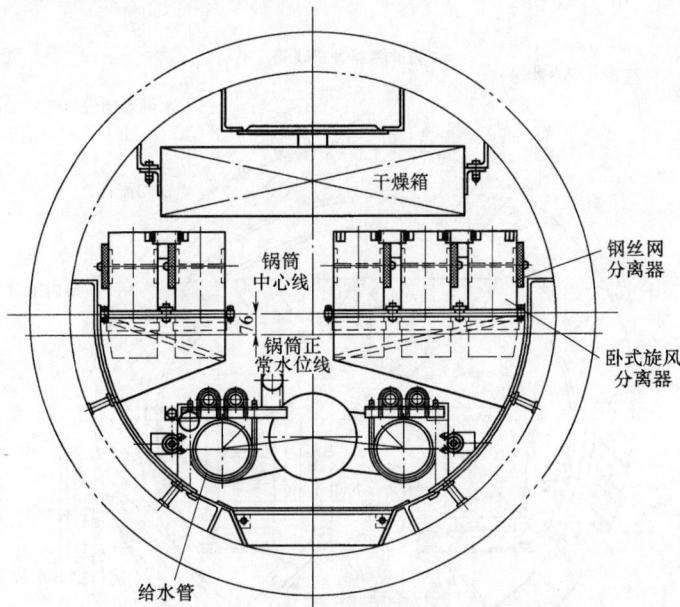

图 3-88　DG2030/17.6 – Ⅱ3 型亚临界参数自然循环锅炉汽包筒内部设备的布置

汽包的下半部采用内夹套结构，夹层内充满了流动的汽水混合物。夹层将省煤器的给水与汽包内壁隔开，使汽包壳体上、下壁温尽量保持一致；为减少汽包内水位的波动，汽包前半部与后半部的产汽率几乎相等，同时水位计和平衡容器的水侧管接头在汽包内都设置了相应的水位均衡管，使显示出的水位与真实水位吻合，汽包水位以单室平衡容器为准，并以此作为水位调节和控制的依据。

3. HG – 2008/17.4 – YM5 型亚临界参数自然循环锅炉汽包

HG – 2008/17.4 – YM5 型亚临界参数自然循环锅炉的汽包用 SA – 299 碳钢材料制成，内径为 $\phi1778mm$，直段全长为 25 756mm，两端采用球形封头。筒身上下部采用不同壁厚，上半部壁厚为 198.4mm，下半部壁厚为 166.7mm。汽包内部采用环形夹层结构作为汽水混合物的通道，使汽包上下壁温均匀，可加快锅炉的启、停速度。汽包内部布置有 110 只直径为 $\phi254mm$ 的旋风式分离器，每只分离器的最大蒸汽流量为 18.25t/h。

汽包筒身顶部装焊有饱和蒸汽引出管座、汽水混合物引入管座、放气阀管座和辅助蒸汽管座；筒身底部装焊有大直径下降管座及给水管座；封头上装有人孔、安全阀管座、连续排污管座、高低水位表管座、液面取样器管座及试验接头管座等。

4. HG－2023/17.6－YM4 型锅炉汽包

HG－2023/17.6－YM4 型锅炉汽包内部结构如图 3-89 所示。采用 SA－299 碳钢材料制成，内径 ϕ1778mm，直段全长为 25 756mm，两端采用球形封头。筒身上下部采用不同的壁厚，上半部壁厚为 198.4mm，下半部壁厚为 166.7mm。

汽包内部采用环形夹层结构作为汽水混合物的通道，能使汽包上、下壁温度均匀，可加快锅炉的启、停速度。汽包内部布置有 110 只直径为 ϕ254mm 的旋风式分离器，每只分离器的最大蒸汽流量为 18.4t/h。在汽包封头上有直径 ϕ405mm 的圆形人孔，可供锅炉检修时进入汽包内部用。汽包与下降管和水冷壁管之间组成炉水循环回路，汽包本身是不受热的设备。

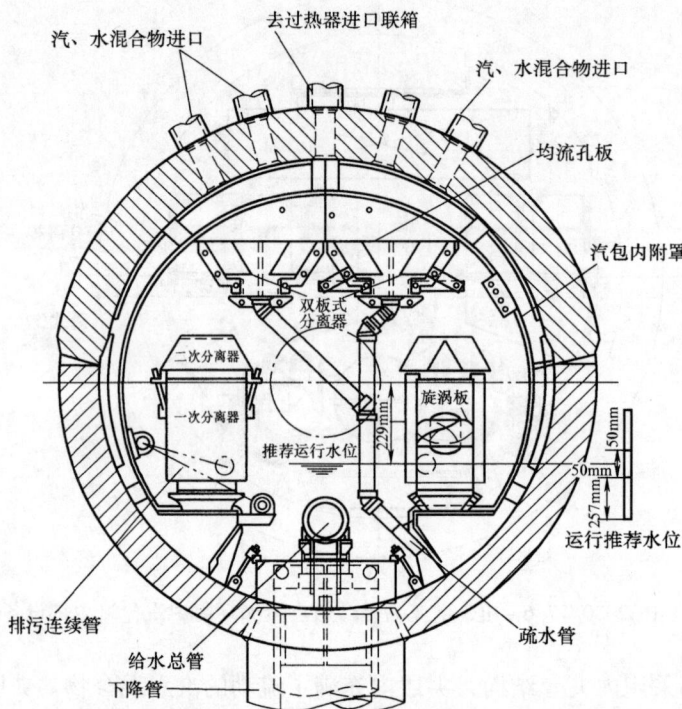

图 3-89　HG－2023/17.6－YM4 型锅炉汽包内部结构

在汽包的顶部装设有饱和蒸汽引出管座及汽水混合物引入管座、放气阀管座和辅助蒸汽管座；在汽包底部装设有大直径下降管座及给水管座；汽包封头上装有人孔、安全阀管座、连续排污管座、高低水位表管座、液面取样器管座及试验接头管座。

汽包内部设备的作用是将饱和汽、水进行分离，同时将饱和蒸汽中的溶解盐分含量降到规定标准以下。通常汽水分离过程包括三个阶段，前两次分离在旋风分离器中完成，第三次分离是在汽包顶部，蒸汽进入到饱和蒸汽引出管以前完成。

水冷壁内产生的汽水混合物经过汽水引入管进入汽包顶部，通过由环形夹层挡板形成的狭窄通道从两侧流下，由于环形夹层挡板与汽包外壳同心，汽水混合物通过时，具有不变的速度和传热率，使整个汽包表面维持在一个相同的温度下。在环形夹层挡板的下缘，汽水混合物折向上方进入两排旋风分离器中。

在旋风分离器（如图 3-90 所示）中实现二次分离。第一次分离产生在两个同心圆筒之间。当汽水混合物向上进入旋风分离器内圆筒时，在转向叶片作用下产生离心旋转运动，使得较重的水沿内筒壁向上流动，在内圆筒顶部遇到转向弯板而折向下方，通过两个圆筒之间的通道流回到汽包水空间。分离出的蒸汽继续向上流动去进行第二次分离。第二次分离是在旋风分离器顶部两组紧密布置的波形薄板中进行的。蒸汽在通过薄板之间的曲折通道时，由于惯性作用，使得蒸汽中包含的水分打到波形板上。同时由于蒸汽的速度不很高，这些水分不会被再次带起。分离出的水分沿着波纹板向下流动，在蒸汽出口处沿波形板边缘滴下。

在第二次分离结束后，蒸汽向上流动去进行最后一次分离。在汽包的顶部沿汽包长度方向布置有数排百叶窗分离器，排间装有疏水管道，在蒸汽以相当低的速度穿过百叶窗弯板间的曲折通道时，携带的残余水分会沉积在波形板上，水分不会被蒸汽再次带起，而是沿着波形板流向疏水

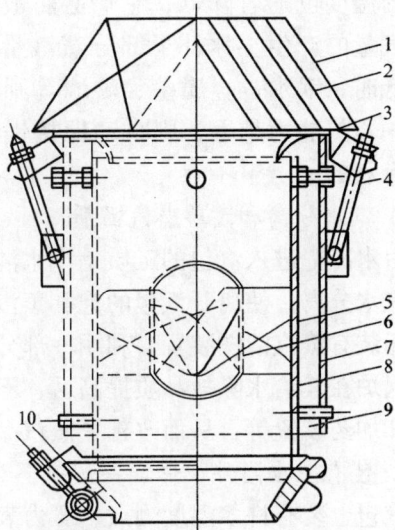

图 3-90　蜗轮式旋风分离器结构
1—梯形波形板顶帽；2—波形板；3—集汽短管；
4—螺栓；5—固定汽包水螺旋导向叶片；
6—芯子；7—外筒；8—内筒；
9—疏水夹层；10—螺栓

管道，通过这些管道返回到水空间。为了保证运行中的蒸汽品质，在汽包内装有连续排污管。在汽包外部装有就地无盲区云母水位计两块、两套差压水位计，以及自动水位记录表等。另外，汽包还装有再循环管、压力表。

（二）汽包的作用

1. 连接受热面和管道

如图 3-91 所示，给水经省煤器加热后送入汽包，汽包向过热器系统输送饱和蒸汽。同时汽包还与下降管、水冷壁连接，形成自然循环回路。汽包将省煤器、水冷壁、过热器三种受热面严格分开，且保证进入过热器系统的工质为饱和蒸汽，使过热器受热面界限明确，这也是汽包锅炉不同于直流锅炉的基本原因。所以，汽包是汽包锅炉内工质加热、蒸发、过热三个过程的连接中心，也是这三个过程的分界点。

此外，还有一些辅助管道与汽包连接，如加药管、连续排污管、给水再循环管以及紧急放水管等。

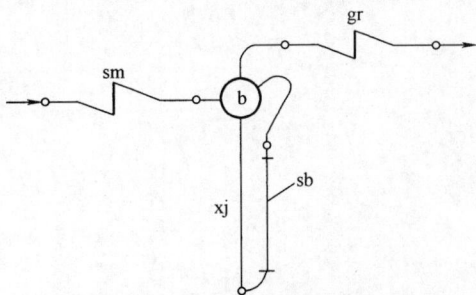

图 3-91　受热面和管道与汽包的连接

2. 增加锅炉水位平衡和蓄热能力

汽包中存在有一定水量，因而具有一定的蓄热能力和水位平衡能力；在锅炉负荷变化时起到了蓄热器和储水器的作用，可以延缓汽压和汽包水位的变化速度。

蓄热能力是指工况变化，而燃烧条件不变时，锅炉工质及受热面、联箱、连接管道、炉墙等所吸收或放出热量的能力。如当锅炉负荷增加而燃烧未及时调整时，锅炉汽压下降，饱和温度也相应降低，原压力下的饱和水以及与蒸发系统连接的金属壁、炉墙、构

架等的温度也随着降低，它们必将放出蓄热，用来加热锅水，从而产生附加蒸汽量。附加蒸汽量的产生，弥补了部分蒸汽量的不足，使汽压下降的速度减慢。相反，在锅炉负荷降低时，锅水、金属壁、炉墙等则会吸收热量，使汽压上升的速度减慢。汽包水容积越大，蓄热能力越大，则自动保持锅炉负荷与参数的能力越强。这一特点对锅炉运行调节是有利的。

3. 汽水分离和改善蒸汽品质

由水冷壁进入汽包的工质是汽水混合物，利用汽包内部的蒸汽空间和汽水分离元件对其进行汽水分离，使离开汽包的饱和蒸汽中的水分减小到最低值。对于超高压以上的锅炉，汽包内还装有蒸汽清洗装置，利用一部分给水清洗蒸汽，减少蒸汽直接溶解的盐分。但是有的大型锅炉在其给水除盐品质提高后，不再在汽包内装设蒸汽清洗装置。另外，汽包内还装有排污和加药装置等，从而改善了蒸汽品质和锅水品质。

4. 装有安全附件，保证锅炉安全运行

汽包上装有许多温度测点、压力表、水位计和安全阀等附件，保证了锅炉安全工作。

（三）汽包检修项目

汽包在运行中常见的缺陷有汽水分离器装置松脱移位、水渣聚集、加药管堵塞和保温脱落等。

汽包在大修中的标准检修项目如下：

（1）检修人孔门，检查和清理汽包内部的腐蚀和结垢。

（2）检查内部焊缝和汽水分离装置。

（3）测量汽包倾斜和弯曲度。

（4）检查、清理水位表连通管、压力表管接头、加药管、排污管、事故防水管等内部装置。

（5）检查、清理支吊架、顶部波形板箱及多孔板等，校准水位指示计。

（6）拆下汽水分离装置，清洗和部分修理。

特殊检修项目如下：

（1）更换、改进或检修大量汽水分离装置。

（2）拆卸 50% 以上的保温层。

（3）汽包补焊、挖补及开孔。

（四）检修的验收标准

1. 汽包检修

（1）检修准备验收标准。

1）工具清点记录齐全。

2）在汽包内使用的电动工具和照明应符合要求。

3）汽包临时人孔门及可见管管口的临时封堵装置牢固。

（2）汽包内部装置及附件的检查和清理验收标准。

1）汽水分离装置应严密完整。

2）分离器无松动和倾斜，接口应保持平整和严密。

3）分离器上的销子和紧固螺母无松动，无脱落。

4）各管座孔及水位计、压力表的连通管保持畅通，内壁无污垢堆积或堵塞。

5）溢水门坎水平误差不得超过 0.5mm/m，全长水平误差最大不得超过 4mm。

6）汽包内壁、内部装置和附件的表面需光洁。

7）清洗孔板和均流孔板的孔眼无堵塞。

（3）汽包内的部件拆装验收标准。

1）安装位置正确。

2）汽水分离器应保持垂直和平整，接口应严密。

3）清洗孔板和均流孔板保持水平和平整。

4）各类紧固件紧固良好，无松动。

（4）内外壁焊缝及汽包壁的表面腐蚀、裂纹检查及消除验收标准。

1）符合 DL 440—1991 中的 2.5、3 和 4 要求。

2）汽包内壁表面应平整，表面无裂纹。

3）表面裂纹和腐蚀凹坑打磨后表面应保持圆滑，不得出现棱角和沟槽。

（5）下降管及其他可见管管座角焊缝检查验收标准。

1）符合 DL 440—1991 的要求。

2）下降管及其他可见管裂纹打磨后的表面应保持圆滑，无棱角和沟槽。

（6）内部构件焊缝检查验收标准。

1）焊缝无脱焊，无裂纹，无腐蚀。

2）补焊焊缝应密封，无气孔，无咬边。

（7）活动支座、吊架检查验收标准。

1）吊杆受力均匀。

2）吊杆及支座的紧固件完整，无松动。

3）吊环与汽包接触良好。

4）支座与汽包接触良好。

5）活动支座留合理的膨胀间隙。

（8）汽包中心线水平测量及水位计零位校验验收标准。汽包水平偏差一般不大于 6mm。

（9）人孔门检修验收标准。

1）人孔门结合面应平整光洁，研磨后的平面用专用平板及塞尺沿周向检测 12～16 点，误差应小于 0.2mm，结合面无划痕和拉伤痕迹。

2）紧固螺栓的螺纹无毛刺或缺陷。

3）人孔门关闭后，汽包内无任何遗留物。

4）人孔门关闭后，结合面密封良好。

5）紧固螺栓受力均匀。

2. 汽水分离器检修

（1）检修准备验收标准。

1）工具清点记录齐全。

2）容器的临时人孔门及可见管管口的临时封堵装置牢固。

3）在容器内所使用的电气设备符合国家电力公司《电力安全工作规程》要求。

（2）分离器内部装置及附件的检查和清理验收标准。

1）汽水分离装置严密完整。

2）分离器无松动和倾斜，接口保持平整和严密。

3）分离器上紧固件牢固可靠，无松动和残缺。

4）容器内壁和汽水分离器表面光洁，无污垢。

5）水位计和压力表的连通管保持畅通，内壁无污垢堆积或堵塞。

6）水位计前后或左右侧水位标准测量复核误差小于±5mm。

（3）汽水分离器拆装验收标准。

1）安装位置正确。

2）汽水分离器应保持垂直和平整，接口严密。

3）各类紧固件紧固良好，无松动。

（4）容器内外壁及结构件焊缝检查和内壁表面裂纹、腐蚀检查验收标准。

1）按照 DL 438—1991 的 4.4.2 中的 b～d 标准要求。

2）表面裂纹或腐蚀凹坑，打磨后表面应保持圆滑，无棱角和沟槽。

（5）分离器支座或吊杆检查验收标准。

1）U 形吊杆与分离器筒体结合面接触良好。

2）吊杆外表无严重锈蚀，受力均匀，紧固螺母无松动。

3）固定支座地脚螺栓完整、无松动，活动支座滚柱无卡涩。

4）膨胀指示器完整，指示牌刻度清晰。

（6）人孔门检修验收标准。

1）人孔门结合面应平整光洁，研磨后的平面用专用平板及塞尺沿周向检测 12～16 点，误差应小于 0.1～0.2mm，结合面无划痕和拉伤痕迹。

2）紧固螺栓的螺纹无毛刺或缺陷。

3）人孔门关闭后容器内无任何遗留物。

二、汽包水位计检修

汽包水位计正常运行时波动范围较小，汽包运行时的水位监视对锅炉至关重要。用来显示锅炉汽包水位的设备称为水位计，常用的水位计有无盲区双色水位计、电接点水位计等，现代大型锅炉均采用双色水位计。

1. 双色水位计的结构

双色水位计由表体、视窗组件、遮光罩（由外壳、灯具、灯泡、形腔、红绿滤光片、毛玻璃、柱面镜等部件组成）、汽阀、水阀、放水阀等部件组成。双色水位计的工作原理是表体的前后视窗面不平行，且表体里上部是汽，下部是水，当光源箱内的光源穿透过表体时就产生了折射；又因为汽与水对光线的折射率不同，所以在视窗上就形成了汽红、水绿现象。

某电厂 DG2030/17.6 - II3 型锅炉为了有效地监视锅炉汽包水位，在汽包上设有供就地监视汽包水位的 2 套 B69H - 33 - W 型无盲区双色水位计（如图 3-92 所示）、4 套单室平衡容器（其中一套为满水单室平衡容器）。为了正确地反映汽包内的水位，水位计和平衡容器的水连

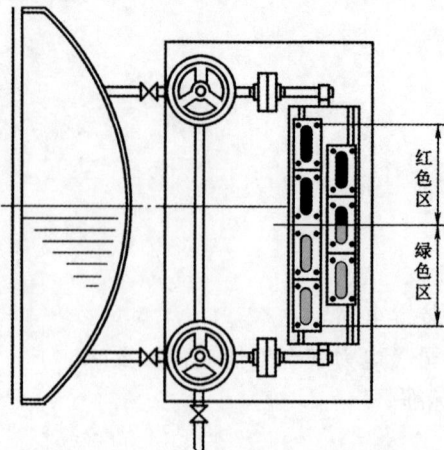

图 3-92　B69H - 33 - W 型无盲区双色水位计

通管沿汽包长度全长布置，管上设众多小孔，使显示的水位基本上反映汽包内的真实水位。

2. 双色水位计的检修方法

双色水位计的常见故障：① 视窗组件模糊不清或视窗组件泄漏；② 光源罩发生故障，如灯泡烧坏、灯具变形不齐、毛玻璃损坏、滤光片损坏、柱面镜损坏等。不论是视窗组件，还是光源罩发生故障，其修复的可能较小，一般均采用更换的方法进行处理。

（1）视窗组件更换。视窗组件的拆装顺序：① 切断水位计电源。② 关闭水位计汽水一、二次门。③ 开启水位计放水门。④ 卸下遮光罩和光源罩。⑤ 拆下视窗组件压板螺栓，取下压板（注意只有当表体内无汽水时，方可拆卸螺栓）。⑥ 取下视窗组件，并将结合面清扫干净。⑦ 取来新的视窗组件，按顺序回装。⑧ 复装视窗组件压板时，均匀用力紧固压板螺栓。⑨ 关闭放水门，开启汽水一、二次门，检查是否有泄漏，如果有泄漏，关闭汽水一、二次门，重新紧固压板螺栓；如果无泄漏，回装光源罩和遮光罩。

（2）光源罩拆装。光源罩拆装顺序：① 切断水位计电源；② 从水位计上卸下光源罩；③ 拧下固定灯具螺钉，取下灯具、灯泡；④ 拧下检修孔板螺栓，取下孔板；⑤ 取下柱面镜及毛玻璃；⑥ 卸下光源罩形腔；⑦ 取下滤光片；⑧ 检查所有部件，如部件模糊不清、变形或损坏，应进行更换；⑨ 复装时按拆卸相反顺序进行。

3. 检修的验收标准

（1）水位计解体检查检修验收标准。

1）拆前做好各连接件标记。

2）表体通孔内无锈垢、堵塞，垫子平面无沟槽，且平整、光滑。

3）平面应平整，前压板应平整，无沟痕、裂纹。

4）云母片厚度应均匀（2.4mm）不起层。

5）玻璃板无灰垢，透明度良好。

（2）表体组装验收标准。

1）零部件不许有锈垢。

2）紧螺栓时应对角转紧，并保持压盖受力均匀。

（3）光源箱检修验收标准。

1）红、绿玻璃固定牢固，无破碎。

2）玻璃板及反光板表面无污垢。

（4）快速阀检修验收标准。

1）做好连接标记。

2）应无麻点、沟槽，圆周吃线均匀。

3）保险珠表面无沟痕、麻点，珠座无沟痕、裂痕。

4）阀杆弯曲度小于 $1/1000$，椭圆度小于 $0.05mm$，表面磨损及腐蚀深度小于 $0.05mm$。

5）填料压盖压入深度为其高度的 $1/4$，阀门组装后关闭严密，开关灵活。

第四节　炉水循环泵的检修

一、概述

炉水循环泵布置在锅炉下降管的中途，用于输送强制循环锅炉的炉水。炉水循环泵已在大容量的强制循环机组中得到广泛应用。它能够保证锅炉蒸发受热面内水循环的安全可靠，缩短机组的启动时间，减少热损失，提高锅炉低负荷工况的适应性，满足高峰负荷时调节的需要。

比较有代表性的生产炉水循环泵厂家有西德的 KSB 泵公司、英国的海伍德—泰勒公司、日本三菱重工公司和美国 CE 公司属下的 CE‑KSB 公司。

1. 炉水循环泵的特点

各种高压炉水循环泵都是将泵的叶轮和电动机转子装在同一主轴上，置于相互连通的密封压力壳体内，泵与电动机结合成一整体，不同于通常泵与电动机之间的连接结构，没有轴封，这就从根本上消除了泵泄漏的可能性。炉水循环泵基本结构是电动机轴端悬伸一只单个泵轮的主轴结构，电动机与壳体由主螺栓和法兰来连接，整个泵体和电动机以及附属的阀门等配件完全由锅炉下降管的管道支撑。

电动机的定子和转子用耐水的绝缘电缆作为绕组且浸沉在高压冷却水中，电动机运行时所产生的热量由高压冷却水带走，高压冷却水通过电动机轴承的间隙，既是润滑剂，又是轴承的冷却工质。泵体与电动机被隔离为两个腔室，中间虽有间隙，但不设密封装置，使压力可以贯通。但泵体内的炉水与电动机腔内的冷却水是两种不同的水质，两者不可混淆。由于电动机的绝缘材料是一种聚乙烯材料，不能承受高温，温度超过 80℃，绝缘性能就明显恶化，因此围绕电动机四周的高压冷却水温度必须加以限制。由于绕组及轴承的间隙极小，因此冷却水中不得含有颗粒杂质。

2. 高压冷却水和低压冷却水的循环

为了满足炉水循环泵电动机腔出口的冷却水温度不超过 60℃，就必须有一套可靠的冷却水系统，以消除由于电动机在运转时绕组的铜损和铁损发热，转动部件的摩擦生热，以及从高温的泵壳侧经过隔热体传过来的热量而造成电动机升温的不安全影响。

高压冷却水循环是从电动机的转子和定子绕组及轴承间隙，从电动机上端出水口流出，经外置的高压冷却器冷却后可循环使用。低压冷却水一部分冷却高压冷却器，另一部分冷却隔热体。

推力轴承由推力瓦块、推力盘、止推座组成，推力盘用优质钢制成，并作为电动机冷却水强制循环用的辅助叶轮，从冷却水中吸入高压冷却水，维持高压冷却水在电动机内自下而上流动，通过轴承、线圈等需要冷却的部件，而后再进入冷却器，把从电动机内部吸收的热量传给低压冷却水。由于电动机的推力轴承和支撑轴承都是水润滑，而且润滑膜非常薄，所以不论泵是否运行，冷却水不得中断。如果电动机停运，强制循环流动也随之停止，这时对于冷却器还要像平常时那样通以低压冷却水，以便高压冷却水能继续循环，而防止电动机过热。

二、炉水循环泵结构

（一）LUVAC300‑415/1 型单吸单出无轴封

（1）泵壳体。承受高温高压的部件之一。泵壳为两球体，这种球体的结构特点是壁厚较薄，相应热应力最小。但由于较大的球体内腔与泵叶轮流向不相吻合，所以壳体比较笨重。

（2）轴承。在电动机轴的上下端各装一只支撑轴承，在轴的下端还装了一只推力轴承，而泵侧不装轴承。支撑轴承是用水润滑的滑动轴承，在接触轴侧喷涂一层镀铬的硬质材料，泵在运行时的轴向推力及所有转动部分的重量都由水润滑的双向推力轴承承受。

（3）主螺栓。连接泵壳与电动机的重要部件。

（4）热屏。作用是使泵壳中的高温炉水与电动机腔内的冷却水隔开，并阻止热量的传递。

（5）电动机绝缘绕组。湿式电动机是炉水循环泵的动力，导线材料必须有足够的电阻值，有良好的机械耐温性。此外，还有充分的化学稳定性。

（6）炉水循环泵冷却系统。用于满足炉水循环泵电动机腔内的水温不超过60℃及轴承润滑作用。

（二）单吸双排式

单吸双排与单吸单出两种泵的结构基本相同，只是泵壳的出口管结构不相同，单吸单出的出口管是径向布置，泵壳体内部与泵叶轮流向吻合紧密，结构比较紧凑。

（三）LUVAc2×350－500/1炉水循环泵

某电厂600MW机组锅炉为HG－2008/17.4－YM5型亚临界压力、带一次中间再热、单炉膛、Ⅱ型布置、四角切圆燃烧、平衡通风、紧身封闭布置、固态排渣、强制循环汽包燃煤锅炉。

该锅炉配备3台德国KSB公司生产的湿式马达，无密封格兰倒置式LUVAc2×350－500/1炉水循环泵。锅炉负荷大于60%BMCR时，2台工作，1台备用；当锅炉负荷小于60%BMCR时，可单台泵工作。冷却水升压泵升压后的闭式冷却水通过炉水循环泵配备的外置式冷却器，用来冷却电动机内部的一次水；同时闭式冷却水通过炉水循环泵颈部的隔热体冷却器，用来阻止泵体炉水热量向电动机内部一次水的传导。该系统注水及清洗水来源于由冷却器冷却后的凝结水和锅炉给水。为了确保炉水循环泵系统冷却水的可靠供应，该冷却系统还配备了应急冷却水泵来提供备用冷却水源，泵结构如图3-93所示。

泵的主要结构如下：

（1）轴承。在电动机轴的上下端各装一只支撑轴承，在轴的下端还装了一只推力轴承，而泵侧不装轴承。泵在运行时的轴向推力及所有转动部分的重量都由水润滑的双向推力轴承承受。

（2）主螺栓。连接泵壳与电动机的重要部件。

（3）隔热体。作用是使泵壳中的高温炉水与电动机腔内的冷却水隔开，并阻止热量的传递。

（4）电动机绝缘绕组。湿式电动机是炉水循环泵的动力，导线材料必须有足够的电阻值，有良好的机械耐温性。此外，还有充分的化学稳定性。

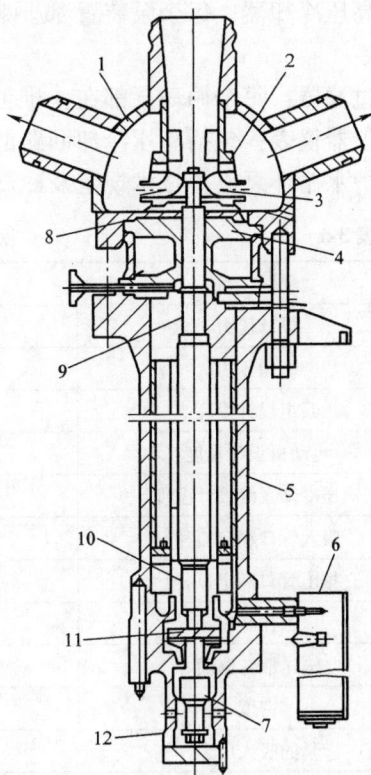

图3-93　炉水循环泵结构

1—泵壳；2—扩压管；3—叶轮；
4—热屏；5—电动机；6—接线盒；
7—磁性过滤器；8—中间板；
9—上部径向轴承；10—下部径向轴承；
11—推力板；12—分离器

（5）炉水循环泵冷却系统。使炉水循环泵电动机腔内的水温不超过 60℃ 及满足轴承润滑作用。

循环泵由一个泵和一个电动机组成，泵的主要部件是泵壳体及接触液体的内部部件，如叶轮和扩散器等。在旋转的叶轮中，传送液体的压力和速度能量在增加，一部分速度能在扩散器中转化成静压能，扩散器将液体导致排出管口，吸入管口安装在垂直位置，两个排出管口在径向位置。

热屏蔽装置：泵和电动机部分之间有一个热屏蔽装置，目的是将热的泵部分和冷的电动机部分隔开，将两者之间的热传导降低到最小程度，热量通过流过冷却室的冷水散失。

循环泵电动机由定子、转子、电缆密封压盖、接线盒组成。

转动部分：LUV 型泵装置的泵和电动机部分通常配备一根共用的整体轴，凸出的叶轮安装在泵壳内，为了减小轴向推力，排出侧的叶轮盖圆盘上钻有推力平衡孔。

止推和径向轴承：径向轴承用两个用介质润滑的滑动轴承导向，这两个轴承分别位于转子片束的两端，每个轴承由一个镀铬的轴承箱组成。止推轴承，大部分轴向推力已由叶轮上的平衡孔进行平衡，用介质润滑的瓦式止推轴承向两侧发生作用，将转子固定在轴向的方向上，并且吸收残余的轴向推力。镀铬的止推轴承板在碳纤维上下轴瓦之间转动。

高压冷却器，每个泵装置都要装备高压冷却器，以消除电动机和轴承在操作中产生的热量。

过滤器：每个循环泵都在止推轴承箱中配备一个整体式过滤器。

仪器仪表：包括高压冷却回路的温度监测、二次冷却水监测、电动机监控系统。

炉水循环泵设备技术规范及冷却器数据等见表 3-6 ～ 表 3-8。

表 3-6 炉水循环泵设备技术规范

项　　目	单　　位	参　　数	
设计压力	bar（MPa）	215（21.5）	
试验压力	bar（MPa）	332（33.2）	
泵组设计温度	℃	371	
电动机设计温度	℃	343	
高压冷却系统设计温度	℃	175	
吸入管口额定口径	mm	407	
排出管口额定口径	mm	303	
工作状态		热态运行	冷态运行
输送液体温度	℃	361.6	20
密度	kg/m³	0.5877	0.998
泵的吸入压力	kg/m²	193.7	
体积流量	m³/h	3691	3691
泵送液体质量流量	t/h	2169	3683
需要正吸入压头 NPSH	m	19	19
总扬程	m	34.2	34.2
压差	bar（MPa）	2.01（0.201）	

续表

项　目	单　位	参　数	
电动机输入功率	kW	245	429
电动机说明	—	潜水电动机	
电动机型号	—	LUV 5/4 GV 40 - 605	
额定电压	V	6000	
相	—	3	
额定频率	Hz	50	
额定功率	kW	400 + 1. 15SF	
额定速度	r/min	1470	
额定电流	A	60 + 1. 15SF	
启动电流	A	300	
启动时间 在额定电压时 在额定电压的90%时	s	1 1. 2	
绕组绝缘	—	PE2/PA	
绝缘等级	—	Y 根据 VDI 0530/IEC 34 - 2	

表 3-7　　　　　　　　　　　　冷 却 器 数 据

项　目	单　位	数　据	
制造厂	—	GEA	
型号	—	F15/213/15/3/8in/16BWG/1	
散热量	kJ/h	271 950	
低压冷却水进口温度	℃	37.4	
低压冷却水出口温度	℃	43.7	
低压冷却水流量	m³/h	10	
低压冷却水所需压力	bar（MPa）	2 ~ 4（0.2 ~ 0.4）	
低压冷却水最大压力	bar（MPa）	28.2（2.82）	
低压冷却水值	—	8 ~ 9.5（额定）	
低压冷却水水质	—	提供的低压冷却水应清洁，经过软化处理。没有悬浮的固体物质，在主导温度下没有析出，没有腐蚀性。在溶液中的悬浮颗粒：5×10^{-6}（最大）	
设计强度	—	初级侧	二次侧
设计压力	bar（MPa）	215	28.2（2.82）
试验压力	bar（MPa）	332. 5	42.5（4.25）
设计温度	℃	175	175

表3-8　　　　　　　　　　　　　　　热 屏 蔽 装 置 数 据

项　　目	单　位	数　　据
低压冷却水进口温度	℃	30（最高37）
低压冷却水流量	m³/h	2（建议最小流量1.4）
低压冷却水所需压力	bar（MPa）	2~4（0.2~0.4）
低压冷却水压降	bar（MPa）	0.2（0.02）（在2m³/h时）
低压冷却水水质	—	见表3-7冷却器数据

三、炉水循环泵的检修

各种高压炉水循环泵的主要检修项目大同小异，但检修前最好仔细阅读制造商提供的维修指导手册或火力发电厂家提供的维护指导手册。

以德国 KSB 公司生产的 LUVAc2×350-500/1 为例介绍炉水循环泵的检修。

（一）常见故障现象、可能原因分析及检查项目

1. 扬程/流量下降

（1）检查电动机的转动方向。

（2）检查吸入和排出管线上的滑阀位置及最小流量管线上阀的位置。

（3）检查吸入管线中的过滤器。

（4）检查是否达到所需的净正吸入水头值。

（5）检查泵是否在泵的特性曲线以外操作。

（6）检查叶轮密封的间隙是否正常。

2. 驱动功率明显增加

（1）电动机的转动方向是否正确。

（2）将规定的负载数据和实际值进行比较。

（3）检查吸入管线中的过滤器。

（4）检查是否由于锅炉阻力的变化而使泵在超载范围运转。

（5）检查轴承的磨损情况。

（6）检查是否由于轴的不平衡或不稳定、偏心旋转而使叶轮卡住。

3. 电动机温度突然升高

（1）检查低压冷却水系统冷却水量，要求冷却水量至少为额定流量的70%。

（2）检查冷却水的温度，要求进口温度不超过37℃。

（3）检查低压系统是否泄漏。

（4）检查泵和高压冷却器之间的法兰连接是否泄漏。

4. 异常噪声和振动

（1）检查电动机转动方向是否正确。

（2）系统的阀门和其他阀门的位置是否正确。

（3）管线是否正确连接，是否有应力或张力，悬挂零部件安装是否正确。

（4）将规定的循环泵负载数据和检测结果进行比较。

（二）大修内容及检测项目

大修检测及修理可按照原设备制造厂商使用说明书及本导则的要求对炉水泵主叶轮、扩

散器、电动机定子、转子、定子绕组、引出线接头、导轴承、推力轴承、热屏组件、内外过滤器、高压冷却器等组件及零部件进行解体检查及修理。

（1）炉水循环泵解体。

（2）泵体叶轮、入口管检查，磨损超标时更换。

（3）支撑轴承、推力轴承检查、测量，超标时更换。

（4）转子检查，测量轴弯曲度。

（5）定子绕组检查绝缘。

（6）过滤器、冷却器、滤网解体检查，冲洗干净。

（7）出口阀解体检修。

（8）冷却水系统冲洗检修。

（三）检修的验收标准

1. 炉水循环泵/电动机拆卸验收标准

（1）防止水循环泵/电动机拆卸时其接口法兰的结合面、紧固螺栓的螺纹和叶轮物损伤。

（2）炉水循环泵/电动机在拆卸、吊运、落地过程中应保持垂直和平稳。

（3）所使用的加热棒的各项技术数据需符合制造厂的要求。

2. 轴承检查中检查轴颈轴承验收标准

（1）轴承摆动块表面平整光洁，无凹痕，不变色。

（2）摆动枢轴表面无剥蚀和变形。

（3）轴承环表面光滑平整。

（4）轴承衬套表面光洁，无破损和裂纹。

（5）轴颈轴承的间隙需符合本型号泵的技术要求。

3. 轴承检查中检查止退与反止退轴承验收标准

（1）止退垫块表面需光洁，厚度一致。

（2）止退杆与反止退头无磨损。

（3）止退垫块与转子端面的游隙需符合本型号泵的技术要求。

（4）止退座与反止退座表面无变形。

（5）止退盘与反止退盘的工作表面平整。

4. 叶轮检查和污垢清理验收标准

（1）主叶轮和扩散器耐磨环表面无污垢。

（2）叶片焊缝无裂纹，无磨损。叶片磨损超过其本身壁厚1/3的应予以更换。

（3）叶轮耐磨环硬化表面无裂纹，耐磨环的同心度需符合本型号泵的技术要求。

（4）叶轮耐磨环径向间隙一般为0.8~0.9mm，最大为1.3mm。

（5）叶轮无偏心。

（6）扩散器柱塞环无裂纹和破损。

5. 转子检查验收标准

（1）转子轴表面光洁，无污垢。

（2）转子偏心度需符合本型号泵的技术要求。

（3）销钉、螺纹和键槽无损坏、无变形。

6. 泵壳检查验收标准

（1）泵壳内壁无汽蚀，无裂纹。

（2）防磨圈无磨损，固定良好。

（3）接口主法兰平面光洁平整，无凹痕。与电动机装配后密封良好，无泄漏。

7. 主法兰紧固螺栓和螺母检查验收标准

（1）螺纹表面光洁、平整，无裂口、缺牙和毛刺。螺杆无变形。

（2）螺栓探伤需符合 DL 438—1991 的 3.11、3.12 和 3.14 的要求。

（3）螺栓与螺母配合，无松动。

8. 热交换器检修验收标准

（1）管板表面无污垢，无裂纹。

（2）滤网无结垢和破损。

（3）水压试验检查无泄漏。

9. 试运转验收标准

（1）炉水循环泵动态和静态冲洗后水质需符合要求。

（2）炉水循环泵转向正确。

（3）电动机运转无异声。

（4）轴颈温度需低于本型号炉水循环泵的规定温度。

（5）接口主法兰及相关阀门和管道无泄漏。

第五节 煤粉燃烧器的检修

一、概述

燃烧器是火电厂锅炉的主要组成部分，是使燃料正常着火和燃烧，并按规定的比例、速度和混合方式将燃料和燃烧所需空气送入炉膛的装置，其作用是将燃料和燃烧所需空气送入炉膛并形成一定的气流结构，使燃料能迅速、稳定地着火；及时供应空气，使燃料与空气充分混合，在炉内达到完全燃烧。此外，要求燃烧器具有良好的调节性能，以适应煤种和锅炉负荷变化，并且流动阻力较小，运行可靠。

燃烧器按出口气流特征可分为直流燃烧器和旋流燃烧器两大类。出口气流为直流射流或直流射流组的燃烧器，称为直流燃烧器；出口气流包含有旋转射流的燃烧器，称为旋流燃烧器。

（一）直流燃烧器

直流燃烧器的出口是由一组圆形、矩形或多边形喷口组成的。一次风煤粉气流、燃烧所需的二次风以及中间储仓式热风送粉制粉系统的乏气三次风分别由不同喷口以直流射流形式喷进炉膛。

1. 直流射流的特性

煤粉气流以一定的速度从直流燃烧器喷口射入充满炽热烟气的炉膛，由于炉膛空间较大，所射出的气流属自由直流射流。当喷射速度达到紊流状态时，则为直流紊流射流，如图3-94 所示。

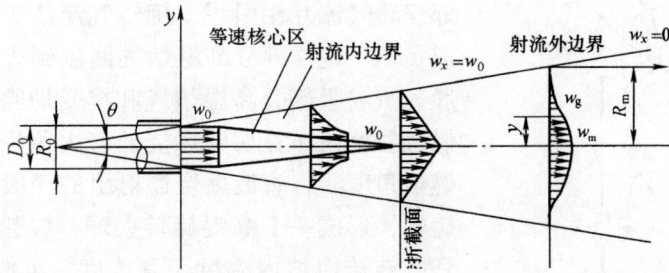

图 3-94　直流紊流自由射流

射流喷入炉膛后，由于分子微团紊流脉动与周围烟气不断碰撞，进行物质交换、动量交换、热量交换，射流带动周围烟气随射流一起流动，从而射流质量逐渐增加，这个过程叫卷吸。卷吸的结果是，高温烟气被卷入射流，射流横截面逐渐增加，速度降低。混合物中煤粉浓度逐渐减少，而温度逐渐升高。在喷口出口截面上，射流各点流速基本相同，为 w_0，但离开喷口后，烟气被卷入气流中，射流流量增加，轴向速度降低，射流速度的降低称为衰减。射流轴向速度衰减至某一数值时所在截面与喷口间的距离称为射程。喷口截面越大，初速 w_0 越高，射程越长。射程长表示射流衰减慢，在烟气中的贯穿能力强，对后期混合有利。显然，集中大喷口比多个分散小喷口射流的射程长。

炉膛并非无限大的空间，在炉内微小的扰动，会导致射流偏离原有轴线方向。射流抗偏斜的能力称为射流刚性。射流初速越大，刚性越强，越不易偏斜。对矩形截面喷口，喷口高宽比越小，刚性越好。在炉内几股射流平行或交叉时，一般是刚性大的射流吸引刚性小的射流，并使其偏斜。

2. 直流燃烧器布置及炉内燃烧工况

直流燃烧器一般采取四角布置，四个角上的燃烧器的几何轴线与炉膛中央的一个假想圆相切，形成切圆燃烧方式。所谓切圆燃烧是指燃烧器中燃料和空气按假想切圆的切线方向喷入炉膛后，产生旋转上升气流，进行燃烧的方式。直流燃烧器切圆燃烧方式有多种布置方式，如图 3-95 所示，但其在炉内的空气动力特性基本相同。

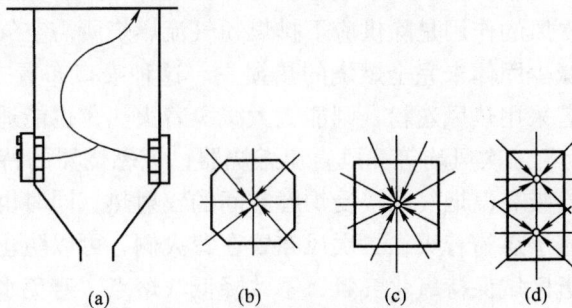

图 3-95　直流煤粉燃烧器布置方式
（a）切圆燃烧布置；（b）四角切圆布置；（c）八角切圆布置；（d）双炉膛切圆布置

四角布置切圆燃烧的直流燃烧器空气动力工况如图 3-96 所示，从着火角度来看，喷进炉内的每股气流都受到上游邻角正在剧烈燃烧的高温火焰的冲击和加热，使之很快着火燃

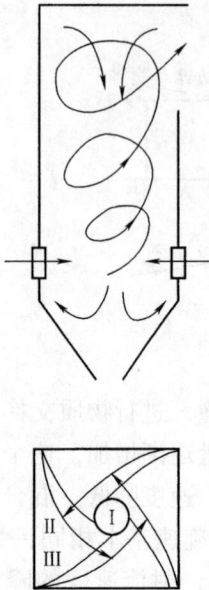

图 3-96　四角布置切圆燃烧的
直流燃烧器空气动力工况

烧，并以此再去点燃下游邻角的新鲜煤粉气流，形成相邻煤粉气流互相引燃。旋转气流使炉膛中心的无风区形成负压，这样部分高温烟气回流到火焰根部。再加上每股气流卷吸部分高温烟气和接受炉膛辐射热，因此直流燃烧器四角布置切圆燃烧的着火条件是十分理想的。从燃烧角度看，直流燃烧器射出的四股气流绕着假想切圆旋转，形成一个高温旋转火球，炉膛中心温度很高，强烈的旋转使炉内温度、氧浓度、可燃物浓度更趋均匀。另外，直流射流射程长，在炉膛烟气中贯穿能力强，从而加强了煤粉气流、空气、高温烟气三者的混合，加速了煤粉气流的燃烧。从燃尽角度看，由于气流旋转扩散螺旋形上升，改善了火焰在炉内的充满程度，延长了可燃物在炉内停留时间，这对煤粉的燃尽也是有利的。由于切圆燃烧创造了良好的着火、燃烧、燃尽条件，因而对煤种有广泛的适应性，尤其能适应低挥发分煤种的燃烧。

3. 直流燃烧器的配风方式

根据煤种的不同，直流燃烧器的一、二次风口有不同的排列方式，大致可分为两种，即均等配风直流燃烧器和分级配风直流燃烧器。

（1）均等配风直流燃烧器。均等配风方式是指一、二次风喷口上下相间布置或左右布置，一、二次风喷口间距较近，沿高度或左右间隔排列，各二次风喷口的风量分配接近均匀，一般适用于烟煤和褐煤。典型的均等配风直流燃烧器喷口布置方式如图 3-97 所示。

图 3-97（a）和（c）所示为均等配风直流燃烧器，其一、二次风喷口相间排列，间距较小，特点是一、二次风混合较早，使煤粉气流在着火时能获得足够的空气；一、二次风喷口一般可上下摆动，改变倾角可改变一、二次风的混合时机，以适应不同煤种着火和燃烧的需要，还可用来调整炉膛火焰中心位置，以调节和控制炉膛出口烟温。燃烧器最上层二次风的作用是除供应上排煤粉气流燃烧所需空气外，还可提供护内未燃尽的煤粉继续燃烧所需的空气。燃烧器最下层二次风的作用是除供应下排煤粉气流燃烧所需空气外，还能把煤粉气流中离析的粗粉托住，以减少固体未完全燃烧的热损失。这种喷口布置方式适用于挥发分高、易着火的烟煤和褐煤。若采用热风送粉，则能大大减少着火热，也能适用于贫煤。

图 3-97（b）所示为侧二次风均等配风直流燃烧器，该燃烧器的特点是一次风布置在向火侧，有利于煤粉气流卷吸高温烟气和接受炉膛空间的辐射热，同时也有利于接受邻角燃烧器火焰的加热，从而改善了煤粉着火；二次风布置在背火侧，可以防止煤粉火焰贴墙和粗粉离析，并可在水冷壁附近区域保持氧化气氛，不致降低灰熔点，避免水冷壁结渣；此外，这种并排布置减少了整组燃烧器的高宽比，可以增加气流的穿透能力，有利于燃烧的稳定和完全。这种燃烧器适用于既难着火，又易结渣的贫煤和劣质烟煤。

图 3-97（d）所示为大型锅炉燃烧褐煤的直流燃烧器。为了使煤粉着火后能与二次风迅速混合，常在一次风喷口内安装十字形风管，称十字风，其作用是冷却一次风喷口，以避免受热变形或烧损；将一个喷口分割成四个小喷口，可减小风粉速度和浓度分布的不均匀程度。

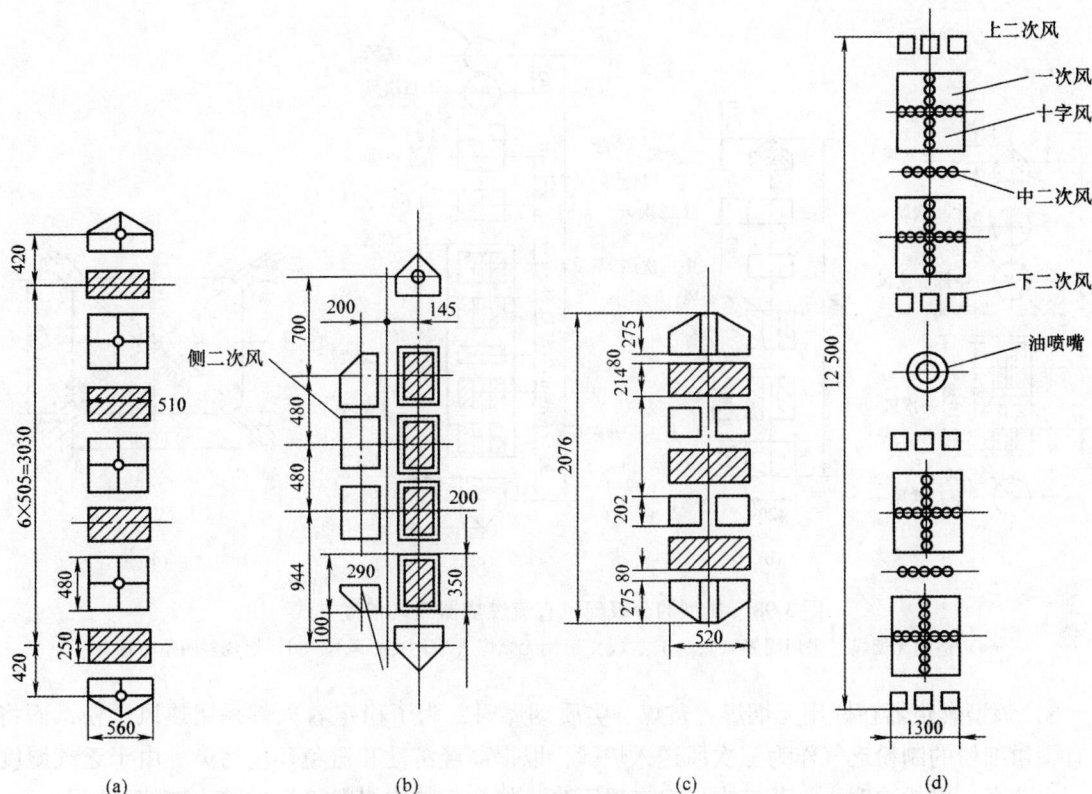

图 3-97　典型的均等配风直流燃烧器喷口布置方式
（a）适用烟煤；（b）适用贫煤和烟煤；（c）适用褐煤；（d）适用褐煤

（2）分级配风直流燃烧器。分级配风方式是指把燃烧所需的二次风分级、分阶段地送入燃烧的煤粉气流中，即将一次风口集中地布置在一起。二次风口分层布置，且一、二次风口保持较大距离，以便控制一、二次风混合时间。因此，此种燃烧器适用于无烟煤、贫煤和劣质烟煤。典型的分级配风直流燃烧器喷口布置方式如图 3-98 所示。

为了解决低挥发分煤种着火难的问题，在直流燃烧器的设计和布置上具有如下特点：

1）一次风口呈狭长形，风口高宽比较大，可以增大煤粉气流的着火周界，从而增强对高温烟气的卷吸能力，有利于煤粉气流的着火。

2）一次风口集中布置，提高着火区的煤粉浓度，同时煤粉燃烧放热较集中，火焰中心温度增高，有利于煤粉迅速、稳定地着火。一次风口集中布置，可增加气流的刚性和贯穿能力，减轻火焰偏斜，并加强煤粉气流的后期扰动。

3）一、二次风口间距较大，这样一、二次风混合较迟，对无烟煤和劣质烟煤的着火有利。

4）二次风分层布置，即按着火和燃烧需要，分级、分阶段地将二次风送入燃烧的煤粉气流中，这既有利于煤粉气流的前期着火，又有利于煤粉气流的后期燃烧。

5）一次风口的周围或中间还布置有一股二次风，分别称为周界风和夹心风，如图 3-72 所示。周界风和夹心风的风速高，可以增强气流的刚性，防止气流偏斜，也能防止燃烧器烧坏。但如周界风和夹心风的风量过大，则会影响着火的稳定。

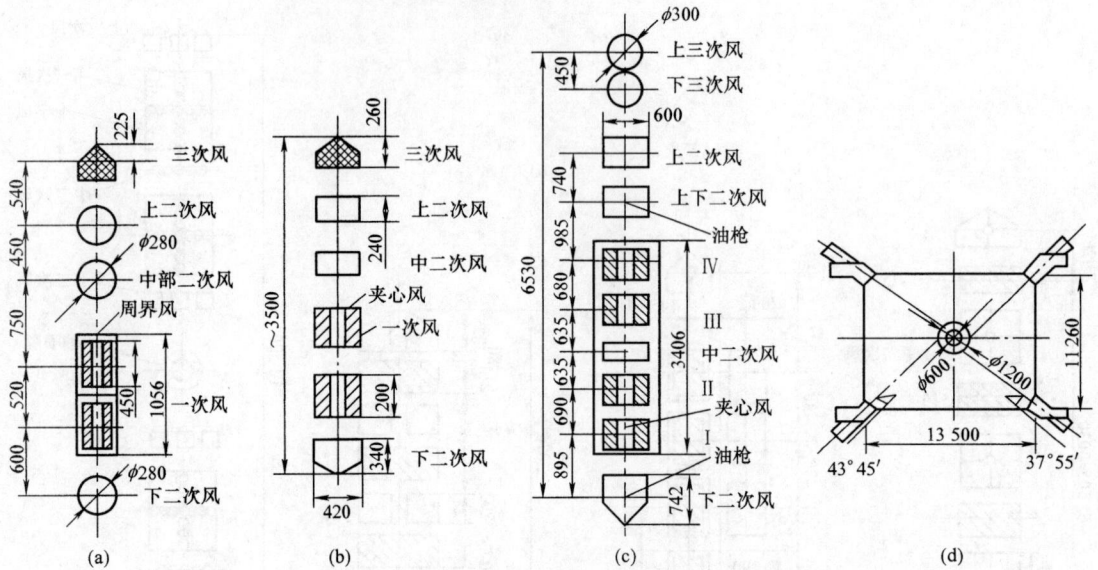

图 3-98 典型的分级配风直流燃烧器喷口布置方式

（a）适用无烟煤（采用周界风）；（b）、（c）适用无烟煤（采用夹心风）；（d）燃烧器四角布置

6）该型燃烧器在燃用无烟煤、贫煤、劣质烟煤时，为了稳定着火都采用热风送粉，而将含有少量细粉的制粉乏气作为三次风送入炉膛，以提高经济性和避免环境污染。由于乏气湿度低、水分高、煤粉浓度小，若三次风口布置不当、将会影响主煤粉气流的着火燃烧。因此，一般将三次风口布置在燃烧器上方。三次风口应有一定的下倾角（7°～35°），以增加三次风在炉内停留时间，有利于其中少量的煤粉燃尽。此外，三次风宜采用较高的风速（见表3-9），使其能穿透高温烟气进入炉膛中心，加强炉内气流的扰动和混合，加速煤粉的燃尽。

表 3-9　　　　　　　　　　　　一、二、三次风速的推荐值范围　　　　　　　　　　　　m/s

煤种 燃烧器形式		无烟煤	贫煤	烟煤	褐煤
旋流燃烧器	一次风	12～16	16～20	20～25	20～26
	二次风	15～22	20～25	30～40	25～35
直流燃烧器	一次风	20～25	20～25	20～25	18～30
	二次风	45～55	45～55	45～55	40～60
三次风		50～60	50～60		

由于直流燃烧器切圆燃烧方式的着火条件较好，后期混合强烈，还能根据不同煤种的燃烧要求，控制一、二次风混合时间，改善混合与燃尽程度，对煤种适应性较广。因此，在我国大型煤粉锅炉中，直流燃烧器切圆燃烧方式得到普遍应用。

（二）旋流燃烧器

1. 旋流射流的特性

从燃烧器喷出的气流在炉膛中旋转扩散，由于炉膛是充满高温烟气的有限空间，射流速度又高，故近似为紊流旋转射流，如图3-99所示。

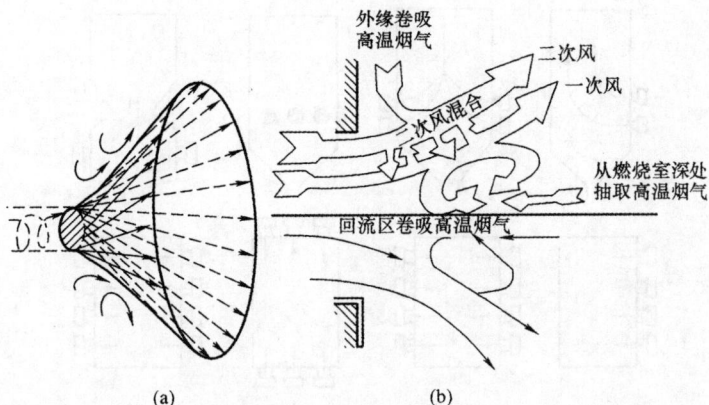

图 3-99　旋流射流

（a）旋流射流示意图；（b）射流卷吸和混合示意图

与直流射流相比，旋转射流有以下不同的特点：

（1）具有内外两个回流区。旋转射流不仅有轴向速度，还具有使气流旋转的切向速度。当气流喷入炉膛后，就不再受燃烧器通道壁面的约束，在离心力作用下，气流向四周旋转扩散，形成辐射状空心旋转射流，能将轴向和外缘的气体带走，造成负压区，在射流中心和外缘就会有高温烟气回流而形成两个回流区，即内回流区和外回流区。旋转射流从内外两个回流区卷吸高温烟气，这对煤粉的着火十分有利，特别是内回流区，是煤粉气流着火的主要热源。

（2）射流衰减快。旋转射流从内外两侧卷吸烟气，使射流流量很快增加，扩散角也比直流射流大，故射流轴向速度衰减比直流射流快，特别是切向速度的衰减比轴向速度更快。这样，在相同的初始动量下，旋转射流的射程远比直流射程短。

（3）旋转强度。射流的流动工况与其旋转强度有关，随着旋转强度的变化，射流的回流区、扩散角和射程也相应变化。随着旋转强度的增加，扩散角增大，回流区和回流量也随之增大，而射流衰减却越快，射程也越短。初期混合强烈，后期混合减弱。

旋转强度的选择主要依据燃煤特性，同时考虑炉膛形状、尺寸和燃烧器布置方式等。对容易着火的煤，不需要过多的烟气来加热煤粉气流，故旋转强度可选得小些；对难着火的煤，则旋转强度应选得大些。当然，旋转强度也不宜过大。当旋转强度增加到一定程度时，射流会突然贴墙，这种现象称为气流飞边。气流飞边会造成喷口和水冷壁结渣，甚至烧坏燃烧器。

2. 旋流燃烧器布置及炉内工况

旋流燃烧器常采用前墙和两面墙的布置方式。前墙布置时，燃烧器沿炉膛高度方向布置成一排或几排，火焰呈 L 形，如图 3-100（a）和图 3-101（a）、（b）和（d）所示。前墙布置的燃烧器可以得到较长的火炬，煤粉管道较短且长度大体一致，各燃烧器煤粉均匀；但炉内气流扰动不强烈，燃烧后期混合较差，炉内火焰充满程度不佳，若调节不当，火焰喷射到后墙易结渣。两面墙布置时，燃烧器可布置在前后墙或两侧墙对冲或交叉布置，火焰呈双 L 形，如图 3-100（b）~（d）及图 3-101（c）所示。两面墙对冲布置时，两方火炬在炉膛中央对撞，可加强煤粉和高温烟气的混合；两面墙交叉布置时，两方炽热火炬互相穿插，改善了炉内火焰的充满程度。这种布置的缺点是锅炉低负荷运行、燃烧器切换时，炉宽和炉深方向的烟温偏差会增大，影响炉腔出口受热面的工作状况。

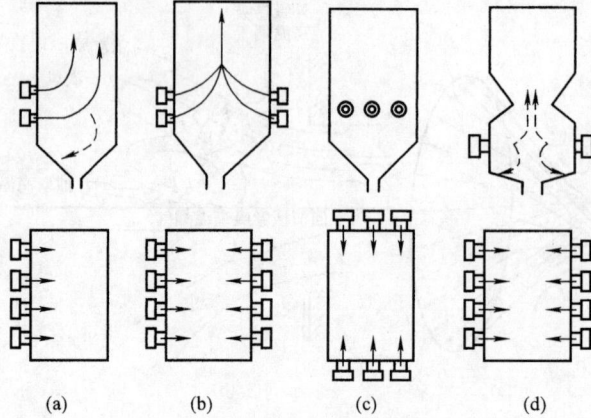

图 3-100 旋流燃烧器布置

（a）前墙布置；（b）、（c）、（d）两面墙布置

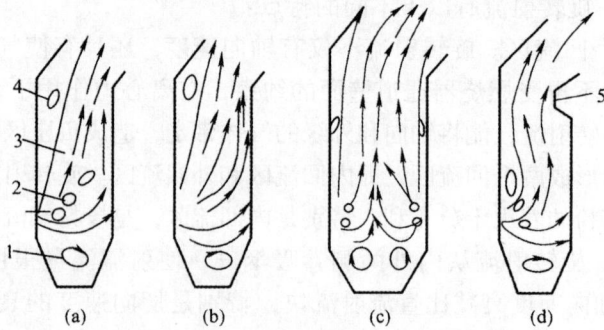

图 3-101 旋流燃烧器炉内空气动力工况

（a）单排前墙布置；（b）双排前墙布置；（c）单排前后墙布置；（d）有折焰角

1、4—停滞涡流区；2—回流区；3—火炬；5—折焰角

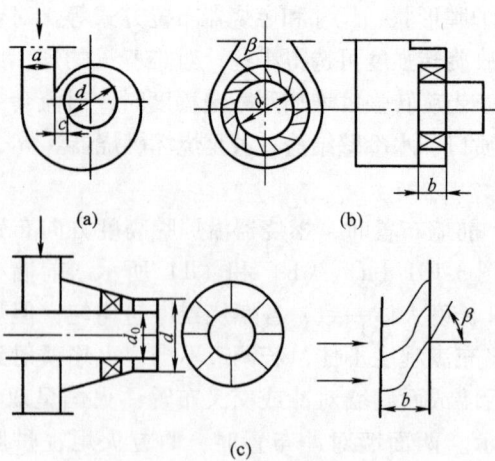

图 3-102 旋流燃烧器

（a）蜗壳旋流器；（b）切向叶片旋流器；

（c）轴向叶轮旋流器

3. 旋流燃烧器形式

旋流燃烧器是利用旋流器使气流产生旋转运动的，常用的旋流器有蜗壳、切向叶片及轴向叶轮三种形式，如图 3-102 所示。

（1）轴向叶轮式旋流燃烧器的结构如图 3-103 所示。该燃烧器一次风气流为直流或靠舌形挡板产生弱旋射流，二次风气流则通过叶片旋流器产生旋转。轴向叶轮可在轴向移动，二次风通道是一环锥形套筒，内装一环形可动叶轮。叶轮上装有拉杆，移动拉杆可调节叶轮在二次风道的位置。当拉杆向外拉时，叶轮向外移动，这时叶轮的外缘就出现间隙，通过间隙的二次风是一股直流二次风，这股直流二次风和从叶轮流出的旋转二次风混合在一起，使二次风的旋转强度减弱。叶轮向外移动的距离越大，旋转强度越小；叶轮向内移动的距离越大，旋转强度越大。因此，在运行中可通过调节叶轮的位置来改变二次风的旋转强度，从而达到调整燃烧的目的。这种燃烧器的调节性能和适用煤种性能都较好。

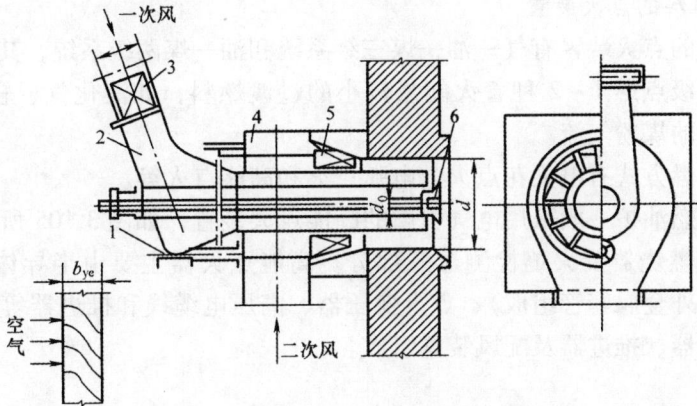

图 3-103　轴向叶轮式旋流燃烧器的结构
1—拉杆；2—次风管；3—次风舌形挡板；4—二次风管；5—二次风叶轮；6—油喷嘴

（2）切向叶片型旋流燃烧器的结构如图 3-104 所示，一次风气流为直流或弱旋射流，二次风通过切向叶片旋流器产生旋转。一般，切向叶片做成可调式，改变叶片的倾斜角即可调节气流旋转强度。对于煤粉燃烧器，叶片倾角可取 30°～45°，随着燃煤挥发分的增加，倾斜角也应加大。二次风出口用耐火材料砌成带 52°的扩口与水冷壁平齐。一次风管缩进燃烧器二次风口内，形成一、二次风的预混段，以适应高挥发分烟煤的燃烧。

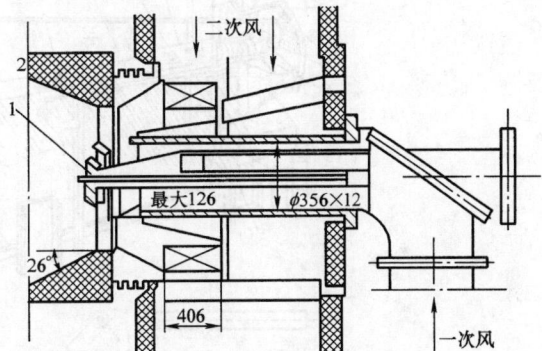

图 3-104　切向叶片型旋流燃烧器的结构
1—点火器；2—扩口

为使一次风形成回流区，在一次风出口中心装设了一个多层盘式稳焰器。稳焰器的锥角为 75°。稳焰器与一次风出口的距离对回流区的大小形状有很大影响，其距离的调整范围为 50～125mm。旋流煤粉燃烧器一般适用于燃烧挥发分 $V_{daf} \geqslant 25\%$、发热量 $Q_{net,ar,p} \geqslant$ 17 000kJ/kg 的高挥发分煤种。

（三）点火装置

煤粉锅炉的点火装置主要用于锅炉启动时点燃主燃烧器的煤粉气流。此外，当锅炉低负荷运行或煤质变差，由于炉温降低影响着火稳定性，甚至有灭火的危险时，也用点火装置来稳定燃烧或作为辅助燃烧设备。煤粉炉的点火装置长期以来普遍采用过渡燃料的点火，为实现少油或无油点火，又开发了带预燃室的点火装置。

随着世界性的能源紧张，原油价格不断上涨，火力发电燃油越来越受到限制。因此，锅炉点火和稳燃用油被作为一项重要的指标来考核，为了减少重油（天然气）的耗量，近年来，开发了与传统上完全不同的全新工艺，这种工艺应既可保证提高燃烧过程的经济性，又可以改善火电厂的生态条件——DLZ－200型等离子煤粉点火燃烧器，采用直流空气等离子体作为点火源，可点燃挥发分较低的（10%）贫煤，实现锅炉的冷态启动而不用一滴油，是未来火力发电厂点火和稳燃的首选设备。

1. 采用过渡燃料的点火装置

采用过渡燃料的点火装置有气—油—煤三级系统和油—煤两级系统，其点火步骤是首先用电气引火，再逐级点燃1~2种着火能量较小的过渡燃料，如液化气、轻柴油、重油等，最后点燃主燃烧器的煤粉气流。

常用的电气引燃方式有电火花点火、电弧点火和高能点火等。

现代煤粉炉、燃油炉一般采用电气引燃的高能点火装置，如图3-105所示，它主要包括高能点火器、点火燃烧器及火焰检测器三部分。高能点火器主要由半导体电嘴（火花棒、高铝绝缘陶瓷管、外金属套管组成）、点火变压器、高压电缆线和推进器等组成；点火燃烧器则由油枪、稳焰器、推进器及配风装置组成。

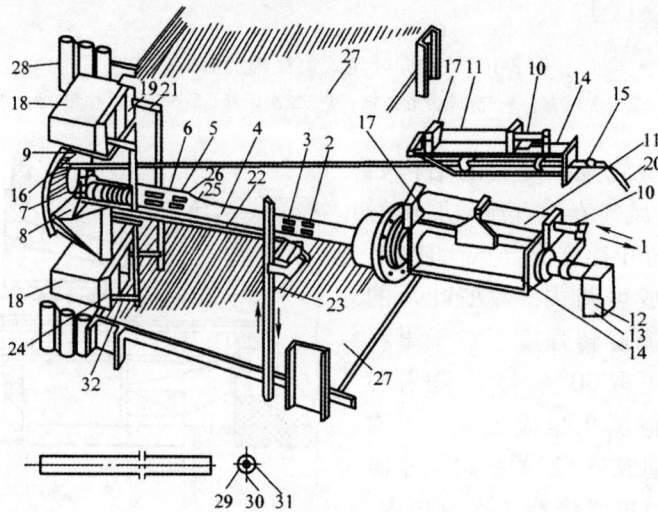

图3-105　点火装置

1—点火油枪；2—油管；3—蒸汽管；4—油枪导管；5—通油金属软管；6—通蒸汽金属软管；7—油喷嘴；
8—点火器；9—配风装置；10—轴；11—气动推进器；12—进气孔；13—进油孔；14—支架；15—高能点火器；
16—半导体电嘴；17—压缩空气孔；18—热风喷嘴；19—热风喷嘴隔板；20—高压电缆线；21—转动连杆；
22—摆动连杆；23—传动连杆；24—轴承；25—油枪导管金属软管；26—连杆；27—风箱隔板；28—水冷壁；
29—金属管；30—高铝绝缘陶瓷管；31—半导体火花棒；32—固定螺栓

由点火变压器产生的能量峰值很高的脉冲（电压为2300~2500V）直流电流，通过高压电缆线输入半导体电嘴的火花棒，这样就在电嘴火花棒的端头与套管端头之间的表面产生强烈的电火花，以此作为火源，直接点燃油枪喷出的油雾，再点燃主燃烧器喷出的煤粉气流。煤粉锅炉的点火装置大多放在主燃烧器内（直流燃烧器点火装置在二次风区域，旋流燃烧器点火装置在中心管内）。点火时，半导体电嘴和油枪分别由电动和气动推进和退出，当伸进炉膛点火时，通电通油点火。若主煤粉气流点火成功，电嘴和油枪自动退出，以避免停用时被烧坏。

现代化大容量锅炉的燃烧器和炉膛内均装有火焰检测器，它是利用光电原理检测和监视点火装置、主燃烧器着火情况以及炉内燃烧火焰是否正常。当点火或燃烧异常时，检测信号反馈到锅炉安全监视保护系统，报警或发出相应处理指令，防止锅炉灭火和炉内爆炸事故的发生，以确保锅炉安全运行。

2. 带煤粉预燃室的点火装置

煤粉预燃室是一个带辅助煤粉燃烧器的小型燃烧室，燃烧室内壁用耐火材料覆盖。辅助煤粉燃烧器有旋流式和直流式加钝体两种。

图 3-106 所示为旋流煤粉预燃室的点火装置结构。它由旋流煤粉燃烧器和预燃室两部分组成。煤粉预燃室的点火过程是：启动时，先点燃装在旋流燃烧器内筒的引火小油枪，对预燃室进行预热，然后再点燃旋流燃烧器的煤粉气流。气粉混合物着火后，在预燃室出口与切向引入的二次风混合，形成炽热的旋转火炬喷入炉膛，作为主煤粉气流的点火热源。待煤粉气流在预燃室内稳定着火燃烧后，即可切断燃油。断油后，预燃室煤粉气流火炬靠气流旋转产生的中心负压，卷吸炉膛高温烟气回流到预燃室，维持稳定的连续燃烧。整个着火过程耗油很少，所以也称少油点火。由于煤粉在预燃室内停留时间有限，大部分煤粉进入炉膛后仍能继续燃烧，形成炽热的火炬，以此热源来点燃主燃烧器的煤粉气流。这种装置可以用作点火，也可以与主燃烧器一起长期运行，利用预燃室的自身稳燃特性给主燃烧器提供连续稳定的着火热源。

3. 等离子煤粉点火燃烧器

（1）点火机理。等离子点火装置（如图 3-107 所示）利用直流电流（280～350A）在介质气压 0.01～0.03MPa 的条件下接触引弧，并在强磁场下获得稳定功率的直流空气等离子体，该等离子体在燃烧器的一次燃烧筒中形成 $T > 5000K$ 的梯度极大的局部高温区，煤粉颗粒通过该等离子"火核"受到高温作用，并在 $10^{-3}s$ 内迅速释放出挥发物，并使煤粉颗粒破裂粉碎，从而迅速燃烧。由于反应是在气相中进行的，使混合物组合的粒级发生了变化。因而使煤粉的燃烧速度加快，这也有助于加速煤粉的燃烧，这样就大大地减少促使煤粉燃烧所需要的引燃能量 E（$E_d = 1/6E_y$）。

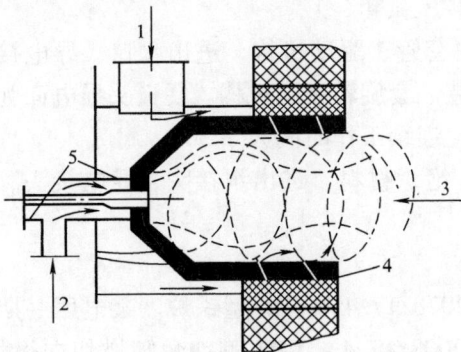

图 3-106　旋流煤粉预燃室的点火装置结构
1—二次风；2—煤粉一次风气流；
3—中心回流；4—预燃室；5—旋流燃烧器

图 3-107　等离子点火器

等离子体内含有大量化学活性的粒子，如原子（C、H、O）、原子团（OH、H_2、O_2）、离子（O_2^-、H_2^-、OH^-、O^-、H^+）和电子等，可加速热化学转换，促进燃料完全燃烧。

除此之外，等离子体对于煤粉的作用，可比通常情况下提高 20% ~ 80% 的挥发分，即等离子体有再造挥发分的效应，这对于点燃低挥发分煤粉强化燃烧有特别的意义。

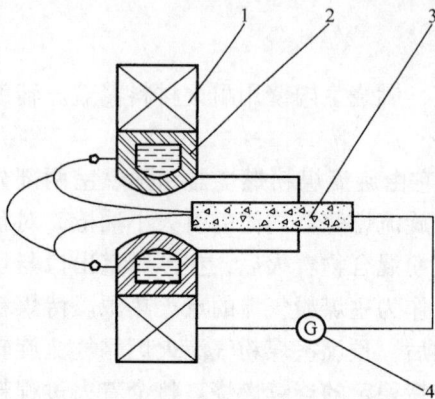

图 3-108 等离子发生器工作原理图
1—线圈；2—阳极；3—阴极；4—电源

（2）等离子发生器工作原理，如图 3-108 所示。发生器为磁稳空气载体等离子发生器，由线圈、阴极、阳极组成。其中，阴极材料采用高导电率的金属材料或非金属材料制成。阳极由高导电率、高导热率及抗氧化的金属材料制成，它们均采用水冷方式，以承受电弧高温冲击。线圈在高温 250℃ 情况下具有抗 2000V 的直流电压击穿能力，电源采用全波整流并具有恒流性能，其拉弧原理为：首先设定输出电流，当阴极 3 前进同阳极 2 接触后，整个系统具有抗短路的能力且电流恒定不变，当阴极缓缓离开阳极时，电弧在线圈磁力的作用下拉出喷管外部。一定压力的空气在电弧的作用下，被电离为高温等离子体，其能量密度高达 10^5 ~ $10^6 W/cm^2$，为点燃不同的煤种创造了良好的条件。

（3）等离子发生器。等离子发生器是用来产生高温等离子电弧的装置，主要由阳极组件、阴极组件、线圈组件三大部分组成，还有支撑托架配合现场安装。等离子发生器设计寿命为 5 ~ 8 年。阳极组件与阴极组件包括用来形成电弧的两个金属电极阳极与阴极，在两电极间加稳定的大电流，将电极之间的空气电离形成具有高温导电特性的等离子体，其中带正电的离子流向电源负极形成电弧的阴极，带负电的离子及电子流向电源的正极形成电弧的阳极。线圈通电产生强磁场，将等离子体压缩，并由压缩空气吹出阳极，形成可以利用的高温电弧。

1）阳极组件。阳极组件由阳极、冷却水管道、压缩空气通道及壳体等构成。阳极导电面为具有高导电性的金属材料铸成，采用水冷的方式冷却，连续工作时间大于 500h。为确保电弧能够尽可能多地拉出阳极以外，在阳极上加装压弧套。

2）阴极组件。阴极组件由阴极头、外套管、内套管、驱动机构、进出水口、导电接头等构成，阴极为旋转结构的等离子发生器还需要加装一套旋转驱动机构。阴极头导电面为具有高导电性的金属材料铸成，采用水冷的方式冷却，连续工作时间大于 50h。

3）线圈组件。线圈组件由导电管绕成的线圈、绝缘材料、进出水接头、导电接头、壳体等构成。导电管内通水冷却，寿命为 5 年。

二、600MW 机组锅炉燃烧器

（1）HG - 2008/17.4 - YM5 型锅炉与 B&WB - 2028/17.4 - YM5 型锅炉。某电厂一期工程为 2×600MW 燃煤发电机组，其中锅炉为 HG - 2008/17.4 - YM5 型四角喷燃切向燃烧、亚临界、一次中间再热、控制循环、固态排渣煤粉锅炉。该锅炉采用四角布置的切圆燃烧摆动式燃烧器，切圆直径为 $\phi1882mm$，燃烧器配风采用 ABB - CE 技术的传统大风箱结构。煤粉燃烧器采用了水平浓淡煤粉燃烧技术，煤粉进入燃烧器一次风喷嘴体后经百叶窗的分离作用，将一次风分为浓淡两部分，两部分之间用垂直隔板分开，同时在燃烧器出口处设有波纹形的稳燃钝体。炉膛各角的燃烧器分别有 18 个喷口，其中 3 个 OFA、5 个空气风室、4 个油风室及 6 个煤粉一次风喷口。锅炉的煤粉燃烧器采用了水平浓淡煤粉燃烧技术，有 4 层共

16 只油点火燃烧器，总功率按锅炉燃料总放热量 30% BMCR 设计，油枪采用简单机械雾化喷嘴，油枪额定出力为 1.5t/h 和 2.5t/h 的小流量雾化片。为了达到节约燃油的目的，在锅炉上安装等离子燃烧器，具体为锅炉下层燃烧器四角安装 4 只 DLZ–200 型等离子点火煤粉燃烧器及附属配套设备，取代原煤粉燃烧器。锅炉点火或稳燃时，作为等离子燃烧器使用，锅炉正常运行时，作为主燃烧器运行。

二期工程为 1 台 600MW 燃煤发电机组，锅炉为 B &WB–2028/17.4–YM5 型亚临界参数、自然循环、前后墙对冲燃烧方式、一次中间再热、单炉膛平衡通风、固态排渣、紧身封闭、全钢构架的∏型汽包炉。锅炉采用中速磨冷一次风机正压直吹制粉系统，并配用 B&W 公司研制的煤种适应性优良的 EI–XCL 型低 NO_x 双调风旋流燃烧器，炉膛燃烧器 3 层布置，前、后墙对冲布置。炉膛 3 层燃烧器前、后墙共有 36 个喷口。煤粉燃烧器采用了旋流燃烧器技术，有 3 层共 36 支油点火燃烧器，总功率按锅炉燃料总放热量的 20% BMCR 设计，油枪采用简单机械雾化喷嘴，油枪额定出力为 0.6t/h 的小流量雾化片。为了达到节约燃油的目的，在锅炉上安装等离子燃烧器，具体为锅炉中间层燃烧器 6 个火嘴安装 6 只 DLZ–200 型等离子点火煤粉燃烧器及附属配套设备，与油枪共同使用（代替原中心油枪）。

等离子点火系统由等离子点火设备及其辅助系统组成，等离子点火设备由等离子点火器、等离子燃烧器、电源柜、隔离变压器等组成，辅助系统由压缩空气系统、冷却水系统、图像火检系统、冷炉制粉系统等组成。等离子点火燃烧器具有锅炉启动点火及锅炉低负荷稳燃两种功能。等离子点火燃烧器的结构如图 3-109 所示。

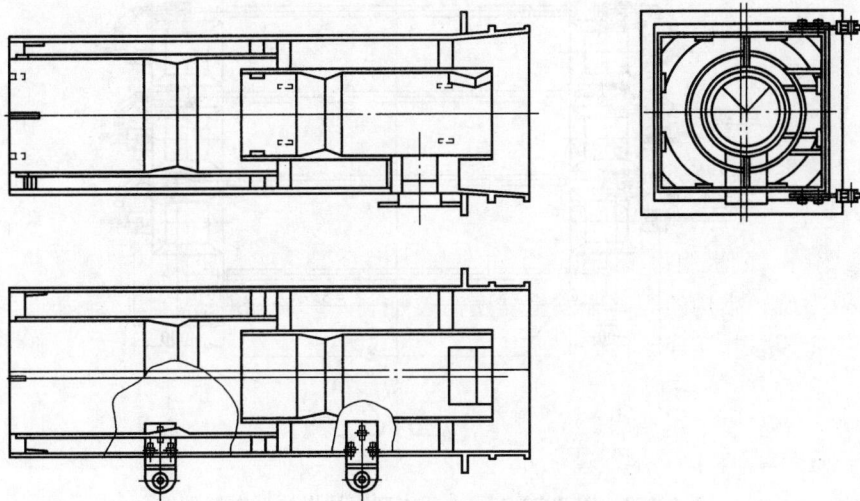

图 3-109 等离子点火燃烧器的结构

锅炉燃烧系统在进行了等离子点火装置及制粉系统改造后，已具备了冷态直接点燃煤粉、实现无油点火启动的能力，但由于磨煤机不能长时间空载运行，长期运行的最小出力为 20~25t/h。在锅炉冷态启动时，如此大的煤粉量点燃并喷入炉膛，会使锅炉升温升压速率太快，造成汽包壁温差过大。锅炉油枪更换成额定出力为 0.6t/h 的小流量雾化片，点火初期用小油枪将汽包压力上升至 0.6MPa，再启动等离子点火装置和对应的制粉系统，控制磨煤机出力为 20~25t/h，保证锅炉的升温升压速率及汽包壁温差在安全范围内。此后，机组的汽轮机冲转、机组并网、带大负荷等工作，直接利用等离子燃烧器而不再消耗燃油。

等离子点火系统可以在锅炉冷态条件下完成磨煤机制粉，并直接点燃煤粉，使机组节约燃油，并且等离子燃烧器等离子体高温引起煤粉燃烧并释放热能的过程中，不产生有害气体和污染物质，另外煤粉颗粒通过该等离子火核（等离子体在燃烧器的一次燃烧筒中形成 $T >$ 5000K 的梯度极大的局部高温区），使得等离子燃烧器有较高的燃尽率，同时又不堵粉，投入功率灵活可靠，可以满足机组启动曲线、低负荷稳燃和滑停的要求。等离子点火系统可以缓解用燃油启动及稳燃时因不能启用电除尘装置造成的烟尘污染。等离子点火系统在锅炉低负荷运行时投入使用，起到稳定燃烧的作用。等离子点火燃烧器在锅炉达到断油负荷后，可以切断等离子电弧作为普通主燃烧器正常使用，此期间不引起锅炉受热面超温、燃烧器结渣、锅炉效率降低等问题。

（2）DG2070/17.5 – Ⅱ4 型锅炉。DG2070/17.5 – Ⅱ4 型锅炉为单炉膛，倒 U 形布置、亚临界压力自然循环汽包炉、平衡通风、一次中间再热、前后墙对冲燃烧、尾部双烟道，再热汽温采用烟气挡板调节，固态排渣，全钢构架，全悬吊结构，锅炉采用紧身封闭。

锅炉采用前后墙对冲燃烧，每面墙布置三层煤粉燃烧器，每层 5 只，共 30 只煤粉燃烧器。布置 OFA（燃尽风）风口，前后墙各 5 只，共 10 只。以 10 号轻柴油作为锅炉的点火和助燃燃料。该锅炉燃烧器布置情况如图 3-110 所示。

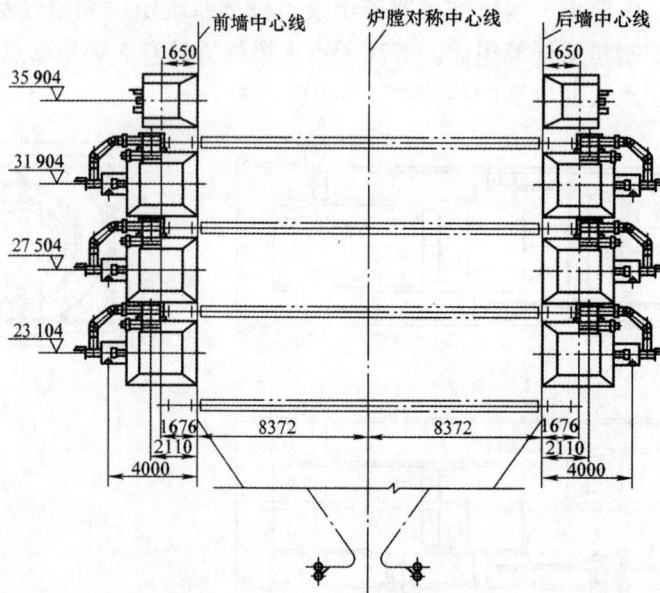

图 3-110　DG2070/17.5 – Ⅱ4 型锅炉燃烧器布置情况

该锅炉燃烧系统设计特点如下：

1）采用三井·巴布科克公司性能优异的 LNASB 燃烧器，组织对冲燃烧，满足燃烧稳定、高效、可靠、低 NO_x 的要求。

2）采用分级燃烧，炉膛设有 OFA 风口，进一步控制 NO_x 生成。

3）采用独特的燃烧器喉口设计结构，防止喉口结渣。

4）采用大风箱均匀配风，消除炉膛出口烟温偏差。

5）采用优化设计的 LNASB 燃烧器，运行中无需调节，高度可靠，不会出现调风机构卡死的现象。

采用的低 NO$_x$ 轴向旋流煤粉燃烧器如图 3-111 所示。

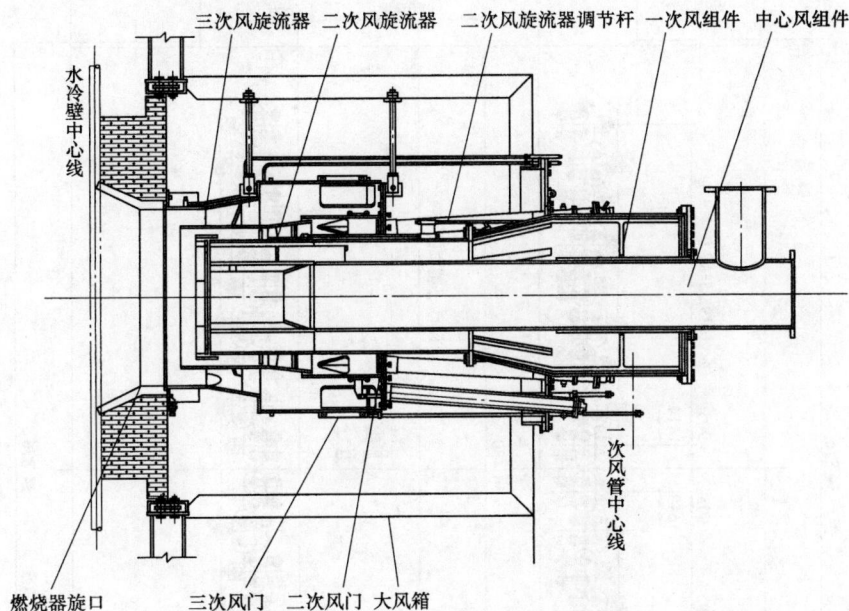

图 3-111　低 NO$_x$ 轴向旋流煤粉燃烧器

（3）某电厂 600MW 机组 DG2030/17.6－Ⅱ 3 锅炉燃烧设备。锅炉的燃烧设备主要由煤粉燃烧器、风箱、油点火器及风门挡板组成。锅炉共配有 6 台双进双出磨煤机，每台磨煤机带 6 只煤粉燃烧器。36 个 32inOD 双旋风煤粉燃烧器，错列布置在锅炉下炉膛的前后墙炉拱上。该锅炉燃烧器布置情况如图 3-112 所示。

三、燃烧器的检修

燃烧器常见的缺陷有设备损坏、风管磨损、喷嘴堵塞、挡板卡涩等。在大修中，要对燃烧器进行认真的检修，以保证良好的空气动力场。根据 DL/T 838—2003《发电企业设备检修导则》，燃烧设备的标准项目如下：

（1）清理燃烧器周围结焦，修补卫燃带。

（2）检修燃烧器，更换喷嘴，检查、焊补风箱。

（3）检查、更换燃烧器调整机构。

（4）检查、调整风量调节挡板。

（5）燃烧器同步摆动试验。

（6）燃烧器切圆测量，动力场试验。

（7）检查点火设备和三次风嘴。

（8）检查或更换浓淡分离器。

（9）检修或少量更换一次风管道、弯头、风门检修。

燃烧设备的特殊项目如下：

（1）更换燃烧器超过 30%。

（2）更换风量调节挡板超过 60%；弯头、风门检修。

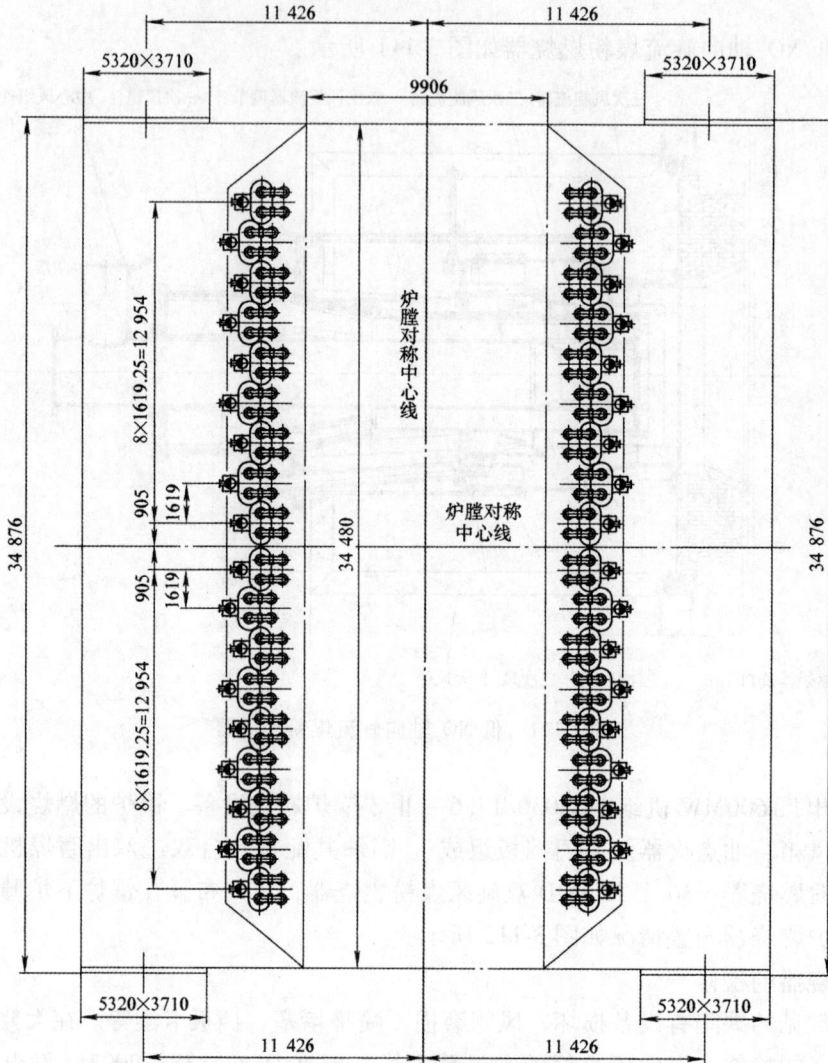

图 3-112　DG2030/17.6 – Ⅱ3 型锅炉燃烧器布置情况

（3）更换一次风管道、弯头超过 20％。

大修时，当炉膛内已清焦完毕，炉膛架子已搭好，或炉膛检修平台已经安装好时，检修人员要对燃烧设备进行仔细检查，并有针对性地进行修理。

（一）直流燃烧器检修

1. 常见故障

直流燃烧器常见的故障有一次风喷嘴磨损、烧坏。当采用启停火嘴调整负荷时，停止运行的一次风喷嘴形成高温区域而结焦，严重时，会使一次风喷嘴堵死，煤粉气流喷不出去。直流燃烧器的调整挡板也存在卡涩现象。

处理烧坏的一次风喷嘴时，应根据设备的结构情况采用适宜的方式。有的一次风圆形喷嘴是用一段管子制成的，方形的一、二次风喷嘴是用不锈钢板组焊而成的，或采用螺栓连接。如采用焊接连接，可将烧坏的喷口切除，重新焊一段即可；如果采用螺栓连接，则要拆开各连接螺栓与固定件，取下烧坏的喷嘴，将新的喷嘴焊上。

同时，还应对各二次风、三次风喷嘴、风管、伸缩节、调整挡板进行检修，清除结焦、堵塞。对有船体的多功能燃烧器，还应检查船体的磨损、烧损变形情况，并做相应处理。

2. 检修的质量标准

直流燃烧器检修的质量标准如下：

（1）本体检查质量标准。

1）摆动式燃烧器。

a. 燃烧器本体须完整，无严重的烧损和变形。

b. 燃烧器本体结构件焊缝无裂纹。

c. 燃烧器本体修补后的焊缝不得高于平面。

d. 燃烧器一次风喷口扩流锥体和煤粉管隔板无严重磨损，无松动和倾斜，固定良好。

e. 燃烧器喷口更换后其摆动应灵活，无卡涩。所有喷口的摆动角度需保持一致且能达到设计值。在运行时不影响水冷壁的膨胀且水冷壁不受煤粉的冲刷。

f. 更换时喷口偏转角度符合设计要求。

2）固定式燃烧器。

a. 一次风和二次风间的隔板无磨损和变形。

b. 燃烧器箱体焊缝无脱焊。

c. 更新后喷口的高度和宽度的允许偏差为 ±6mm；对角线允许偏差须小于6mm，下倾角和左右偏转角符合设计要求。

（2）摆动机构检修质量标准。

1）检查和校正连杆。

a. 曲臂和连杆运动时无卡涩。

b. 连杆传动幅度与燃烧器本体摆角一致。

c. 曲臂的固定支点和燃烧器本体的转动支点无裂纹。

2）减速器解体。

a. 蜗轮蜗杆接触面无裂纹，无磨损。

b. 蜗轮蜗杆装配后无松动。

c. 减速器密封良好。

d. 减速器装配后须转动灵活，无冲动、断续或卡涩现象。

3）摆角校验。

a. 喷口摆动保持同步。

b. 喷口摆角的最大倾角和最大仰角符合设计要求。

c. 喷口水平误差小于 ±0.5°。

d. 喷口实际摆角与就地指示的误差应小于 ±0.5°。

e. 摆角就地指示与集控室表计指示一致。

（3）二次风挡板检查和开度校验质量标准。

1）挡板外形完整，挡板轴无变形。

2）挡板与轴固定良好，无松动。

3）挡板开关灵活，无卡涩。

4）挡板最大开度和最小开度能达到设计要求。

5）挡板就地开度指示与集控室表计指示一致。

（二）旋流燃烧器检修

1. 二次风风碹检修

二次风风碹一般用特制的耐火砖砌成，运行中处在高温区域，很容易被烧坏，个别烧坏的耐火砖从风碹上掉下来，会使风碹产生缺口而加剧损坏。二次风碹也是容易结焦的区域，运行中除焦或停炉后的清焦很容易把耐火砖和上面的焦块一起打下来，使风碹遭到破坏。

如检查发现风碹有烧坏、脱落现象时，则应由瓦工重新砌耐火砖风碹，风碹的下半圈要依着一个样板砌砖，上半圈则要先装一个特制的模型，在模型上砌砖待灰缝结实后，再将模型拆除。风碹直径须保持原设计尺寸，误差不得大于20mm。

2. 一次风检修

一次风管或蜗壳由于煤粉气流的磨损，管壁蜗壳壁会被磨得很薄，甚至磨透，造成煤粉泄漏。由于一次风喷嘴及内套管口处在高温区域，在运行中也极容易被烧坏，产生变形。

当双蜗壳燃烧器的一次风蜗壳的防磨内套筒被磨损时，可补焊或更新防磨内套筒。严重时必须更换。更换蜗壳时，抽出内套，拆下蜗壳和一次风连接的法兰螺栓、蜗壳和二次风连接的法兰螺栓，将旧蜗壳拆下，更换新蜗壳。若可调叶片式旋流燃烧器的一次风管磨损，应根据情况补焊或更换。

当一次风喷口和内套管口被烧坏时，可在炉膛内将烧坏的喷嘴切下，更换新的耐高温合金管，或用螺栓连接耐热铸铁短管。更换时应保证与二次风风碹同心度，与二次风风碹端面的尺寸应符合图纸要求，一般不允许伸出二次风碹端面，以免烧坏。

3. 挡板卡涩

双蜗壳形燃烧器的二次风量、风速挡板，轴向可调叶片旋流燃烧器的一次风舌形挡板及二次风调整拉杆在运行中常被卡死，不能开关和调整。挡板卡涩时挡板转轴在轴套内不能转动，这时要查明原因。若有脏物，应将轴套内的脏物、铁锈清理干净，并用汽油清洗，使之转动灵活。若是由于热态膨胀后间隙过小而卡死，则须拆出挡板，将其四周用锉刀锉去3～5mm，以增大冷态时的活动间隙。

4. 旋流燃烧器检修质量标准

（1）本体检修质量标准。

1）喷口外形完整，无开裂，无严重变形和严重磨损。喷口位置符合设计要求。

2）无脱落，无严重缺损，无裂纹。

3）防磨衬里完整，无松脱、变形、裂纹等，磨损量不大于原厚度的2/3。

4）膨胀间隙符合设计要求。

（2）调风门检修质量标准。

1）叶片无缺损，无严重变形，无松脱等。

2）各部件位置正确，无严重变形和磨损，动作灵活，无卡涩，能全开全关。

（3）支架组件质量标准。

1）外形无严重变形、无裂纹，填料密封无老化。

2）焊缝完好，无裂纹；支架无变形、无缺损、无裂纹。

（三）等离子煤粉点火燃烧器检修

1. 等离子发生器的日常维护

等离子发生器是整个系统的心脏，它的不稳定将直接影响锅炉点火的好坏，所以应对点火器进行精心的维护，熟知发生器的构造与原理，遇到问题不要盲目拆卸，应认真分析原因，准确找到病因，找到病因后应本着"先易后难，先外后内"维护原则进行检修。

2. 等离子发生器检修与维护前的准备

（1）装置运行于大电流高电压，为高热部件，在从事维修工作前，必须切断供电电源，触摸屏挂禁止操作牌。

（2）准备好工具及厂家提供的专用工具。

（3）清扫发生器上的积灰，煤粉。

（4）现场必须有人监护。

3. 等离子发生器的构造

从发生器的构造可拆分为以下几大系统：阴极、阳极、稳弧线圈、阴极旋转系统和冷却水系统。

4. 阴极、阳极的检修与维护

阴极、阳极是发生器的主要部件，且都是导电元件，直接影响等离子的稳定性，所以对阴、阳极的维护十分重要。

（1）阴极的维修。

1）阴极的拆卸。关掉冷却水阀门，关掉压缩空气阀门，松开后盖紧固螺钉，拿下后盖，卸掉阴极尾座上的电缆，松开进、回水接头卸掉进回水管，向上推开电动机挂钩，缓慢地向后拖出阴极。

2）阴极可拆分。阴极可拆分为尾座、阴极头导管、冷却水进水导管、阴极头（电子发射头）。

3）阴极尾座。如图 3-113 所示，电源的负极，进、回水接头安在此处，且是阴极的主要受力点。阴极尾座结构比较复杂，且是铜铸而成，因此在拆阴极时或换阴极头时，应注意保护以防损坏，如果装置使用时间比较长，应用 0 号砂布打去接线面的氧化层，以减小电源的接触电阻。

进、回水管接头

图 3-113　阴极尾座

4）冷却进水导管起着冷却水导向作用，把冷却水导向阴极头处，在一定的压力下，把冷却水喷向阴极头冷却。它的好坏直接影响着阴极冷却效果和使用寿命。所以在每次检修或换阴极头时，都应检查导管是否通畅，有无杂物及生锈结垢等情况，如生锈结垢严重，应更换。保障冷却水导管畅通。

5）阴极头（电子发射头），为易损件，根据不同电流的大小，寿命长短不一，平均寿命为 50h 左右，因此在装置运行 50h 左右，或多次拉弧不成功，经常掉弧，应对其检查与更换。正常烧掉的阴极头表面光滑，呈暗金黄色。如表面粗糙，有银白色的麻点，则证明阴极头或阳极有漏水的地方，应通水检查，检查的方法是取下阴极，接上进回水管，打开冷却水阀至规定值，检查阴极漏水的地方，如果从密封垫向外漏水则紧阴极头，如从阴极头的其他地方漏水，需更换阴极头。如果阴极头没有漏水的地方，肯定是阳极漏水，检查的方法和处理办法见后面对阳极维修。更换阴极头时要用专用工具，防止阴极导管变形和密封面的损坏，如果阴极头烧损面光滑，颜色发黑，则证明压缩空气含油，应在系统内加装滤油装置。

6）在阴极装入之前，应对瓷环进行检查和维护，瓷环有三个作用：绝缘。给阴极导向作用；通压缩空气把缩空气变成旋流气体。瓷环的好坏直接影响着本装置的安全和弧的稳定，所以在每次换阴极头时都应对其进行检查和维护，检查的内容：瓷环的位置是否在原位、瓷环是否洁净、瓷环是否损坏等。瓷环的维护：保持瓷环的洁净尤其重要，因为瓷环一旦受到污染，它的绝缘电阻就要下降，拉弧时易被击穿，击穿时阴极对阳极支架放电，阳极支架将被烧毁，整个装置就要报废，所以要经常对瓷环进行擦拭以保持瓷环的洁净。

7）阴极的安装。阴极各方面都处理好后，应对其进行安装。安装时，应缓慢地旋转着向里插入，不要用力过猛，以防损坏瓷环，插入后按下挂钩，接上进回水管，接上电缆，打开水阀，压力调到规定水压，检查接头是否有漏水的地方，然后盖上后盖，如图 3-114 所示。

图 3-114 阴极安装图

（2）阳极的检修与维护。阳极是主要的导电元件，且工作环境比较恶劣，易污染，在拉弧过程中，阴极、阳极处在短路状态，阳极喉口处易烧损，阳极是由不同材料焊接而成的，焊缝处，因不同材料的膨胀系数不同，易开焊漏水。阳极的污染和损坏将影响电弧的稳定，因此在每次更换阴极头时应进行维护和检修。一般的办法是拿下阴极，用厂家提供的铜丝刷从阳极支架中心筒内对阳极进行清理，用压缩空气吹干净，如压缩空气带水严重，应在钢刷上缠上布进行擦拭，直到见本身颜色，同时检查阳极喉口处的烧损情况，以及是否漏水，如烧损严重、漏水，则表现为起弧困难，经常断弧，阴极头烧损处不光滑，阴极头寿命和阳极寿命大大降低，检查的方法是接上阴极的进、回水管，打开冷却水阀至规定压力，用手电从阴极支架中心筒内观察喉口的烧损情况和是否有漏水的地方。如果喉口烧损严重，有漏水的地方应对阳极进行更换，更换的方法是关闭冷却水，压缩空气阀，把点火器从燃烧器中摇出或拉出，用扳手松开固定阳极的 6 个螺栓，取下阳极，新阳极上装之前，应把阳极支架与阳极的接触处用砂纸打磨干净，6 个螺栓要对角上，阳极安装完后一定要检查接口处是否漏水。确定没有漏水的地方，把点火器推动或摇到原位。

（3）稳弧线圈的维护。

1）稳弧线圈的故障率较低，不用特殊的维护，主要故障是线圈接头处漏水，解决的办法：紧固螺栓；更换接头。

2）应注意事项：新发生器在系统通上水后，应检查线圈的回水管是否有回水，如果回水管长时间没有回水，应检查原因，不要拉弧，因本装置电流较大，如没有冷却水冷却，线圈很快将会被烧坏。线圈在冬天要注意防冻。不工作时，用压缩空气吹净等离子发生器中的剩水。

（4）阴极旋转系统的维护。

1）包括：旋转电动机、齿轮组、导电环、顶丝。

2）作用：在系统工作时，旋转电动机按设定的转速带动阴极旋转，以保证阴极头烧损均匀，提高阴极头的寿命。

3）维护：检查齿轮组齿轮有无损坏，运行中有无卡涩现象，要保持系统的清洁。

（5）发生器的进回水管的维护。

1）防止漏水。

2）注意防冻。

（6）发生器支架的维护。定期清扫支架和丝杠上的积粉、积灰。

四、油枪检修

油枪检修时，主要应检查分流片、旋流片及喷嘴的损坏情况。

将油枪从油枪套中拉出，拆下连接器，放掉积油，存入规定地方。用扳手将喷嘴接头取下，拿出旋流叶片及喷嘴，将顶针和弹簧从枪管中取出；将拆下的所有零件用煤油洗干净后，检查各零件的损坏情况。喷嘴有无烧坏变形，各零件的丝扣有无滑扣、拉毛，顶针头部和喷嘴结合面、旋流片和回油片结合面上有无油垢、沟槽、麻点等缺陷。如有上述缺陷，则应修理或更换。检修完毕后，按相反的顺序将油枪回装好，并确保不漏油。

检修时，还要检查油枪的配风器有无缺陷，并予以消除。

油枪检修质量标准如下：

1. 油枪清洗和检查

（1）油枪雾化片、旋流片应规格正确、平整光洁。

（2）喷油孔和旋流槽无堵塞或严重磨损。

（3）油枪各结合面密封良好，无渗漏。

（4）金属软管无泄漏，焊接点无脱焊，不锈钢编织皮或编织丝无破损或断裂。

2. 油枪执行机构及密封套管检查和更换

（1）导向套管内外壁光滑、无积油，油枪进退灵活、无卡涩现象。

（2）套管的软管部分无断裂。

（3）油枪进退均能达到设计要求的工作位置和退出位置。

3. 调风器检修

（1）调风器外观及叶片应保持完整，无烧损及变形，叶片焊缝无裂纹。

（2）调风器出口无积灰和结焦，截面保持畅通。

（3）更换后的调风器中心与油枪中心的误差应小于2mm。

第四章

锅炉辅机检修

根据锅炉设备、系统及工艺要求，电站锅炉配备了大量辅助机械动力设备及其他一些固定设备，如燃料制备设备及系统、通风机械（送风机、引风机、空气压缩机等）、空气预热器及除尘设备等。这些设备在锅炉的连续、安全、稳定、经济运行中起着极为重要的作用。只要系统中单一设备出现故障或处理不当，就会导致一系列的连锁反应，直至机组解列、停炉灭火、打闸停机、退出运行，并且由此造成重大的直接和间接经济损失。因此，锅炉辅机的检修应引起高度重视。

影响辅机连续安全运行的因素有很多，如设备自身的状态完好水平、运行人员的素质及责任心和维修管理条件。只要有完善的管理制度，对设备定期进行检验、维护巡查保养，运行人员忠于职守，严格按操作规程工作，发现隐患、故障能及时正确处理，锅炉是完全可以达到"安全、可靠、经济、环保"的运行标准的。

第一节 离心式风机的检修

一、离心式风机结构

（一）离心式风机的工作原理

离心式风机的主要工作部件是叶轮，当原动机带动叶轮旋转时，叶轮中的叶片迫使流体旋转，即叶片对流体沿它的运动方向做功，从而使流体的压力能和动能增加。与此同时，流体在惯性力的作用下，从中心向叶轮边缘流去，并以很高的速度流出叶轮进入蜗壳，再由排气孔排出，这个过程称为压气过程。同时，由于叶轮中心的流体流向边缘，在叶轮中心形成了低压区，当它具有足够的真空时，在吸入端压力作用下（一般是大气压）流体经吸入管进入叶轮，这个过程称为吸气过程。由于叶轮的连续旋转，流体也就连续地排出、吸入，形成了风机的连续工作。

值得提出的是，流体流经旋转着的叶轮时，能量得以提高是因为叶片对流体沿圆周切线方向做功的结果，而不是离心惯性力作用的结果。

（二）离心式风机的结构形式

1. 概述

离心式风机的结构比较简单，制造方便，叶轮和蜗壳一般都用钢板制成。通常采用焊接结构，有时也用铆接。图4-1所示为离心式风机的结构。

离心式风机由于旋转方式、进气方式、出风口位置、传动方式不同，而具有不同的结构形式。

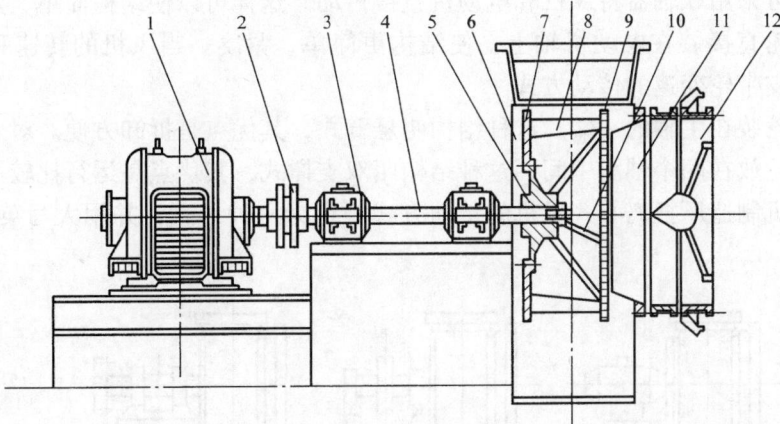

图 4-1 离心式风机的结构

1—电动机；2—联轴器；3—轴承体；4—主轴；5—轮毂；6—机壳；7—后盘；
8—叶片；9—前盘；10—拉筋；11—集流器；12—进口风量调节器

2. 旋转方式

离心式风机可以做成右旋和左旋两种。从原动机一侧正视，叶轮旋转方向为顺时针方向的称为右旋，用"右"表示，在型号中一般不用标注；叶轮旋转方向为逆时针方向的称为左旋，用"左"表示，在型号中必须标注。但应注意，叶轮只能顺着蜗壳蜗线的展开方向旋转，否则叶轮出现反转时，流量会突然下降。

3. 进气方式

离心式风机的进气方式有单侧进气和双侧进气两种。前者称为单吸风机，用符号"1"表示；后者称为双吸风机，用符号"0"表示。

4. 出风口位置

离心式风机的出风口位置根据使用要求，可以做成向上、向下、水平、向左、向右、各向倾斜等多种形式。一般情况下，风机制造厂规定了如图 4-2 所示的八个基本出风口位置，以供选择。

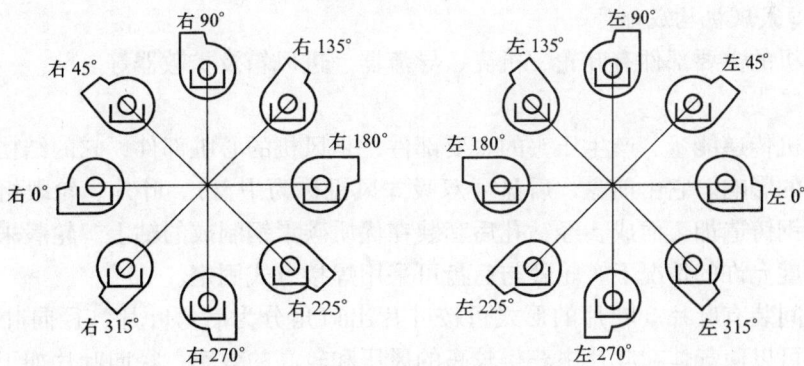

图 4-2 离心式风机八种出风口位置

5. 传动方式

根据使用情况不同，离心式风机的传动方式也有多种。当风机转速与电动机的转速相同时，大型风机可采用联轴器将风机和电动机直接传动。这样可以使结构简单、紧凑。小型风机则可以将叶轮直接装在电动机轴上，使结构更简单、紧凑。当风机的转速和电动机不同时，则可采用皮带轮变速的传动方式。

通常将叶轮装在主轴的一端。这种结构叫悬臂式，其优点是拆卸方便。对双吸式大型风机，一般将叶轮放在两个轴承中间，这种结构叫双支撑式，其优点是运行比较平稳。

目前，风机制造厂把离心式风机的传动方式规定为六种形式，并用大写英文字母表示，如图 4-3 所示。

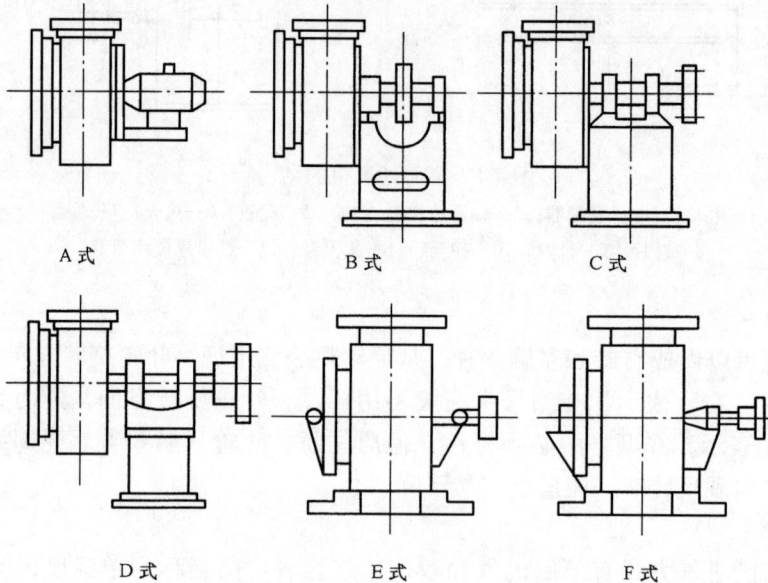

A 式　　　　　　　　B 式　　　　　　　　C 式

D 式　　　　　　　　E 式　　　　　　　　F 式

图 4-3　离心式风机的传动方式

A—单吸、单支架、无轴承、与电动机直连；B—单吸、单支架、悬臂支撑、皮带轮在
两轴承之间传动；C—单吸、单支架、悬臂支撑、皮带轮在两轴承外侧；D—单吸、
单支架、悬臂支撑、联轴器传动；E—单吸、双支架、皮带轮在外侧；
F—单吸、双支架、联轴器传动

（三）离心式风机构成部件

离心式风机的主要部件有叶轮、机壳、导流器、进风箱及扩散器等。

1. 叶轮

叶轮是风机传递能量、产生压头的主要部件，是风机的心脏部件，它的结构和尺寸对风机性能有很大的影响。它由前盘、后盘（双吸式风机称为中盘）、叶片、轮毂组成。轮毂通常由铸铁或铸钢铸造加工而成，经钻孔后套装在优质碳素钢制成的轴上。轮毂采用铆钉与后盘固定。在强度允许的情况下，轮毂与后盘可采用焊接方式固定。

前后盘之间装有叶片。叶片的形式可按叶片出口角分为后弯叶片、径向叶片和前弯叶片。后弯叶片可以使气体在叶片中获得较高的风压和较高的效率，径向叶片加工制造比较简单，但风机效率较低，锅炉的风机很少采用。具有前弯叶片形式的风机效率低于具有后弯叶片形式的风机效率，但其风压比较高，在相同参数条件下，风机体积可以比其他形式叶片的风机小。要求高风压的如排粉机和一次风机等，采用这种形式的叶片较多。

后弯叶片按叶片形式可分为平板形、圆弧形和机翼形三种。空心机翼形叶片的流线型更适应气体流动的要求，从而进一步提高风机的效率，后弯空心机翼形叶片风机的效率可高达90%左右。该叶片缺点是，制造工艺复杂，并且当输送含尘浓度高的流体时，叶片容易磨损，叶片磨穿后，杂质进入叶片内部，使叶轮失去平衡而产生振动。如锅炉的引风机，对振动的敏感性是限制后弯空心机翼形叶片风机广泛采用的重要因素。

2. 机壳

机壳是由蜗板和左右两侧板焊接或咬口而成，也称蜗壳，其作用是收集从叶轮出来的气体，并引至蜗壳出口，经过出风口把气体输送到管道或排入大气中。蜗壳的蜗板轮廓线是对数螺旋线，为了制造方便，一般将蜗壳设计成矩形截面。

离心式风机蜗壳出口附近的"舌形"结构称为蜗舌，其作用是防止大量空气流在蜗壳内循环流动。蜗舌附近流体的流动相当复杂，它的几何形式以及和叶轮出口边缘的最小距离，对风机的性能，特别对风机效率和噪声影响较大。一般，蜗舌部的圆角直径 R 取为 $R/D = 0.03 \sim 0.06$。大型风机取下限，小型风机取上限。蜗舌与叶轮间的间隙 b 取为 $b/D = 0.05 \sim 0.10$（后弯叶轮），$b/D = 0.07 \sim 0.15$（前弯叶轮），其中 D 为该风机叶轮工作直径。

进风口又称集流器，与进气箱装配在一起，其目的在于保证气流能均匀地充满叶轮的进口断面，并使风机进口处的阻力尽量减小。离心式风机的进风口有圆筒形、圆锥形、弧形、锥筒形、锥弧形、弧筒形等多种。如图 4-4 所示，对大型风机多采用弧形、锥弧形进风口，以提高风机的效率。

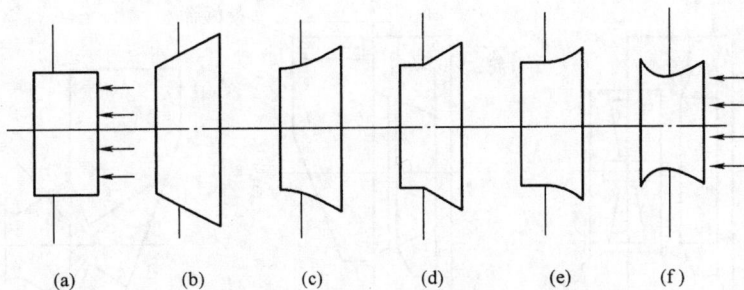

图 4-4　不同形式的进风口
（a）圆筒形；（b）圆锥形；（c）弧形；（d）锥筒形；（e）弧筒形；（f）锥弧形

从叶轮进口断面气流充满的程度来看，流线形进风口的效率最好，因而得到广泛应用。进风口与叶轮配合有插入式和非插入式两种，如图 4-5 所示。

除低效率、小容量的风机有采用非插入式的配合外，一般均采用插入式配合。

非插入式配合的进风口与叶轮对口间隙可按式（4-1）计算，即

$$f = 1.2(T+50)L/100 \qquad (4-1)$$

式中　f——对口间隙，mm；

　　　T——烟气或空气介质温度，℃；

　　　L——轴长度，m；

　　　1.2——钢材的线膨胀系数经验值，mm/（m·℃）。

一般情况下，非插入式配合中双吸入式风机联轴器侧对口间隙为 6～8mm，非联轴器侧为 14～18mm，单吸入式风机的对口间隙为 8～10mm。

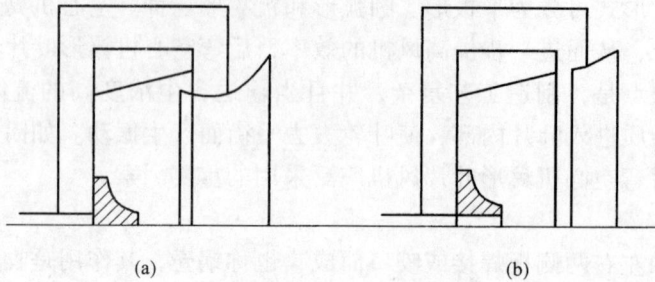

图 4-5 进风口与叶轮配合

（a）插入式；（b）非插入式

插入式配合的进风口与叶轮间隙规定如下：

（1）双吸入式风机，联轴器侧轴向伸入长度为 12～18mm，非联轴器侧轴向伸入长度为 2～8mm，径向间隙为 4～8mm。

（2）单吸入式风机，进风口与叶轮轴向伸入长度为 8～20mm，径向间隙为 4～10mm。

以上所列数据对风机运行的安全性和经济性有很大的影响，检修中应严格控制。

3. 导流器

目前，大容量锅炉中离心式风机的流量调节，主要是通过装设在风机入口通道上的导流器实现的。常见的导流器有轴向导流器、简易导流器和斜叶式导流器，如图 4-6 所示。

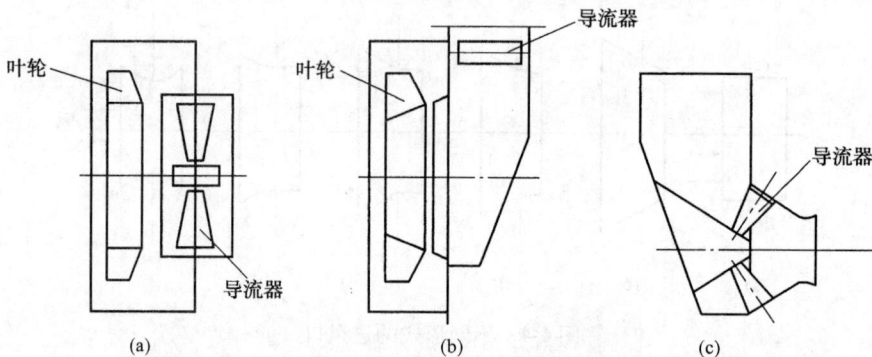

图 4-6 导流器的形式

（a）轴向导流器；（b）简易导流器；（c）斜叶式导流器

导流器是利用导流挡板（转动叶片）改变角度来进行风机流量调节的。导流挡板的调节范围为 90°（全闭）～0°（全开）。

导流器安装时必须注意导流挡板的方向，应使气流通过导流挡板后的流向与风机叶轮的旋转方向一致。否则气流在通过导流挡板后转一个急弯再进入叶轮，这样会造成很大的风压损失，使风机出力明显下降，甚至带不上负荷。导流挡板方向不对，还可能表现在导流挡板开度增大时，电流指示反而减小；导流挡板开度关小时，电流指示反而增大。导流挡板开度的改变，实质上是改变叶轮叶片进口的切向分速度，从而改变风机的流量和风压。该种装置比节流挡板经济性要好，因此目前仍是大容量锅炉离心式风机调节的主要装置之一。

4. 进气箱

进气箱的作用如下：

（1）当进风口需要转弯时，安装进气箱能改善进口流动状况，减少因气流不均匀进入叶轮而产生的流动损失。

（2）安装进气箱可使轴承装于风机的机壳外边，便于安装和维修，对锅炉引风机的轴承工作条件更为有利。

进气箱的几何形状和尺寸，对气流进入风机后的流动状态的影响极为显著。如果进气箱结构不合理，由此所造成的阻力损失可达风机全压的 $15\% \sim 20\%$。由试验可知，在确定进气箱的几何形状和尺寸时，应注意以下几点：

（1）进气箱入口端面的长宽之比取 3:2 为宜。

（2）进气箱的横断面积与叶轮的进口面积之比一般取 1.7:2.0 为宜，在相对动压 P_d/D 较小时取下限，反之取上限。

（3）进气箱的形状对阻力值的影响很大。图 4-7 所示为五种进气箱的形状，其中长宽比相同为 2.05，进气箱横断面积与叶轮进口面积比相同为 1.55。试验表明，其局部阻力系数分别为 $\xi_a > 1.0$，$\xi_b > 1.0$，$\xi_c > 0.5$，$\xi_d > 0.3$，$\xi_e > 0.1$，由此可知进气箱形状与阻力值的关系。

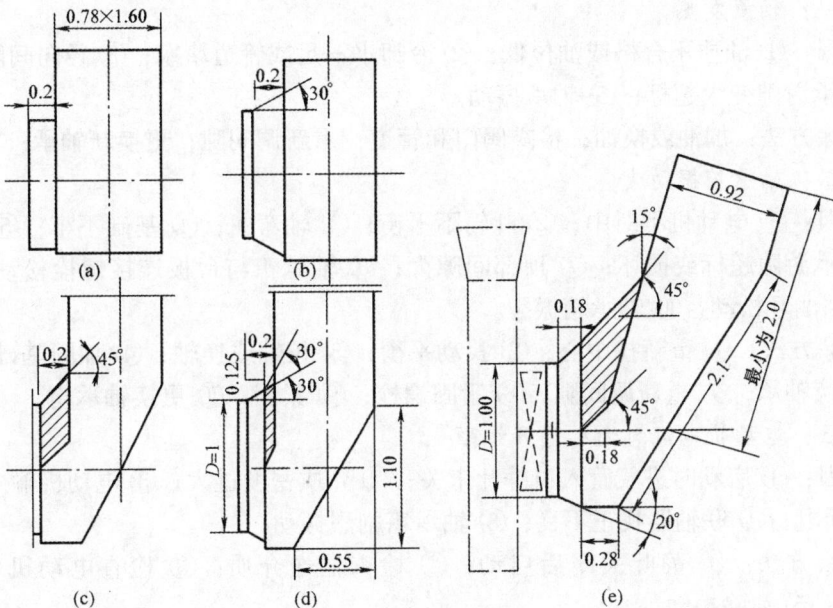

图 4-7 进气箱的五种形状

5. 扩散器

扩散器又称扩压器。多数扩散器与机壳做成一体，其作用是降低气流出口速度，使部分动压转化为静压。根据出口管形状的要求，扩散器可做成圆形截面或矩形截面。

（四）1788AZ/1302 离心式风机简介

1788AZ/1302 型风机为双吸双支撑离心式风机，当前在 600MW 火电机组上应用较多，主要用于锅炉的一次风机。例如，某发电厂一期 600MW 机组锅炉就采用这种风机作为一次风机，每台锅炉配置 2 台。

1788AZ/1302 离心式风机主要由外壳、叶轮、双吸风道、集流器、出入口挡板、轴、轴承箱组件、冷却水系统、电动机供油系统组成，具有结构简单、运行可靠、效率较高、制造成本较低、噪声小、抗腐蚀性能较好等特点。

该型风机叶轮外径为 $\phi2411mm$，设计风量为 $155m^3/s$，风压为 15 601Pa（静压），风机进/出口角度为 $135°/0°$，风机转速为 1480r/min，风机轴功率为 2919.3kW，介质温度为 20℃，采用滚动轴承。

电动机型号为 YKK710 - 4，功率为 3100kW，电源为 6kV、50Hz。

二、离心式风机的检修

下列情况必须立即停止风机运行：

（1）风机、电动机突然发生激烈振动或有异响。

（2）轴承温度急升超过 75℃。

（3）轴承进水管的水压低于 $0.8kg/cm^2$（表压）并无法使其升高。

（4）电动机突然过载。

（5）涉及人身和机组安全的其他意外情况时。

（一）常见故障现象、可能原因分析及检查项目

1. 故障一：轴承发热

（1）原因：① 油质不合格或油位低；② 冷却水不足或管道堵塞；③ 径向间隙大，外套转动；④ 轴承游隙变大超标；⑤ 轴承振动。

（2）消除方法：加油或换油；检查阀门和管道；重新调间隙；更换新轴承；消除振动。

2. 故障二：轴承箱振动大

（1）原因：① 电动机不对中；② 叶轮不平衡；③ 轴弯曲；④ 基础不牢；⑤ 地脚螺栓松动；⑥ 轴承游隙超标或损坏；⑦ 顶部间隙大；⑧ 轴承箱与台板连接螺栓松动；⑨ 轴承锁母松动或挡油环松动；⑩ 轴承箱振裂。

（2）消除方法：① 重新找中心；② 找动平衡；③ 校轴或换轴；④ 加固基础；⑤ 紧固螺栓；⑥ 更换轴承；⑦ 重新调间隙；⑧ 紧固螺栓；⑨ 紧固；⑩ 更换轴承箱。

3. 故障三：电动机电流过大和温升过高

（1）原因：① 启动时进气管入口静叶未关；② 介质密度过大；③ 电动机输入电压过低或电源单相断电；④ 联轴器找正不良；⑤ 轴承箱剧烈振动。

（2）消除方法：① 静叶关闭后启动；② 检查输送介质；③ 检查电动机输入电压；④ 重新找正；⑤ 消除振动。

4. 故障四：轴承箱漏油

（1）原因：① 轴承箱中充油过多；② 轴承箱密封损坏。

（2）消除方法：① 油位保持在油面镜 1/3 ～ 1/2 处；② 更换轴承箱密封。

5. 故障五：油站缺陷

（1）原因：① 漏油；② 滤网前后压差高；③ 冷却效果差；④ 油压过高或过低；⑤ 油泵不打油（无油压）。

（2）消除方法：① 消除漏点；② 清洗滤网；③ 清洗冷油器，检查冷却水系统；④ 调节油压或检查压力表；⑤ 检查油泵对轮是否脱开，检查油泵电动机转向，调节安全限压阀、止回阀或检查其他阀门。

（二）检修的验收标准

（1）叶片局部磨损超过原厚度 1/3 时，应进行焊补或挖补处理，若叶片磨损超过原厚度 1/2 时，则更换新叶轮。

（2）风机叶轮和轮毂组装后，轮毂的轴向、径向晃动不应超过 0.15mm。

（3）联轴器无磨损及裂纹，弹簧片应无裂纹、变形，销钉无松动，联轴器径向偏差 <0.10mm，轴向偏差 <0.10mm。电动机地脚不得有虚脚，每个地脚加垫不得超过三片。

（4）轴承外圈无转动现象，内套表面无锈蚀、伤痕，珠粒光滑无麻点磨损，保持架完整无裂纹，轴承游隙：保持在 0.18~0.22mm，最大不能超过 0.30mm。更换轴承加热时，温度要控制在 80~100℃，最高不得超过 120℃。安装时轴承轴向紧贴轴肩，装配紧力为 0.025~0.045mm，锁母应用专用工具打紧，并锁牢，轴承箱上盖顶部间隙应为 0.02~0.05mm。

（5）挡油环无损坏，与轴间隙为 1~2mm。

（6）风机推力轴承轴向间隙为 0.22~0.28mm，承力轴承的膨胀间隙的公式为：膨胀间隙 $= 1.2(t+50)L/100$ mm（t 是通过转子的介质温度，℃；L 为两轴承座的轴向中心距，mm；50 为考虑到受热时的附加值）。

（7）轴表面应光滑无裂纹，弯曲度小于 0.1mm。

（8）静叶挡板应开关一致，磨损超过原厚度 2/3 时，必须更换，挡板轴磨损超过原直径的 1/3 时，必须更换，外部拉杆与静叶连接无松动、开关灵活，静叶开关角度内外应一致。

（9）出口挡板磨损超过原厚度 2/3 时，必须更换，挡板轴磨损超过原直径的 1/3 时，必须更换，开关位置准确，内外角度一致。

（10）电动机轴瓦外壳与上瓦盖间隙应为 0.02~0.04mm，上瓦盖与轴径间隙应为 0.2~0.3mm，若超出，重新浇注钨金。轴瓦表面不得有麻点、沟纹、起皮、脱胎裂纹。轴径表面应光滑，无毛刺、裂纹，用麻绳将表面处理光亮。接触点分布均匀，接触点达到 2~3 点/cm²，轴径与轴瓦接触角为 60°~90°，轴瓦顶部间隙应合理，为 20/100~30/100mm，新轴瓦两侧间隙用 0.20mm 塞尺沿轴外圆塞入 15~20mm。

（11）油泵转动灵活，对轮无缺损，运行时无异声，油站各部无漏油，油泵切换正常，止回阀严密。

第二节　轴流式风机的检修

一、概述

在大型火电厂锅炉机组中，轴流式风机已有逐渐取代离心式风机的趋势，这是因为离心式风机虽然具有结构简单、运行可靠、效率高、制造成本低、噪声较低等优点，但在低负荷运行时的效率明显低于轴流式风机，且由于受材料的制约，机体尺寸已达极限值。叶轮材料尽管已采用高强度合金钢，但常因焊接问题引起叶片的断裂损坏。

轴流式风机的主要特点是流量大、全压低。动叶可调轴流式风机作为大容量锅炉的引、送风机比较合适。目前，最大的轴流式风机的动叶外径达 5.3m，叶顶圆周速度达 162m/s，动叶片的材料为球墨铸铁。我国采用引进技术生产的轴流式风机，已能满足 600MW 发电机组对送、引风机的要求。

1. 动叶可调轴流式风机的特点

(1) 变工况工作时经济性好。轴流式风机在额定负荷下，效率最高可达90%，略低于离心式风机。试验结果显示，在机组负荷改变时，尤其在低负荷状态下两者效率有很大变化，当负荷为50%时，轴流式风机的效率约为70%，而离心式风机的效率只有26%左右。

(2) 对烟、风道系统流量、全压变化的适应性强。目前，锅炉烟、风道的阻力计算不精确，尤其是烟道侧的阻力计算误差大，还有各种装置和介质的影响等，这些变化的因素要求风机的流量及全压能有相应的变化与之适应。离心式风机适应不了这种变化，而动叶可调轴流式风机，只需要在运行时改变动叶的角度，风机产生的全压和流量就可满足需要，而风机效率的变化却不大。

(3) 体积小、质量轻、启动力矩小。轴流式风机结构紧凑、体积小，与相同性能的离心式风机相比，轴流式风机可以具有较高的转速和流量系数。在相同的流量和全压下，轴流式风机转子的质量轻，故轴流式风机的飞轮效应（转动惯量）比离心式风机小很多，由此，轴流式风机的启动力矩明显小于离心式风机的启动力矩。实践证明，轴流式送、引风机的启动力矩只有离心式风机的14%~27.8%。

(4) 可以避免大容量锅炉发生内向爆破。大容量负压燃烧锅炉，因为在烟道内采用较高的烟气流速，所以烟气侧的阻力增大。若装设烟气脱硫装置，将迫使引风机提高全压，这本身就增加了锅炉和烟道发生内向爆破的危险性。在锅炉运行中，如果突然关小或关闭离心式送风机入口挡板，炉膛与烟道负压就突然增加，这时引风机处于小流量、高压力区域运行，炉膛和烟道结构承受不了骤然增大的负压力，就可能发生炉膛和烟道的内向爆破事故。而轴流式风机在小流量区域运行时，风机的全压沿着失速线明显降低。轴流式风机的这个特性可防止炉膛和烟风道内向爆破，增加锅炉运行的安全性。

(5) 风机转子结构复杂、制造精度高。动叶可调轴流式风机的转子结构复杂、制造精密，转动部件造价较高。经过多年来在设计、加工、材料和工艺上的不断改进、提高，目前动叶可调轴流式风机运行的可靠性已大大提高，不亚于离心式风机。

(6) 噪声大。轴流式风机由于叶片多，因此叶轮圆周速度高，噪声要比同性能的离心式风机大。

2. 轴流式风机的结构及特点

轴流式风机主要由进气箱、叶轮、导叶、扩压器、叶轮外壳、主轴和轴承等组成，如图4-8所示。

(1) 叶轮。导叶可调单级轴流引风机叶轮，主要由动叶片、轮毂、叶柄、叶柄轴承和平衡块等组成，如图4-9所示。

轴流式风机的导叶截面呈翼形，如图4-10所示。动叶片用螺栓固定在叶柄上，叶柄装入轮毂的圆孔内，用全密封的轴向止推滚动轴承固定在轮毂上，承受叶片旋转时产生的离心力。

叶柄轴承能保证动叶片在调节范围内转动自如。由于传输的介质中会有大量的灰尘，且在旋转工况（离心力大）下工作，所以润滑、密封都特别重要。叶柄轴承使用的润滑油、脂必须黏性好、不含水，以免在辊轴周围和环槽内结成油垢。引风机所用的油脂品质，要求在高温和离心力作用下，能保持长期的润滑效果。

为了保证轴承的密封，有的轴流式风机的叶根密封采用密封空气系统，防止灰尘进入轮毂内部，但由于技术上的原因往往出现密封不严的情况。于是在轴承的两侧出现压力

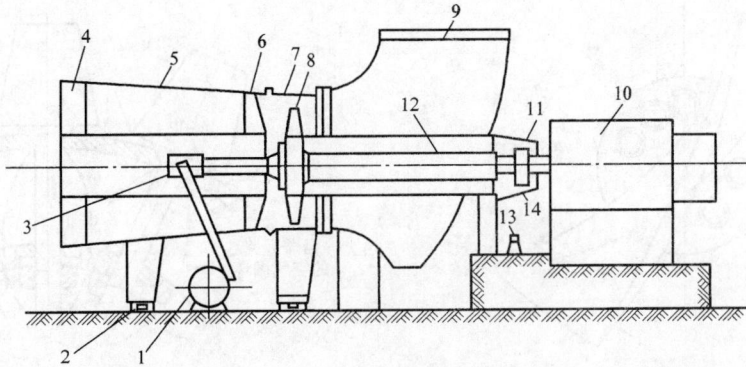

图 4-8　轴流式风机

1—油动机；2—拆装滚轮；3—动叶调节液压组；4—支撑叶片；5—扩压器；6—导叶；7—叶轮外壳；
8—叶轮；9—进气箱；10—电动机；11—联轴器；12—主轴；13—冷却风机；14—保护壳

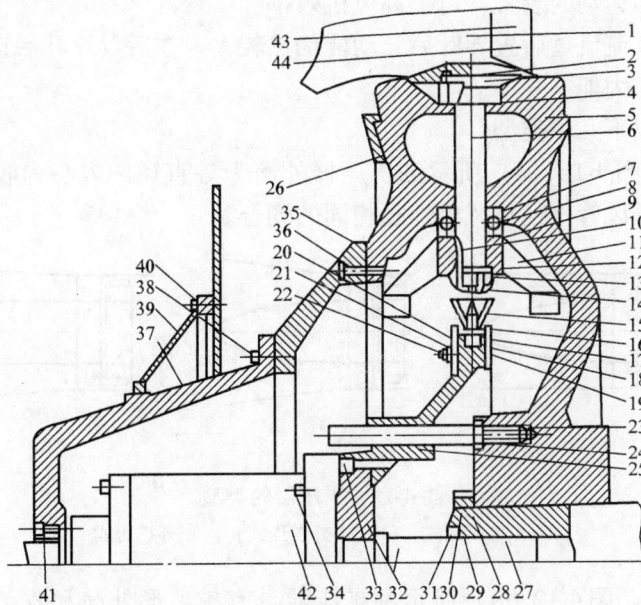

图 4-9　轴流式风机叶轮

1—叶片；2—叶片螺钉；3—密封垫；4—衬套；5—轮毂；6—叶柄；7—推力轴承；8—紧环；9—衬套；
10—键；11—平衡重；12、29—垫圈；13、15、28—锁紧螺母；14—弹簧垫圈；16—销；17—滑片；
18—锁紧环；19、20—导环；21—螺母；22—螺栓；23—衬圈；24—导柱；25—调节圆盘；26—平衡块；
27—衬套；29—毡环；31、33、34、36、38、40、41、44—螺钉；32—支撑轴颈；
35—轮壳盖；37—支撑轴盖；39—圆盘；42—液压缸；43—耐磨鼻

差 Δp。为了使压力差 $\Delta p = 0$，厂家采用跨越轴承开减压孔或旁通的方法，如图 4-11 所示。

由于引风机在高温环境下工作，为保护叶轮以及内部的转动部件，轮腔内装有保温层；在风机外面装设了冷却风机，向进气箱转轴空间送冷空气。冷空气流向隔板，然后返回冷却轴承。

引风机输送的烟气温度在正常情况下大于露点。当风机在烟气温度低于露点时，为防止低温烟气对风机的腐蚀，在轮毂背面装设电加热设备。

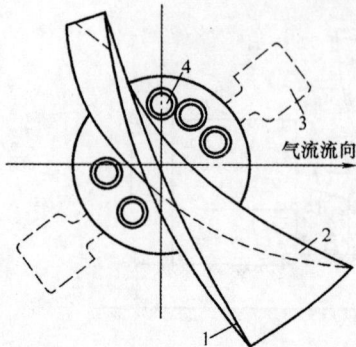

图 4-10 动叶片的俯视图

1—叶顶翼型；2—叶根翼型；3—平衡重；4—叶片螺栓

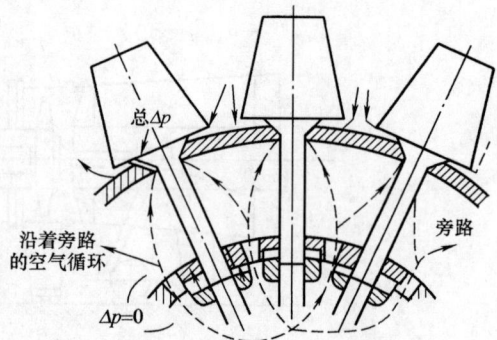

图 4-11 轴承上的减压孔

（2）导叶与扩压器。锅炉送、引风机大多采用后置导叶，后置导叶是将叶轮出口的气流从旋流整流成轴向运动的装置，可提高风机效率。

轴流式风机的气流流过后置导叶后，动能仍然较大。在后置导叶后设置扩压器，进一步将部分动能转化为压力能。

扩压器主要有以下几种类型。

1）内扩压式。图 4-12（a）所示的扩压器外筒为等直径，内心为收缩的锥筒。该扩压器制造方便，用在排风管直径与风机外径相同的场合。

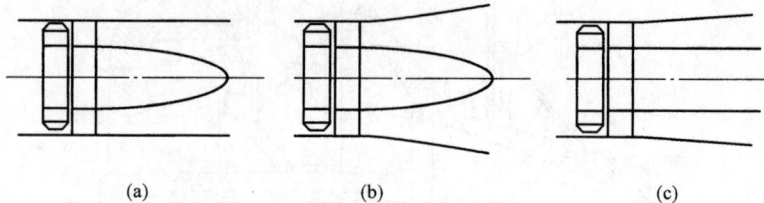

（a）   （b）   （c）

图 4-12 扩压器的类型

（a）内扩压式；（b）内外扩压式；（c）外扩压式

2）内外扩压式。图 4-12（b）所示的扩压器具有扩散形外筒和收敛形芯筒。该扩压器扩散面积较大，所以扩压效果好，用在排风管直径大于风机外径的场合。

3）外扩压式。图 4-12（c）所示的扩压器具有等直径的内芯与扩散形的外筒。该扩压器扩压效果不如内外扩压式，但结构简单，也适用于风管的直径大于风机外径的场合。

为了改善风机的性能，提高风机效率，一些大型轴流式风机的整流罩和扩压器芯筒做成流线体，见图 4-13。它的最大直径为风机的轮毂直径，位于流线体全长的40%处，将头部（全长的40%）作为整流罩，尾部作为扩压器的芯筒，流线体的长度大约为叶轮外径的 2.5～3.4 倍。

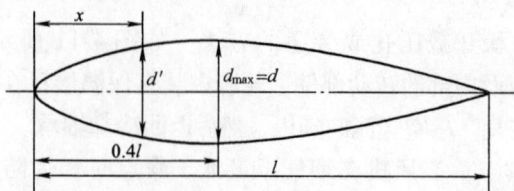

图 4-13 流线体内芯

（3）进气箱、集流箱。轴流式风机的进

气箱入口一般为长方形，侧板呈弧形曲线。这种形状能减少气流的旋涡区，提高效率，其结构如图 4-14 所示。气流由进气箱进入，在环行流道内转弯，经过集流器进入动叶轮。

为使风机进气状态更佳，同时减少风机的噪声，在叶轮前装设整流罩。整流罩有圆球形、椭圆形、流线形，也有的与芯筒一起设计成流线形。

3. 国产轴流式风机的几种型式

通过引进技术，目前 600MW 火电机组锅炉使用的国产轴流式送、引风机主要有 VARLAX 型 ASN（单级）、AST（双级）轴流式风机及 TLT 公司生产的 FAF 送风机系列、SAF 引风机系列等。

图 4-14　进气箱、集流器
与整流罩的结构

1—进气箱；2—集流器；3—整流罩；
4—膨胀节；5—保护罩；6—叶轮

二、AN 系列轴流式风机

（一）工作原理

AN 系列轴流式风机是根据脉动原理进行设计的。叶轮上游和下游的静压力几乎相等。当流体通过叶轮时，传递给流体的能量主要是指在叶轮下游的以动能形式出现的有用的能量。流体从叶轮流出是涡流，可由安装在叶轮下游的后导叶直接流入相连接的扩压器，使绝大部分动能转化为所需要的静压能。

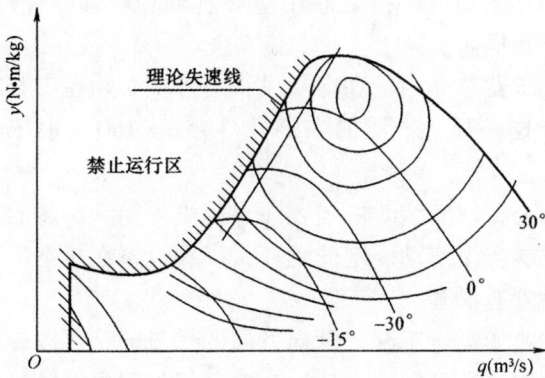

图 4-15　AN 系列轴流式风机性能曲线

轴流式风机的运行范围是受失速线的限制。如果超过此极限，就必然会使叶片处的气流出现局部分离。当风机内存在一定量涡流时，就可能产生"喘振"，即空气气流周期性的倒流。

当系统的阻力线位于如图 4-15 所示的失速线的上方时，由于不稳定性的出现，则风机就不可能在相应的压力、流量范围的工况点运行。如果风机在非稳定区运行，将使叶片产生激振，会导致疲劳断裂。

（二）风机结构

AN 系列静叶可调轴流式风机结构总图如图 4-16 所示。按照气流的流动方向，风机包括的主要部件有进口弯头（亦称进气箱）、进口集流器（大）、进口导叶调节器（前导叶）、进口集流器（小）、机壳及后导叶、转子（带滚动轴承）、扩压器等。

所有静止部件均用钢板制造，各部分之间皆用法兰螺栓连接。进气箱内设有导流板，以提高气流的均匀性。进口集流器和导叶调节器也采用水平剖分式。风机机壳是一个整体，它与后导叶连在一起后，通过焊在其上的两个支座用螺栓固定在基础上。

沿径向布置的后导叶既可稳定和引导通过叶轮后的气流沿轴向流动，还可以连接外壳与芯筒，并使之同心对中。因此，当后导叶因磨损而需更换新的导叶时，应按 180° 对称成对

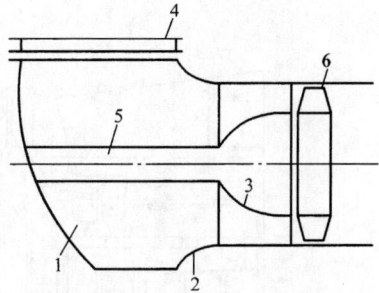

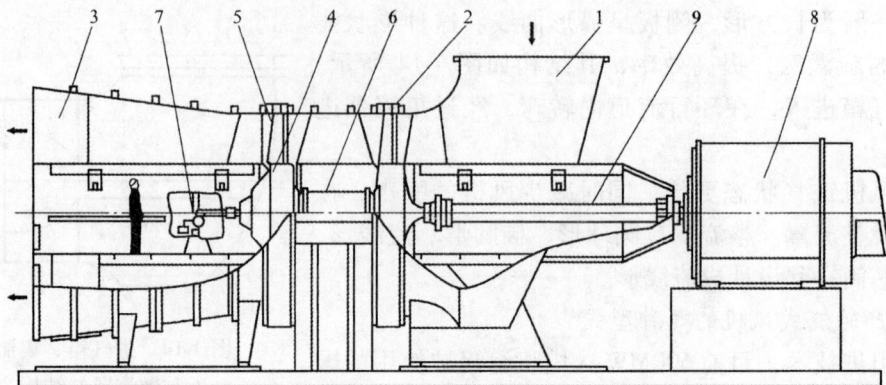

图 4-16 轴流风机结构总图

1—进气箱；2—叶轮机壳；3—扩散筒；4—轮毂组件；5—叶片；6—轴承组；

7—液压调节装置；8—电动机；9—联轴器

更换，以免芯筒发生位移而影响对中。

转子包括叶轮、主轴、传扭中间轴和联轴器等部件。叶轮为钢板压型焊接结构件。由于叶片具有比较理想的空气动力学特性，因而叶片不仅有较高的气动效率，而且还具有很好的耐磨性。叶片采用等强度设计，既提高了强度，又提高了叶片自身的固有频率（一般可达到运转频率的 10 倍以上），从而大大提高了叶轮的可靠性和安全性。安装时，叶轮靠法兰装在刚性很好的主轴轴端上，即悬臂结构。叶轮和电动机之间用空心管轴和联轴器挠性连接，空心轴放于护套筒内，可避免介质的冲刷和烘烤。

作为引风机，由于介质温度较高，扩压器芯筒内壁和冷却风管道外壁必须在安装时进行隔热保护，护层材料和厚度与风机外壳护层一样，护层的主要材料为 $\delta = 100 \sim 300mm$ 的玻璃纤维棉板或岩棉。

进气箱和扩压器的支座均固定在基础上，但安装时一定要注意使进气箱和扩压器在基础上固定的同时还可以在一定的外力作用下能自由滑动一定的距离，以利设备在热态运行时有一定的伸缩量。为此，固定螺栓下面都设置有滑套。

风机通过安装在叶轮上游的进口导叶改变运行工况。轴向方向的气流通过可以旋转的进口导叶，按照叶轮的旋转方向或其相反方向进行导向。进口导叶在运行过程中可通过执行机构设定一个合适的角度来调节流体。进口导叶的行程范围可用调节限位装置分别调至 -75°（关闭）和 +30°（全开）予以限定。

如果采用带遥控的执行机构来调节进口导叶的话，该机构的行程是以不应撞击导叶止块而限定的。如果发生相碰，将会损坏驱动杆。

AN37e6（V19 +4°）型静叶可调风机主要性能参数见表 4-1。

表 4-1 　　　　　　　AN37e6（V19 +4°）型静叶可调风机主要性能参数

项　　目	单　位	数　值
叶轮直径	mm	3750
叶片调节范围	(°)	-75 ~ +30
比转数		114
风机轴承形式		滚动轴承

项　目	单　位	数　值
风机旋转方向（从电动机侧看）		逆时针
冷却风机型号		G9－19No5A/2
冷却风机数量	台/套	2
冷却风机电压	V	380
冷却风机功率	kW	7

（三）风机检修

1. 停机时需要进行的检查及维护项目

（1）检查叶轮的积灰、锈蚀和磨损，并清理干净。

（2）检查叶片焊缝有无裂纹。

（3）清理导叶并检查其磨损情况。

（4）检查主轴承；检查轴承间隙和运行噪声；充入新润滑剂；确保密封件的作用正常。

（5）检验联轴器。

（6）检查并润滑进口导叶连接杆机构。

（7）检验进口导叶的轴承。

（8）清理进、出口管路。

2. 大修内容及检测项目

（1）大修工作标准项目。

1）检查外壳、叶轮、叶片、导叶的磨损情况，并做好记录。

2）检查入口及出口挡板门及传动装置，检查挡板及门轴磨损情况，对挡板门轴基座中填加润滑油脂。

3）清理润滑脂，检查轴承滚动体，以及保持架。

4）润滑油泵的解体检查，更换轴封，当磨损严重时更换油泵。

5）检查油系统中各类阀门，并消除渗漏点。

6）润滑油化验，视情况对润滑油进行更换，清理润滑油箱。

7）冷油器的解体清理，并做打压试验。

8）膨胀节、围带漏风检查，膨胀节导流板检查。

9）轴承冷却风机叶轮检查，消声器清理，视情况进行更换。

10）检查冷却水系统。

（2）大修工作非标准项目。

1）更换整台风机叶片、叶轮、挡板和外壳等。

2）更换主轴及轴承室部件。

3）更换台板、重浇基础。

3. 常见故障原因及处理方法

（1）故障一：运行时噪声过大。

1）故障原因：轴承间隙太大。

2）处理方法：检查轴承，必要时更换轴承。

（2）故障二：轴承温度高。

1）故障原因：轴承损坏；轴承游隙太小。

2）处理方法：换轴承；更换或添加润滑脂。

（3）故障三：两台风机并联运行时所消耗的功率大小不同。

1）故障原因：进口导叶的调节不同步。

2）处理方法：重新调整进口导叶的调节，检查执行器的组装，拧紧固定螺钉。

（4）故障四：风机的消耗功率不变化。

1）故障原因：伺服电动机故障，杠杆与轴的外端夹紧的夹头已松动。

2）处理方法：更换伺服电动机；夹紧杠杆，调整进口导叶的调节，检查执行器驱动，拧紧固定螺栓。

（5）故障五：运行时声音不平稳、引起异常振动。

1）故障原因：叶片上的沉积物引起的不平衡；由于叶片一侧磨损而造成不平衡；轴承磨损或损坏；联轴器中心不良。

2）处理方法：清除沉积物；必要时更换新轴承；检查联轴器对中情况。

三、FAF26.6－14－1 型轴流式风机

（一）工作原理

FAF26.6－14－1 型轴流式风机主要工作原理：当电动机带动叶轮旋转时，气体被叶片轴向吸入并压出，在叶片的推挤作用下，获得能量，然后经导叶、扩压器进入工作管路，达到输送风量的目的。

（二）风机结构

FAF26.6－14－1 型动叶可调轴流式风机的风压为 4679Pa，转速为 985r/min，叶轮外径为 2660mm，轮毂直径为 1400mm，有 16 个叶片，叶片调节范围为 $-30°\sim+20°$，叶轮级数为 1 级。机壳为对开式，风机轴承采用滚动轴承，电动机功率为 1400kW。

该风机主要由进气室、叶轮、机壳、导叶、扩压器、轴、轴承箱、联轴器、液压缸、动叶可调机构等组成，在锅炉上主要用作送风机，为锅炉燃料燃烧提供大量的空气。

（三）风机检修

1. 大修项目

（1）经常性项目。① 检查对轮；② 检查叶片；③ 骨架油封更换；④ 油站润滑油更换；⑤ 轴承检查更换；⑥ 风机油站检修；⑦ 出口挡板检查及校对开度；⑧ 轮毂内部组件磨损检查；⑨ 冷却水系统检查；⑩ 电动机校中心及试运行。

（2）非经常性项目。① 更换轴承；② 更换叶片；③ 更换叶轮；④ 更换轴；⑤ 更换轴承箱；⑥ 调节头更换；⑦ 轮毂内部组件更换。

2. 小修项目

（1）经常性项目。① 修前的测量；② 联轴器及螺栓检查；③ 叶片磨损检查；④ 检查内部漏油并处理；⑤ 清理滤网及冷油器；⑥ 叶片开度校对。

（2）非经常性项目。① 骨架油封更换；② 液压调节头更换；③ 叶片更换；④ 电动机校中心；⑤ 轴承更换；⑥ 油站润滑油更换。

3. 检修质量标准

（1）准备工作。

1）检修前原始记录必须准确完整。

2）起吊工具、安全用具必须符合有关规定。

3）对所用的备品备件必须按图纸核对有关尺寸，做必要的探伤检查，并校核结果做好记录。

（2）叶片检修质量标准。

1）叶片完好，不能有裂纹、重皮砂眼、气孔等缺陷，并进行内部探伤，叶柄紧固螺栓无松动。

2）动叶调节机构工作正常，叶片调整范围在 $-30°\sim+20°$ 之间，指示准确且与叶片实际开度相符合。

3）叶片顶和风机外壳间隙值为 $2.7+0.5$ mm。

4）叶片螺钉拧紧力矩为 294 N·m。

（3）联轴器的装配质量标准。

1）连接螺栓应无磨损、不弯曲，螺纹应完整。

2）弹簧片应无变形及疲劳裂纹。

3）热装联轴器时加热温度应不大于 $150℃$，火焰不得直接加热弹簧片。

4）联轴器的同心度允许偏差小于 0.10 mm，联轴器端面偏斜允许误差小于 0.06 mm。

5）联轴器的每一端面最大允许位移：径向为 8.2 mm，轴向为 4.0 mm。

6）联轴器两侧轴端的开口值不大于 31.5 mm。

7）联轴器螺栓紧固力矩为 1370 N·m。

8）联轴器的安全罩固定牢固，且无摩擦。

（4）液压调节装置检修质量标准。

1）控制液压缸和支撑盖中心偏心度不可超过 0.025 mm。

2）液压缸支撑体与支撑环、导向环连接螺钉紧固力矩为 196 N·m。

3）液压缸无渗漏油现象。

（5）出口挡板检修质量标准。

1）出口挡板磨损不得超过原厚度的 $1/5$（$2/3$），且转动灵活。

2）出口挡板轴与轴套配合间隙不大于 0.30 mm。

3）出口挡板能在 $0°\sim90°$ 之间全开、全关，且操作灵活。

（6）轴承箱检修质量标准。

1）轴承箱内外清洁，无杂质、油污、毛刺，各结合面平整、光滑，润滑油路畅通，无阻塞。

2）轴承内外圈及滚珠不得有锈蚀、麻点、划痕、重皮、变色、裂纹等缺陷。新轴承游隙为 $0.15\sim0.20$ mm，旧轴承不大于 0.35 mm。

3）保持架磨损不大于 $1/3$，轴径磨损伤痕不大于 $0.05\sim0.1$ mm，椭圆度不大于 0.03 mm，圆锥度不大于 0.03 mm。

4）主轴弯曲度不大于 0.05 mm/m，水平偏差不大于 0.02 mm。

5）轴承外圈与轴承箱的径向配合间隙为 0.05 mm $\times25$ mm，轴承外圈与轴承箱的接触角为 $120°$，左右两侧的接触点要分布均匀大小一致，达到 $1\sim2$ 点/cm^2，并形成逐步过渡的痕迹。

6）轴承外圈与轴承箱的径向配合间隙为 $0.10\sim0.20$ mm；轴承外圈的轴向间隙为

0.20 ~ 1.00mm。

7）轴承加热温度范围为 80 ~ 100℃，用油浴法加热时，油的闪点在 250℃ 以上，轴承不得与加热容器底部相接触。

8）主轴两端螺母拧紧力矩为 1100N·m，轴承箱与机壳支撑环连接螺钉拧紧力矩为 441N·m。

（7）机壳风箱检修质量标准。

1）进风室、机壳、扩压段、导叶、支撑、膨胀节均应完好，无开焊或疲劳裂纹，螺栓无松动等不良现象。

2）中间轴、联轴器、轴承箱基础均应完好，螺栓无松动、变形、裂纹等现象。

（8）液压油站检修质量标准。

1）油箱清理干净无杂物。

2）油滤芯清洗干净，并将过滤器内的残油放净清理干净。

3）清洗油冷却器外壳及内部管壁，做水压试验。

4）润滑油加至正常油位。

5）液压油压力在 $(24.5 ~ 29.4) \times 10^5 Pa$ 之间，润滑油压力不小于 $8 \times 10^5 Pa$，过滤器压差小于 $1 \times 10^5 Pa$。

6）油系统各接头及结合面、阀门不得有渗漏油现象；管路焊接时必须使用火焊或氩弧焊打底。

四、PAF19 - 12.5 - 2 型轴流式风机

（一）性能参数

PAF19 - 12.5 - 2 型轴流式风机的主要性能参数：风机内径为 1884mm，叶轮直径为 1258mm，叶轮级数为 2 级，每级叶片数为 24，叶片调节范围为 - 30° ~ + 20°；风机转速为 1470r/min，风机采用滚动轴承，电动机功率为 2500kW。

（二）风机检修

（1）叶片检修质量标准。

1）叶片完好，不能有裂纹、重皮砂眼、气孔等缺陷，并进行内部探伤，叶柄紧固螺栓无松动。

2）动叶调节机构工作正常，叶片调整范围在 - 30° ~ + 20° 之间，指示准确且与叶片实际开度相符合。

3）叶片顶和风机外壳之间间隙值为 1.9 + 0.5mm。

4）叶片螺钉拧紧力矩为 93N·m。

（2）联轴器的装配质量标准。

1）连接螺栓应无磨损、不弯曲，螺纹应完整。

2）弹簧片应无变形及疲劳裂纹。

3）热装联轴器时加热温度应不大于 150℃，火焰不得直接加热弹簧片。

4）联轴器的同心度允许偏差小于 0.10mm，联轴器端面偏斜允许误差小于 0.06mm。

5）联轴器的每一端面最大允许位移：径向为 8.8mm，轴向为 4.0mm。

6）联轴器两侧轴端的开口值不大于 35.5mm。

7）联轴器螺栓紧固力矩为 1300N·m。

8）联轴器的安全罩固定牢固，且无摩擦。

（3）液压调节装置检修质量标准。

1）控制液压缸和支撑盖中心偏心度不可超过 0.025mm。

2）液压缸支撑体与支撑环、导向环连接螺钉紧固力矩为 47N·m。

3）液压缸无渗漏油现象。

（4）出口挡板检修质量标准。

1）出口挡板磨损不得超过原厚度的 1/5（2/3），且转动灵活。

2）出口挡板轴与轴套配合间隙不大于 0.30mm。

3）出口挡板能在 0°~90°之间全开、全关，且操作灵活。

（5）轴承箱检修质量标准。

1）轴承箱内外清洁，无杂质、油污、毛刺，各结合面平整、光滑，润滑油路畅通，无阻塞。

2）轴承内外圈及滚珠不得有锈蚀、麻点、划痕、重皮、变色、裂纹等缺陷。新轴承游隙为 0.15~0.20mm，旧轴承不大于 0.35mm。

3）保持架磨损不大于 1/3，轴径磨损伤痕不大于 0.05~0.1mm，椭圆度不大于 0.03mm，圆锥度不大于 0.03mm。

4）主轴弯曲度不大于 0.05mm/m，水平偏差不大于 0.02mm。

5）轴承外圈与轴承箱的径向配合间隙为 0.05mm×25mm，轴承外圈与轴承箱的接触角为 120°，左右两侧的接触点要分布均匀、大小一致，达到 1~2 点/cm²，并形成逐步过渡的痕迹。

6）轴承外圈与轴承箱的径向配合间隙为 0.10~0.20mm；轴承外圈的轴向间隙为 0.20~1.00mm。

7）轴承加热温度范围为 80~100℃，用油浴法加热时，油的闪点在 250℃以上，轴承不得与加热容器底部相接触。

8）主轴两端螺母拧紧力矩为 1100N·m，轴承箱与机壳支撑环连接螺钉拧紧力矩为 40N·m。

（6）机壳风箱检修质量标准。

1）进风室、机壳、扩压段、导叶、支撑、膨胀节均应完好，无开焊或疲劳裂纹，螺栓无松动等不良现象。

2）中间轴、联轴器、轴承箱基础均应完好，螺栓无松动、变形、裂纹等现象。

（7）电动机轴瓦检修质量标准。

1）轴承上盖与上轴瓦的配合紧力为 0.02~0.04mm。

2）乌金瓦表面应光洁且呈银白色，无黄色斑点、杂质、气孔、剥落、裂纹、起皮、脱胎、凹痕等缺陷。

3）轴径与轴瓦接触角为 65°~90°，且接触角边沿的接触点应有过渡痕迹，在允许接触范围内，其接触点大小应一致，且沿轴向均匀分布，用印色检查 2~3 点/cm²。

4）轴瓦顶部间隙应为轴径直径的 1/1000~2/1000（较大数值适用于较小直径），即 0.2~0.4mm，若轴瓦间隙超过此范围，可采用铣刨法加工轴瓦结合面。

5）新轴瓦的两侧间隙，用 0.15mm 的塞尺沿轴塞入 15~20mm；旧轴瓦的两侧间隙，允许用 0.30mm 的塞尺沿轴塞入 15~20mm。

6）轴瓦在轴承座内不得转动，轴瓦结合面的接触点均匀分布，不少于 1 点/cm²，一般不允许在结合面加垫。

7）轴瓦端面与轴肩接触点要均匀分布，且不少于 2 点/cm²，其轴瓦圆角不得与轴肩圆角接触。

8）甩油环应成正圆体，环的厚度均匀，表面光滑，接口牢固，油环在槽内无卡涩现象，随轴应保持匀速转动。对轮侧的轴瓦其轴向总推力间隙为 1~2mm。

（8）液压油站检修质量标准。

1）油箱清理干净无杂物。

2）油滤芯清洗干净，并将过滤器内的残油放净清理干净。

3）清洗油冷却器外壳及内部管壁，做水压试验。

4）润滑油加至正常油位。

5）液压油压力在 $(24.5~29.4) \times 10^5 Pa$ 之间，润滑油压力不小于 $8 \times 10^5 Pa$，过滤器压差小于 $1 \times 10^5 Pa$。

6）油系统各接头及结合面、阀门不得有渗漏油现象；管路焊接时必须使用火焊或氩弧焊打底。

（9）电动机润滑油站检修质量标准。

1）油箱清理干净无杂物。

2）油滤芯清洗干净，并将过滤器内的残油放净清理干净。

3）清洗油冷却器外壳及内部管壁，做水压试验。

4）润滑油加至正常油位。

5）油泵出口压力不低于 0.20MPa；电动机轴瓦供油压力不低于 0.16MPa，过滤器压差小于 $1.5 \times 10^5 Pa$。

6）油系统各接头及结合面、阀门不得有渗漏油现象；管路焊接时必须使用火焊或氩弧焊打底。

（10）风机试运行。

1）试运 8h，风机轴承温度不大于 80℃；轴承振动值不大于 0.03mm；电动机轴瓦温度不大于 65℃；轴瓦振动不大于 0.05mm。

2）静止部件与转部件无卡涩、冲击、摩擦现象；轴承声音正常无异声。

3）各法兰、人孔、轴封严密不漏；通流部分与叶片无撞击或杂声；无漏烟、灰、油、水现象；挡板开关操作灵活，指示准确。

（11）电动机润滑油站与液压油站试运行。

1）油系统与冷却水管畅通，油位正常。

2）液压油及润滑油油压符合标准。

3）油泵转动平稳，无杂声。

4）各管接头及阀门无渗漏油现象。

5）油站油位计和标识齐全、正确。

五、MF107/19-4010 型风机

（一）性能参数

MF107/19-4010 型风机为入口导叶调节混流式离心风机，其主要性能参数见表 4-2。

表 4-2   **MF107/19 – 4010 型风机主要性能参数**

项　目	单　位	数　值	项　目	单　位	数　值
风量	m³/s	609	叶轮直径	mm	4010
风压	kPa	5.531	轴功率	kW	4121
介质温度	℃	137.2	轴承形式		SKF 滚动轴承
转速	r/min	596	轴承振动	mm/s	<5.5
风机效率	%	80.1	电动机额定电流	A	504

（二）风机检修

1. 大修工作标准项目

（1）检查外壳、叶轮、叶片、导叶的磨损情况，并做好记录。

（2）检查入口及出口挡板门及传动装置，检查挡板及门轴磨损情况，对挡板门轴基座中添加润滑油脂。

（3）检查轴承滚动体、保持架。

（4）润滑油泵的解体检查，更换轴封，当磨损严重时更换油泵。

（5）检查油系统中各类阀门，并消除渗漏点。

（6）润滑油化验，视情况对润滑油进行更换，清理润滑油箱。

（7）油冷器的解体清理，并做打压试验。

（8）膨胀节、围带漏风检查，膨胀节导流板检查。

（9）检查冷却水系统。

2. 大修工作非标准项目

（1）更换整台风机叶片、叶轮、挡板和外壳等。

（2）更换主轴及轴承室部件。

（3）更换台板，重浇基础。

3. 检修质量标准

（1）风机内部宏观检查。

1）打开风机出、入口人孔门，将人孔门螺栓摆放整齐，且放在不妨碍其他工作的地点。

2）进入风机及中心筒内部，对内部及各部件进行清扫检查，检查壳体及出、入口烟道支撑的漏风、磨损及牢固情况，视情况进行焊补或更换。

（2）叶片的检查。

1）清理叶片表面积灰及杂质，进行叶片宏观检查，检查其弯曲、磨损或机械损伤等。发现可疑处，做着色探伤检查。

2）测量叶片磨损情况，并做记录。叶片磨损超过厚度的 1/3 以上应将损坏叶片换新。

3）重新检验叶片顶部与风壳之间的间隙，应在 3~10mm 之间，侧面与风壳之间的间隙应在 7~12mm 之间。

（3）联轴器检修。

1）拆除联轴器中间轴护罩。

2）检查中间轴的工作部位有无机械损伤，清理打磨干净。

3）将联轴器的螺栓和弹簧片及其装配孔清理打磨干净，并检查有无损坏情况，如有应将损坏部件换新。

4）安装时按照解体时的标记，安装中间轴、主轴的联轴器。

5）调整电动机的位置，使联轴器中心轴径向偏差小于 0.06mm，紧固联轴器连接螺栓。

6）回装中间轴护罩。

（4）拆卸并检查进口导叶。

1）检查风机入口径向导叶叶片、执行器及连杆，如有变形的应进行调整，松动的紧固，磨损严重的焊补。

2）入口径向导叶行程校验，门轴添加油脂，更换盘根，校验应灵活，指示准确且能够关闭严密，所有导叶外周与壳体间隙约为 13mm（此处最大为 3mm，大约 10mm 为密封条与导叶焊接距离）。

（5）轴承箱检修。

1）拆除风机上风壳，将其放在不妨碍其他工作的地点。

2）拆下轴承箱侧盖，清洗轴承，检查轴承是否有磨损重皮和麻坑等缺陷，如有应换新轴承。

3）检查测量轴承顶部间隙和珠粒间隙，超过标准的更换新轴承。

4）清理轴承箱与侧盖结合面，检查确认轴承可以正常使用后重新封轴承侧盖，消除漏油。

5）检查内部油管路，发现漏油的应重新密封。

（6）风机油站检修。

1）更换风机油站润滑油，清理油箱内部。

2）处理风机润滑油站渗漏点。

3）清理风机润滑油站冷油器。

4）清理油站滤网。

5）清理水流指示器。

（7）检查冷却水系统阀门，如有漏水缺陷应消除，无法修复的应换新阀门。

第三节　制粉系统的检修

一、制粉系统

制粉系统的任务是将煤仓中的煤块通过给煤机均匀地送入磨煤机，煤块在磨煤机中磨成粉状，经煤粉分离器分离出合格的颗粒后，由热风通过煤粉管道送入炉膛，参加燃烧。制粉系统分为直吹式和仓储式两大类。在直吹式制粉系统中，由磨煤机磨出的煤粉直接吹入炉膛燃烧，而仓储式制粉系统中磨出的煤粉先储存在煤粉仓里，然后再根据锅炉的需要，通过给粉机从煤粉仓送入炉膛。600MW 机组锅炉应用的主要是直吹式制粉系统。

（一）直吹式制粉系统

直吹式制粉系统相对较简单，磨煤机磨制的煤粉全部直接进入炉膛内燃烧。因此，每台锅炉所有运行磨煤机制粉量总和，在任何时候均等于锅炉煤耗量，即制粉量随锅炉负荷的变化而变化。

由于普通的筒式钢球磨煤机在低负荷或变负荷下运行不经济，因此一般不适用于直吹式制粉系统，仅在锅炉带基本负荷时考虑采用。

配中速磨煤机的直吹式制粉系统有正压和负压两种连接方式，按其工作流程，排粉风机在磨煤机之后，整个系统处于负压下工作，称为负压直吹式制粉系统；反之，排粉风机在磨煤机之前则称为正压直吹式制粉系统。

图 4-17（a）、（b）、（c）所示为带中速磨煤机的直吹式制粉系统。

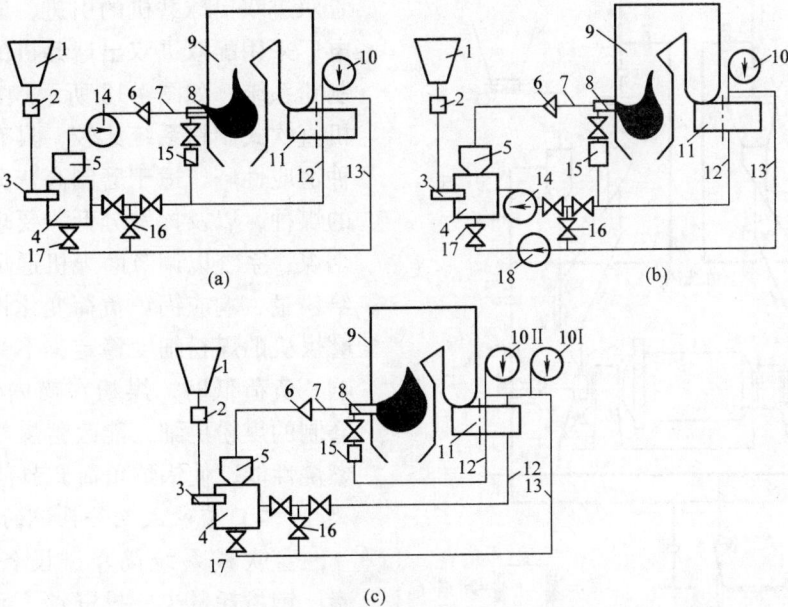

图 4-17　带中速磨煤机的直吹式制粉系统
（a）负压系统；（b）正压系统（带热一次风机）；（c）正压系统（带冷一次风机）
1—原煤仓；2—煤秤；3—给煤机；4—磨煤机；5—粗粉分离器；6—煤粉分配器；7——次风管；8—燃烧器；
9—锅炉；10Ⅰ—次风机；10Ⅱ—二次风机；11—空气预热器；12—热风道；13—冷风道；
14—排粉风机；15—二次风箱；16—调温冷风门；17—密封冷风门；18—密封风机

在图 4-17（a）所示的负压直吹式制粉系统中，热空气（干燥剂）与原煤分别进入磨煤机、排粉风机后已完成干燥任务的废干燥剂，由于温度低并含有水分，而被称作乏气。携带煤粉进入炉膛的空气称为一次风，一次风直接通过燃烧器送入炉膛。补充煤粉燃烧所需氧量的热空气称为二次风。另外，由于中速磨煤机下部局部有正压，故需引入一股压力冷风起密封作用，这股冷风称为密封风。在这种制粉系统中，燃烧所需的煤粉均通过排粉风机，因此，排粉风机磨损严重，这不仅降低风机效率，增加运行电耗，而且需要经常更换叶轮，致使维护费用增加，系统可靠性降低。此外，负压直吹式制粉系统漏风较大，大量冷空气随一次风进入炉膛会降低锅炉效率。负压直吹式制粉系统的最大优点是不会向外漏粉，工作环境比较干净。

在图 4-17（b）所示的正压直吹式制粉系统中，通过排粉风机的是空气，不存在风机的磨损问题，冷空气也不会漏入系统，因此运行的可靠性和经济性都比负压系统要高。但这种系统的磨煤机中需采取适当的密封措施，否则向外冒粉既污染环境又有引起自燃爆炸的危险。该系统也称为热一次风机系统，其中的排粉风机又称一次风机，它所输送的介质是高温空气。热一次风机对其结构有特殊的要求、且运行可靠性差，效率也较低。若将一次风机移置到空气预热器之前，通过风机的介质为冷空气，则称为冷一次风机系统，如图4-17（c）所示。冷一次风机的工作条件大为改善，且因冷空气比体积小，通风电耗也将明显降低。与此相适应，需采用三分仓回转式空气预热器，以分别加热工作压力不同的一次风和二次风。

除上述的几种直吹式制粉系统外，随着双进双出球磨机的引进，国内有的燃煤电厂采用配双进双出球磨机的正压直吹式制粉系统，如图4-18所示。它与中速磨煤机直吹式制粉系统比较，具有的优点有煤种适应性广，适于磨制高灰分、强磨损性的煤种，以及挥发分低、要求煤粉细的无烟煤；系统以调节磨煤机通风量方法控制给粉量，响应锅炉负荷变化性能好；钢球磨煤机的煤粉细度稳定，不受负荷变化影响，负荷低时，煤粉在筒内停留时间长，磨制的煤粉更细，能改善煤粉气流着火和燃烧性能，使锅炉负荷调节范围扩大。

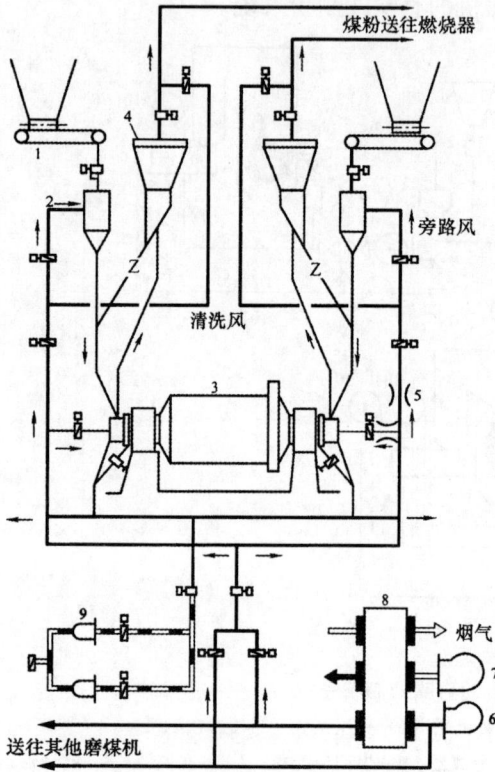

图4-18 双进双出钢球磨煤机正压直吹式制粉系统
1—给煤机；2—混料箱；3—双进双出钢球磨煤机；
4—粗粉分离器；5—风量测量装置；6——次风机；
7—二次风机；8—空气预热器；9—密封风机

（二）直吹式制粉系统的特点

直吹式系统简单、设备少、布置紧凑、钢材耗量少、投资省、运行电耗也较低。但制粉系统设备的工作直接影响锅炉的运行工况，运行可靠性相对低些，因而在系统中需设置备用磨煤机。直吹式负压系统的排粉风机磨损严重，对制粉系统工作安全性影响较大。此外，锅炉负荷变化时，燃煤量通过给煤机调节，时滞较大，灵活性较差。由于燃煤与空气的调节均在磨煤机之前，运行中调节各并列一次风管中煤粉和空气的分配比较困难，容易出现风粉不均现象。

二、磨煤机

磨煤机是制粉系统的主要设备。磨煤机主要是依靠撞击、碾压、挤压等作用原理，将煤磨制成煤粉。各种磨煤机是以一种作用力为主，同时兼有其他作用力。

根据磨煤部件的工作转速，电厂磨煤机可分为以下三种类型：

（1）低速磨煤机。转速为15～25r/min，常见的是筒型钢球磨煤机，简称球磨机。

（2）中速磨煤机。转速为50～300r/min，如中速平盘磨煤机、中速钢球式磨煤机（E型磨）、中速碗式磨煤机（简称碗式磨，如RP型、改进HP型磨）、中速辊环式磨煤机（简称辊环式磨，如ZGM磨）。

（3）高速磨煤机。转速为600～1500r/min，常用的是风扇式磨煤机。

目前，600MW 火电机组的锅炉大多采用中速磨煤机，但也有部分电厂采用球磨机。

（一）筒形钢球磨煤机

1. 球磨机的结构及工作原理

筒形钢球磨煤机简称钢球磨煤机，目前采用的有单进单出和双进双出两种，其结构和工作原理基本上是一样的，由于单进单出钢球磨煤机在大容量锅炉机组中使用较少，在此主要介绍双进双出球磨机。

双进双出球磨机是我国引进的制造技术，筒体内装钢球，筒的内壁衬有波浪形锰钢护甲，护甲与筒体间有一层绝热石棉垫。筒体外包一层隔声毛毡，毛毡由薄钢板制成的外壳包裹。筒体的两端是两个锥形端盖封头，封头上装有空心轴颈，轴颈放在轴承上。空心轴颈的内壁有螺旋形槽，运行时，钢球或煤落下时，能沿着槽回入筒内。

圆筒由电动机通过减速器拖动旋转，当圆筒转动时，钢球被护甲带到一定高度，然后跌落将煤击碎，所以球磨机主要是以撞击作用磨制煤粉的，同时还兼有挤压、研磨作用。干燥与磨煤是同时进行的，一般用热空气作为干燥剂。磨好的煤粉由干燥气流从筒体内带出。

球磨机的空心轴颈有热风通过，它的轴承常采用滑动轴承。轴承无上瓦，其下瓦用巴氏合金浇铸而成。空心轴承与下瓦之间靠油膜进行润滑，润滑油用水进行冷却。球磨机的轴承及减速器所需的润滑油由单独的油系统供给。润滑油对轴承及减速器进行良好的润滑，同时把摩擦而产生的热量及时带走，以确保球磨机运行安全可靠。

双进双出球磨机相当于把两个平行的球磨机制粉系统组合在一起的高效率制粉设备。原煤通过自动控制速度的模式给煤机从煤仓内卸下，落入混料箱内，经过旁路热风预干燥后，靠螺旋输粉装置的旋转运动使煤穿过空心轴颈被送进筒体内，然后通过旋转筒体把钢球带到一定高度落下，将煤击碎。

热风通过空心轴颈内的中心管进入筒体，对煤进行干燥，然后按进入筒体的原煤的相反方向，通过中心管与空心轴颈之间的环形通道把煤粉从筒体带出，进到磨煤机上部的分离器内。分离下来的粗粉与原煤混合在一起进入磨煤机重磨。合格的煤粉悬浮在风中，从分离器出来并被输送到燃烧器，然后喷入炉膛内进行燃烧。双进双出球磨机除具有球磨机的优点外，还具有单机容量大、出力和细度稳定、运行灵活性大、负荷响应迅速、风煤比低、低负荷运行时煤粉细、有利燃烧、煤粉均匀性较好等优点。

双进双出磨煤机风和煤的流程如图 4-19 所示。

2. 双进双出钢球磨煤机的结构特点

双进双出球磨机的结构与普通

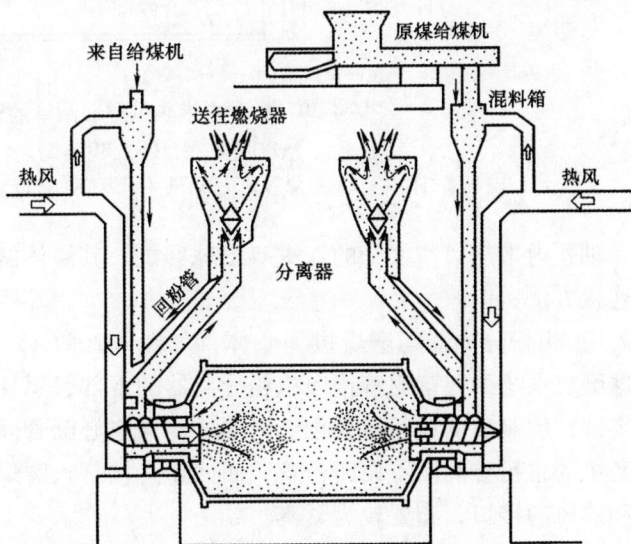

图 4-19 双进双出磨煤机风和煤的流程

的单进单出球磨机的结构相类似。双进双出球磨机一般可分为球磨机轴颈内带有热风空心管和轴颈内不带热风空心管两种类型。

（1）轴颈内带热风空心圆管的双进双出球磨机。如图4-20所示，该球磨机筒体两端的进出口各有一个空心回管，圆管外有靠弹性形式固定的螺旋输送器，当空心圆管和螺旋输送器随筒体一起转动时，螺旋输送器就把由给煤机落下的煤块从筒体两端不断地刮进筒体内。螺旋输送器的空心圆管外有固定的圆筒形外壳，与空心圆管之间有一定的径向间隙，给煤机落下的煤块通过下部间隙进入筒体内，磨制好后的煤粉和热空气的混合物经其上部间隙送出。由于螺旋转送器的螺旋绞刀是采用弹性方法固定在空心圆管上的，所以允许有一定的位移。这样可以使磨煤机在运行时遇到硬质杂物时，就不会损毁螺旋输送器。

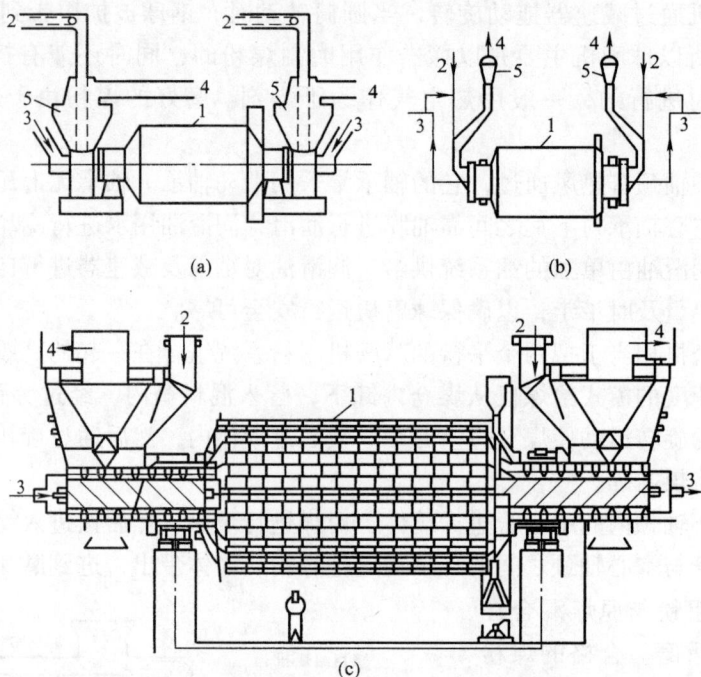

(a)　　　　　　　　　　　(b)

(c)

图4-20　轴颈内带热风空心圆管的双进双出球磨机

(a) BBD1型；(b) BBD2型；(c) 结构图

1—球磨机筒体；2—进煤管；3—热风（干燥剂）进口；4—气粉混合物出口；5—分离器

轴颈内带热风空心管的双进双出球磨机，其筒体两端出口与粗粉分离器之间，一般有两种连接方法：

1）粗粉分离器与磨煤机为一体，如图4-20（a）所示。在该类型（BBD1型）双进双出球磨机系统中，落煤管接入粗粉分离器的下部，煤块经落煤管直接落到两端螺旋输送器的下半部，磨制后的风粉混合物经筒形外壳与空心圆管间的上部间隙直接进入粗粉分离器。该球磨机的粗粉分离器不设回粉管，而回粉直接落入磨煤机。该球磨机的端部只有与粗粉分离器和热风的接口，布置较为紧凑。

2）将分离器与球磨机分开布置，如图4-20（b）所示。在该类型（BBD2型）系统中，其粗粉分离器一般安装有回粉管，风粉混合物在回粉管中的具有重力分离作用，使该磨煤机磨制的煤粉细度会更均匀些。另外，该磨煤机的落煤管是单独连接的，这样，当磨制水分较大的煤种时，对布置热风和煤的预先干燥混合装置比较有利。

（2）轴颈内不带热风空心圆管的双进双出球磨机。如图4-21所示，此类型球磨机筒体的两端，各装有一个进出口料斗，料斗从中间隔开，一边用于原煤进入磨煤机，另一边用于送出煤粉。空心轴颈内衬有可以更换的螺旋管护套，当磨煤机连同空心轴颈转动时，来自给煤机的原煤经进出口料斗一侧沿螺旋管护套进入磨煤机，而磨制好的煤粉则由热风携带经料斗的另一侧进入粗粉分离器。

上述双进双出球磨机虽然在结构上有所不同，但磨制煤粉的工作原理、过程与单进单出球磨机基本相同。不同之处在于：对于一般的球磨机，原煤与热风从磨煤机的一端进入，其磨制好的煤粉由热风携带从磨煤机的另一端送出。双进双出球磨机，原煤和热风是从球磨机的两端进入，气流在筒体的中间部位对冲后反向流动，将磨制好的煤粉又从筒体的两端带出，事实上，使煤粉气流在磨煤机的筒体内形成了循环流动。

综上所述，双进双出球磨机比一般球磨机有更大的优越性，在某些情况下，双进双出球磨机比中、高速磨煤机的适应性更好。因此，双进双出球磨机得到了越来越广泛的应用。

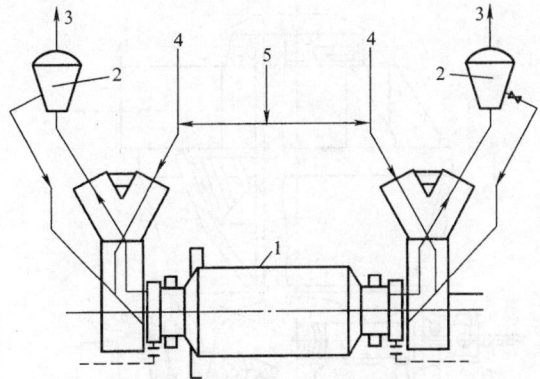

图4-21　轴颈内不带热风空心
圆管的双进双出球磨机

1—球磨机筒体；2—分离器；3—气粉混合出口；
4—防爆管；5—热风（干燥剂）进口

（二）中速磨煤机

目前，我国电厂采用的中速磨煤机常见的有平盘磨煤机、钢球磨煤机、碗式磨煤机（BP型、改进型HP型）及MPS磨煤机等，磨煤原理都是以碾磨破碎为主将煤磨成煤粉。

1. 中速平盘磨煤机（简称平盘磨）

中速平盘磨的构造如图4-22所示。磨盘和磨辊是平盘磨的主要磨煤部件。磨盘由电动机通过减速器带动旋转并带动磨辊绕固定轴在磨盘上滚动。煤在磨盘与磨辊之间被碾压破碎成煤粉。碾压煤的压力，一是靠辊子本身的自重，二是靠加压弹簧或液力—气动装置所产生的压力。原煤由落煤管送到磨盘的中部，依靠磨盘转动所产生的离心力，使煤不断地向磨盘边缘移动，在通过辊子下面时被碾碎。磨盘边缘的一圈挡环可以防止煤的滑落，并可保持煤层的一定厚度。热风以大于35m/s的流速通过环形风道，进入磨盘上部，由于气流的卷吸作用，将磨好的煤粉带入磨煤机上部的分离器中，不合格的粗粉经分离后直接落到磨盘上重新磨制。在磨盘的周围还装有一圈跟随磨盘一起转动的均流导向叶片，使气流通过时产生一定的旋转运动，这有利于将磨盘上制好的合格煤粉带走。

中速平盘磨一般有2~3个磨辊（我国设计的是2个）。磨辊上套有耐磨钢材制成的辊套，磨盘上装有耐磨衬板，当磨损到一定程度后就要予以更换，根据煤种的软硬，在运行时，可调整弹簧的紧力或调节液力—气动装置的压力。

经空气预热器来的热风，其温度一般低于300~350℃，通过环形风道时，风速应高些，以便将磨盘边缘滑落下来的煤粒托住。但不易磨碎的黄铁矿石头、铁件等杂物以及较大的煤块，出于其质量较大，气流托不住，则会自动落入杂物箱内。

2. 中速钢球磨煤机（简称中速钢球磨）

中速钢球磨（又名 E 型磨）的构成如图 4-23 所示，其主要磨煤部件为钢球及磨环。电动机通过减速器带动下磨环转动，下磨环又带动钢球滚动，上磨环是不动的。煤从中部进入后，靠离心力向下磨环的边缘移动，在钢球与磨环之间被碾磨成煤粉，磨成的煤粉被由环形风道进入的热风带走。

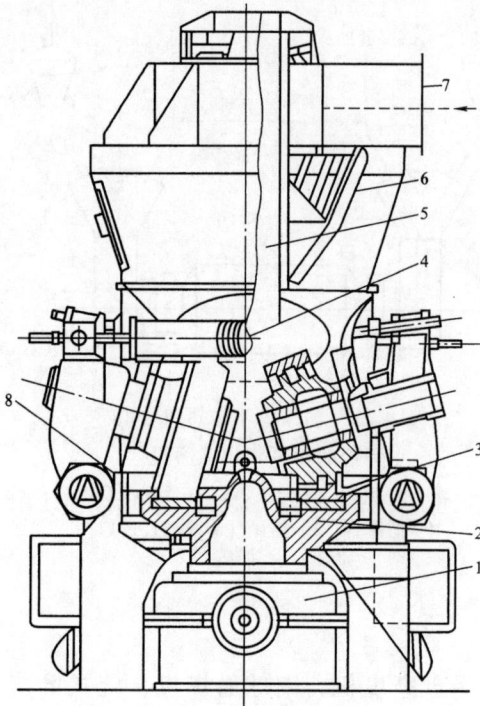

图 4-22　中速平盘磨煤机的构造

1—减速齿轮箱；2—磨盘；3—磨辊；4—加压弹簧；
5—落煤管；6—分离器；7—气粉混合物出口；8—风环

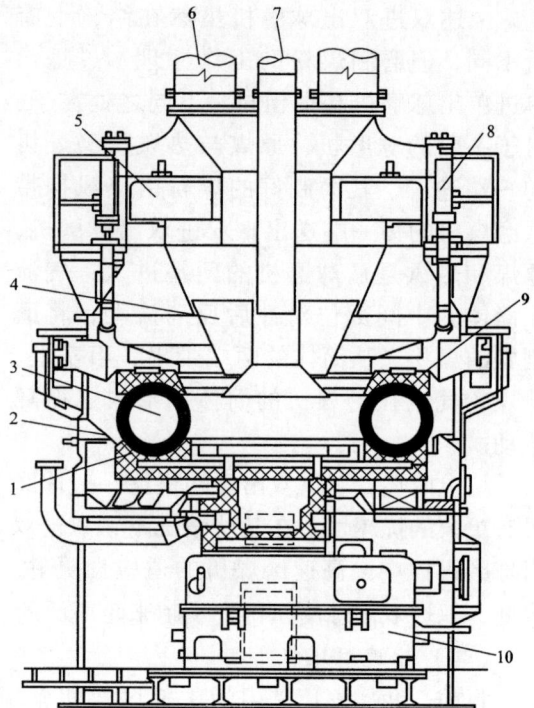

图 4-23　E 型磨的构造

1—下磨环；2—磨室；3—空心钢球；4—防磨套；
5—粗粉回粉斗；6—出粉管；7—下粉管；
8—加压缸；9—上磨环；10—减速箱

在 E 型磨内装有 6～16 个钢球，一般钢球直径为 200～500mm，钢球磨损 40% 后应更换新球。上磨环对钢球施加一定的压力，E 型磨的碾磨压力由弹簧加载，或者采用液压—气动加载装置调节。

3. 中速碗式磨

图 4-24 所示结构为应用在我国电厂的 HP 型中速碗式磨，主要磨煤部件是浅碗形磨盘和锥形磨辊。磨盘由电动机经减速器带动，磨辊靠弹簧或液力—气动装置的力量压在碗壁上并随之一起转动。

原煤经中心落煤管进入磨碗进行碾磨，磨制后的煤被转动的磨碗甩至磨碗边缘，大块的石子煤经叶轮落到风室中，被刮板清理，而细小的煤粉经叶轮由一次风带走，旋转着冲向折向门，经折向门的冲刷，粗粉撞击后被分离出来，沿内锥体壁落入磨碗中重新碾磨，而余下的煤粉由一次风带入文丘里装置中，经过文丘里叶片后这些煤粉再次被分离，合格的煤粉经多出口体进入煤粉管，送入炉膛燃烧，不合格的煤粉则落入磨碗中重新磨制，可见，HP 型磨煤机内的煤粉要经过三级分离后才会符合要求。HP 型磨煤机内部风粉流程如图 4-25 所示。

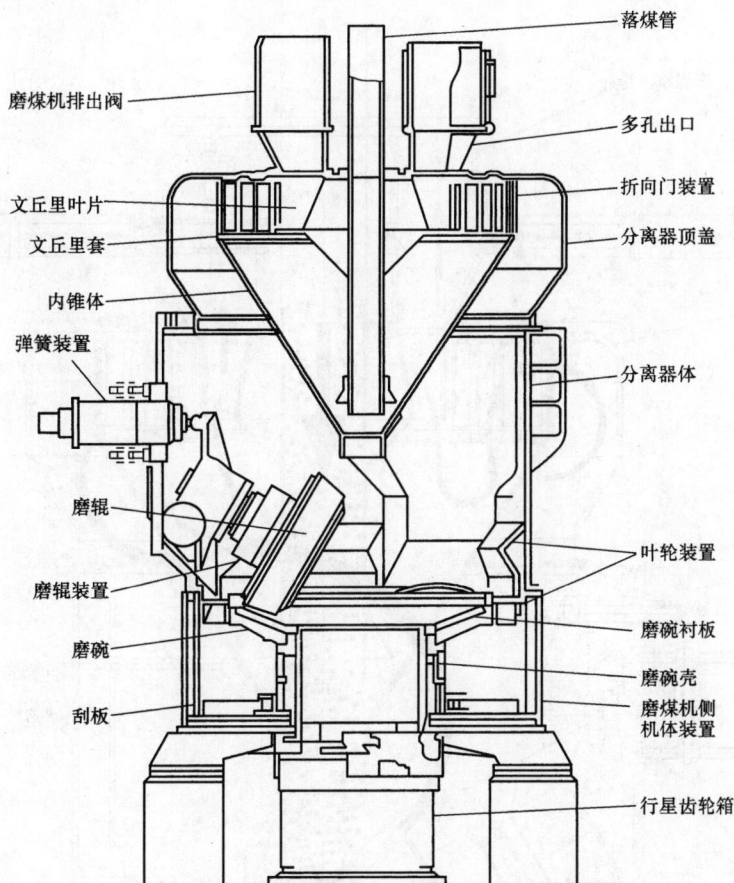

图 4-24　HP 型中速碗式磨煤机

4. ZGM 中速磨煤机

ZGM 中速磨煤机是 20 世纪 80 年代发展起来的一种新型磨煤机，其结构如图 4-26 所示，主要工作部件为磨盘和磨辊。三个磨辊相对固定在相距 120° 角的位置上，磨盘为具有凹槽形滚道的碗式结构。磨辊盘由电动机通过减速装置带动旋转，磨辊在固定的位置上绕轴进行转动。煤从中部落在磨盘上以后，靠离心力向边缘移动，在磨盘与磨辊之间被碾磨成煤粉，煤粉被风环处进来的热风带走。磨辊对磨盘的压力来自磨辊、支架及压盘的结构自重和弹簧的预压力。弹簧的预压力靠作用在上磨盘的液压缸加压系统来完成。ZGM 中速磨煤机在增大出力的条件、工作部件的磨损、运行的振动等方面比其他中速磨煤机优越。

5. 中速磨煤机的优缺点及其应用

中速磨煤机在我国大都应用在大容量锅炉的制粉系统中，与钢球磨煤机相比，具有结构紧凑、体积小、质量轻、占地少、金属消耗量少、投资低、磨煤电耗低、噪声小、煤粉的均匀性好等优点。因此，在煤种适宜而煤源又比较固定的条件下，应优先采用中速磨煤机。但

原煤

磨煤机出粉

第二级分离

第一级分离

一次风

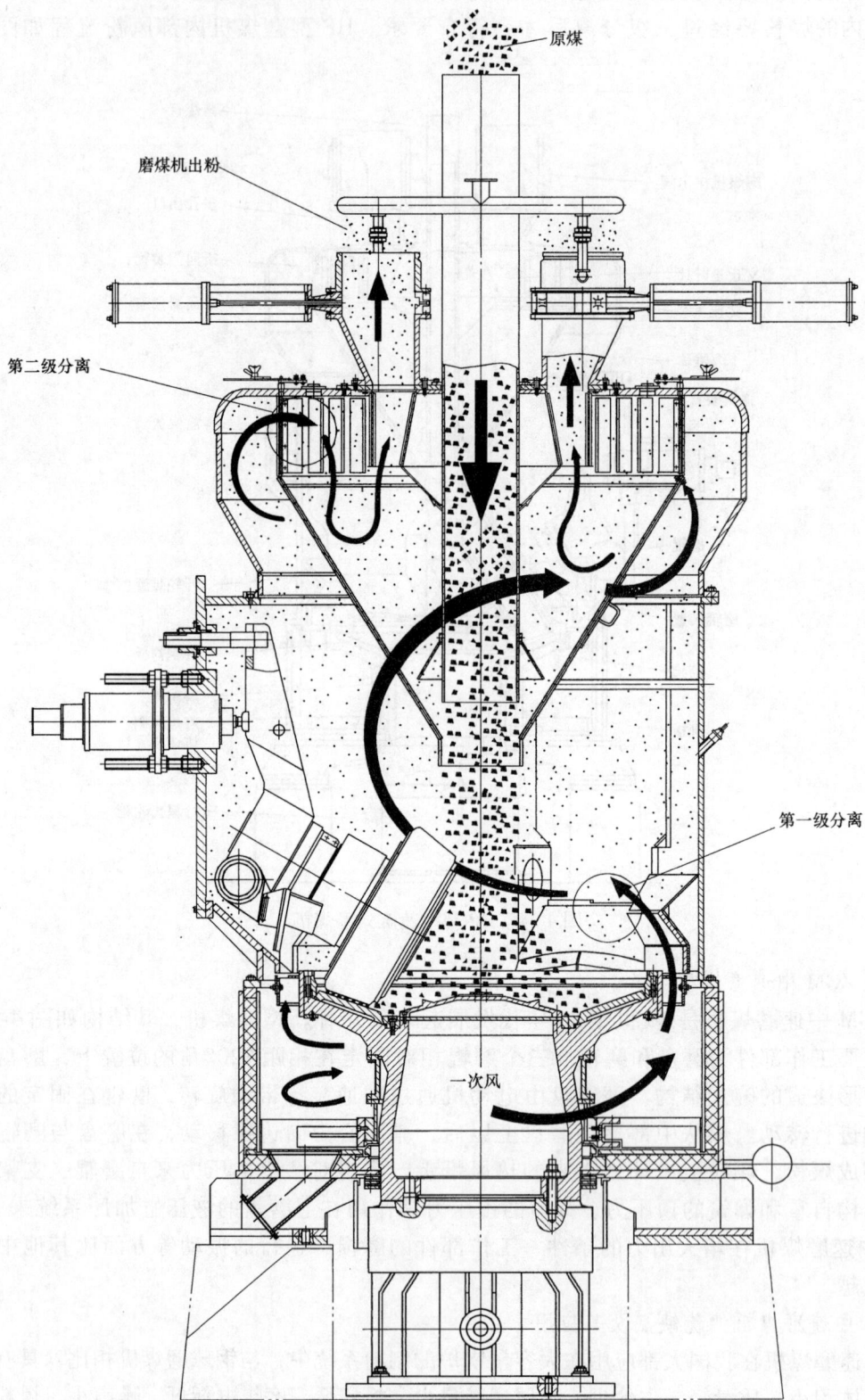

图 4-25 HP 型磨煤机内部风粉流程

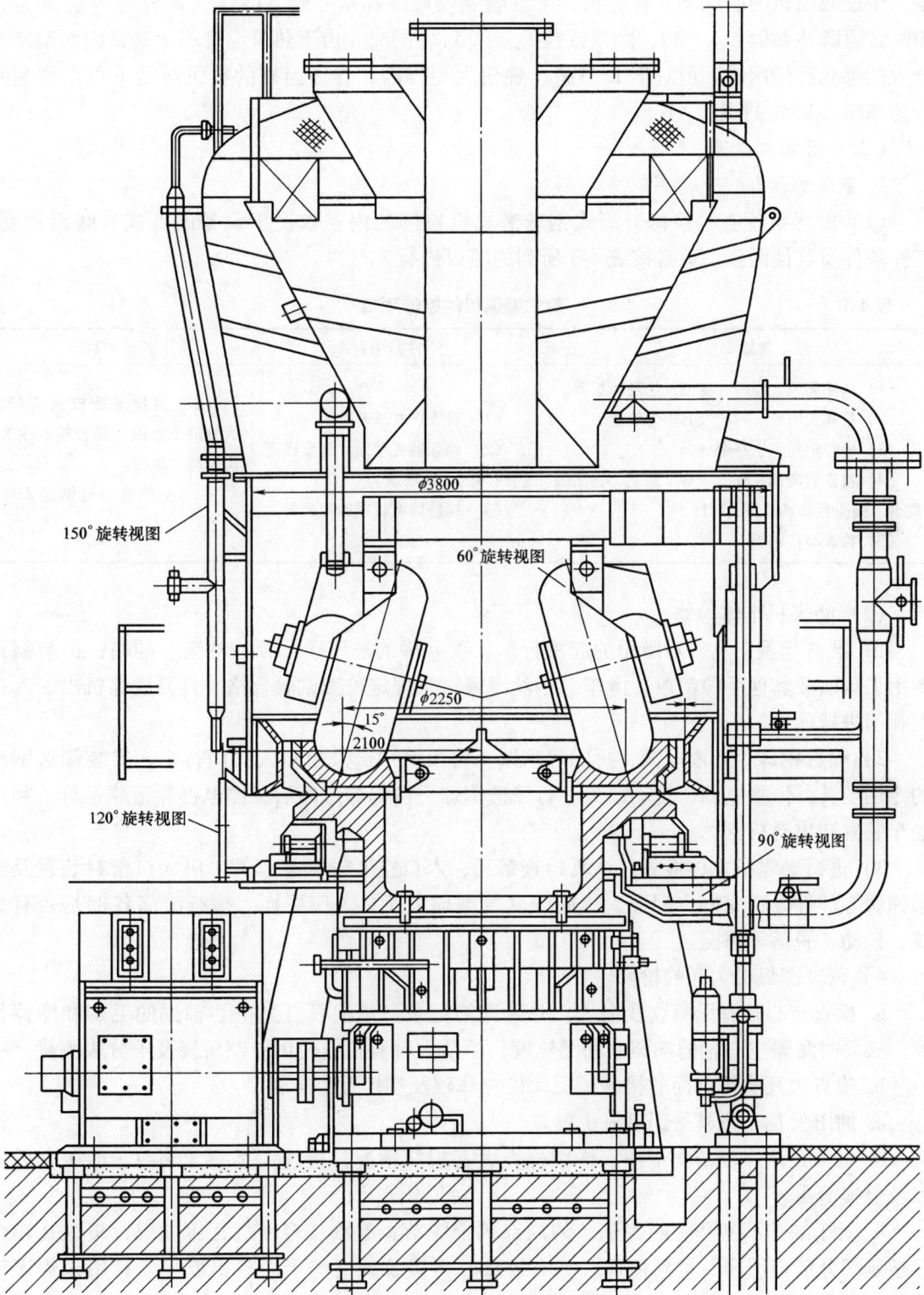

150°旋转视图

$\phi 3800$

60°旋转视图

$\phi 2250$

15°

2100

120°旋转视图

90°旋转视图

图 4-26　ZGM 中速磨煤机的结构

是，中速磨煤机的磨煤部件易磨损，不宜磨制硬质煤和灰分较高的煤（灰分要小于 30% ~ 40%，可磨性系数 $K_{km} \geqslant 50$，磨损指数 $K_e > 3.5$）。同时，由于热风温度不太高，因而磨制水分大的煤就比较困难。但对于 E 型磨、现代大型辊磨，在适当高的热风温度下可以磨制水分为 20% ~ 25% 的煤。

（三）磨煤机检修

1. 钢球磨煤机

（1）磨煤机检查、检修。筒式钢球磨煤机检修的内容取决于设备的型式、磨损程度、工作条件及其他因素，通常按表 4-3 所列的项目进行。

表 4-3　　　　　　　　　　　　　筒式磨煤机的检修项目

常修项目	不常修项目	特殊项目
（1）消除漏风、漏粉、漏油及修理防护罩。 （2）检修大齿轮、对轮及其防尘装置。 （3）检修钢瓦、选补钢球。 （4）检修润滑油系统、冷却水系统、进出螺旋套、椭圆管及其他磨损部件。 （5）检查滚柱轴承	（1）检查、修理基础。 （2）修理轴瓦球面、钨金或更换损坏的滚动轴承。 （3）检修球磨机减速箱装置	（1）更换球磨机大齿轮、大型轴承或减速箱齿轮，或大齿轮翻工作面。 （2）更换球磨机钢瓦 25% 以上

（2）磨煤机本体检修。

1）准备起重工具。对所用的起重行车、顶大罐的液压千斤顶、油泵、油箱、拆装钢瓦专用工具以及其他手拉葫芦、滑车、钢丝绳等，按规定检查试验合格。打开磨煤机出、入口人孔门进行通风。

2）筛选钢球。切断电源，拆除隔声罩。将滚筒中部及出口人孔门拆下，安装筛选钢球的专用工具。恢复电源，转动滚筒进行筛选钢球。待碎球甩净后，停电拆除筛球工具。利用盘车装置卸出合格钢球。

3）进行磨煤机本体检查。认真检查钢瓦、入口空心轴螺旋套管、出入口密封装置及压紧弹簧等部件是否完好，钢瓦、螺旋线套管磨损大于 2/3 应更换。检查滚筒各部是否有裂纹、松动、脱落等情况。

4）钢球磨煤机大瓦的检修。

a. 检查空心轴有无裂纹及损伤，并做详细记录。用油石打光空心轴颈的毛刺和摩擦伤痕。必要时测量空心轴的椭圆度和圆锥度。测量大轴直径应使用专制桥规及千分表测量。

b. 检查大瓦支撑球面的接触情况，检查基础及螺栓是否牢固。

c. 抽出大瓦，将其吊到可靠位置。

d. 将大瓦用煤油清洗干净，详细检查大瓦损坏情况，检查大瓦有无裂纹、砂眼、脱落以及烧损情况。

e. 对于缺陷不甚严重的大瓦，如局部钨金脱落、裂纹、轻度烧瓦等情况，将大瓦钨金已熔延部分清理干净，重新修研。如有裂纹，将裂纹处清洗干净打出坡口，利用火焊镀锡后，局部修研。

f. 严重烧瓦补焊完毕，上车床车光，然后进行找大瓦与大罐轴颈接触面。先将大瓦落在轴颈上部往复盘动，初步找接触面、接触角度以及大瓦间隙。当基本合格时，进行重荷翻研（将大瓦就位，落下大罐，盘动大罐，然后再顶起大罐进行刮瓦，经过二次重荷刮研，就可以保证大瓦在重荷下接触良好）。

g. 对于球磨机大瓦严重损坏，已不能修复者，应更换新瓦。将新大瓦的几何尺寸与设计图纸尺寸详细核对。轴瓦水套进行 0.5MPa 的水压试验，检查无漏水、无渗水现象。检查新瓦乌金，应无裂纹、脱落、砂眼等缺陷。然后进行轴瓦球面与台板的接触面刮研，用红丹粉检查接触点合格后，在台板球面四角刮出 0.25mm 间隙，以使筒体下落后仍能保持灵活调整。

大瓦刮研时接触点不可太多、太密，接触点要求硬点分布要均匀。进行大瓦钨金刮研，待大瓦钨金刮研达到标准后，测量瓦口间隙、油槽间隙及推力间隙，并进行必要的修刮，使其推力结合面达到标准。

钨金接触角脱胎不超过 10%。总脱胎处面积不超过 30%，大瓦与空心轴接触角为 75°，接触面应达到 1 点/2cm^2 硬点，大瓦瓦口间隙为 2～4mm。筒体轴面推力间隙一般为 2～3mm，膨胀间隙为 20～25mm，筒体水平误差小于 0.1mm/m。

5）筒体空心轴检修。空心大轴加工粗糙、椭圆度、锥度、光洁度不合格或大轴锈蚀严重，都是造成球磨机烧瓦的重要原因。修理空心大轴的方法：一是"磨轴跑合法"，用以解决因光洁度差，大轴与大瓦动态接触不好引起烧瓦的问题。二是"砂轮磨轴法"，解决大轴加工精度差引起的烧瓦问题。

a. 磨轴跑合法的步骤。

a）在大轴向上转的一侧先搭一工作台。

b）先用盘车装置转动大罐，清除表面钨金，并用油石磨轴表面。再启动大罐，用手按细油石进行磨轴，用手摸大轴表面发热处要多磨。此时油石上将粘满钨金末，应不断更换油石，并将使用过的油石表面钨金用钢丝刷掉再用。当大轴温度太高时，应停车冷却后，再启动大罐磨轴，直到长期转动大轴表面温度不高、不带钨金为止。

c）如用此法消除运行中烧大瓦问题，开始不能长期空转滚筒，防止大罐中无煤钢球干磨引起瓦温升得太高，每次不能超过 15min。经多次短时磨后，可投煤长时间磨轴，以大轴表面不发热、轴表面光滑、不带钨金为准。

b. 砂轮磨轴法是解决大轴加工公差太大，锥度、椭圆度大于 0.2mm 及轴表面锈蚀严重，麻坑太深且面积大等问题。

a）首先制作专用砂轮磨轴工具。利用一台车身长为 1700mm 的车床架，下部作支撑架与大瓦座固定好。利用车床的走刀托架，装一台电动机（2.2kW，2850r/min），通过一对三角皮带轮（$i=1.5$）升速带动砂轮转动，砂轮转速为 4200r/min，砂轮直径为 ϕ150mm，砂轮外圆线速度为 32.83m/s。

b）在瓦座上安装三块千分表，测量大轴径向跳动，在车床刀架上安装一块千分表，测走刀不同轴点读数。

c）装一台滤油机专门进行润滑循环，并在轴转动方向下侧加装喷油管提供磨轴过程大瓦润滑油。

d）粗磨时，应从大轴椭圆度最大一点开始，转动罐体使椭圆最大点与砂轮相切。用平尺沿轴向紧靠轴表面，找出大轴凸起最远两点进行纵向滑道的初步找正。然后根据轴的相对锥度误差做滑道的纵向最后修正。

e）检查轴表面轴向凸凹情况，决定开始磨轴的横向进刀点。利用刀架装的千分表测出大轴最大凸起点为零点。然后摆动纵向走向螺杆往返一次，从千分表上反映的数值反映轴向凸凹不平情况，校核刀架与轴径实测的偏差是否相符。然后根据千分表反映的最大读数点为开始横向的进刀点。

f）进刀量控制数的规定。

纵向走刀量：粗磨时，筒体转一圈为 $0.6B$，细磨时筒体转一圈为 $0.3B$，其中 B 为砂轮片厚度。

横向走刀量：粗磨时为 0.03mm，细磨时为 0.01～0.02mm。

g）磨轴中，磨完一个单行程，如发现误差有增大趋势，要重新调整纵向找正位置。连续磨轴，千分表反映的综合光度误差均在 0.1mm 以下，磨轴完成。

h）拆下砂轮换布轮，加抛光剂进行抛光，使粗糙度达到 0.8 以下，即合格。

（3）球磨机传动装置检修。

1）检查大小齿轮。在齿轮密封罩卸下之后，首先应将大小齿轮上的油污彻底清理。接着用塞尺测量大小齿轮的径向间隙（注意测量点应在大小齿轮中心的连线上），并测量齿侧工作面间隙。然后用卡尺或齿轮卡尺测量大小齿轮的节圆齿厚，也可用齿轮样板和塞尺进行测量。测出的数与标准齿厚进行比较。

装上千分表架，盘动大小齿轮，测量出齿轮的轴向和径向摆动。检查齿轮的磨损情况及齿轮有无裂纹，并做好记录。

2）更换大齿轮及大齿轮的翻转使用。

a. 大齿轮上部密封罩拆除后，将大齿轮的半面结合面转至水平位置，上半部齿轮绑扎好并用起重机吊好。

b. 拆卸完大罐紧固螺栓和半面紧固螺栓后，将上半部齿轮吊至指定地点下用道木垫好。

c. 盘转罐体 180°，使用同样方法拆除另一半大齿轮。

d. 将新大齿轮的一半就位带上螺栓。转动大罐 180°，再使另一半就位带上螺栓，并旋紧大齿轮紧固螺栓，利用两个千分表，测定齿轮的轴向和径向摆动值并做好记录。

e. 当径向摆动不合格时，应根据记录分析、调整径向垫片。调后再紧固，进行测量直到合格。

f. 当轴向摆动不合格时，首先检查大罐法兰结合面是否紧实，并判定属于备件误差，还是安装误差。

g. 大齿轮找正测量合格后，找出原大罐上的销孔，如不合格，则应改变销钉位置或加大销钉直径，重新配销钉装好。

h. 大小齿轮节圆处齿厚磨损应小于30%，小齿轮轴、径向摆动一般不超过 0.25mm，大齿轮轴向摆动在 ±2mm 以内。大齿轮径向摆动在 1mm 以内。

3）齿轮表面淬火。当齿轮的齿面磨损为 2～3mm 时，就必须进行齿面淬火来提高齿面硬度。

淬火前对齿面挤压变形和齿根处磨损而成的凸台应予以修平，要保持轮齿节距和齿廓线正确（可用事先做好的齿形样板检验）。

进行齿轮表面淬火时，要把齿轮放平，齿轮端面与地面平行。用喷焰器对齿面加热，并使喷焰器沿齿面自下而上地运动。当达到淬火温度后，关闭喷焰器的可燃气体阀，打开冷却水阀对齿面喷水淬火。大齿轮的材料一般为 45 号铸钢，经表面淬火后其表面硬度可达布氏硬度 350 左右。小齿轮的材料一般为 45 号铸钢或 45 号铬钢，淬火后其表面硬度可达布氏硬度 400 ~ 5000。

4）齿轮补焊。齿轮的磨损量达到齿厚的三分之一时，为了能够断续使用，可用堆焊方法补齿，焊后要经过加工保持齿形正确，再淬火处理。

在齿轮的检修中，除了上述的磨损问题外，还可能遇到轮齿的断裂和脱落，对这些问题则应根据具体情况来处理。

（4）滚筒磨煤机钢瓦更换技术。更换钢瓦是繁重的作业，必须注意施工程序和安全。

当滚筒内的钢球全部卸出时，便可对钢瓦进行检查。如端部及罐体钢瓦全部更换，则先拆罐体钢瓦，后拆端部钢瓦，装时按相反程序进行。

通常滚筒钢瓦中，有一排、二排（相隔 180°）或四排（相隔 90°）楔形钢甲。这些钢甲被螺栓紧固于滚筒壁上，并对其他钢甲起定位和压紧作用，而其他钢瓦均无螺栓连接，只是依靠其端部的凸凹燕尾形状互相楔压来固定。滚筒圆周上每一圈钢瓦都是这样固定的，沿滚筒整个长度这样铺的钢瓦有十余圈；滚筒的两端盖上各装有十余块扇形钢瓦，每块都用方形埋头螺栓紧固在端盖上。

1）具有四排楔形钢瓦的滚筒拆卸顺序。

a. 转动筒体，使任一排楔形钢瓦位于与滚筒轴心线水平位置，用准备好的顶钢瓦工具将钢瓦与对称位置钢瓦顶牢，再卸掉楔形瓦的连接螺栓。

b. 转动筒体 90°，使卸下螺栓的楔形瓦位于下方，并将滚筒固定住。拆掉顶瓦工具，用撬杆撬下楔形瓦，再小心地撬下其两侧共半圈的钢瓦。

c. 将筒体再转 180°，使剩下的半圈钢瓦位于下方，便可自高而低地卸掉这半圈钢瓦和最后一个楔形瓦，再把拆掉的钢瓦运出滚筒。如此逐圈的拆卸，可把整个滚筒的钢瓦全卸掉。

d. 端部的扇形钢瓦拆卸比较容易，只要把连接螺栓拆掉，便可把扇形钢瓦取下，要逐块拆卸。

2）安装这种每圈有四块楔形瓦的滚筒钢瓦时，应按下列顺序进行。

a. 先安装端部钢瓦。从最下边的一块装起，在滚筒端盖上铺 5 ~ 8mm 厚的石棉板，再放上扇形钢瓦，然后装连接螺栓（螺栓穿入后应在杆上缠上石棉绳并加垫圈），但螺母不需拧紧。接着从这块扇形钢瓦两边自下而上装满半圈扇形钢瓦，将滚筒转 180°装剩下的半圈。然后把螺栓全部紧固。钢瓦组装尺寸不合格，应根据实际情况用火焊割去多余边角及修正孔口，力求达到接合严密平整。

b. 端部钢瓦装完才能装滚筒钢瓦。转动滚筒使有楔形瓦螺栓孔的位置置于下方，装上一排楔形瓦及其螺栓，螺母也不需拧紧。接着自此楔形瓦两侧自低而高地铺装钢瓦，装满半圈，把两侧的楔形瓦装上，并把这两块楔形瓦连同原先在底下那块楔形瓦的连接螺栓全拧紧。当然，钢瓦与滚筒间也应铺石棉板。

c. 将滚筒转 90°，也是按自低而高的顺序铺装四分之一圈钢瓦，然后用拆卸时顶钢瓦的工具把后装的这块钢瓦顶牢。

d. 再将滚筒转 180°，装剩下的四分之一圈钢瓦和最后一块楔形瓦及其螺栓，并把螺栓紧固，拆掉顶钢瓦工具。

e. 照上述方法逐圈地安装，直到把滚筒壁铺满为止。最后把所有螺栓都紧固一遍。

拆卸和安装具有一排或两排楔形瓦的滚筒钢瓦时，方法与上述方法相仿。只是要及时地用顶钢瓦工具把钢瓦顶牢，避免钢瓦塌落，也应逐圈进行。

2. ZGM123G 中速磨煤机检修

根据煤质特性及中速磨的特点，ZGM123G 型中速磨煤机在火电厂600MW 机组中应用较多，尤其在北方电厂中应用较多。

（1）主要性能参数。

1）燃料适应性。适应煤种：烟煤、劣质烟煤、贫煤、无烟煤和褐煤；发热量：16 ~ 31MJ/kg；表面水分：< 18%；可磨性系数：HGI = 40 ~ 80（哈氏）；干燥无灰基挥发分：16% ~ 40%；原煤颗粒：0 ~ 40mm；煤粉细度：$R_{90} = 15\% ~ 40\%$。

2）磨煤机技术参数。标准研磨出力：107.6t/h（$R_{90} = 16\%$，$M_{ar} = 4\%$，HGI = 80）；额定功率为700kW；电动机额定功率为800kW；电动机额定电压为6000V；电动机转速为990r/min；电动机旋转方向为逆时针（由电动机驱动端）；磨煤机磨盘转速为23.2r/min；磨煤机旋转方向为顺时针（俯视）；通风阻力小于或等于6930Pa；磨煤机额定空气流量为34.37kg/s；磨煤机磨煤电耗量为6 ~ 10kW·h/t（100%磨煤机出力）。

3）磨煤机的基本结构。磨煤机的主要构成部件：台板基础、电动机、联轴器、减速机、机座、排渣箱、机座密封装置、传动盘及刮板装置、磨环及喷嘴环、磨辊装置、压架及铰轴装置、机壳、拉杆加载装置、加载油缸、分离器、密封管路系统、防爆气体管路、高压油管路系统、润滑油管路系统、高压油站、稀油站、磨辊密封风管等。

（2）ZGM123G 磨煤机正常运行时的检查项目及要求。中速磨煤机的检修包括本体检修、传动装置检修、润滑油系统检修三个方面。此节主要对碾磨部件的检修进行介绍，其检查项目及要求见表4-4。

表4-4　　　　　　　　　　ZGM123G 磨煤机正常运行时的检查项目及要求

序号	检查项目	检 查 要 求
1	磨煤机振动	振幅应小于 0.05mm
2	磨煤机噪声	小于 85dB，不应有杂声（测量点距离 1m）
3	磨损测量标尺	测量碾磨的煤层厚度，煤层厚度应适中
4	排渣情况	定期排渣，不允许渣量漫过排渣口
5	机座密封装置	注意密封间隙，有无渣粒漏出
6	拉杆	检查密封环是否灵活，有无漏粉现象
7	密封风机	检查噪声、振动、滤网，密封风与一次风的压差应大于或等于 1.5kPa
8	高压油站	检查液压系统漏油情况、油压等
9	润滑油站	定时检查、记录油温、油压、滤网差压，检查冷却器的冷却情况
10	减速机	定时检查噪声、油压、油温
11	主电动机	定时检查轴端轴承温度
12	磨辊	磨辊油温小于或等于100℃，油位最低刻度线上，油中不得有金属粉末、煤粉等

（3）ZGM123G 磨煤机运行故障及处理。

1）故障一。

a. 故障现象：磨煤机运转不正常。

b. 可能的原因：碾磨件间有异物；磨盘内无煤或煤量少；导向板磨损或间隙过大；碾磨件损坏；蓄能器中氮气过少或气囊损坏。

c. 预防及处理：停机，消除异物，检查磨内部件是否脱落；落煤管堵塞；更换或调整间隙；更换；停磨和高压站，充气检查蓄能器。

2）故障二。

a. 故障现象：磨煤机一次风和密封风间压差减小。

b. 可能的原因：密封风机入口过滤器堵塞；密封风管道止回阀阀板位置不准确；密封风道漏气或损坏；密封件失效；密封风机故障。

c. 预防及处理：停磨清洗过滤器；将阀板调至正确位置；修理或更换；修理或更换；消除故障。

3）故障三。

a. 故障现象：辊套断裂。

b. 可能的原因：磨煤机运行出现过剧烈振动；停磨后冷却过快。

c. 预防及处理：消除振动来源；避免磨辊受到较大温差的影响；处理方法更换辊套。

4）故障四。

a. 故障现象：运行期间分离器温度太低或太高；分离器温度提高很快。

b. 可能的原因：一次风温度控制装置故障或一次风控制失灵；磨内着火；分离器温度大于110℃。

c. 预防及处理：将一次风温度转换为人工控制并消除故障；磨煤机应紧急停机，打开消防蒸汽阀门通入消防蒸汽直至温度降低。

5）故障五。

a. 故障现象：磨辊油位低。

b. 可能的原因：密封件失灵。

c. 预防及处理：停机，修理或更换密封件，注油达规定油位。

6）故障六。

a. 故障现象：磨辊油温度高。

b. 可能的原因：油位低；轴承损坏；磨辊密封风道故障或磨穿。

c. 预防及处理：停机，修理或更换密封件，注油达规定油位；停机，更换磨辊轴承；修理或更换。

7）故障七。

a. 故障现象：刮板脱落。

b. 可能的原因：紧固螺栓脱落或折断。

c. 预防及处理：重新紧固或更换螺栓。

8）故障八。

a. 故障现象：石子煤排量过多。

b. 可能的原因：紧急停磨或磨煤机刚启动；煤质较差；运行后期磨辊、衬瓦、喷嘴磨损严重；运行时磨出力增加过快，一次风量偏少（风煤比失调）。

c. 预防及处理：启动磨煤机和紧急停磨引起的；石子煤增多属正常情况；应及时更换

磨辊、衬瓦、喷嘴；重新调整一次风量。

9）故障九。

a. 故障现象：气动落渣关断门密封不严。

b. 可能的原因：气动落渣关断门密封面磨损；气动落渣门关断门关闭时卡有异物。

c. 预防及处理：检修时修理密封面或反复开关几次。

10）故障十。

a. 故障现象：一次风从机座密封处泄漏。

b. 可能的原因：密封风量不够；密封磨损。

c. 预防及处理：检查密封风机；更换密封。

11）故障十一。

a. 故障现象：减速机推力瓦油池油温超过正常值。

b. 可能的原因：供油流量不够；冷油器冷却效果不好；冷油器油中进水；受机座密封处漏出的一次热风影响。

c. 预防及处理：检查油泵流量，阀门是否节流，分油管是否堵塞；检查冷却水阀门和冷却水量；检查冷油器内部铜管是否堵塞和结垢；处理漏风。

12）故障十二。

a. 故障现象：减速机推力瓦损坏。

b. 可能的原因：磨煤机频繁启动，停或剧烈振动；供油量少或断油时报警系统未报警；冷却器油中进水，润滑油不合格和长期使用变质。

c. 预防及处理：避免磨煤机频繁启动和消除振动；定期检查报警装置；换油和使用润滑油按润滑油使用要求；更换轴瓦。

13）故障十三。

a. 故障现象：减速机噪声超过正常值。

b. 可能的原因：减速机内有杂物；轴承和齿轮磨损或损坏；联轴器找正不良；联轴器传动销损坏。

c. 预防及处理：取出异物；更换轴承和齿轮；检查找正情况；更换传动销。

3. HP1103 型碗式磨煤机检修

上海重型机器厂有限公司在 20 世纪 80 年代初期从美国 CE 公司（现为 ALSTOM Power Inc. 公司）引进了碗式磨煤机制造技术。CE 公司生产的磨煤机遍布全世界，用于电厂煤粉的制备和干燥，由于磨煤机内研磨表面形似深碟或碗，故称为碗式磨煤机。

HP 碗式磨煤机是继 RP 碗式磨煤机后新开发的产品，CE 公司 20 世纪 80 年代开发试验并投入使用。上海重型机器厂有限公司在引进美国 CE 公司技术的基础上，根据中国国情对 HP 磨煤机做了大量的技术改进和二次创新，扩大了 HP 磨煤机的适用范围，使其更适合碾磨国内煤质的需要，性能更加可靠，检修更加方便，使用寿命进一步延长。

（1）HP1103 型磨煤机主要技术参数。分离器采用离心式分离器、磨辊加载方式为弹簧变加载、基础形式为固定基础；单台磨煤机最大出力（磨 100% 负荷）为 79.6t/h、计算出力（BMCR）为 63.45t/h、最小出力为 20.0t/h；最大通风量（磨 100% 负荷）为 34.96kg/s、计算通风量（BMCR）为 29.60kg/s、最小通风量为 24.47kg/s；保证出力下磨煤机轴功率为 500kW；磨煤机转速为 30.2r/min。

（2）HP1103 型磨煤机本体构成。磨煤机主要组成部件有磨碗毂、侧机体及衬板装置、裙罩装置、刮板装置、磨碗及叶轮装置、磨辊装置、弹簧及门扣装置、倒锥体装置、内锥体及陶瓷衬板装置、中心落煤管及文丘里叶片和衬板装置、排出阀和多出口体装置、磨煤机壳体（分离器体）装置、气封系统装置。

（3）磨煤机着火。

1）着火迹象。

a. 磨煤机出口温度无故迅速升高。

b. 磨煤机或煤粉管道油漆剥落。

2）着火原因。

a. 磨煤机温度太高。不允许磨煤机的出口温度超过规定的出口温度的11℃。

b. 外来杂物，诸如纸片、破布、稻草、木块和木屑之类堆积在内锥体内和磨煤机的其他部位。这些东西不易磨碎，所以不得混杂在所供的原煤中间。系统中进入这类杂物后，它们会堆积起来可能着火，磨煤机不管何时停机打开，每次打开都应从进风口、内锥体、磨碗等处清除所有外来杂物。

c. 在磨煤机底部或进风口沉积了过多的石子煤或煤块。石子煤排出口上的阀门通常应打开使外来杂物能畅快地排到石子煤收集系统。在收集到应出清石子煤时，阀门可短期关闭。此外，刮板及其防护装置不允许磨损过量。

d. 在磨碗上面的区域内积煤过多。这种情况通常是由于缺少维修所造成的。煤粉可能在磨损衬板上气流不能达到的区域里堆积起来。煤也会被外来杂物阻挡而堆积起来。

e. 不正确或异常的操作。在正常的操作情况下，它们自身不会着火或爆炸。通常要有某些附加的不正确工况触发。

例一，如果磨煤机在低通风量下运行。为了维持规定的出口温度，必须要求较高的磨煤机进口温度。通风量可能低到煤从气流中沉淀出来的程度。这些情况导致温度上升，煤粉移动缓慢和潜在麻烦。

例二，当工况可能会发生着火时没有关紧热风门。这种情况可能是因为挡板驱动机构或挡板控制系统不灵敏。

例三，将从已经着火的煤仓里的煤输入磨煤机。在这种情况下，当然必须特别谨慎。

3）着火后的处理。

a. 如果磨煤机系统出现着火，不管在什么部位着火，磨煤机不能停车，在所有着火迹象清除和磨煤机冷却到环境温度之前决不能打开磨煤机的检修门。

b. 在采取任何灭火措施时，不参与灭火的检修人员应离开磨煤机、通风管和给煤机层面。

c. 磨煤机着火不是十分危险的，只要磨煤机工况稳定，爆炸的危险性是极小的，一旦发现磨煤机着火，应谨慎地采取灭火措施。

4）磨煤机着火的灭火步骤。

a. 当磨煤机出口温度达到设定值时，磨煤机出口温度检测装置进行监控并发出警报。这样使操作人员警觉到着火的隐患。

a）一有着火迹象，关闭热风截止闸门，100% 打开冷风挡板。继续以等于或高于正好着火时的给煤率向磨煤机给煤。但小心不能使磨煤机超载。此时，关闭热风截止闸门通常可熄灭着火，如果磨煤机温度继续升高，就需要注水冷磨。

b）关闭石子煤收集装置的隔离阀。

c）在分离器体端盖上装有消防接口，侧机体上装有惰性气体接口。建议安装水注射喷嘴和惰性气体喷射嘴并用适当的阀门把它们接到永久性的水源或惰性气体站。

d）在磨煤机出口温度降低以及所有着火迹象消失之前，继续给煤和注水。

e）停止供水。

f）停止给煤。

g）磨煤机运转数分钟以清除积煤和积水。

h）停止磨煤机，关闭所有闸板和阀门、冷风截止阀、密封空气阀、煤管截止阀等，使磨煤机隔绝。

i）应用电厂制定的安全措施，切断磨煤机和给煤机电动机电源，打开开关并挂上标牌。

j）打开磨煤机检修门。检查热、冷风门、磨煤机和给煤机密封空气阀门和磨煤机排出阀已经关闭。然后打开磨煤机，检查和清理它的内部。在揭开检修门时应戴上防护眼镜，磨煤机可能有压力有排出高压气体和煤灰的可能性。通过分离器体的检修门和侧机体门可进入磨煤机。在打开这些或任一制粉系统的检修门时，要遵照下述的步骤。

ⓐ 确保磨煤机电动机开关已经断开，并挂出了警告标牌。

ⓑ 确保所有紧固件完好无缺并拧紧。

ⓒ 所有紧固件旋出一半。

ⓓ 小心地打开石子煤收集斗门，然后全部打开。用撬棒揭开门或用锤子把门击松。在密封破坏时，有些煤尘会从门的四周逸出。

ⓔ 完全拆去所有紧固件。除位于四角的最后拆除。

ⓕ 拆去或打开门。

在进入磨煤机之前，查核有毒气体已经全部消除并无残留有低凹处的煤屑在燃烧。

在工人清理磨煤机时要谨慎小心。作用在成堆煤上的磨辊压力会使磨碗产生意外的转动。为了防止磨碗转动，可在磨煤机驱动联轴器上安装限制器。

b. 全部检查下列区域的着火迹象和煤或焦灰的燃烧产物并予以清理。

a）煤粉管道。

b）侧机体。

c）分离器体。

d）内锥体和分离器端盖。

清除磨碗上的剩煤，磨煤机不能在磨碗上有煤的情况下重新启动。

c. 在着火或磨煤机冒烟之后，整个磨煤系统从给煤机到燃烧器喷嘴（包括给煤机、磨煤机进风管道、煤粉管道、格条分配器、内部的煤粉喷嘴、翻出机构等）应检查其可能的损坏和完好情况。如果需要的话应予以修理和清理。一定要清除煤和焦炭的沉积物。

d. 检查润滑油，如出现炭化现象应该更换。

e. 从磨碗和侧机体清除煤屑并在彻底清理和修理磨煤机后，磨煤机即可重新启动。应用正常的启动步骤。

（4）运行故障及处理。

1）故障一：润滑油压力降低。

a. 可能的原因：润滑系统泄漏；油泵磨损；滤油器已脏；油黏度低；油温高或用错润滑油。

b. 处理措施：检查漏油并修理；一有机会修理或更换；清理或更换主、副滤油器。

2）故障二：磨煤机出口温度高。

a. 可能的原因：磨煤机着火；热风挡板失灵；冷风挡板失灵；给煤机失灵/给煤管堵塞；出口 T – C 失灵。

b. 处理措施：灭火；关闭热风门、磨煤机停车，按要求修理；手工开冷风挡板关闭磨煤机，按要求修理；磨煤机停车，按要求修理；核验读数/按要求修理或更换。

3）故障三：磨煤机出口温度低。

a. 可能的原因：磨煤机里的煤特别湿；热风门没有打开；热风挡板或冷风挡板失灵；一次风温低；低风量。

b. 处理措施：降低给煤率保持出口温度；检查风门位置，按要求进行修理；磨煤机停车，按要求进行修理；降低给煤率；重新检验通风控制系统。

4）故障四：磨煤机电动机电流高。

a. 可能的原因：磨煤机过载或煤湿；煤粉过细；碾磨力过大；电动机失灵。

b. 处理措施：降低给煤率，检验给煤机标定，检验煤的硬度；调节分离器叶片（开）；检查弹簧压缩量如有要求重新调整；试验电动机。

5）故障五：磨煤机电动机电流低。

a. 可能的原因：无煤进入磨煤机；一只或更多磨辊装置卡住；磨煤量减少；电动机联轴器或轴断裂。

b. 处理措施：检查给煤机和给煤管是否堵塞；磨煤机停车，如有需要进行修理；检查给煤机工作情况或堵塞；检查给煤机工作情况或堵塞。

6）故障六：磨碗压差高。

a. 可能的原因：磨煤机过载；煤粉过细；磨煤机压力接头堵塞；磨煤机通风量过大；磨碗周围通道面积不够。

b. 处理措施：降低给煤率，检查给煤机的标定，检查煤硬度；调整分离器叶片（开）；检查清扫空气，清理压力接头；检查通风量控制系统；拆除一块叶轮空气节流环。

7）故障七：磨碗压差低。

a. 可能的原因：磨煤量减少；压力接头堵塞，漏损；低通风量。

b. 处理措施：检查给煤机工作和堵塞情况；检查清扫空气，如有需要，清洗压力接头；检查通风量控制系统。

8）故障八。

a. 故障现象：无煤粉至煤粉喷嘴。

b. 可能的原因：煤粉管道堵塞（堵塞时间延长会导致着火）；给煤机堵塞，中心给煤管或低通风量堵塞节流孔或格条分配器（如系统中装有这类装置）。

c. 处理措施：关闭给煤机，检查磨煤机通风量，轻敲管道，如果仍然不畅通就要拆除清理；检查和清理给煤机或中心给煤管。检查一次风控制系统挡板的工作，磨煤机停车，并把它隔离。检查、清理和修理或更换格条或孔板。

9）故障九。

a. 故障现象：煤粉细度不正确。

b. 可能的原因：分离器叶片调整错误，分离器叶片与标定不一致；折向叶片磨损或损坏；倒锥体位置不正确；内锥体或衬板磨穿成孔。

c. 处理措施：如有需要可打开或关闭；标定折向叶片；检查、修理和/或更换；减少间隙 1/2in 或调到最小间隙 3in；检查，如有需要可修补或更换。

10）故障十。

a. 故障现象：磨碗上方噪声。

b. 可能的原因：在磨碗上有异物；碾磨辊发生故障；弹簧压力不均匀；大块异物。

c. 处理措施：停止磨煤机，检查并清除异物；停止磨煤机，修理或更换磨辊装置；如有需要，检查弹簧压力和改变弹簧压力；停止磨煤机。清除异物，检查损坏。

11）故障十一。

a. 故障现象：磨碗下方噪声。

b. 可能的原因：刮板装置断裂；空气叶片断裂。

c. 处理措施：停止磨煤机，如有需要，可以修理或更换；停止磨煤机，如有需要，可以修理或更换。

12）故障十二。

a. 故障现象：齿轮箱噪声。

b. 可能的原因：轴承和齿轮损坏；磨煤机齿轮或轴承磨损。

c. 处理措施：如有需要，修理或更换磨损件，试验并更换润滑油；磨煤机停车，清理密封槽。

13）故障十三。

a. 故障现象：水平驱动轴漏油。

b. 可能的原因：迷宫密封有垃圾。

c. 处理措施：磨煤机停车，清理密封槽。

14）故障十四。

a. 故障现象：齿轮箱油温高。

b. 可能的原因：冷油器的水流量低；冷油器堵塞；低油位。

c. 处理措施：增加水流量并检查冷油器；尽快检查和清理冷油器；如有需要，检查油位并添加润滑油。检查是否渗漏。

15）故障十五。

a. 故障现象：磨煤机运行不平稳。

b. 可能的原因：煤床厚度不适宜；碾磨力过大；磨环与磨辊之间隙不正确；煤粉过细；原煤粒度过大。

c. 处理措施：增加煤量，检查磨煤机标定/管路有否堵塞；减少弹簧压缩量；重新调整磨环与磨辊之间隙；调节分离叶片（打开）；控制原煤粒度。

16）故障十六。

a. 故障现象：轴承温度高。

b. 可能的原因：轴承故障；低油位；冷油器失灵。

c. 处理措施：测听噪声并立即检查；检查油位并按要求添加润滑油；检查冷却水温度

和流量。

17）故障十七。

a. 故障现象：油流指示器无油通过。

b. 可能的原因：集管或供油管道堵塞；油泵故障。

c. 处理措施：磨煤机启动后允许润滑油有升温时间，停止磨煤机，脱开管道并予以清理；停止磨煤机，排尽齿轮箱润滑油，更换油泵。

18）故障十八。

a. 故障现象：煤从石子煤排出口溢出。

b. 可能的原因：磨煤机过载：给煤量过大、煤粉细度过细；磨辊或磨环磨损；碾磨力不够大；磨辊不转动（在启动时）；通过磨碗的气流速度低；磨碗周围的通道面积太大。

c. 处理措施：降低给煤率：检查给煤机标定、检查煤硬度，调节分离器叶片（打开）；重新调整磨环辊间隙，更换磨辊和/或磨环，调节弹簧压力；检查/增加弹簧压缩量；停止并打开磨煤机、检查磨辊的转动、消除外来杂物和/或修理更换磨辊装置，时间较长地暖磨，检查磨辊装置润滑油黏度是否正确，增大原煤粒度；检查通风量控制使操作正确；添加附加的叶轮空气节流环。

三、给煤机

（一）概述

给煤机的任务是根据磨煤机负荷的需要调节给煤量，并把原煤均匀地送入磨煤机中。目前，国内电厂应用较多的有刮板式给煤机、重力皮带式给煤机、振动式给煤机等几种。

1. 刮板式给煤机

刮板式给煤机的工作原理：利用刮板的移动，将从煤斗落在台板后的煤不断地从进煤口流到出煤口，从而输送到磨煤机。

刮板给煤机由壳体、刮板链条、刮板、导向板、煤层调节装置、信号装置、振动器、主动与从动链轮组及传动装置等组成。刮板式给煤机的结构如图 4-27 所示。

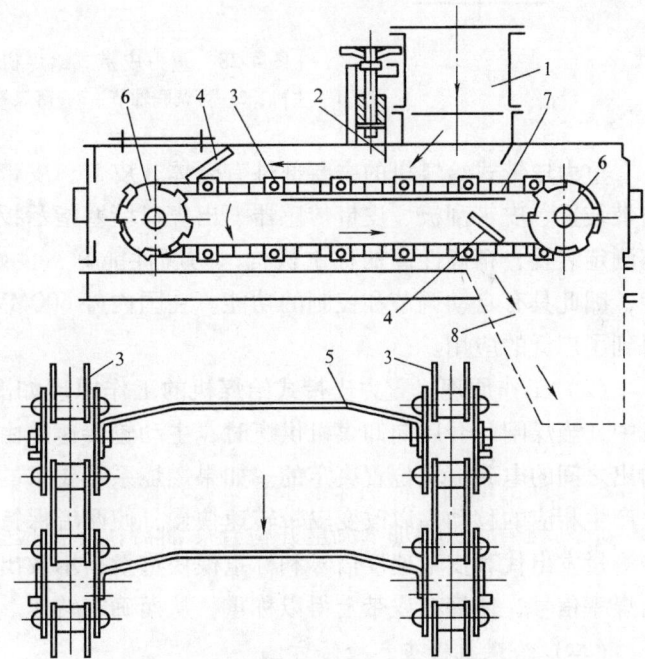

图 4-27　刮板式给煤机的结构

1—进口；2—调节板；3—链条；4—导向板；
5—刮板；6—链轮；7—平板；8—出口

刮板给煤机利用煤层厚度调节板调节给煤量：调节板越高，煤层越厚，给煤量越大；调节板越低，则给煤量越小。也可用改变链轮转速的方法来调节给煤量。

刮板式给煤机具有煤量调节范围大，煤种适应性广，密封性好，安装、维护方便等优点；缺点是占地面积大。

2. 重力皮带式给煤机

（1）结构特点。重力皮带式给煤机又称耐压式计量给煤机，其结构如图 4-28 所示。

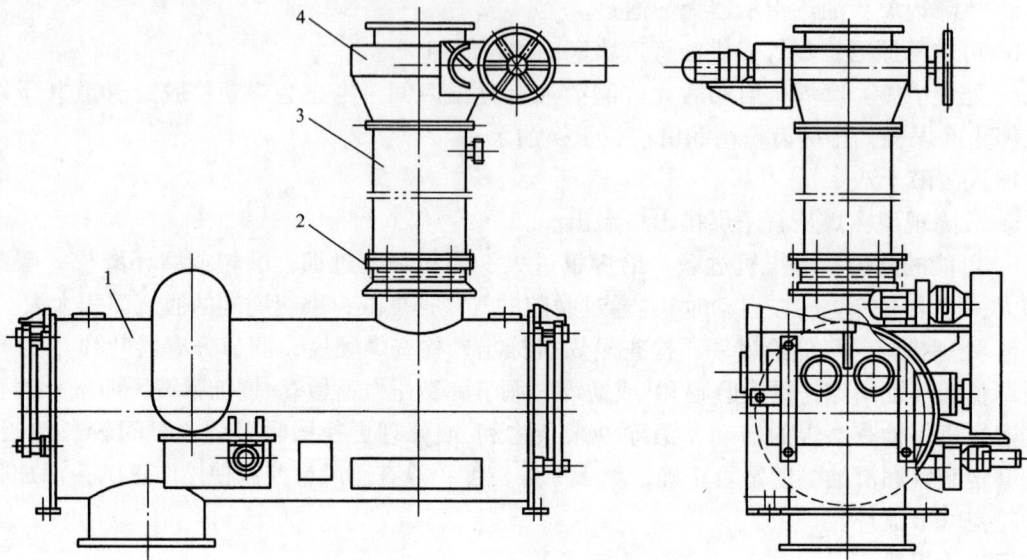

图 4-28 重力皮带式给煤机的结构
1—主机；2—可调联轴节；3—落煤管；4—煤闸门

重力皮带式给煤机的主要部件有壳体、皮带、皮带轮、称重传感器、校正装置、清扫输送带装置、皮带刮板、皮带传感器、出煤口堵塞指示板、传动装置等。它具有先进的皮带转速测定装置，精确性高的称重机构，防腐性能好，良好的过载保护，完善的检测装置等特性，因此具有自动调节和控制的功能。在国内外 600MW 及以上机组中，耐压式计量给煤机得到了广泛的应用。

（2）工作原理。重力皮带式给煤机的工作原理如图 4-29 所示。煤通过煤闸门送入给煤机中，当煤闸门开启向卸煤机供煤时，主动轮转速是由给煤机驱动电动机涡流离合器输入与输出之间的电磁滑块位置决定的。如果燃烧系统要求的给煤率与实际给煤不符时，则电磁滑块产生相应的移动，以改变皮带转速快慢，使两者保持一致。皮带转速是根据主动轮上的数字测量发出代表皮带速度信号和称重模块重量指示发出的煤重量信号，这两者相乘而产生的给煤率信号，使煤在皮带上得以称重，从而确定转速。

（二）给煤机检查、检修方法

1. 给煤机检修项目

（1）计量装置调整、检查。

（2）检查皮带、张紧度，失效者换新。

（3）调换、补充润滑油、润滑脂。

（4）给煤机磨损检查，开关检验。

（5）清扫链条磨损检查，失效调换。

（6）轴承及驱动装置解体检修。

（7）用标准重量对计量精度进行调整。

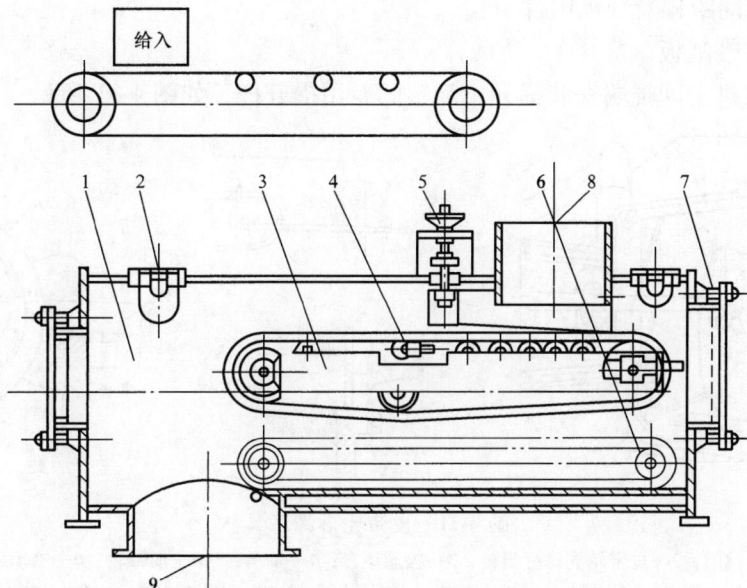

图 4-29　重力皮带式给煤机的工作原理

1—耐压壳体；2—照明灯；3—输送机构；4—称重机构；5—每层调节器；

6—清扫刮板；7—检修门；8—进料口；9—出料口

2. 给煤机皮带的更换

（1）皮带的拆卸。

1）打开检修门，清除给煤机内存煤。

2）在张紧辊臂下部塞入合适的楔块。

3）从驱动电动机侧检修门处卸下皮带转紧指示器。

4）拆下张紧辊轴承润滑油管，用白布将接头包好。

5）拆卸紧固在转紧门的支撑销，取下给煤机两侧的称重铰链。

6）将支撑杆和砝码托架拆下，拆卸称重辊和铰链，然后卸下标准砝码。

7）交替紧两侧张紧螺母，使皮带达到最大垂度。

8）在张紧辊与皮带间插入辊轮拆卸专用槽板，并将其固定在检修门框上，如图 4-30 所示。

9）从支撑杆上拆下张紧辊轴承盖，使张紧辊静放在槽板上，然后沿槽板滑出机壳，拆卸槽板。

10）检查两只称重间距辊轴承盖标记，拆

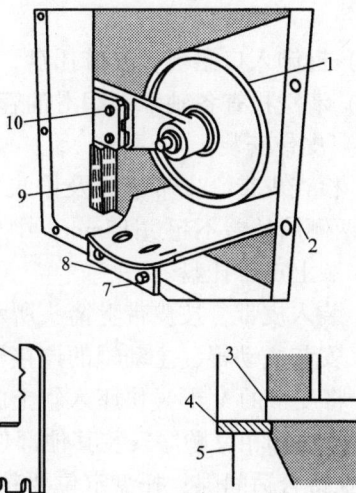

图 4-30　辊轮拆卸专用工具

1—张紧辊；2—张紧辊门框；3—皮带轮拆卸工具；

4—张紧辊门框；5—给煤机本体（标准）；

6—张紧辊指示器（标准）；7—螺栓；

8—皮带轮拆卸工具；9—堵塞块；

10—驱轴臂连接螺栓

卸轴承盖，取下间距辊及轴承组件。

11）拆下皮带刮板。

12）在给煤机主动辊端安装提升主动辊的专用提升杆，如图4-31所示。

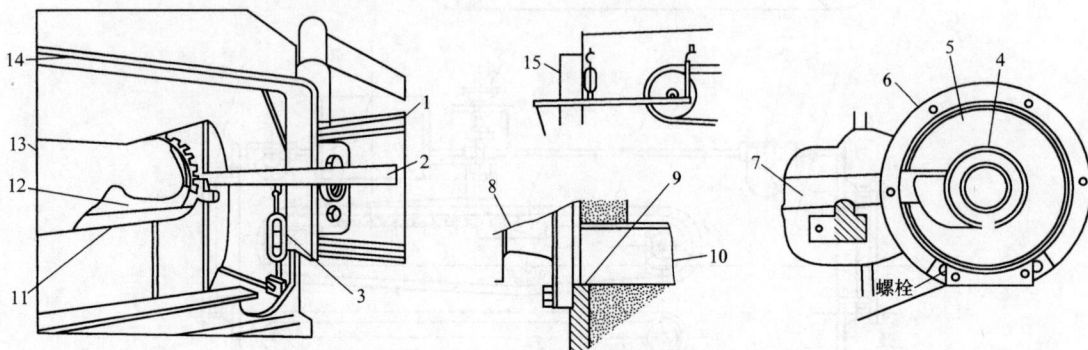

图4-31 皮带轮拆卸工具

1—排放端门；2—皮带轮支撑杆组件；3—松紧螺套；4—轴承；5—主皮带轮；6—轴承盖法兰；
7—皮带轮支撑杆组件；8—驱动减速器（标准）；9—减速器枢轴孔；10—皮带轮拆卸工具；
11—皮带轮拆卸工具；12—主皮带轮；13—皮带；14—排放端门框；15—皮带轮提升杆组件

13）调节提升杆，使主动辊从动端受力。

14）拆卸主动辊从动端轴承盖，将槽板插入主动辊和皮带间，用螺栓连接到给煤机壳体孔内。

15）将提升杆组件拆卸，使主动辊落入槽板后，将主动轮沿槽板滑出，并拆下专用槽板。

16）拆卸入口裙板，皮带托盘，取出皮带。

17）清洗检查各轴承，润滑油管及接头。

（2）皮带安装。

1）检查皮带。皮带裙边及中央定位块应完整无缺，不应有脱胶、起层、撕裂等缺陷，且皮带两侧周长差不超过15mm，中央定位块偏差不超过±5mm。

2）装上皮带托盘。

3）装入皮带，按皮带上箭头所示方向转动。

4）安装主动辊，主动辊的连接器间有3mm间隙，安装张紧辊，连接器间隙有3mm。

5）将皮带的V形导块座入辊上的导槽中。

6）按拆卸相反顺序安装其他部件。裙板磨损原厚度的2/3应更换，侧裙板应垂直安装，与皮带保持合适间隙；托盘定位要精确，水平面及左右角度偏差不得大于1°；刮板上的橡胶刮煤条磨损1/2时要更换，安装时横向要保持水平。

（3）皮带张力调节。调节张紧螺栓，使张力辊轴承盖中心处的指针在张力指示器中点处上下颤动。

（4）皮带轨迹调整。

1）用粉笔在皮带横向做标记，低速转动皮带5圈以上或高速转动皮带20圈以上，观察皮带中央隆起现象。

2）如皮带中央发生隆起现象，调整张紧螺栓，再进行观察，直至轨迹正确。

3）新皮带应观察运行至少1h，消除原有弹性，再调整到适当张力。

3. 常见故障及处理

（1）减速箱温度过高。机体振动，减速机箱内油位低，蜗轮、蜗杆等部件磨损或减速箱内进入杂质等都是造成油温过高的主要原因。处理时应停机将油放出，将减速箱解体检查，磨损部件更换，注入合格机油。

（2）整机振动。地脚螺栓松动，传动部分运行出现异常，是造成整体振动的主要因素。处理方法是先紧定地脚螺栓，并逐步检查传动部分。

（3）漏粉、漏风。机壳、检修门及各法兰密封部位易漏风、漏粉。机壳出现裂纹时采用挖补或补焊措施，检修门及各法兰密封部位处理时，将密封螺栓紧固或重新填加密封材料。

（4）皮带跑偏。拧松皮带张紧螺母，使皮带达到最大垂度，调正辊轮组支架，调整皮带张紧力，对正皮带导向装置，直到不跑偏为止。

（5）链条卡涩或折断。当链条发生卡涩现象或有跳动及碰撞声时，应仔细检查。如有一链条折断或链条卡住时，要停机处理。调整链条要注意平行度和松紧度。

（6）出力不足。皮带式给煤机入口闸板卡涩，皮带跑偏撒煤，皮带张紧力不够，滚辊空转，入口挡板开关卡涩都是造成出力不足的原因。刮板式给煤机煤层间板不合适，入口挡板开关不灵，链条卡涩及原煤斗篷煤都会造成出力不足，应逐项目检查、处理。

第四节　空气预热器的检修

一、概述

空气预热器是利用烟气热量加热燃烧所需空气的热交换设备，由于发电厂均采用给水回热系统，使进入省煤器的水温度较高，不能将排烟温度降到更低的温度，因此，在省煤器后烟气温度较低区域设置了空气预热器。空气预热器的作用是进一步降低排烟温度，回收烟气热量；提高进入炉膛助燃空气的温度，强化燃料的着火和燃烧过程，减少未完全燃烧热损失 q_4，进一步提高锅炉效率，同时，可提高炉膛内烟气温度，强化炉内辐射换热。因此，空气预热器是电站锅炉的重要组成部分。

按传热方式的不同，空气预热器可分为传热式和蓄热式两大类。在传热式空气预热器中，热量是连续地通过传热面由烟气传给空气，而且烟气和空气各有自己的通道；在蓄热式空气预热器中，烟气和空气交替地流过受热面，当烟气流过受热面时，烟气的热量传给金属受热面，并蓄积起来，然后使空气流过受热面，将蓄积的热量再传给空气，通过这样连续不断地循环来加热空气。

电站锅炉中，常用的传热式空气预热器为管式空气预热器，蓄热式空气预热器是回转式空气预热器。

管式空气预热器结构简单，工作可靠，漏风少，制造安装和维修方便，在小型机组上应用广泛。随着锅炉容量的增大，由于管式空气预热器体积庞大，使尾部受热面的布置困难，故大型锅炉主要应用回转式空气预热器。

回转式空气预热器按旋转方式可分为受热面回转式和风罩回转式两种。

1. 受热面回转式空气预热器

受热面（垂直轴）回转式空气预热器的结构如图 4-32 所示，主要由转子、外壳、传动装置和密封装置组成。

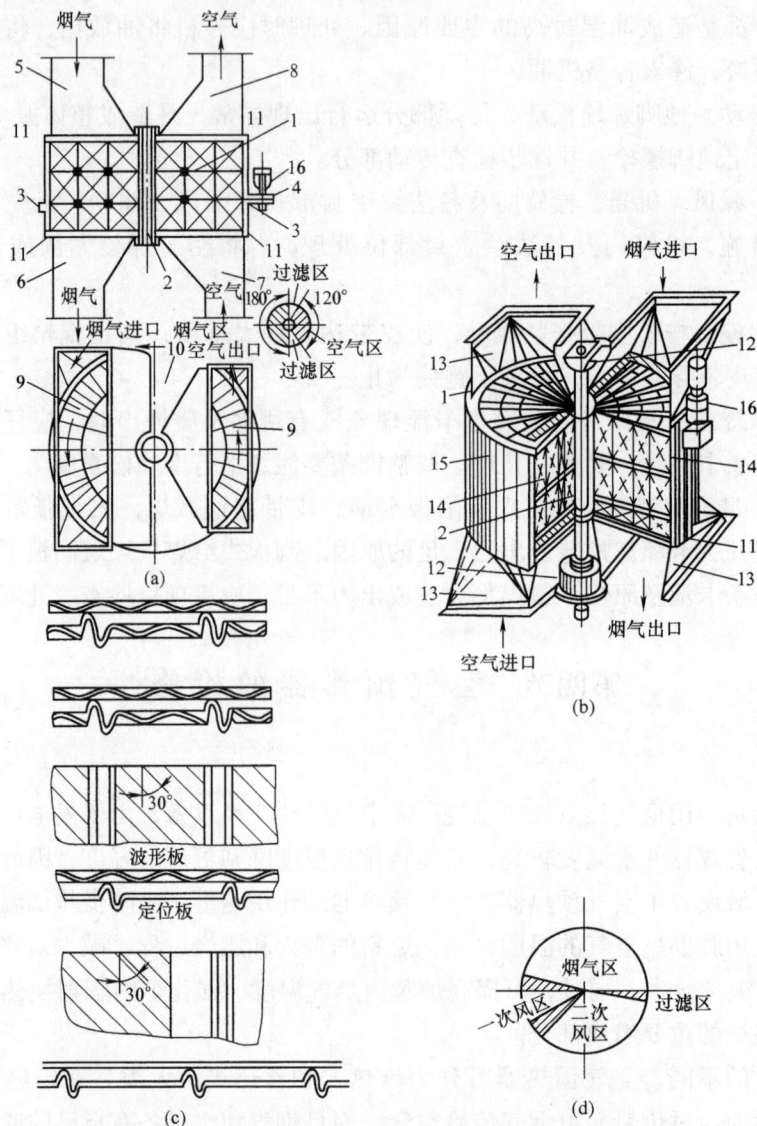

图 4-32 受热面（垂直轴）回转式空气预热器的结构

（a）剖面图；（b）立体示意图；（c）传热元件；（d）三分仓式

1—转子；2—轴；3—环形长齿条；4—主动齿轮；5—烟气入口；6—烟气出口；7—空气入口；

8—空气出口；9—径向隔板；10—过渡区；11—密封装置；12—轴承；

13—管道接头；14—受热面；15—外壳；16—电动机

转子主要由轴、中心筒、外圆筒、仓格板及传热元件等组成。中心筒与外圆筒之间用仓格板分隔成许多扇形仓，每个扇形仓内装满了由波形板制成的传热元件。扇形仓分度有 15°、30°两种，转子由上、下轴承支撑，轴承固定在横梁上。转子由电动机经减速传动装置带动。以 1~4r/min 的速度旋转。

传热元件是由厚 0.5~41.25mm 的薄钢板轧制而成的波形板和定位板组成。波形板与定位板相间放置，以保持一定的烟气和空气流通间隙。较薄的用于高温热段；为增强抵抗烟气腐蚀，低温段采用较厚的或用抗腐蚀的低合金板、陶瓷等材料。为增强气流扰动，改善传热，又不产生过大流阻，应使板上斜波纹与气流方向成30°。

圆筒形外壳由圆筒、上下端板和上下扇形板等组成。根据对空气加热情况的不同，受热面回转式空气预热器又分为二分仓式和三分仓式两种。二分仓式是在上、下端板上各开有一个烟道和风道开口，并把空气预热器圆筒形外壳的顶部和底部在上、下对应分隔成烟气流通区（约占165°）、空气流通区（约占135°）和扇形板密封区（30°×2）三部分。烟气流通区通道上、下烟道接头与烟道相连，空气通过上、下风道接头与风道相接。转子旋转时，传热元件不断交替通过烟气流通区与空气流通区。这样不断地循环，转子每转一周就完成一个热交换过程。

近年来，许多锅炉采用了三分仓回转式空气预热器，如图4-33（a）所示，三分仓回转式空气预热器与二分仓式的主要区别是一、二次风分隔布置，把空气预热器分隔成烟气流通区、一次风流通区、二次风流通区和扇形板密封区四部分。在烟气与一、二次风流通区之间，均有扇形板密封区，将锅炉需要不同温度和压头的一次风与二次风分隔加热，目的是为了降低风机电耗，避免用掺加冷风来调节制粉系统出力。

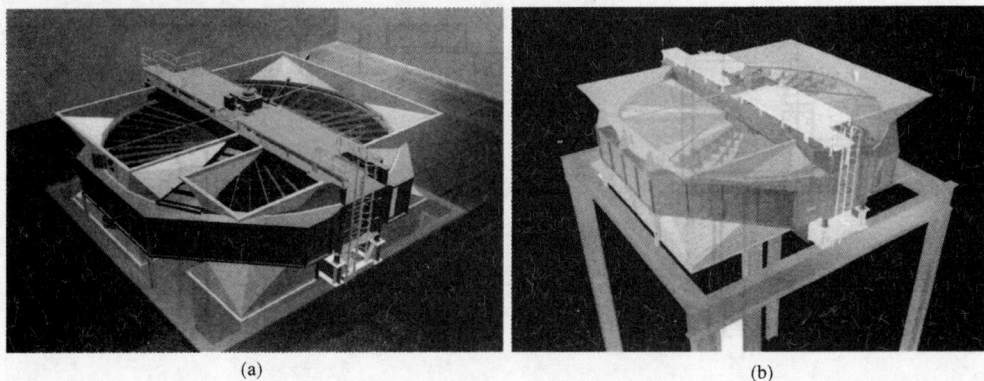

图4-33 回转式空气预热器的类型

(a) 三分仓空气预热器；(b) 二分仓空气预热器

空气预热器的转子采用积木式（组合式分仓）结构，将转子以15°等份分成24个独立的扇形模块组件，并把波形板装入扇形仓模块内组装出厂。在安装时，只需要将扇形模块与中心筒用销轴和螺栓连接装成一体，这样既减少了安装工作量，又减少了因焊接而造成的变形，如图4-34所示。

回转式空气预热器的漏风，是由于转子与固定外壳之间有间隙，而且空气预热器尺寸大，运行时烟气自上而下、空气由下而上流动，使整个空气预热器的上部温度高，下部温度低，形成蘑菇状变形，使各部分间隙发生变化，更增大了漏风；被加热的空气是正压，烟气是负压，其间存在有一定的压差，在压差的作用下，空气通过间隙漏入烟气中。另外，转动部件也会把部分空气带到烟气侧，但由于转速很低，这部分漏风量很少，一般不超过1%。漏风不但增大排烟热损失和风机电耗，当漏风严重时，还将造成送入锅炉参与燃烧的空气量不足，直接影响锅炉出力。

减小漏风的措施是在所有动、静部件间分别装设径向、环向和轴向三种密封装置。径向

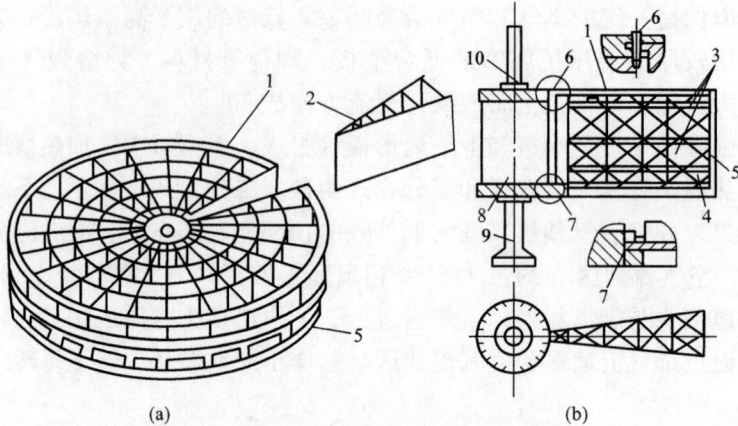

图 4-34　回转式空气预热器积木式结构

（a）转子积木结构；（b）转子积木结构组装

1—转子；2—仓格模块；3—热段传热元件；4—冷段传热元件；5—围带；

6—固定销；7—定位销；8—中心筒；9—下轴；10—上轴

密封是沿径向布置的。装在转子扇形仓径向隔板的上、下端，常见的径向密封如图 4-35 所

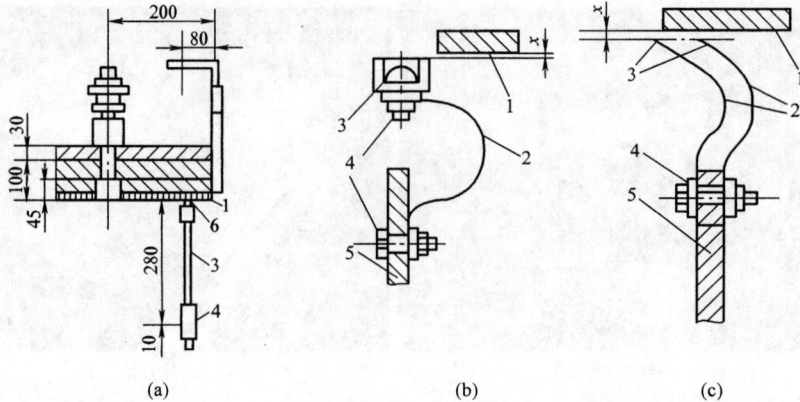

图 4-35　径向密封

（a）无密封头的折角板结构；（b）单密封头弧形板结构；（c）双密封头弧形板结构

1—感形板；2—弧形密封板；3—密封头；4—螺栓；5—径向隔板；6—折角密封板

示。环向密封有内环、外环两种，分别装于转子中心筒和外圆筒的上、下端。内环向密封是防止空气通过中心筒上、下端面进入烟气侧；外环向密封是防止空气通过转子外圆筒上、下端面漏入外圆筒与外壳之间的空隙中。考虑检修安装的方便，环向密封一般分段，其结构如图 4-36 所示。轴向密封是装于转子外圆筒外面，对应每一径向隔板，沿轴向布置的密封，主要作用是当环向密封不严时，防止空气由转子外圆筒与外壳之间间隙漏入烟气侧，其结构如图 4-37 所示。

为减少漏风，密封系统日趋完善，在新生产的回转式空气预热器上广泛地采用能自动"跟踪"转子热变形的自动控制系统，使密封间隙始终维持在很小的范围内。

2. 风罩回转式空气预热器

回转式空气预热器直径大、转子重。为减小转动部件的质量，减小支撑轴承的负荷，因而产生了风罩回转式空气预热器。这种空气预热器除了转子轻、耗功小外，由于受热面与烟

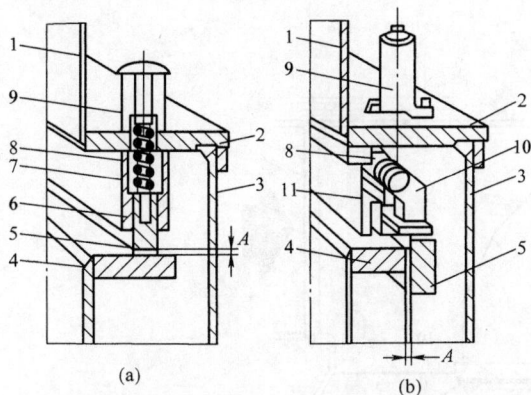

图 4-36　外环向密封装置

（a）保持直方向间隙结构；（b）保持径向间隙结构

1—通道接头壁面；2—外壳上端板；3—外壳圆筒；

4—转子外圆筒上端板；5—密封块；6—密封块导向；

7—弹簧；8—调节密封块位置的拉杆；9—弹簧盒盖；

10—连接杆；11—膨胀节

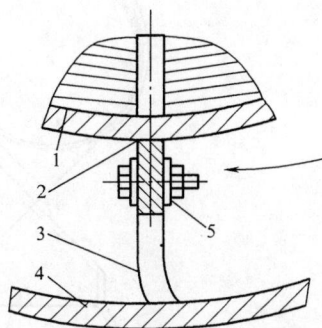

图 4-37　轴向密封装置

1—转子外圈；2—轴向密封支撑板；

3—弹簧钢板；4—外壳圆周；5—压板

道一起构成坚固的静子，因此，不易出现因温度分布不均产生受热面的蘑菇状变形。此外，还可采用量大、强度低、能防腐的陶质受热面，其缺点是结构较为复杂。

风罩回转式空气预热器，主要由作为受热面的静子，回转的上、下"8"字形风罩，传动装置，密封装置和固定的烟风道组成，其结构见图 4-38。静子部分的结构与受热面旋转式空气预热器的转子相似，但扇形仓径向仓板分度小，一般为 7.5°，上、下烟道与静子外壳相连接。静子的上、下两端面装有可转动的上下"8"字口相对的风罩，并由穿过中心筒的轴连接为一体。电动机通过传动装置，由轴带动上、下风罩同步旋转。风罩将静止截面分为烟气流通截面（占 50% ~60%）、空气流通截面（35% ~40%）和密封区（占 5% ~10%）三部分。烟气在"8"字风罩外被分成两股，自上而下流经静子，加热波形板受热面。冷空气经下部固定的风道进入旋转的下"8"字风罩，把空气分成两股气流。气流自下而上流经静子时，吸收受热面蓄积的热量被加热。这样，风罩每转一周，静子中的受热面进行两次吸热和放热。因此，风罩旋转式空气预热器的转速要比受热面旋转式慢，一般以 0.75 ~1.4r/min 的速度旋转。

为减少漏风，在动静部件之间间隙处均装有密封装置。旋转风罩与受热面静子之间的密封装置见图 4-39，主要由密封伸缩节、密封框架和铸铁密封摩擦板等组成。在"8"字风罩口下的径向密封和内外密封摩擦板与中心筒端面接触；径向密封摩擦板在转动中与经过的扇形仓隔板接触，以防空气漏入烟气侧。

上、下回转式风罩与固定风道之间的环向密封结构如图 4-39 所示。弧形铸铁密封块分成多段装在固定风道上，其端部与转动"8"字风罩"腰部"的连接套管外侧接触，并应压紧弹簧，以防空气漏出。

回转式空气预热器的波形板受热面，布置紧凑，板间气流通道狭窄，烟气中的飞灰易在受热面上沉积，尤其是空气预热器的冷端，由于该区域空气的温度最低，容易产生低温腐蚀，又会使积灰加剧。积灰不仅增加了阻力，严重时还会将气流通道堵死，影响空气预热器

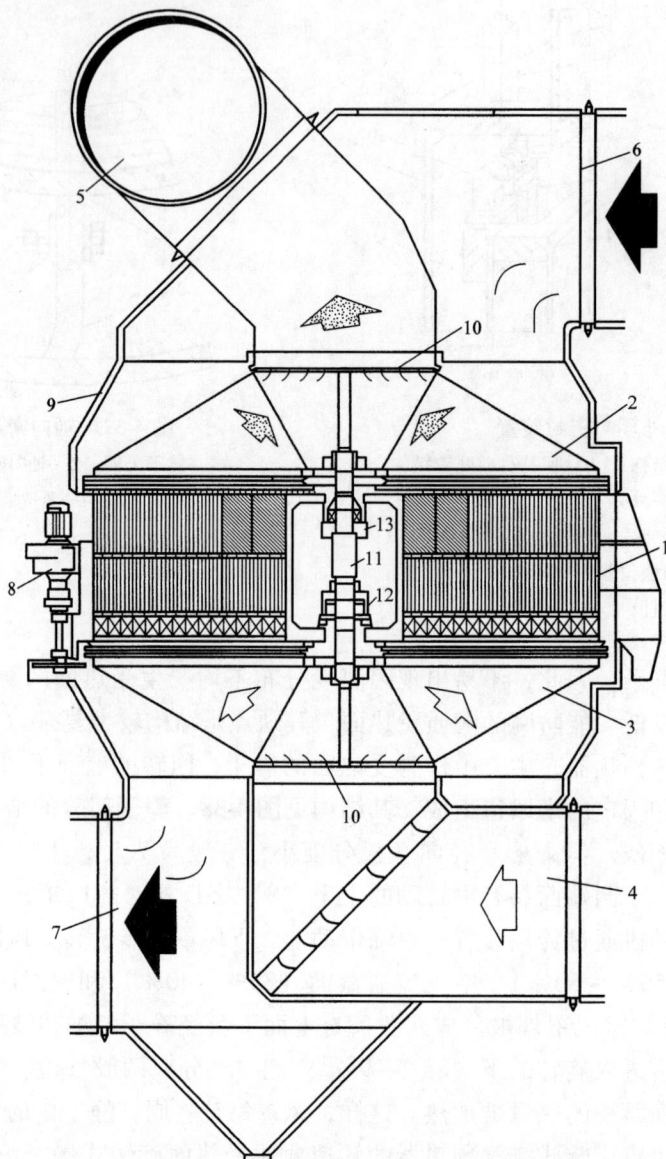

图 4-38 风罩回转式空气预热器的结构

1—静子；2—上风罩；3—下风罩；4—冷空气入口；5—热空气出口；6—烟气入口；7—烟气出口；
8—减速传动装置；9—空气预热器外壳；10—密封装置；11—主轴；12—推力轴承；13—上轴承

的正常运行。因此，在传热元件的上、下两端都装有吹灰装置。吹灰介质常采用过热蒸汽或压缩空气，如积灰严重，也可用压力水冲洗。

回转式空气预热器广泛用于大容量锅炉尾部受热面的单级布置。但当要求热空气温度高于 $300 \sim 350\,^{\circ}\!C$ 时，也可作为双级布置的低温级，而管式空气预热器作为高温级。由于回转式空气预热器直径较大，故多布置在锅炉尾部烟道的外面，如图 4-40 所示。

二、典型空气预热器技术参数及结构

以 32VNT1600 型空气预热器为例。

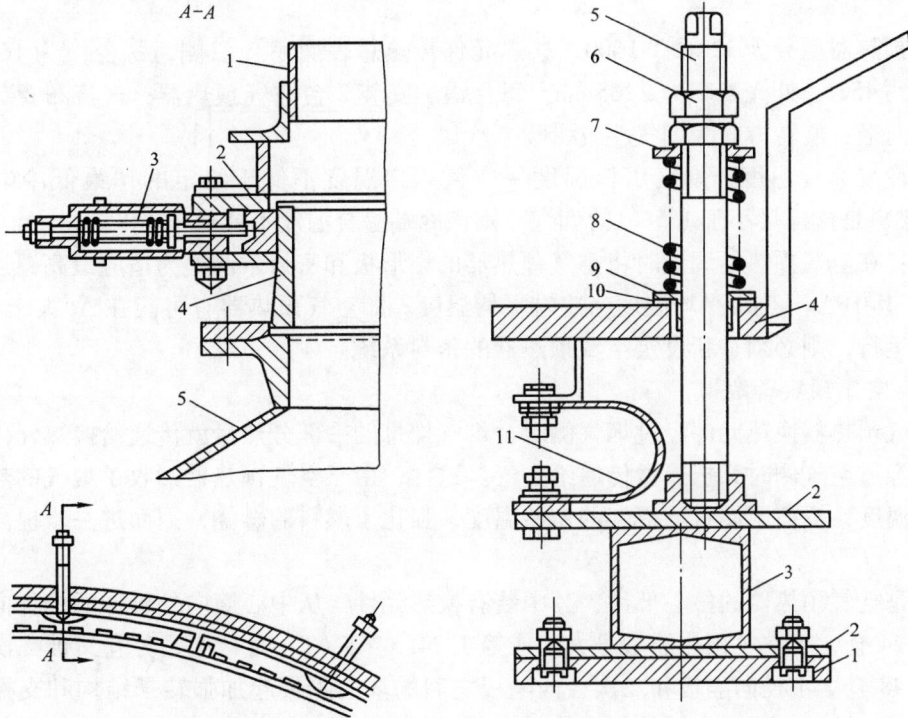

图 4-39　旋转风罩与受热面静子之间的密封装置

1—铸铁密封摩擦板；2—钢板；3—密封框架；4—8 字形风罩端板；5—吊杆；6—调节螺母；

7—弹簧压板；8—弹簧；9—密封套；10—石棉垫板；11—U 形膨胀节

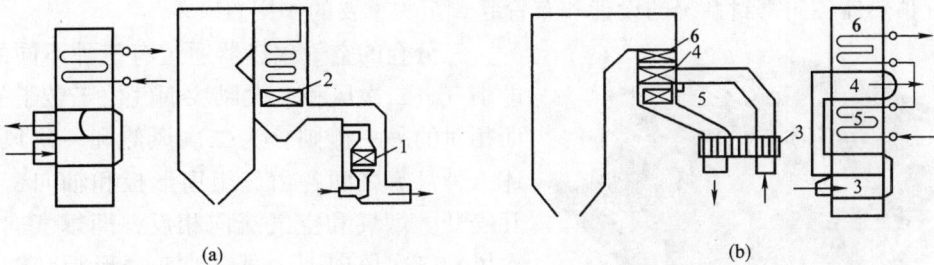

图 4-40　回转式空气预热器的布置

（a）单级布置；（b）双级布置

1—空气预热器；2—省煤器；3—低温空气预热器；4—高温空气预热器；5—低温省煤器；6—高温省煤器

（一）主要技术参数

1. 基本结构

换热元件盒：气流布置为烟气向下，空气向上。

密封系统：顶部扇形板、轴向弧形板、底部扇形板皆为固定式不可调；转子密封设定可适应转子热变形。

驱动电动机：WEG TEAL 电动机，2 台，7.5kW，转速为 1460r/min；380V ±10%，三相，50Hz ±5%；变频控制；驱动电动机非驱动端带手动盘车输出轴。转子转速：0.75r/min（正常运行），0.38r/min（水洗）。两轴承均使用油浴润滑。

2. 空气预热器主体参数

空气预热器型号为 32 VNT 1600，换热元件传热总表面积（双侧，每台）为 16 085m²；本体总重约 451t，外壳高度为 2265mm，每台锅炉安装 2 台空气预热器；气流布置为烟气向下，空气向上；旋转方向为烟气/一次风/二次风。

建议冷端综合温度：烟气出口温度 + 空气入口温度不低于给定的"最低冷端综合温度"。如燃料是含硫量小于 1.5% 的烟煤，则该冷端综合温度不能低于 148℃。

注意：在空气预热器调试时将空气预热器的扇形板和密封条调整为适应最高温度：$\Delta t = 285.9℃$，其中 $\Delta t =$ 热端平均温度 − 冷端平均温度。如空气预热器有可能在 Δt 大于 285.9℃ 的条件下运行，则必须重新设定空气预热器的密封系统。

（二）空气预热器结构

当空气预热器换热元件经过烟气侧时，烟气携带的一部分热量就传递给换热元件；而当换热元件经过空气侧时又把热量传递给空气。这样，由于空气预热器回收了烟气的热量，降低了排烟温度，提高了燃料与空气的初始温度，强化了燃料的燃烧，因而进一步提高了锅炉效率。

转子是空气预热器的核心部件，其中装有换热元件。从中心筒向外延伸的主径向隔板将转子分为 24 仓，当空气预热器型号大于或等于 24.5 VN（T）时，这些分仓又被二次径向隔板分隔成 48 仓。主径向隔板和二次径向隔板之间的环向隔板起加强转子结构和支撑换热元件盒的作用。转子与换热元件等转动件的全部重量由底部的球面滚子轴承支撑，而位于顶部的球面滚子导向轴承则用来承受径向水平载荷。

对于二分仓的空气预热器，烟气和空气分别流经转子的两侧，两种气流之间由固定式扇形板和轴向密封板隔开。气流的布置为烟气向下、空气向上。为将空气至烟气的漏风降至最低，空气预热器各向密封系统的设计和布置起着至关重要的作用。

图 4-41　三分仓空预器的典型结构

三分仓的空气预热器通过有三种不同的气流，即烟气、二次风和一次风。烟气位于转子的一侧，而相对的另一侧则分为二次风侧和一次风侧。上述三种气流之间各由三组扇形板和轴向密封板相互隔开。烟气和空气流向相反，即烟气向下、一次风和二次风向上。通过改变扇形板和轴向密封板的宽度可以实现双密封和三密封，以满足电厂对空气预热器总漏风率和一次风漏风率的要求。三分仓空气预热器的典型结构如图 4-41 所示。

转子外壳用以封闭转子，上下端均连有过渡烟风道。过渡烟风道一侧与空气预热器转子外壳连接，一侧与用户烟风道的膨胀节相连接，其高度和接口法兰尺寸可随用户烟风道布置要求的不同做相应变化。转子外壳上还设有外缘环向密封条，由此控制空气至烟气的直接漏风和烟风的旁路量。

转子外壳与空气预热器铰链端柱相连，并焊接成一个整体支撑在底梁结构上。转子外壳烟气侧和空气侧分别由两套铰链侧柱将转子外壳支撑在用户钢架上，该支撑方式可以保证转子外壳在热态时能自由向外膨胀。

中心驱动装置直接与转子中心轴相连。驱动装置包括主驱动电动机、备用驱动电动机、减速箱、联轴器、驱动轴套锁紧盘和变频器等。

水洗时转子以低速旋转。

空气预热器的静态密封件由扇形板和轴向密封板组成。扇形板沿转子直径方向布置，轴向密封板位于端柱上与上下扇形板连为一体组成一封闭的静态密封面。转子径向隔板上下及外缘轴向均装有密封片，通过有限元计算和现场的安装调试经验来合理设定这些密封片，可将空气预热器在正常运行条件下的漏风率降至最低。

转子顶部和底部外缘角钢与外壳之间均装有外缘环向密封条。底部环向密封条安装在底部过渡烟风道上，与底部外缘角钢底面组成密封对；顶部环向密封条焊在转子外壳平板上，与顶部外缘角钢的外缘组成密封对。

1. 换热元件

换热元件由薄钢板制成，一片波纹板上有斜波，另一片上除了方向不同的斜波外还有直槽，带斜波的波纹板和带有斜波和直槽的定位板交替层叠。直槽与转子轴线方向平行布置，使波纹板和定位板之间保持适当的距离。斜波与直槽呈 30° 夹角，使得空气或烟气流经换热元件时形成较大的紊流，以改善换热效果，如图 4-42所示。

图 4-42　换热元件

由于冷端（烟气出口端和空气入口端）受温度和燃烧条件的影响最易腐蚀，因而换热元件分层布置，其中，热端和中温段换热元件由低碳钢制成，而冷端换热元件则由等同考登钢制成。

换热元件均装在元件盒内以便于安装和取出。其中，热端和中温段换热元件垂直向上抽取，冷端换热元件则根据技术协议要求的抽取方式进行具体布置和设计。

2. 转子

连在中心筒轮毂上的低碳钢主隔板为转子的基本构架，转子隔仓由中心筒和外部分仓组成。转子中心筒包括中心筒轮毂和内部分仓，其中转子主径向隔板与中心筒轮毂连为一体。从中心筒轮毂向外延伸到转子外缘的主径向隔板将转子分为若干个分仓，这些分仓同时又被二次径向隔板和环向隔板分割成若干个隔仓，用以安装规格不同的换热元件盒，如图 4-43所示。

在冷端换热元件为侧抽的转子结构中，转子冷端还设有冷端换热元件支撑格栅，此外每个转子外缘环向隔板均开有冷端换热元件侧抽门。

3. 转子外壳

转子外壳封闭转子并构成空气预热器的一部分，由低碳钢板制成。

转子外壳由六个部分现场组装而形成正八面体，位于两个端柱之间。端柱两侧的转子外壳由四套铰链侧柱支撑在用户钢架上，铰链侧柱的布置角度考虑到了转子外壳和铰链侧柱能沿空气预热器中心向外自由、均匀膨胀，如图 4-44所示。

铰链侧柱和端柱的设置确保空气预热器静态部件在热态运行时能沿不同方向自由膨胀，以实现空气预热器安全、经济的运行。

转子外壳还支撑着顶部和底部过渡烟风道的外部，过渡烟风道分别与转子外壳的顶部和底部平板连接。

图 4-43　转子外部隔仓组件

图 4-44　转子外壳与侧柱铰链

4. 端柱

端柱支撑着包括转子导向轴承在内的顶部结构，如图 4-45 所示。

每一端柱上都含有轴向密封板，轴向密封板与上下扇形板连为一体。

端柱与底部结构的扇形板支板相连，并通过铰链将载荷直接传递到底梁和用户钢架上。

5. 顶部结构

顶部结构上连接有顶部扇形密封板，顶部扇形密封板在设定固定前由若干个调节螺杆悬吊在扇形板支板上。顶部结构将两侧端柱连为一体，组成一中心承

图 4-45　端柱（轴向密封板）

力框架，一方面将顶部导向轴承定位在中心位置并支撑由顶部轴承传递的横向载荷，另一方面还承受着由驱动装置扭矩臂传递过来的载荷。

顶部结构扇形板支板的翼板在烟气和空气侧均开有若干个通流槽口，以使顶部结构梁的上下温度场尽可能分布均匀，从而减小顶部结构纵向热变形和转子热端径向间隙的变化。

6. 底部结构

底部结构（如图 4-46 所示）包括底梁、底部扇形板和底部扇形板支板等。底梁通过底部轴承凳板支撑着空气预热器转动部件的载荷。底梁还支撑端柱、底部扇形板和底部扇形板支板的重量。底部过渡烟风道的重量由底部结构承受。底梁上的所有载荷分别由两端传递到用户钢架上。

7. 过渡烟风道

如图 4-47 所示，过渡烟风道位于转子热端和冷端的烟气侧和空气侧，其作用是将气流导入和引出转子。三分仓布置的风道又被进一步分为二次风道和一次风道。

图 4-46　底部结构（底部扇形板）

二次风过渡管道

一次风过渡管道

图 4-47　过渡烟风道

过渡烟风道连接在转子外壳平板以及顶底结构上，其法兰口大小和形式根据用户烟风道设计并与其相配。

为保证空气预热器结构合理受力，所有过渡烟风道内均设置内撑管。

8. 转子驱动装置

转子由中心驱动装置驱动，驱动装置直接与转子顶部端轴相连。

两台电动机均能以正、反两个方向驱动空气预热器，只有在空气预热器不带负荷时才允许改变驱动方向。

两台驱动电动机与初级减速箱均为法兰连接。

终级减速箱通过输出轴套直接套装在驱动轴轴上并用锁紧盘固定。

终级减速箱一侧装有扭矩臂，扭矩臂被固定在顶部结构上的扭矩臂支座内，扭矩臂支座通过扭矩臂给驱动机构一个反作用扭转力矩从而驱动驱动轴和转子旋转，而驱动装置扭矩臂沿垂直方向可以在扭矩臂支座内上下自由移动，以适应转子与顶部结构的热态涨差。

主电动机的非驱动端设有键连接的输出轴，以便在维护时用盘车手柄进行手动盘车。

减速箱为油浴润滑。

驱动装置的驱动电动机配有变频器，用以降低空气预热器启动时的启动力矩，减轻启动时对减速箱的冲击作用，以实现"软启动"。此外，通过变频控制，可以改变空气预热器的转速，用以满足停炉时空气预热器在低速下对换热元件进行水冲洗的需要。

9. 底部推力轴承

转子由自调心球面滚子推力轴承支撑，底部轴承箱固定在支撑凳板上。转子的全部旋转重量均由推力轴承支撑。

底部轴承箱在定位后，将螺栓和定位垫板一起锁定，并将垫板焊在支撑凳板上。

底部轴承两侧均设有防护网，以防止空气预热器正常运行时无关人员靠近转动部位而发生意外。

底部轴承采用油浴润滑。轴承箱上装有注油器和油位计，并开有用于安装测温元件的 1in BSP 螺纹孔。

底部轴承箱下面配有不同厚度的调整垫片，用于现场调整转子的上下位置和顶底径向密封间隙的大小。安装时，还应适当增加垫片数量用以补偿底梁承载后的弯曲变形。

10. 顶部导向轴承

顶部导向轴承为球面滚子轴承，安装在一轴套上。轴套装在转子驱动轴上，并用锁紧盘与之固定。导向轴承和轴套的大部分处于顶部轴承箱内。

顶部轴承箱两侧焊有槽形支臂，通过调节固定在顶部结构上的螺栓和支臂的相对位置来改变转子顶部轴承中心的位置，从而达到调整转子中心线位置的目的。顶部轴承支臂与顶部结构用 8 个锁紧螺栓和上下垫板定位固定，待顶部轴承位置最终调整就位后，即可将上述垫板与顶部结构的翼板焊在一起。此外，通过调整顶部轴承支臂下不同位置的垫片高度可以调节顶部轴承箱的水平度。

顶部轴承采用油浴润滑，润滑油等级与底部推力轴承相同。

顶部轴承箱上有加油孔、注油器、油位计、呼吸器和放油塞。另外，还设有用于安装测温元件的 1in BSP 螺纹孔。

顶部轴承箱还配有水冷却系统，冷却水法兰入口温度要求不得高于 38℃，冷却水流量须不低于要求值。

11. 转子密封系统

空气预热器的密封系统由转子径向、轴向、环向以及转子中心筒密封组成，如图 4-48 所示。

（1）径向密封。径向密封片安装在转子径向隔板的上、下缘。密封片由 1.6mm 厚的考登钢制成，与 6mm 厚的低碳钢压板一起通过自锁螺母固定在转子隔板上。所有密封片均设计呈单片直叶型。径向密封片用来减小空气到烟气的直接漏风，其结构如图 4-49 所示。

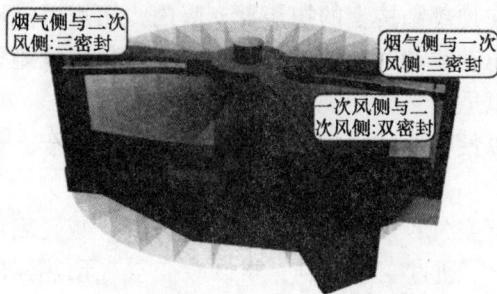

图 4-48 豪顿华三分仓空预器典型密封系统

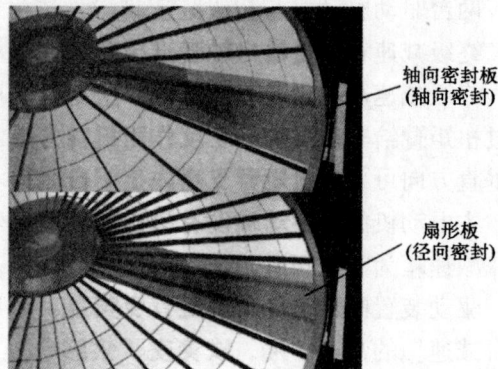

图 4-49 豪顿华空气预热器的密封结构

（2）轴向密封。轴向密封片和径向密封片一起，用于减小转子和密封挡板之间的间隙。轴向密封片由 1.6mm 厚的考登钢制成，安装在转子径向隔板的垂直外缘处，其冷态位置的设定应保证锅炉带负荷运行以及停炉时无冷风时与轴向密封板之间保持最小的密封间隙。轴向密封的固定方式与径向密封片相同。

（3）环向密封。环向密封条安装在转子中心筒和转子外缘角钢的顶部和底部，其主要功能是阻断因未经过热交换而影响空气预热器热力性能的转子外侧的旁路气流。此外，环向密封还有助于轴向密封，因为它降低了轴向密封片两侧压差的大小。

在转子底部外缘，由 1.6mm 厚等同考登钢加工的单片环向密封条安装在底部过渡烟风道上并与转子底部外缘角钢构成密封对。由于在满负荷运行时转子向下变形，因此安装该密封条时需预先考虑到这一间隙要求。该密封条用螺母以及压板固定。

顶部环向密封由焊在转子外壳上的密封条组成。在设置该密封条时应预先考虑到满负荷时转子以及外壳的径向变形差。

内缘环向密封条安装在转子中心筒的顶部和底部，与顶部和底部扇形板一起构成密封对，通过螺栓与焊在固定板内侧的螺母一起锁定。

（4）转子中心筒密封。中心筒密封为双密封布置，密封片安装在扇形板上，与中心筒构成密封对。内侧密封由两个 1.6mm 厚等同考登钢制作的圆环组成，两个圆环之间用低碳钢支撑环固定，内侧密封直接装到扇形板上。

为便于更换，内侧密封分两段安装，这样可以直接进行更换和安装。

外侧密封为盘根填料密封。盘根填料座的支撑板固定在扇形板的加强板上。盘根填料选为非石棉石墨专用盘根，盘根耐热温度不低于 500℃。盘根填料设为三层，截面为 15mm×15mm。

上述中心筒内、外侧密封之间的填料室设有一直接通向烟气侧的槽形管道，通过烟气侧的负压将漏入填料室的空气和灰一同导入烟气侧。

中心筒密封的主要功能是减少空气漏入到大气中。

12. 吹灰器

空气预热器配有两台吹灰器，一台位于烟气入口，另一台位于烟气出口。该空气预热器吹灰装置布置如图4-50所示。

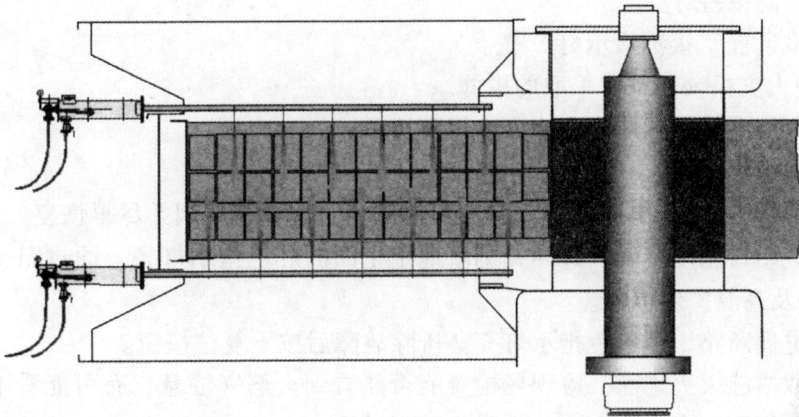

图4-50　豪顿华空气预热器半伸缩吹灰装置布置

13. 空气预热器本体顶底检修平台

顶部检修平台用于中心驱动装置、顶部导向轴承、转子失速报警探头以及火灾探头等部件的维护。

底部检修平台用于底部轴承、底部中心筒密封以及用密封针仪测量冷端密封间隙等。

三、空气预热器的检修

（一）常见故障现象、可能原因分析及检查项目

1. 腐蚀

锅炉燃烧的所有燃料几乎都含有硫。燃烧过程中燃料中的大部分硫都转变为二氧化硫，但仍有1%～5%的硫转变为三氧化硫。烟气中三氧化硫的含量取决于许多因素，如燃料中硫的含量、燃烧时的过量空气系数以及是否存在对形成三氧化硫起催化作用的沉积物等。

三氧化硫与烟气中的水蒸气反应，在换热元件表面形成一层硫酸膜从而腐蚀碳钢换热元件。能在换热元件表面上形成一层连续的硫酸膜的最高温度称为烟气的"酸露点"。当换热元件壁温低于露点温度时，硫酸蒸汽就会凝结在壁面上腐蚀换热元件，并不断黏结飞灰，堵塞通道，降低换热元件换热效率和使用寿命，从而影响空气预热器的安全经济运行。

当换热元件壁温低于露点温度时，酸液凝结量随壁温的降低而不断增加。显然，换热元件的腐蚀速度也不断加速，通常最大腐蚀率的壁温约比露点温度低20～45℃。

为有效地控制和减缓冷端换热元件的腐蚀，必须避免空气预热器在"冷端综合温度"（烟气出口温度＋空气入口温度）低于建议的最低值下长时间运行。

因省煤器或暖风器故障产生的水汽泄入会提高烟气的露点，加以燃料未燃颗粒的带入会进一步加速换热元件的腐蚀。为防止换热元件的快速腐蚀，对发生泄漏的管路应及时修复，并保证尽可能高的燃烧效率。

2. 火灾防御

（1）换热元件表面可燃物的沉积。低负荷运行或燃烧条件差极易使空气预热器换热元件表面沉积的可燃物（油和可燃碳）发生"二次"燃烧，因而应密切注意防止换热元件表面可燃物的沉积，否则有可能引发严重的火灾。

（2）"火灾高温报警"信号。

1）就地高温报警灯亮。

2）中控室远程"火灾指示灯"亮。

（3）出现火灾报警信号应采取的措施。

1）指派专门人员到就地柜查明火灾报警情况。

2）打开就地柜门。

3）如就地柜失电，"电源接通"指示灯则熄灭，应查找原因并尽早恢复。

4）如空气出口温度或温升过高，则就地柜正面的红色指示灯亮。通过温度显示来监视温度变化趋势及高温扩展情况。

5）如热电偶断路，则黄色指示灯亮。排除故障后按下复位按钮。

6）在采取措施灭火之前，应现场检查能否能看到火焰（注意：有可能看不到明显的火焰）。如就地柜探测到有火灾存在，应采取下列措施：

a. 收到就地柜的火灾报警信号。

b. 现场确认空气预热器是否着火。

c. 关闭送、引风机并停炉。

d. 保持两台空气预热器继续运转。

e. 将发生火情空气预热器烟气侧和空气侧挡板关闭。

f. 打开着火空气预热器底部烟风道内排水口。

g. 打开消防阀，通过顶部烟风道内的消防喷嘴扑灭火焰，确保烟风道内的排水口已打开。

h. 继续往空气预热器转子上喷水，直到火焰完全熄灭，转子完全冷却。

（4）运行中的注意事项。在不带负荷或低负荷条件下调试空气预热器时应注意：

1）转子必须保持旋转。

2）应特别注意定期吹灰，保持换热元件表面清洁。

3）应密切注意空气预热器烟气和空气的温度，这些温度的任何异常升高都预示着可能要发生火灾并应随即予以彻底检查。

4）空气预热器在不带负荷或低负荷运行后应尽快检查换热元件表面的积垢程度，并根据需要进行清洁。

5）火灾监控系统应保持在正常工作状态。

（二）常规维护

1. 密封系统

检查密封间隙，必要时进行适当调整。为防止密封系统和空气预热器构件受损，所有间隙均按锅炉厂提供的机组极端运行条件设定，而且通过厂家所提供的密封间隙测量针仪和底部扇形板的测点来测量转子冷端径向密封间隙，并据此对冷态密封间隙和转子进行适当调整。在停机期间应检查密封片的磨损情况并依照下述要求更换或重新设定密封片。

（1）顶部和底部径向密封。

1）安装固定径向密封设定杆。

2）选择一套径向密封条和压板。人工盘动转子直至该密封片对准顶部扇形板边缘，根据豪顿技术要求重新安装固定密封片。

3）转动转子直至密封片对齐密封设定杆。

4）人工盘动转子，依次将其余的密封片对准密封设定杆，就位后固定。

5）安装和固定时应注意切勿损坏密封片。

6）拆除密封标尺。

7）确保所有压板和紧固件均已安装并锁紧。

（2）轴向密封。

1）轴向密封片的安装和固定可通过位于转子外壳上的轴向密封检修门进行。

2）人工盘动转子直到所选密封片对准轴向密封板。

3）根据豪顿现场服务工程师要求重新安装固定密封片。

4）将密封设定杆安装到适当位置。

5）将已安装的密封片对准密封设定杆，根据密封片的位置调整和固定密封设定杆。

6）根据轴向密封设定杆的位置重新设定所有轴向密封片。

7）拆除轴向密封设定杆。

8）确保所有中心密封片就位并锁定。

（3）空气预热器密封间隙测量针仪的使用方法。

1）针仪测量点位于底部扇形板外侧，测量前需旋下测点丝堵。

2）旋松针仪上的沉头螺钉，将针仪探针针头伸出一定长度后，旋紧沉头螺钉并将针仪一滚花环螺母锁紧。

3）将针仪插入扇形板的测点处，确保针仪针头应与扇形板的内表面平齐。

4）将一道径向密封片对准测点，小心旋入针仪直到针头刚好接触到密封片为止，然后测量滚花环之间的距离。在每一次旋入探针之前应确保转子已旋转一周。

5）记录各测点的密封间隙值。

6）取出针仪，装回丝堵。

7）测量针仪使用的注意事项。

a. 用针仪测量间隙时一定要谨慎小心。如探针置入过深，则有可能损坏密封片。

b. 应将冷态密封间隙与热态实测值相对进行比较。

c. 为正确比较针仪读数，冷态和热态测量时针仪的初始设置应保持一致。

d. 用针仪测量热态密封间隙时，操作人员必须穿防护服以免烧伤，严禁直接接触热烟气，并且要注意眼睛的保护。

8）热态密封间隙测量的重要性。

空气预热器在 BMCR 负荷下运行时，应经常按上述方法测定热态密封间隙以确定转子与扇形板之间的相对位置以及转子在热态时的偏斜情况，并依据该间隙适当重新调整冷态密封间隙或预调转子的位置。

（4）环向密封。

1）热端与冷端外缘环向密封。检查冷端密封紧固件，看有无松动和腐蚀迹象。调试后，检查密封片边缘看有无摩擦痕迹，对摩擦严重的部位应重新设定。

2）转子顶部和底部内缘环向密封条。所有顶底内缘环向密封条应与顶部和底部径向密封片平齐。

3）转子中心筒密封。顶部和底部中心筒密封与轮毂之间无间隙，应仔细检查中心筒盘根密封和中心筒轮毂的磨损情况并作记录。

中心筒内侧密封片安装在扇形板上，检查时应首先需拆下格兰密封。

2. 转子驱动装置

应注意按如下要求进行检查：

（1）每三个月检查一次整个驱动装置的运行及连接状态，特别是驱动装置扭矩臂两侧与扭矩臂支座的横向间隙以及扭矩臂支座的连接固定状态。

（2）每三个月检查一次减速箱各润滑油透气塞。

（3）每月检查一次减速箱的油位。

3. 转子顶底轴承

（1）每周必须检查一次顶部和底部轴承箱的油位，确保润滑油量和品质正确。

（2）为了判断轴承的寿命，建议从轴承开始运行起定期（建议每隔四个月）从轴承箱中取样交由专业部门检测以确定其中的金属含量，在此基础上即可推测轴承何时可能出现问题。如需更换轴承，可安排在年度正常停机期间进行。

4. 驱动电动机

（1）每隔三年即应按要求对电动机轴承进行检查和注油。

（2）检查轴承时必须注意切勿使用被污染的润滑油以免将污物或灰尘带入轴承。

5. 吹灰器

（1）在每年停炉时检查吹灰器的连接固定、喷嘴的堵塞和磨损以及吹枪的密封和腐蚀情况。

（2）每三个月检查一次吹灰器是否漏油以及蒸汽管路的疏水和泄漏情况。

（3）检查吹枪伸缩是否完全自由，内部导向支架连接固定是否可靠，发现问题及时予以加固，以防空气预热器运行时支架脱落，掉入空气预热器转子隔仓中而卡住空气预热器，损坏密封片，造成停机。

6. 消防设备

停炉时注意检查每个消防喷嘴口是否带有钛盘，发现有缺，应及时补装。检查喷嘴本身是否有锈蚀磨损痕迹，必要时更换喷嘴并采取防护措施。

7. 火灾就地柜的检查

除检查内部指示灯外，应确保就地柜门的关闭。每月应打开就地柜门，按下指示灯试验按钮检查指示灯的状况。打开柜门可检查指示灯、按钮和开关有无机械损伤。必要时，应注意清除柜面上的灰尘和杂物。

8. 火灾探头的检查

火灾探头内含有热电偶，因而要轻拿轻放。所有探头均能从空气预热器内整体取出。如需在锅炉运行过程中取出火灾探头，为防止热气流灼伤，现场操作人员必须穿防护服，未受保护的身体部分要远离探头安装孔。

每个探头外部的套管都焊在顶部结构的安装位置上以确保探头的安装位置和倾斜角度，

从而简化了探头的装拆工作。

9. 换热元件的检查

停炉时，应检查换热元件表面的堵灰和磨损情况，并检查是否有腐蚀性的沉积物。如果需要，应对换热元件进行水洗并更换磨损和腐蚀严重的换热元件。如空气预热器运行阻力较大，则表明换热元件存在堵灰或低温腐蚀现象。吹灰压力超出规定值将导致换热元件的变形和损坏。

10. 空气预热器本体

停炉时，应按如下要求对空气预热器本体进行检查：

（1）检查空气预热器内部有无腐蚀磨损痕迹，并记录其腐蚀磨损程度。

（2）检查扇形板、轴向密封板和密封片有无摩擦痕迹。

（3）检查所有内部紧固件看有无松动和损坏。

（4）检查扇形板和扇形支板之间的密封板有无泄漏。

（5）检查轴向密封板和端柱之间的密封板有无泄漏。

（6）检查外部保温层有无破损，必要时应进行修补。

（7）检查膨胀节有无泄漏和破损。

特别注意：对于露天或半露天布置的空气预热器，在恶劣天气下要加强巡视和维护，确保空气预热器保温层完好无渗漏。必要时，须采取遮雨措施，严禁雨水或雪水渗入保温层，防止空气预热器外壳收缩卡死转子，造成停机事故。

（三）水洗

1. 换热元件的清洗

空气预热器在正常条件下运行且定期吹灰，则无需进行水洗。长期运行实践表明，吹灰是控制积灰形成速度的一个有效方法。

当定期吹灰无法去除换热元件的积灰而保持换热元件的洁净，则应分析原因。当空气预热器的阻力超过设计值且小于设计值的130%时，应采用低压水冲洗。低压水洗装置与蒸汽吹灰设计为一体，即为电动半伸缩式双枪结构。水洗管上有足够的喷嘴可以覆盖整个转子表面，用以清除热端和冷端元件上的沉积物。

水洗后必须检查换热元件表面看是否需要进一步水洗。必须注意的是，一旦使用水洗，就要一次将换热元件彻底清洗干净，否则留在元件表面的沉积物在空气预热器带负荷时将变成硬块，一般来说再次水洗将难清除这些硬块。因此，在机组带负荷之前一定要确保换热元件表面干净。为减少水洗时间，避免由此产生的腐蚀，建议将冲洗水的温度提高至50～60℃为宜。不推荐在燃煤机组的空气预热器中采用碱水冲洗。

水洗通常是在低转速条件下进行，因而在烟气侧和空气侧都应装设疏排水斗。建议在空气预热器卸负荷前应做好水洗准备，以便在换热元件温热状态时（比环境温度高出约30～40℃）进行水洗，此时水洗效果较好。

特别注意：

（1）空气预热器进行水洗完毕后需用热风干燥，以防空气预热器和其他设备锈蚀。

（2）当空气预热器阻力超过设计值的30%时且换热元件堵灰严重，这时应尽早进行高压水冲洗。

2. 水洗步骤

在停炉后按如下程序进行水洗：

（1）确保驱动装置各电动机的电源已切断且转子完全停转。检查换热元件表面的积灰堵塞情况。在此过程中要严格按照要求进行操作。

（2）检查水冲洗喷嘴的方向，确认喷嘴无堵塞现象。

（3）检查底部烟风道内的疏排水口是否已打开以及冲洗水是否能有效排放。

（4）启动低速水洗电动机或通过变频器使空气预热器转子以低速旋转。

（5）确保冲洗水源供应，启动水洗装置清洗换热元件。

（6）第一次水洗完成后应检查换热元件表面的洁净度。检查时应穿戴防护服，注意水洗废液呈酸性。

水洗时必须由两人同时进行检查，即在缓慢人工盘动转子的同时一人用灯或手电从转子底部向上照，另一人从顶部检查换热元件。切勿让转动的转子碰伤操作人员。

水洗时要尽量一次将换热元件表面清洗干净，否则会缩短空气预热器换热元件的使用寿命。水洗后部分遗留下来的沉积物在空气预热器重新投用后结成硬块，下次水洗就无法将其彻底清除。因此，如发现换热元件一次水洗不干净，则应再进行一个循环。

（7）彻底清洗后用热风干燥。转子停转。

（8）清除烟风道内的杂物后装回各人孔门。

（9）重新接通主电动机电源。

（10）检查火灾监控装置是否正常工作。

（11）检查底部烟风道内的排水阀是否关闭。

（12）根据要求按正常启动条件准备启动空气预热器。

（四）润滑

1. 空气预热器顶部和底部轴承的润滑

空气预热器顶底轴承均采用油浴润滑。换油时应按照润滑要求先全部放出原有润滑油，必要时，在用优质冲洗油冲洗干净后方可加注适当等级和适量的润滑油。

合成油的使用寿命较长，在正常运行 10 000h 后才需要更换润滑油。如使用矿物油，则要求在每年的停炉时更换矿物油。

冲洗顶底轴承箱时要人工盘动转子。顶底轴承均通过轴承箱上的注油器口注油。空气预热器安装时必须注油。加油不要过量。合成油和矿物油不能混用。

2. 减速箱的润滑

驱动装置各级减速箱配有适于所有运行速度的自润滑系统。该系统的油封可有效防止润滑油的泄漏，使用过程中只需目查有无漏油现象。尤为重要的是要经常注意检查油位视窗的油位是否合适。

一般使用合成润滑油，但切勿将其与矿物油混用。如产品要求使用矿物油，则应加注矿物油。

减速箱正常运行 10 000h 或三年后应进行一次换油，若在特殊工况下运行则需适当缩短换油的间隔。

减速箱配有透气口，透气口应保持清洁状态以保证正常工作。

3. 驱动电动机的润滑

驱动电动机的轴承内已加注适当等级的初次润滑油。电动机上没有油脂口，其中一次加注的润滑脂可持续三年，三年后应拆开电动机并重新在轴承内加注适当等级的润滑脂。

4. 吹灰器的润滑

有关润滑要求具体按吹灰器生产厂家提供的资料和要求进行。

切勿用石蜡油进行油冲洗,因为石蜡油会加速金属构件的锈蚀。加注或更换润滑油时不要过量,否则会加剧搅振从而导致设备过热。

（五）联轴器

主电动机通过一个挠性联轴器与初级减速箱相连接。驱动装置输出轴套通过一锁紧盘与空气预热器转子驱动轴紧固。

（六）故障查找与排除

1. 空气预热器本体

空气预热器出现故障可能由失电所致。检查驱动电动机的供电是否正常。如电源正常而转子不转,或者驱动电动机电流超限,则表明转子被卡住。此时须立即切断电源,用手动盘车装置旋松转子并确定故障位置,这样转子可能恢复自由转动状态,否则应仔细检查空气预热器的机械故障或查看是否有异物掉入空气预热器内。尤其注意,空气预热器停用时需采取停炉措施或将出现故障空气预热器的进出口挡板全部关闭并将锅炉负荷降至 60% 以下。检查顶部和底部扇形板附近有无异物卡住;检查所有径向、轴向及外缘环向密封片的紧固状态;检查减速箱和联轴器。

空气预热器发生故障后不仅要及时排除故障,而且要查明原因并采取措施防止故障再次发生。

如排烟温度升高而空气出口温度降低,同时空气预热器的阻力又增加,则说明换热元件堵灰或腐蚀严重。如吹灰不能明显改善,则应尽早在下次停炉时检查换热元件并用高压水冲洗。因为在这种状况下换热元件表面沉积物过多,易使空气预热器内部发生火灾。

如温度陡升,火灾监控装置将发出报警信号。如怀疑并现场确认空气预热器内着火,则应按要求立即投用消防设备。

2. 转子驱动装置

主电动机发生故障时应启动备用电动机。如两者都发生故障,则须解列或停机处理。

电动机发生故障可能是因断电、过载等引起。如供电正常,则可能是电动机本身的问题或者是减速箱传动失灵。

脱开电动机,人工盘动电动机,如电动机转动自如,则短时接通电源检查电动机是否仍能正常旋转。如电动机检查正常,应拆下减速箱进行检查。

3. 转子顶底轴承和减速箱的润滑

如转子顶底轴承或减速箱里的润滑油量太少,则应立即停用空气预热器。

转子顶底轴承箱失油表明注油器有问题,且伴有油温报警。减速箱失油则表明油封有问题。

4. 吹灰器

吹灰器投用时应检查蒸汽和冲洗水管路有无泄漏。发现泄漏后应及时处理。如法兰连接或密封填料环磨损,则应尽早予以更换。

如蒸汽压力足够高而吹灰效果不佳,则表明系统存在泄漏或喷嘴有腐蚀,应及早处理并更换受损部件。

检查蒸汽管路疏水是否正常、彻底;蒸汽过热度和压力是否满足要求;疏出的水是否排放干净；冲洗水阀门关闭后是否仍有滴漏现象，这对于防止换热元件腐蚀极为重要。

5. 维护前的注意事项

（1）空气预热器本体。

1）取得工作许可单。

2）确保有关人员都熟悉安全操作规程。

3）确保空气预热器断电并锁定在断电状态。

4）打开烟风道人孔门。

5）进入空气预热器之前检查空气预热器内的温度是否合适，且是否含有毒气体，确保内部通风条件良好。

6）检查吹灰器的蒸汽和冲洗水源是否完全切断，检查消防装置的供水是否完全切断，阀门是否完全关闭。

7）准备好用于空气预热器内的照明设备。

8）准备好空气预热器底部烟风道内的脚手架、脚手板和安全网等，确保支撑安全可靠。

9）确保当空气预热器内有人时，在无任何预先警示的情况下不会有人通过手动盘车装置盘动转子。

10）穿戴防护服和口罩。

（2）转子驱动装置。

1）取得工作许可单。

2）确保有关人员都熟悉安全操作规程。

3）确保驱动电动机的电源已切断并锁定在断电状态。如需吊开电动机，应提前断开电动机接线盒上的线缆。

（3）吹灰器。

1）取得工作许可单。

2）确保有关人员都熟悉安全操作规程。

3）确保空气预热器所有电源切断并锁定在断电状态。

4）确保蒸汽和冲洗水源断开，所有电动阀门电源切断并锁定在关闭状态。

5）打开顶底烟道人孔门。

6）确保空气预热器内温度合适且有空气流通。

7）进入空气预热器之前检查内部有无有毒气体。

8）准备好空气预热器底部烟风道内的脚手架、脚手板和安全网等，确保支撑安全可靠。

9）确保当空气预热器内有人时，在没有任何预先警示的情况下不会有人通过手动盘车装置盘动转子。

10）好照明设备。

11）穿戴防护服和口罩。

（4）就地柜。

1）取得工作许可单。

2）确保有关人员都熟悉安全操作规程。

3）打开就地柜门。

4）断开电源。

6. 拆卸与维修

（1）换热元件盒的拆取与回装。换热元件盒都必须使用专用吊索通过顶部用户烟道检修门从上面吊出。为节省手动盘车时间，建议在拆取旧换热元件的同时回装新的换热元件。这样，也可保持转子受力的平衡。操作步骤如下：

1）切断驱动电动机电源。

2）打开顶部用户烟道上的换热元件检修门。

3）在顶部用户烟道中心位置上安装吊装梁。

4）将起吊设备安装在吊装梁上。

5）打开空气预热器顶部过渡烟道上的人孔门以便检修人员进入空气预热器内。

6）人工盘动转子直到一个转子分仓位于吊装梁的正下方。应特别注意，人工盘动转子时严禁碰伤空气预热器内的操作人员。

7）如果现场备有新的换热元件，在拆除旧换热元件后应当立即装上新换热元件以节省拆装时间。

8）按照要求拆下顶部径向密封片和压板。

9）拆除最外环换热元件，将其吊离转子，穿过换热元件检修门后吊到合适位置。

10）重复8）、9）依次吊装其他隔仓的换热元件。

11）人工盘动转子，重复第8）~11）步直到所有换热元件全部吊装就绪。

12）若现场未备新的换热元件，则必须均匀对称地拆取旧的换热元件，以免造成转子偏载。

13）回装换热元件的程序与上述流程相反，注意避免转子的不对称承载。

（2）顶部径向密封的拆卸与回装。顶部径向密封片为单片直叶型，这些密封片用紧固件固定在转子径向隔板上，拆卸时拆下这些螺钉和螺母。操作时，可人工盘动转子。

回装密封片时应按照要求进行，并注意根据图纸所示的密封片位置安装。

检查自锁螺母、螺钉和压板有无腐蚀或磨损，对受损件要及时更换。所有密封片安装完毕并检查无误后装回人孔门。

（3）底部径向密封条的拆卸与重装。底部径向密封片为单片直叶型，这些密封片用紧固件固定在转子径向隔板上。在底部烟风道内搭设脚手架并配设脚手板和安全网等安全设施，以确保操作人员的安全。拆卸时拆下这些螺钉和螺母。操作时，可人工盘动转子。

回装密封片时应按照要求进行，并注意根据图纸所示的密封片位置安装。检查自锁螺母、螺钉和压板有无腐蚀或磨损，对受损件要及时更换。所有密封片安装完毕并检查无误后装回人孔门。

（4）轴向密封片的拆卸与回装。轴向密封片为单片直叶型，这些密封片用紧固件固定在转子径向隔板的外缘上，这些密封片可通过松开锁紧螺母后拆卸。

转子外壳上端柱两侧均装有轴向密封检修门。在检查或更换轴向密封片时应打开轴向密封检修门，并手动盘车使密封片位于检修门处。这些密封片的更换是在空气预热器转子外侧进行的。

回装密封片时应按照操作规程进行，确保轴向密封片的位置与顶部和底部径向密封片对齐。

注意，安装时可能需要对轴向密封片进行适当裁切。所有密封片安装好并检查无误后装回轴向密封检修门。

（5）环向密封条的拆卸与回装。

1）底部外缘环向密封。在底部烟风道内搭设脚手架并配设脚手板和安全网等安全设施，以确保操作人员的安全。进入底部烟风道后方可进行底部外缘环向密封的操作。为方便装卸，这些密封片均分段安装。拆卸时需旋下压板上的螺母。检查螺母和垫板是否腐蚀或磨损，必要时应予以更换。

2）顶部外缘环向密封。顶部外缘环向密封焊接在转子外壳顶部平板上。如发现密封条受损，则应按照设备图纸的要求换以新的密封条并焊接就位。

3）内缘环向密封。密封条固定在转子中心筒顶部和底部的环形固定板上。拆卸密封条时需卸下紧固螺钉和垫圈。操作时，可人工盘动转子。重新装回密封条时要参照径向密封片的位置进行，并与径向密封片对齐。检查紧固螺钉和垫片有无腐蚀或受损变形，必要时予以更换。

（6）中心筒密封的拆卸与回装。中心筒密封为双密封布置，密封片安装在扇形板上，与中心筒构成密封对。内侧密封由两个 1.6mm 厚等同考登钢制作的圆环组成，两个圆环之间用低碳钢支撑环固定，内侧密封直接装到扇形板上。为便于更换，内侧密封分作两段安装，可以直接进行更换和安装。外侧密封为盘根填料密封。盘根填料座的支撑板固定在扇形板的加强板上。盘根填料选为非石棉石墨专用盘根，盘根耐热温度不低于 500℃。盘根填料设为三层，截面为 15mm × 15mm。

上述中心筒内、外侧密封之间的填料室设有一直接通向烟气侧的槽形管道，通过烟气侧的负压将漏入填料室的空气和灰一同导入烟气侧。

（7）吹灰器的拆卸与回装。如需拆下吹灰器，则应按照如下程序进行：

1）切断驱动电动机的电源。

2）切断吹灰器的汽源，冲洗水源和电源。

3）脱开蒸汽和冲洗水的接口法兰。

4）拆掉端子箱上的连线。

5）用适当的吊具将吹灰器吊住以防止滑落。

6）脱开吹灰器与空气预热器的连接。

7）从支撑门架上拆下吹灰器。

8）吹灰器接口箱体应留在空气预热器外壳上以确保吹灰器的正确回装。

9）回装吹灰器时应采用与上述过程相反的流程。烟道内必须有人将吹灰器枪管接入接口箱体和内部导架。

装回吹灰器后建议手动检查吹灰器的伸缩行程以确保喷嘴和限位开关的设置不变。

（8）驱动电动机的拆卸与回装。

1）切断驱动电动机电源。

2）在驱动电动机上安装适当的吊具。

3）装上吊索后收紧。

4）拆下电动机的紧固件。

5）将电动机小心吊开直至连在电动机轴上的联轴器半轴脱离。

6）将电动机吊至指定地点。

7）电动机的回装过程与上述流程相反。注意确保联轴器半轴的位置正确。

（9）初级减速箱的拆卸与回装。

1）按要求拆下电动机。

2）在初级减速箱装上吊索后收紧。

3）拆除固定螺栓，使初级减速箱与次级减速箱脱离。

4）将初级减速箱吊至指定地点。

5）初级减速箱的回装过程与上述流程相反。

（10）次级减速箱的拆卸与回装。

1）拆下驱动电动机。

2）拆下两个初级减速箱。

3）安装适当的吊具。

4）拆下轴端防护罩。

5）拆下转子停转报警探头和靶盘。

6）从驱动轴的上端卸下锁紧盘。

7）沿垂直向上方向小心、均匀地吊起减速箱，使抗矩臂脱离其扭矩臂支座，然后再继续起吊直至脱离驱动轴。

8）吊至指定地点。

9）齿轮箱的回装过程与以上流程相反。注意按照适当步骤安装锁紧盘，拧紧力矩为 $470N \cdot m$。

10）锁紧盘安装后注意装回转子停转报警装置的所有部件并调至初始位置。

11）注意在抗扭矩臂及其支座上涂以抗磨材料，确保两侧的间隙正确。注意油封和轴承的正确安装。

（11）中心驱动装置整体的拆卸与回装。

1）切断所有电动机的电源。

2）安装适当的吊具。

3）装上吊环后拉紧吊索。

4）拆下防护罩。

5）拆下转子停转报警探头和靶盘等。

6）按要求将锁紧盘从驱动轴上端卸下。

7）沿垂直向上方向小心、均匀地吊起减速箱，使抗矩臂脱离其扭矩臂支座，然后再继续起吊直至脱离驱动轴。

8）吊至指定地点。

9）齿轮箱的回装过程与以上流程相反。注意按照适当步骤安装锁紧盘，拧紧力矩为 $470N \cdot m$。

10）锁紧盘安装后注意装回转子停转报警装置的所有部件并调至初始位置。

11）注意在抗扭矩臂及其支座上涂以抗磨材料，确保两侧的间隙正确。

（12）顶部导向轴承的拆卸与回装。

1）按要求拆下转子驱动装置。

2）在拆卸顶部导向轴承时应在转子和转子外壳之间设置临时支架以防转子倾斜，支架的设置必须确保转子固定在垂直位置。

3）放出顶部轴承内的润滑油。

4）按图纸要求拆卸顶部轴承轴套上的锁紧盘。

5）拆下顶部轴承箱的顶部盖板。

6）借用轴套上面的拆卸孔小心地将轴套和顶部轴承一起垂直向上吊起。

7）将上述组件放置到指定地点。

8）将轴套下端的挡环拆掉，拆下导向轴承。

9）导向轴承的回装过程与上述流程相反。注意保证轴套轴肩与轴承箱顶部盖板之间的相对距离为 34mm。特别注意：当顶部轴承为 CARB 轴承时，必须确保冷态时端部轴承箱端盖要与顶部轴承安装套上的"0"刻度线（中间刻度线）对齐。

如发现有必要更换顶部导向轴承，则建议同时更换轴承箱顶部和底部盖板的密封材料。

（13）底部推力轴承的拆卸与回装。

1）切断驱动电动机电源。

2）拆去底部轴承两侧的防护网。

3）将润滑油放出。

4）拆去底部轴承箱上的测温元件。

5）按照要求拆去顶部内缘环向密封条。

6）将顶部扇形板正下方的顶部径向密封条拆去。

7）拆下底部轴承箱的固定螺栓等限位装置。

8）安装转子顶起装置。底部轴承箱的顶起高度不得超过 10mm，以防损坏顶部轴承（特别是 CARB 轴承）。

9）确保液压系统工作正常。

10）按图纸要求安装拆卸导轨及其支撑件。

11）备好牵拉支点。

12）准备好牵拉工具。

13）将液压千斤顶卸荷，液压缸内的油排空。

14）将底部轴承箱连同轴承一起小心地吊到拆卸导轨上，然后移到指定位置。

15）拆下轴承盖板。

16）拆卸轴承箱与轴承时应按如下步骤进行：

a. 在轴承底部外圈下的斜面上插入三个楔子或采用专用吊具。

b. 打入楔子以撬开连接。

c. 此时即可拆去轴承。

d. 拆去顶部内圈。

e. 此时可使用吊索以及插到已经撬起的轴承底部外圈下的吊具拆去外圈和滚子组件。

17）底部轴承的回装过程与上述流程相反，只是在将轴承移到拆卸导轨上后应将其与底梁另一侧上的吊耳连接固定，以便将轴承箱沿拆卸导轨牵拉就位。注意在轴承箱底部与支撑凳板之间要加设适当高度的调整垫片。

18）注意装回轴承和轴承箱之间的调整垫片。回装底部轴承箱的调整垫片时要保证顶部轴承轴套轴肩与轴承箱顶部盖板之间的相对距离为 34mm。特别注意：当顶部轴承为 CARB 轴承时，必须确保冷态时顶部轴承箱端盖要与顶部轴承安装套上的"0"刻度线（中间刻度线）对齐。

19）注意装回轴承上下的非金属垫片。

20）注意在驱动装置扭矩臂和支座间涂以抗磨材料。在转子试转之前要确保其布置正确。

21）注意装回底部轴承箱固定螺栓和限位装置，并按要求将其锁紧。

22）注意装回顶部径向密封片以及内缘环向密封条并按照要求调整好。

23）拆除所有辅助拆装设备并将专用工具交由有关部门保管。

24）在确认已将底部轴承箱固定在其正确位置后，通过手动盘车手柄至少旋转一周转子，以确保转子能自由旋转。

25）底部轴承检修完毕后注意装回轴承防护网。

（14）转子失速报警探头的拆卸与回装。

1）切断转子失速报警装置的电源。

2）拧开驱动装置防护罩上失速报警探头的固定螺栓。

3）打开就地接线盒，拆下失速报警探头的连线。

4）探头的回装过程与上述步骤相反，注意相对转子驱动轴端调整好探头端部的相对位置。

（15）火灾探头的拆卸与回装。

火灾探头内装有热电偶，因此必须小心操作。每个探头均可以从空气预热器内整体拆出。如在锅炉运行过程中需要拆出火灾探头，则现场人员必须穿防护服并注意避开安装孔，以免高温气流灼伤皮肤。为此，拆装时须用压缩空气进行密封。

所有探头安装套管均焊接在顶部结构上，以确保探头的安装角度及其前端与换热元件的距离，从而简化了探头的回装程序。

1）探头的拆卸。

a. 切断探头电源并拆下探头末端接线盒内的连线。

b. 打开套管上的压缩空气阀门，确保压缩空气流入探头套管内。

c. 拆去探头法兰的紧固件。

d. 从套管内抽出探头，注意不要损坏探头前端的热电偶。

e. 若不立即回装热电偶，则应用盖板将套管孔堵住。

2）探头的清理与检查。

a. 用金属丝刷清除探头管内的沉积物。注意不要刷及热电偶。

b. 用软毛刷和弱洗涤碱小心对探头的热电偶端进行清理。用清洁水冲洗后将其烘干。

c. 检查探头，看热电偶是否腐蚀或损坏。

d. 断路检查：通过探头接线端检查热电偶的电阻。如电阻超过 30Ω，则证明热电偶有问题。

e. 检查热电偶的绝缘电阻。如绝缘电阻低，则证明热电偶绝缘损坏。

f. 更换上述已损坏的探头。

g. 修好受损探头后储存备用。

3）探头的回装。

a. 在拆除套管法兰盖板之前要确保空气阀门已打开并有压缩空气通入。

b. 注意在探头法兰和套管法兰之间安装隔热垫圈。

c. 将探头小心插入套管，注意不要损坏探头前端。

d. 将探头就位固定。

e. 接好接线盒内的连线。

f. 装好探头后注意关闭压缩空气阀门。

g. 启动就地柜，将其恢复至正常工作状态。

锅炉运行过程中装卸火灾探头时现场人员必须穿防护服。只有在拆除和装回探头时才需使用压缩空气。

（16）火灾监控热电偶的拆卸与回装。

1）热电偶的拆卸。

a. 卸下接线盒盖上的螺栓，拆下热电偶接线。

b. 拆下连接套和接线盒。

c. 拆下热电偶。

2）热电偶的回装。

a. 将热电偶小心置入探头外管。

b. 安装连接套和接线盒。注意安装接线盒时应避免热电偶连线的扭曲。

c. 热电偶接线后安装接线盒盖。

d. 装回热电偶后按要求存放好。

7. 维护后的注意事项

（1）空气预热器本体。

1）注意取出烟风道内的所有工具和维护设备。

2）对所有已维护的部件，检查其安装是否可靠。

3）检查所有已维护后的轴承内是否已加注等级正确且适量的润滑油。

4）通过手动盘车装置将空气预热器转子至少旋转一周以检查转子是否能自由转动。如转子不能自由旋转，应立即查找原因并进行处理。

5）拆除空气预热器内的脚手架。

6）确认空气预热器内的所有人员都已撤出，装回并固定所有人孔门。

7）接通驱动电动机电源。

8）接通其他电动设备的电源。

9）检查吹灰器的蒸汽供应。

10）检查水洗装置和消防设备的水源。

11）短时启动空气预热器主电动机检查转子的旋转方向。对其他电动机的旋向进行同样检查。

12）检查驱动电动机的联锁是否正常。

13）检查转子失速报警装置的工作是否正常。

14）检查火灾监控装置是否能正常工作。

15）检查下部烟风道上的疏排水口是否关闭。

确认空气预热器安全后交还工作许可单。

（2）转子驱动装置。

1）检查所有减速箱内的油位。

2）检查初级和次级减速箱上的透气口是否清洁。

3）检查驱动装置，特别是扭矩臂支座的固定是否可靠，扭矩臂在支座内沿垂直方向是否能自由移动。

4）人工盘动驱动装置看其是否能自由转动。

5）检查电动机的电源。

6）分别短时启动各电动机，检查其旋转方向。

确认驱动装置安全后交还维护许可单。

（3）吹灰器。

1）注意取出烟道内的所有工具和检修设备。

2）手动操作吹灰器，确保吹灰器能满行程运行而不干涉其他构件。取下手柄。

3）注意确保空气预热器内的导向支架连接可靠，且耐冲刷和腐蚀。

4）拆掉空气预热器内的所有临时支架。

5）确认所有人员撤出后装回并固定所有人孔门。

6）检查吹灰器的安装是否稳固可靠。

7）接通吹灰器电源。

8）检查吹灰器的蒸汽供应。

9）接通驱动电动机电源。

确认吹灰器安全后交还维护许可单。

（4）就地柜。

1）确保就地柜内部清洁。

2）将电源开关打到"开"的位置。

3）按下指示灯试验按钮检查设备。

4）确认就地柜安全后交还维护许可单。

特别注意：调试和每次重新接线时，必须对每一驱动电动机的旋向分别单独进行检查和确认。检查启动时，必须待一台电动机断电且确保转子完全停转后方可再启动检查另一台驱动电动机。

第五节 空气压缩机的检修

一、概述

随着火电厂大机组的发展，空气压缩机在火电厂辅助设备中起着越来越重要的作用。空气压缩机能否安全稳定运行，对整个机组的安全运行也起着很重要的作用。本节主要介绍活塞式空气压缩机。

活塞式压缩机一般根据结构形式、压力、排气量、功率等进行分类。

（一）按结构形式分类

按结构形式可分三类。

1. 立式压缩机

立式压缩机是指压缩机气缸的轴心线同地平面垂直的空气压缩机，如 VS – 55C – OL 型空气压缩机。

2. 卧式压缩机

卧式压缩机是指压缩机气缸的轴心线同地平面相平行的空气压缩机，如 2D3.5 – 20/8 型空气压缩机。

3. 角式压缩机

角式压缩机是指压缩机气缸的轴心线相互成一定的角度的空气压缩机，如 4L – 20/8 型空气压缩机。

（二）按压力范围分类

按压力范围分为四类。

（1）排气压力在 0.98MPa 以下的为低压压缩机。

（2）排气压力在 0.98 ~ 9.8MPa 的为中压压缩机。

（3）排气压力在 9.8 ~ 98MPa 的为高压压缩机。

（4）排气压力在 98MPa 以上的为超高压压缩机。

（三）按排气量分类

按排气量可分为四类。

（1）排气量在 $1m^3/min$ 以下的为微型压缩机。

（2）排气量在 $1 ~ 10m^3/min$ 的为小型压缩机。

（3）排气量在 $10 ~ 100m^3/min$ 的为中型压缩机。

（4）排气量在 $100m^3/min$ 以上的为大型压缩机。

（四）按消耗功率大小分类

按消耗功率大小可分为四类。

（1）消耗功率在 10kW 以下的为微型压缩机。

（2）消耗功率在 10 ~ 100kW 的为小型压缩机。

（3）消耗功率在 100 ~ 500kW 的为中型压缩机。

（4）消耗功率在 500kW 以上的为大型压缩机。

活塞式空气压缩机虽然在形式上有区别，但在基本结构上大致相同，其组成可分为三部分：第一部分是传动部分，包括曲轴、连杆、十字头等，其作用是传递动力，连接基础与气缸部分；第二部分是气缸部分，包括气缸、气阀、活塞、填料等，其作用是形成压缩容积和防止气体泄漏；第三部分是辅助部分，包括冷却器、液体分离器、滤清器、安全阀、油泵及管路系统，这些部件是为保证压缩机正常运转所必需的。

二、螺杆式压缩机与离心式压缩机的特点

1. 螺杆式压缩机的特点

（1）兼有往复压缩机和离心压缩机的特点。

（2）单位排气量的体积、质量、占地面积以及排气脉动均远比往复压缩机小。

（3）没有气阀、活塞环等易损件，因而运转可靠，寿命长，易于实现远距离控制。

（4）不存在不平衡惯性力和力矩，所以螺杆压缩机基础小，甚至可以无基础运转。

（5）由于阴阳螺杆齿间实际上留有间隙，因而能耐液体冲击，可以压送含液气体、脏气体。

（6）螺杆式压缩机有强制输气的特点，排气量几乎不受排气压力的影响。

（7）螺杆式压缩机在宽广的工况范围内，仍能保持较高的效率，没有离心机在小气量时的喘振现象。

（8）很强的中高频率噪声，必须采取消声减噪措施。

（9）齿面是一空间曲面，需专用设备和刀具加工。

（10）由于靠间隙密封及转子刚性限制，只适用于中、低压范围。

2. 离心式压缩机的特点

（1）无油螺杆主机有稳定的使用寿命（SPM 标准周期测定），而离心式压缩机主机寿命无法预测，需永久的振动监测。

（2）复杂工况机械故障多而且严重是离心式压缩机的显著特点（高速—机械平衡点多，适合于稳定工况、大排量）。

（3）离心式压缩机对于进气工况非常敏感，在 35℃ 时是其能耗相对有利点（空气密度低），但此点并不具备年度平均代表性（一般应在 20℃ 以下）。

（4）放空调节使能量大量浪费，而自动双模式有很大的局限性。

（5）蝶阀连续调节需更高的能耗。ZR 无油螺杆可避免此现象，并可采用变频压缩机进一步降低能耗。

（6）对于用户而言，离心式压缩机必须有完善的配套附件才能正常运转机器。

三、空气压缩机的检查与检修

（一）螺杆式空气压缩机检修

1. 螺杆式空气压缩机技术标准

（1）主、副转子长度差不大于 0.10mm。

（2）齿轮表面无麻点、断裂等缺陷，键与键槽无滚键现象。

（3）轴封低于轴承座平面 0.13mm。

（4）转子两端轴向间隙之和符合规定，总间隙为 0.23mm，进气端间隙为 0.15mm，排气端间隙为 0.08mm。

（5）转子间隙分配：出口侧为 2/3 总间隙，入口侧为 1/3 总间隙。

（6）联轴器找中心要求径向、轴向偏差不超过 0.10mm，联轴器之间距离为 4～6mm，地角垫片不超过 3 片。

2. 螺杆式空气压缩机的解体步骤

（1）拆除联轴器防护罩及联轴器螺栓。

（2）拆卸两侧轴承端盖。

（3）顶出出口侧轴承座。

（4）将两转子、主副齿轮做好匹配记号。

（5）将两转子取出。

（6）解体入口侧轴承座。

（7）拆齿轮、转子时严禁强力拆卸。

3. 螺旋空气压缩机的回装

（1）组装出入口的轴承座，并将其装在机壳上。

（2）装入主、副转子及出口侧轴衬。

（3）加热齿轮及轮毂，装在转子轴上，加热温度应符合设备厂家规定，如无规定，一般不得超过 150～200℃。

（4）调整转子间隙。

（5）电动机、压缩机就位，联轴器找正，安装联轴器螺栓和防护罩。

4. 故障分析与处理

（1）空气压缩机油细分离器是否损坏的判断。

1）空气管路中含油量增加。

2）油细分离器压差开关指示灯亮。

3）油压是否偏高。

4）电流是否增加。

（2）空气压缩机运转电流高，自动停机的故障原因及排除方法。

1）故障原因：电压太低；排气压力太高；润滑油变质或规格不正确；油细分离器堵塞，润滑油油压力高；空气压缩机主机故障。

2）排除方法：电气人员检修电源；查看排气压力表，如超过设定压力，调整压力开关；检查润滑油质量、规格，更换合格的润滑油；用手转动机体转子，如无法盘车，请检查主机。

（3）空气压缩机运转电流低于正常值的故障原因及排除方法。

1）故障原因：压缩空气消耗量太大，压力在设定值以下运转；空气滤清器堵塞；进气阀动作不良，如卡住等；容调阀调整设定不当。

2）排除方法：检查系统压缩空气消耗量，必要时增加空气压缩机运行次数；清理或更换空气滤清器；解体检查进气阀，并加注润滑脂；重新调整、设定容调阀。

（4）空气压缩机机头排气温度低于正常值的故障原因及排除方法。

1）故障原因：冷却水量太大，环境温度太低，无负荷时间太长，排气温度表误差，热控阀故障。

2）排除方法：调整冷却水量。

（5）空气压缩机机头排气温度高，自动停机的故障原因及排除方法。

1）故障原因：润滑油量不足，冷却水量不足，冷却水温度高，环境温度高，冷却器鳍片间堵塞，润滑油变质或规格不对，热控阀故障，空气滤清器堵塞，油过滤器堵塞，冷却风扇故障。

2）排除方法：查润滑油油位，及时添加到规定位置；查冷却水进、出水管温差；检查进水温度；增加泵房排风量，降低室内温度；查冷却水进、出水管温差，正常情况温差为5～8℃，如低于5℃，可能是油冷却器堵塞，请解体清理；检查润滑油质量或规格，更换合格的润滑油；查润滑油是否经过油冷却器冷却，如无，则检查、更换热控阀；清理或更换空气滤清器；检查更换冷却风扇。

（6）压缩空气中含油分高，润滑油添加周期短，无负荷时滤清器冒烟的故障原因及排除方法。

1）故障原因：添加润滑油量太多，回油管限油孔堵塞，排气压力低，油细分离器破损，压力维持阀弹簧疲劳。

2）排除方法：检查调整油位到规定位置；拆卸清理回油管限油孔；调整压力开关，提高排气压力；检查更换油细分离器；检查更换维持阀弹簧。

（7）空气压缩机无法全载运转的故障原因及排除方法。

1）故障原因：压力开关故障，三向电磁阀故障，泄放电磁阀故障，进气阀动作不良，压力维持阀动作不良，控制油路泄漏，容调阀调整不当。

2）排除方法：检查更换压力开关；检查更换三向电磁阀；检查、更换泄放电磁阀；拆卸检查、清理压力维持阀，加注润滑脂；拆卸后检查阀座及止回阀片是否磨损，如磨损，应更换；检查、处理泄漏；重新调整、设定容调阀。

（8）空气压缩机无法空车，空车时表压力仍保持工作压力或继续上升至安全阀动作的故障原因及排除方法。

1）故障原因：压力开关失效，进气阀动作不良，泄放电磁阀失效，气量调节膜片破损，泄放限流量太小。

2）排除方法：检修更换压力开关；拆卸检查清理进气阀，加注润滑脂；检修、更换泄放电磁阀；检修更换气量调节膜片；适量调整加大泄放限流量。

（9）空气压缩机排气量低的故障原因及排除方法。

1）故障原因：空气滤清器堵塞，进气阀动作不良，压力维持阀动作不良，油细分离器堵塞，泄放电磁阀泄漏。

2）排除方法：清理或更换空气滤清器；拆卸检查、清理进气阀，加注润滑脂；拆卸检查压力维持阀阀座及止回阀片是否磨损，弹簧是否疲劳；检查，必要时更换油细分离器；检修，必要时更换泄放电磁阀。

（10）空气压缩机空、重车频繁的故障原因及排除方法。

1）故障原因：管路泄漏，压力开关压差太小，空气消耗量不稳定。

2）排除方法：检修处理管路泄漏，重新调整设定压力开关压差，适当增加储气罐容量。

（11）空气压缩机停机时空气滤清器冒烟的故障原因及排除方法。

1）故障原因：油停止阀泄漏，止回阀泄漏，重车停机，电气线路错误，压力维持阀泄漏，泄放阀不能泄放。

2）排除方法：检修，必要时更换油停止阀；检查止回阀阀片及阀座是否磨损，如磨损则更换；检查进气阀是否卡住，如卡住需拆卸检修、清理，加注润滑脂；检查检修电气线路；检修压力维持阀，必要时更换；检查检修泄放阀，必要时更换。

（二）活塞式空气压缩机检修

1. 活塞式空气压缩机润滑系统检修

（1）解体清洗检查油泵滤油器、滤网，滤油器、滤网完整，隔板方向正确。

（2）检查齿轮磨损、啮合情况，测量调整间隙，并做好记录，各部分间隙应符合设备厂家的规定。在没有资料规定时，要求齿面磨损不超过 0.75mm，齿轮啮合时的齿顶间隙与背后间隙均为 0.10～0.15mm，最大不超过 0.30mm，啮合面积为总面积的 75%。

（3）测量轴套间隙，齿轮与泵壳的轴向、径向间隙。在没有资料规定时，要求齿轮与泵壳的径向间隙不大于 0.20mm，轴向间隙为 0.04 ~ 0.10mm，顶部间隙为 0.20mm。

（4）清洗连杆油孔及油管。

（5）清洗所有油系统部件，可使用软布、面团等材料，禁止使用棉纱等容易脱落的材料清洗，清洗后应用空气吹净。

2. 活塞式空气压缩机曲轴和主轴承检修

（1）检查曲轴轴颈的磨损情况，测量圆度和圆锥度，轴颈磨损不大于 0.22mm，圆度和圆锥度不超过 0.06mm，轴颈表面有深度大于 0.10mm 的刮痕时必须处理消除。

（2）检修轴承并测量各个部位的配合间隙，轴承外套与端盖的轴向推力间隙为 0.20 ~ 0.40mm，内套与轴的配合紧力为 0.01 ~ 0.03mm。

（3）研刮主轴瓦，要求瓦顶间隙为 0 ~ 0.02mm，曲轴与飞轮的配合紧力为 0.01 ~ 0.03mm。

（4）清洗曲轴油孔并用压缩空气吹净，曲轴油孔应畅通、无杂物，末端密封严密不漏。

（5）平衡锤固定牢固，配合槽结合严密。

3. 活塞式空气压缩机活塞环检修

（1）活塞环与槽的轴向间隙为 0.05 ~ 0.065mm，最大不超过 0.10mm，活塞环在气缸内就位后，接口有 0.5 ~ 1.5mm 的间隙。

（2）活塞环断裂或过度擦伤，丧失应有的弹性；活塞环径向磨损大于 2mm，轴向磨损大于 0.2mm；活塞环在槽中两侧间隙达到 0.30mm；活塞环外表面与气缸面应紧密结合，配合不良形成间隙的总长度不超过气缸圆周的 50%。

4. 活塞组装

（1）将连杆和活塞进行组合，压入活塞销并封好弹簧销扣。

（2）装活塞环和油封环，再从下部装入活塞，每装好一组活塞，就应盘车检查其灵活性。待全部安装完后，再盘车检查连杆小头在活塞销上的位置。

（3）按垫片记号与厚度记号组装曲轴下瓦。

（4）测量活塞上的死点间隙。

（5）组装轴封和端盖、飞轮。

5. 标准

（1）连杆活塞转动灵活，轴向窜动灵活。

（2）活塞环之间的接口位置应错开 120°，开口销安装正确。

（3）螺栓紧力一致，垫片倒角方向正确。

（4）活塞上死点间隙一级为 1.7 ~ 3mm，二级为 2 ~ 4mm。

（5）毛毡油封与轴结合，松紧适当，接口为 45°斜口。

（6）飞轮装配时，加热温度不超过 120℃，键与键槽两侧无间隙，顶部有 0.20 ~ 0.50mm 的间隙。

6. 试运行

（1）启动空气压缩机随即停止运转，检查各个部件无异常情况后，再依次运转 5 ~ 30min 和 4 ~ 8h，润滑情况应正常。

（2）运行中应无异常声音，紧固件应无松动。

（3）油压、油温、摩擦部位的温升，应符合设计规定。

7. 活塞式空气压缩机冷却系统检查时应符合的要求

（1）水压试验压力为 0.5MPa，时间为 10min。

（2）冷却器水管有个别泄漏时，可将管口封堵，但封堵的管子不超过总数的1/10。

（3）各个阀门严密无渗漏，清晰干净。

（4）中间隔板结合面完整，冷却水无短路现象。

（5）盘车灵活，无异常声音。

（6）冷却水畅通，各个部位无泄漏。

（7）轴承温度不超过65℃，油温、油压、排气压力、电流符合厂家设计规定。

（8）各个部位振动不超过0.1mm。

8. 冷干机水冷式冷凝器的清洗方法

（1）先准备好耐酸腐蚀水泵、水箱，配以水管接头等，将水泵与水箱、冷凝器连接。

（2）在水箱中加入5%～10%的稀盐酸，并按0.5%g/kg溶液的比例加入乌洛托品一类的阻化剂。开启水泵，让酸水循环20～30h，排尽酸水，再用10%的烧碱水冲洗15min，然后用清水冲洗1～2h即可。

（3）将自动排水器前的手动阀关闭，将排水器分解，用中性洗涤液掺水清洗浮球及排水器内部。

（4）将自动排水器前的手动阀关闭。

（5）将盖子顶部的螺栓松开，让排水器内的压缩空气泄掉。

（6）拆下盖子上的其他螺栓，并把内部清洗干净。

（7）再把底部螺栓拆开，取出滤网，并进行清洗后，放回原处，拧上螺栓。

（8）在排水器腔内装满水后，盖上盖子，拧紧螺栓，确保其密封而不漏气。

（9）打开手动阀门。

（三）吸附式干燥机检修

1. 检修项目

（1）检修准备。

（2）消声器的检修。

（3）进气阀、排气阀的检修。

（4）单向阀的检修。

（5）更换吸附剂。

（6）回装。

（7）调试。

2. 检修内容、步骤

（1）关闭干燥器进气阀门、出气阀门、旁路阀门，使设备与系统断开，并切断电源。打开安全阀将设备内部空气排出，确认无压力。

（2）松开消声器连接螺栓，拆下消声器，取出滤芯，清理消声器内外壁的锈垢、杂物。疏通排气孔；清洗滤芯上的油污，必要时更换。

（3）松开进气阀、排气阀法兰螺栓，拆下阀门。将阀门解体，检查弹簧、膜片、阀柄、阀座，如有损坏，应及时更换修复，并根据检修前的情况，检查阀杆的填料密封。

（4）松开单向阀阀盖螺栓，取出阀座锥阀，清理检查阀座、锥阀、导向杆及密封垫的损坏情况，若有损坏，应及时修复。

（5）拆下A、B吸附筒的上下堵板，排掉失效的吸附剂，取出出入口滤网，拆下再生器调节球阀和节流孔板，进行清理检查。更换所有密封垫后，依次安装上下滤网和下堵板，将新吸附剂加满后安装上堵板。

（6）更换密封垫，回装单向阀、进气阀、排气阀、消声器。

（7）启动干燥器，将进气阀、排气阀的工作压力设定为 0.2MPa，调整检查进气阀、排气阀动作程序、开关情况、运行周期及再生器调节球阀开度，检查各个连接、法兰有无渗漏，各个运行参数是否正常。

3. 检修标准及要求

（1）设备系统有压力或未断电时，禁止工作。

（2）消声器内外的油污、锈蚀、结垢、粉末应完全清除，所有排气孔畅通，必要时可酸洗。滤芯不得有破损，油污、灰尘、粉末难以清理干净时，应及时更换。

（3）进气阀、排气阀为气动薄膜切换阀，其阀柄、阀座应配合良好，封闭严密，不得有机械损伤；弹簧弹性适中，不得有锈蚀、变形、断裂；膜片完好，无破损、开裂、老化现象；阀杆填料密封严密，紧力适当。

（4）锥阀、阀座、导向杆、密封垫完好，配合严密，动作灵活，无冲刷、磨损、破裂等机械损伤。

（5）吸附剂为 $\phi 4 \sim \phi 8$ 细孔球状活性氧化铝，应填满吸附筒。再生器调节球阀应开关灵活，上下滤网应完好、通畅，不得有破损或堵塞。

（6）干燥器启动后，各个连接、法兰密封良好，无漏气现象，各个阀门动作灵活、正确，无泄漏卡涩。吸附筒在解吸再生工序时压力应小于 0.05MPa；吸附筒在干燥工序时，排气压力与后系统气源压差不应大于 0.05MPa，再生器调节球阀调整适当，再生气量小于 12%。

（四）压缩空气罐检修

（1）检修周期：3 年。

（2）检修项目：压力表检查或更换，罐体检修，人孔门检查。

（3）压缩空气罐检修工艺及标准。压缩空气罐检修工艺及标准见表 4-5。

表 4-5　　　　　　　　　压缩空气罐检修工艺及标准

序号	项目或内容	检修工艺	质量标准
1	准备工作	将容器内介质排净，隔断与其连接的设备和管路	罐内有压力时，不得松紧螺栓或进行修理工作
2	罐体检查	检查罐体外表面有无裂纹，变形、漏点；将容器的人孔打开，清除容器内壁污物；筒体、封头等内外表面有无腐蚀现象，对怀疑部位进行壁厚测量并进行强度核算	所有表面无裂纹、变形、断裂，无泄漏；进入容器检查，应用电压不超过 24V 的低压防爆灯，且容器外必须有人监护；安全附件齐全，安全阀压力定值合格；紧固螺栓完好无损
3	封闭人孔门	容器内检修工作结束，清理工器具及杂物；封闭人孔门	容器内不许残留杂物；人孔门密封面无泄漏点
4	压力表检查	检查压力表；检查表管及接头	表面干净；表管及接头无泄漏点；压力表校验合格

四、空气压缩机的维护和保养

由于空气压缩机是在高温、高压条件下连续转动的动力设备，经长期的运行，其零件都会有不同程度的磨损，使性能降低甚至失效。为了保证空气压缩机应有的性能而持续、正常、不间断地供气，除了其本身的材质、制造及装配质量、正确的操作外，在很大程度上与维护保养的好坏有关。因此必须遵照有关规定，认真做好空气压缩机的维护、保养工作。

1. 空气压缩机累计运行 500～700h 后的维护与保养

一般，在空气压缩机累计运行 500～700h 后（恶劣条件下作业时，周期应适当缩短），应进行如下保养：

（1）清洗各吸、排气阀，除去油垢、积碳，对磨损较大的阀片进行研磨或更换；要注意同组气阀的弹簧长短、弹性应一致。

（2）检查安全阀的灵敏度（配有手动装置的安全阀，一至两周应手动检验一次，尤其是设在室外的安全阀）；检查接地线、安全防护装置是否松动、移位。

（3）清除空气过滤器滤网上的灰土、积垢（对设在室外或粉尘较大的工作环境，应视具体情况缩短清洗周期），可用煤油（或碱水溶液）清洗滤网，待滤网彻底干后才允许装土。

（4）清洗减荷阀、调节器及过滤器。

（5）检查并紧固各连接螺栓如连杆大小头、活塞杆、地脚螺栓等。

（6）检查、调整联轴器的连接或 V 型传动 V 型带的弹力。

（7）检查漏气、漏油、漏水处，消除日常检查发现的、未能处理（但又未能影响运行）的问题。

2. 空气压缩机累计运行 2000～3000h 后的维护与保养

一般，在空气压缩机累计运行 2000～3000h 后，除进行上述的保养外，还应进行下列各项工作：

（1）当停机后立即放出曲轴箱内的润滑油，以免沉淀，然后清洗油池、油管、油过滤器、齿轮油泵、注油器，待查气缸上止回阀的性能。

（2）清洗曲轴至十字头的油孔和主轴承。

（3）清洗活塞环，除去油垢、积碳，检查其磨损情况和间隙。

（4）清洗各冷却器。

（5）测量调整各摩擦表面的配合间隙，如活塞内外死点、十字头与滑道、连杆大小头瓦，十字头销等。

（6）对安全阀、压力表、温度计进行检验，以确保其灵敏可靠。

（7）对磨损较大的零部件进行修理，局部恢复其原有精度，难以修复时应该更换。

（8）最后按规定牌号换上并加足经沉淀过滤后的新润滑油。

3. 空气压缩机累计运行 6000h 左右时的维护与保养

当空气压缩机累计运行 6000h 左右时，应进行大部分部件的解体检修。

（1）清洗气缸盖、缸体、活塞、冷却器、排气管道、储气罐等，除去油污垢。

（2）拆洗曲轴，畅通油路。

（3）对气缸水套内的沉淀物，可用浓度小于 1% 的氢氧化钠溶液浸泡 6～8h 后排出，再用清水冲洗干净。

（4）对零部件的磨损程度、精度、配合间隙以及设备的性能状况等，都须做全面、细致地检测和修理，必要时更换超标的零部件。

4. 日常保养工作简介

（1）清洁和清洗工作。

1）主电动机风扇和散热片的清洁工作。

2）冷却器的清洗工作。

3）疏水器的清洗工作。

4）油呼吸器的清洗工作。

5）空气过滤器的清洁工作。

6）电器控制箱内的清洁工作。

（2）定时排放冷凝水。

1）空气冷却器的疏水器。

2）储气罐的放水阀。

3）冷冻干燥机的排水阀。

4）再生干燥器的排水阀。

5）过滤器的排水阀。

（3）定期计划保养工作。

1）经常检查油位、控制油温。

2）定期更换润滑油（标准状况下）：$10 \times 10^5 Pa$，每2000h更换一次；$7.5 \times 10^5 Pa$，每4000h更换一次。

3）定期给电动机添加润滑脂：55kW以下每4000h两边各加10~15g；75kW以上每2000h两边各加20g。

（4）定期预防维护工作。

1）定期检查跑、冒、漏、滴。

2）定期检查、紧固各个螺栓。

3）紧固电动机主桩头、紧固交流接触器主桩头。

4）检查交流接触器动静触点。

5）检查传感器、电脑的接插件。

6）紧固电器控制线路接头。

第五章

锅炉管阀及吹灰器检修

第一节　高压管道的检修

联络于两个设备之间，用来输送一定介质的通道，称为管道。它由管子、阀门和其他附件（弯头、三通、法兰等）组成。

锅炉上的汽水管道，特别是主蒸汽管道和给水管道，由于其工作介质具有较高的压力和温度，这就对管道材料的强度以及高温下的金属性能等提出了更高的要求，特别是对于超临界及超超临界机组，在更换或新装管道时，对管子及附件的材质、规格选取及检修必须十分慎重，对它的质量要求也必须十分严格。

一、定期检查

主蒸汽管道、高温再热蒸汽管道、给水管道等大型管道是大型火电厂的重要设备或部件，由于长期在高温、高压下运行，必须定期对其管道的运行状况进行检查，一般检查以下项目：

（1）检查管道的保温状况，如有保温材料脱落现象，应及时恢复和消除，同时检查保温材料的性能和质量是否符合标准。

（2）检查管道的膨胀情况，膨胀是否符合要求，有没有受阻的地方和死点。

（3）检查管道的支吊架受力情况。

（4）检查管道是否有振动或晃动。

（5）检查管道、三通和弯头表面氧化腐蚀程度、有无尖锐的划痕、凹坑、裂纹、重皮等缺陷。

二、金属监督

管道金属监督主要有两种情况：一种是指工质温度高于450℃的高温管道和部件，如主蒸汽管道、高温再热蒸汽管道、阀门、三通、螺栓等；另一种是工作压力大于和等于6MPa的承压管道和部件，如给水管道、低温再热蒸汽管道等。

蒸汽管道在高温和应力下长期运行，会发生两种变化过程：一是在高温和应力作用下，管道沿截面圆周方向发生膨胀，也就是管道逐渐增大；另一个就是钢的组织性质发生变化，从而使钢的强度和高温性能降低。如果对高温管道不采取一定的监控措施，没有及时发现问题，就有可能造成管道的爆裂、折断等严重事故。所以要采取先进的诊断或监测技术，以便及时、准确地掌握和判断管道寿命损耗程度和损伤状况，建立健全金属技术监督档案。

蒸汽管道在高温及一定的应力（虽然这一应力并未超过该温度下的屈服点）作用下，会发生缓慢的、持续不断的塑性变形，这种变形就叫蠕变变形。

1. 蒸汽管道的蠕变变形的常用测量方法

（1）蠕变测量方法。在管道固定位置的外表面上焊上蠕变测点，用千分尺测量截面的直径，通过直径的变化，监视其蠕变变形情况，蠕变测点一般选用球头蠕变测点或自动对心蠕变测点，如图 5-1 所示。

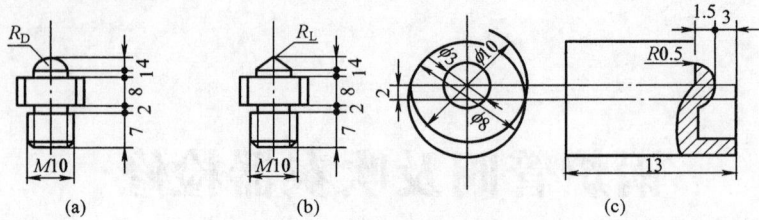

图 5-1 蠕变测点的形状

（a）球头；（b）尖头；（c）自动对心测点

（2）蠕变测量标记法。在管道固定位置的外表面打上两排互相平行的球面压痕标记，如图 5-2 所示，用特制的钢带缠绕在钢管测量截面的外表面，测量该截面的周长。通过周长的变化，监视其蠕变变形情况。

2. 蠕变监督标准

（1）蠕变恒速阶段的蠕变速度不应大于 1×10^{-7} mm/(m·h)。

（2）总的相对蠕变变形量 ε 达 1% 时进行试验鉴定。

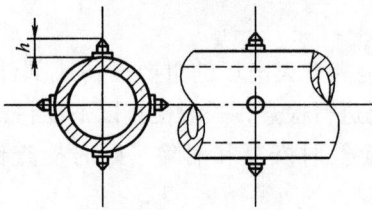

图 5-2 测量标记

（3）总的相对蠕变变形量 ε 达 2% 时更换管子。

3. 蠕变测量时间间隔

在设计期限内或经鉴定的超期运行期内，当 ε 小于 0.75%，或管道各测量截面间的最大蠕变速度 ν_{max} 小于 0.75×10^{-7} mm/(m·h) 时，监督段的蠕变测量时间以 15 000h 左右为宜；对其他蠕变测量截面，可采用轮流测量的方法，但其测量时间间隔不宜超过 30 000h。

4. 主蒸汽管道、高温再热蒸汽管道检修工作中的监督

（1）按蠕变监督的要求测量蠕变变形，测量人员应保持相对稳定，以保证蠕变测量结果的准确性和可比性。

（2）检修人员在机组启停前后，检查管道支吊架和位移指示器的工作状况，发现松脱、偏斜、卡死或损坏等现象时，应及时修复，并做好记录。

（3）对主蒸汽管道可能有积水的部位，如压力表管、疏水管道附近、喷水减温器下部、较长的死管及不经常使用的联络管，应加强内壁裂纹的检查。

（4）工作温度高于或等于 450℃ 的蒸汽管道，当运行时间达到或超过 10 万 h 后应进行石墨化普查，检查周期约为 5 万 h。

（5）高合金钢主蒸汽管异种钢焊接接头（包括焊接管座焊接接头）运行 5 万 h 后应进行无损探伤，以后检查周期为 2 万 ~4 万 h。

（6）主蒸汽管道、再热蒸汽管道冷、热段，运行 10 万 h 后，应对管系及支吊架情况进行全面检查和调整。

（7）主蒸汽管道、高温再热蒸汽管道要有良好的保温状况，严禁裸露运行，保温材料应符合技术要求，运行中严防水、油渗入管道保温层。保温层破裂或脱落时，应及时修补。

管道上不允许焊接保温拉钩，不得借助管道起吊重物。

（8）对工作温度高于450℃的主蒸汽管道、高温再热蒸汽管道及其附件（如三通、弯头、焊缝、钢管等）的质量情况和运行状况进行检查，并进行全面外观和无损探伤检查，对直管、弯管进行壁厚测量、金相检验、弯管不圆度测量；对监察段进行硬度、金相、碳化物检查。凡更换部件应确保质量，做好记录，存档备案。

5. 给水管道的监督

工作压力大于或等于10MPa的主给水管道投产运行5万h后应做如下检查：

（1）对三通、阀门进行宏观检查。

（2）对弯头进行宏观和厚度检查。

（3）对焊缝和应力集中部位进行宏观和无损探伤检查。

（4）对阀门后管段进行壁厚测量，以后检查周期为3万～5万h。

（5）给水管道运行10万h时，应对管系及支吊架情况进行检查和调整。

三、高压管道检修

（一）检修前的准备

（1）查明需要更换的管道或附件的部位，根据其压力、介质温度和规格尺寸，准备备品备料。合金钢管与其他焊接的附件，一定要有材质证明。

（2）弯曲半径为2～3倍管径的冷弯管，应对其弯曲部位检查壁厚偏差、椭圆度及是否被弯管套芯损伤。

（3）检查热弯管表面有无过热熔疤和折皱过大的不良现象。

（4）检查备用法兰的螺孔中心偏差。带有凹凸面的法兰，应能自由嵌合，凸面的高度应略大于凹槽的深度。

（5）检查备用法兰螺栓的规格、材质及螺纹光洁度和配合公差是否符合要求。

（6）检查备用垫片，其规格与法兰凹面比较，内径略大而外径略小。金属垫片应无裂纹、毛刺、伤痕、加工粗糙及过热等缺陷，石棉纸垫片要求质地柔韧、无老化变质、折皱和划痕等缺陷。

（7）配备管子焊接时需用的止夹工具。

（8）对新配备的支吊架弹簧进行外观检查，各部尺寸及压缩量均应符合技术要求。

（二）管道的主要附件

1. 弯头、弯管

为了改变管道中介质的流动方向或者补偿管道的热胀冷缩量，往往需要装置弯头。弯头的配制过程，即将直管段按预定的弯曲半径和弯曲角度弯制成一定的圆弧的过程，通常称为弯管。

弯头是最重要和数量最多的管件，既是管道走向布置所需要的，又对管道的热胀冷缩补偿起重要作用。

弯管是指轴线发生弯曲的管子，弯头是指弯曲半径小于2D，且管段小于1D的弯管（热压弯头一般不带直管段）。

弯曲半径和弯曲角度的大小，对管子材料的变形有很大影响。管子在弯曲的时候，管壁所受的外力有两种：① 弯头的外侧承受拉力，使管壁逐渐伸长；② 弯头的内侧承受压力，使管壁逐渐缩短。只有在管子中心线部分的中间层管壁，因拉力和压力相互抵消，所以没有伸长或者缩短，保持了原来的形状，这一层管壁叫中性层。弯管时的另一种情况，是它的横断面在弯曲中也发生了变化：管子的内外侧管壁，由于受到不同的拉力和压力，使外侧伸长的管壁变薄内侧缩短的管壁变厚。由于管壁金属在伸长变薄和缩短变厚时均有保持原状的趋势，因此使弯头内外侧的管壁都向中性层移动，使弯曲部位的中性层的管子直径增大，致使管子的断面变成了椭圆形，如图5-3所示。

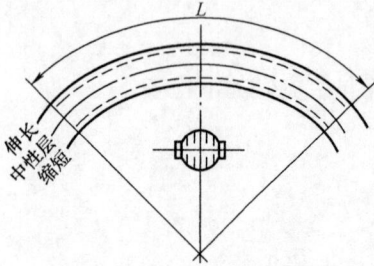

图5-3 管子弯曲变形情况

当管子受到外力作用时，其材料内部也同样产生抵抗弯曲的应力，这种应力就叫做抗弯力。各种钢管材料的强度是一定的，也只能承受一定的外力。如果在外力作用下而产生的应力超过了材料本身的强度，那么钢管将产生破裂或损坏。基于以上因素，必须了解和正确掌握弯管工艺，使弯管质量达到要求。

根据制造方法的不同，弯头可分为冷弯弯头、热弯弯头、热压弯头、电加热弯头和焊接弯头等。

（1）冷弯弯头。在常温下用人力和机械将钢管弯成的弯头，冷弯弯头管径一般在DN50以下，冷弯弯制的优点是制造工艺比较简单。

（2）热弯弯头。将钢管进行加热后再弯制而成的弯头叫热弯弯头。热弯弯头管径一般在DN400以下。现场常用的方法是充砂加热弯管法，钢管在加热弯管以前必须向管内充满经过筛分、洗净、烘干的砂子，并保证管子内部各处的砂子均匀、密实，达到减少弯头处变形的目的。

（3）电加热弯头。电加热弯头又称中频电源感应加热弯头，这种弯头加热方法是利用400～1200Hz的交流工频电源和一个感应圈将钢管局部加热。

（4）热压弯头。热压弯头又叫热冲压弯头，它是工厂专门生产的弯头，弯曲半径 R 有1.5DN和1DN两种，最常用的是90°热压弯头。

管子弯制后，管壁表面不应有裂纹、分层、过热等缺陷。有疑问时，应做无损探伤检查，高压弯管、弯头一律进行无损探伤，需热处理的应在热处理后进行。如有缺陷，允许修磨，修磨后的壁厚不应小于直管最小壁厚。

合金钢管弯制、热处理后应进行金相组织和硬度检验。

2. 三通

在汽水管道中，需要有分支管的地方，就要安装三通，三通按管径可分为等径三通、异径三通，如图5-4所示。

三通按其制造方法的不同可分为铸造三通、锻造三通和焊接三通；按材质的不同又可分为碳钢三通、合金钢三通等。

3. 法兰

法兰连接是管道、容器最常用的连接方式，法兰的结构形式可分为整体式法兰、松套式法兰和螺纹法兰。

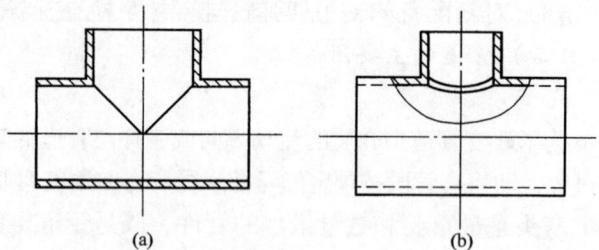

图5-4 三通
(a) 等径三通；(b) 异径三通

4. 流量测量装置

中低压汽水管道的流量测量装置，采用法兰连接的流量孔板测定流量；高压汽水管道一般有内装标准流量喷嘴的测量装置，文丘里管和长颈喷嘴也可用于流量测定，如图5-5和图5-6所示。

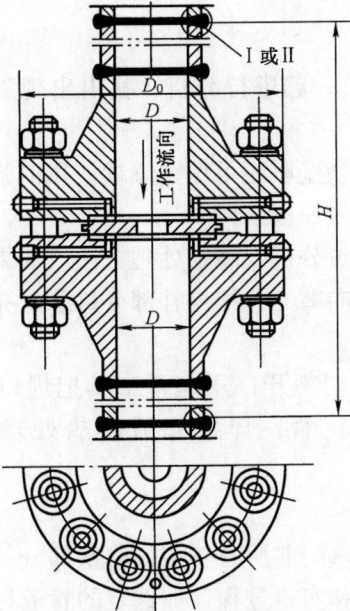

图 5-5 孔板法兰式流量测量装置

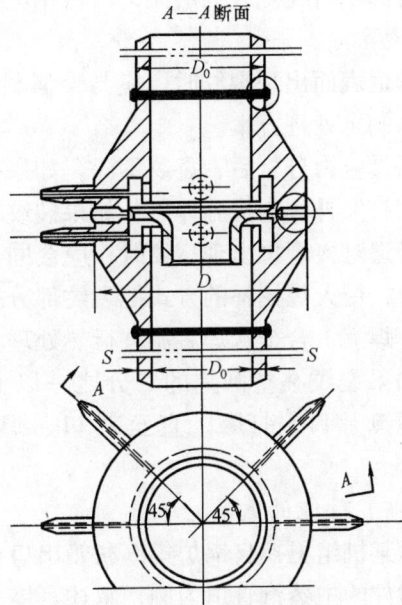

图 5-6 喷管焊接式流量测量装置

5. 堵头、封头、管座、异径管

堵头又称闷头，用于管道各部位的封堵。具有平滑曲线或锥形的称封头。封头由于其造型特征改善了应力条件，多用于压力容器、联箱及高压管道的封堵。

管座用于疏水、放水、放空气，以及旁路小管与主管的连接，由于接管座部位有应力作用，其厚度比连接小管的壁厚大，并有各种过渡到与小管等径的造型。接管座容易产生焊接应力，粗糙割口焊渣易引起腐蚀，所以高压管道的接管座孔洞必须采用机械钻孔。对于较大的接管座孔，可在割孔后用角磨机磨削出光滑的孔壁，在小管常处于关闭状态时，接管座部位有温差应力。由于主管带动接管座热位移，当小管的支架安装不当时，将使接管座受到交变低周疲劳损伤，因此不应在靠近管座部位设小管固定支架。

异径管俗称大小头，是管道连接中的一段变换流通直径的管件，它以一定的直线锥度或以弧形曲线从某一规格的管径过渡到另一规格的管径，高、中压异径管由锻造或热挤压成型。

6. 各种专用补偿器

在管系中增设专用补偿器的目的是用弹性变形来补偿和承受由于热态引起的管道位移，把位移值约束在限位点之间；保证管段有足够的位移可能性，在容许和吸收位移值的同时不产生过大的强制力。

补偿器有各种形式，包括 π 形补偿器（Ω 形补偿器）、波形补偿器、填料套筒式补偿器、柔性接头补偿器。

（三）管道主要缺陷及处理方法

1. 划痕和凹坑

管道表面有尖锐的划痕，其处理的方式是用角向磨光机把划痕圆滑过渡、棱角磨平。如果划痕很深，进行补焊处理，然后磨平。

有凹坑时先把表面磨光，然后用电焊焊满。

2. 裂纹

管道表面出现裂纹时，应与金属材料工程技术人员一起进行分析，找出出现裂纹的原因，并制定处理方案。

通过应力分析后，裂纹不深，如果打磨掉以后的剩余壁厚还可保证继续使用的强度，则只采用打磨补焊的措施即可；如果裂纹较深，则必须更换一段新管。

管道对接焊口出现裂纹时，应会同金属材料技术人员分析，制定处理方法。如果出现裂纹较短，用火焊挖补的方式把裂纹部分挖掉，然后用角向磨光机把挖补部分打磨光亮，最后用电焊焊满，合金管焊后需进行热处理。

如果裂纹在整圆周的二分之一以上，只有把焊口切割开；用起重工具把焊口两端拽开，重新片口、打磨，直至对口、焊接。如果是合金管，焊接完后需热处理，消除应力。

（四）管道的更换

以某机组更换自锅炉集汽联箱出口至汽轮机自动主汽门前所有管道的薄壁部分、管件及管道附件的主蒸汽管道为例，叙述具体更换的技术方案和实施过程，如选定的管道材质及规格为 $12Cr1MoV$，$\phi273 \times 22mm$。

1. 管道设计

（1）委托有资质的设计部门进行管道系统设计。

（2）管道设计尽可能地利用原有布置条件，应做到选材正确，布置合理，补偿良好，疏水通畅，流阻较小，造价低廉，支吊合理，避免共振。

（3）设计及其他技术资料齐全，并经审查通过。

（4）技术交底。

2. 材料的选取

（1）新管道的材质和规格按规定确定。

（2）管子、管件、管道附件等必须具有制造厂家的质量合格证书，钢号和标准编号印记以及管子的进口商检合格证，并应符合现行国家或行业技术标准。

（3）管子、管件、管道附件等在使用前，应按设计要求核对其规格、材质及技术参数。

（4）管子、管件、管道附件等在使用前应进行外观检查，其表面要求如下：

1）无裂纹、缩孔、夹渣、黏砂、折叠、漏焊、重皮等缺陷。

2）表面光滑，不允许有尖锐划痕。

3）凹陷深度不得超过 1.5mm，凹陷最大尺寸不应大于管子周长的 5%，且不大于 40mm。

（5）管道施工前应检查所有的管子、管件是否符合以下现行国家标准或行业技术标准：

1）化学成分分析结果。

2）管材力学性能试验结果（抗拉强度、屈服强度、延伸率、冲击韧性）。

3）热处理状态说明或金相分析结果。

4）管件无损探伤结果。

（6）检查鉴定管子表面的划痕、凹坑、腐蚀等缺陷，凡经处理后的管壁厚度不应小于直管的最小壁厚，并做好记录及提交检验报告。

（7）管子应进行不少于三个断面的壁厚测量，并做好记录。

（8）检验合格的管子、管件、管道附件，按材质、规格或编号分别放置，妥善保管，防止锈蚀。

3. 弯管的制作

（1）钢管在弯制前应验证其材质，直径和壁厚是否符合相应的技术标准和设计要求。

（2）钢管在弯制前必须进行光谱分析和硬度检验。

（3）用作弯管的管材其最小壁厚不得小于直管段最小壁厚的 1.08 倍。

（4）钢管在弯制前应做宏观检查，如有局部缺陷，应逐步修磨直至缺陷消除，修磨后的实际壁厚仍符合设计要求。

（5）弯管的弯曲半径和两端的坡口形式应符合设计图纸要求。

（6）应采用中频加热方式弯管，且弯管成品要符合下列要求：

1）弯曲部分的不圆度不得大于 3%。

2）弯曲部分的波浪度不大于 3.5mm。

3）弯曲角度的允许偏差值为 ±0.5°。

4）弯管任何一点的实测最小壁厚不得小于直管的最小壁厚。

5）弯管直管段部分的椭圆度不得大于 8%。

6）弯管平面度的允许偏差值不大于 10mm。

7）弯管两端坡口后的结构尺寸的允许偏差值为 ±4 ~ 5mm。

（7）弯管热处理后应将其内外表面清理干净。

（8）弯管热处理后应进行无损探伤、金相组织检验和硬度检验，弯管不得有过烧组织；不得出现晶间裂纹，管壁若发现有裂纹、分层等缺陷，应逐步修磨直至缺陷消除。修磨后的壁厚不应小于直管的最小壁厚，做好记录并及时提交检验报告。

（9）弯管加工合格后，应提供产品质量检验证明书。

4. 入厂复验

所有的管子、管件、管道附件等入厂后须由有关部门和金属试验室逐件进行复查验收，并认真、及时地填写检查验收记录。

5. 管道的拆装

（1）管道拆装前应制定好安全措施和检修工艺，做好准备工作，办理好施工工作票。

（2）管道在安装前，管子、管件和管道附件均应检验合格，具备有关的技术证件，并已按设计要求核对无误。

（3）管子、管件等在安装前，应将内部清理干净，不得遗留任何杂物，必要时应装设临时封堵。

（4）管道水平段的坡度方向与坡度应符合设计要求，若设计无具体要求，坡度方向应与气流方向一致，且坡度不小于 0.004。

（5）管子对接焊缝位置应符合设计规定，并应符合下列要求：

1）焊缝位置距离弯管的弯曲起点不得小于 280mm。

2）管子两个对接焊缝之间的距离不得小于 280mm。

3）支吊架管部位置不得与管子对接焊缝重合，焊缝距离支吊架边缘不得小于 100mm。

4）管子接口应避开疏、放水管及仪表管等的开孔位置，距离开孔位置不得小于 50mm，且不得小于孔径。

（6）管道上的成型件相互焊接时，应按设计规定加接短管，短管长度不得小于 280mm。

（7）除设计中有冷拉或热紧的要求外，管道焊接时，不得用强力对口、加热管子、加偏垫或多层垫等方法来消除接口端面的空隙、偏斜、错口或不同心等缺陷，以防止引起附加应力。

（8）管件管口必须采用机械加工，其端口内、外径和坡口形式，应符合设计要求，坡口形式见表 5-1 和图 5-7。

表 5-1 　　　　　　　　　　　　　　管道焊缝坡口形式

坡口形式		图　形	焊接厚度 δ	接头结构尺寸（mm）				
				α	β	b	P	R
双 V 形	水平管		$16 \sim 60$	$30° \sim 40°$	$8° \sim 12°$	$2 \sim 5$	$1 \sim 2$	5
	垂直管		$16 \sim 60$	$\alpha_1 = 35° \sim 40°$ $\alpha_2 = 20° \sim 25°$	$\beta_1 = 15° \sim 20°$ $\beta_2 = 5° \sim 10°$	$1 \sim 4$	$1 \sim 2$	5
U 形			$\leqslant 60$	$10° \sim 15°$		$2 \sim 3$	2	5

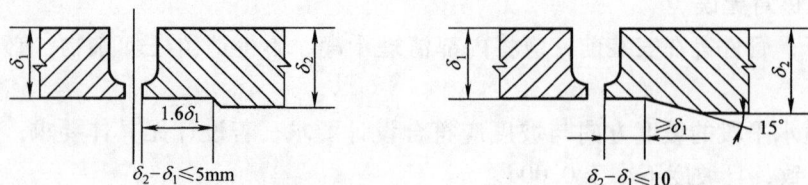

图 5-7 管道焊缝坡口形式（内壁尺寸不相等）

（9）管子下料和坡口的制备常采用机械方法，如使用气割切制坡口，则应按规定将割口表面的杂物清理干净，并用角向磨光机将不平之处修理平整，坡口形式应符合设计规定。

（10）管子或管件的对口质量应符合规程要求，对接管口端面应与管子中心线垂直，其偏斜度不得大于2mm。另外，要尽量做到内壁平齐，如有错口，其错口值不大于1mm。

（11）管子对口时，一般要平直，焊接角变形在距离接口中心200mm处测量，除特殊要求外，其折口的允许偏差值不大于3mm。

（12）管子对口符合要求后，应垫置牢固，避免焊接或热处理过程中管子位移。

（13）管道冷拉必须符合设计规定，应有专人负责并认真做好记录，进行冷拉前应满足下列要求：

1）冷拉区域各刚性吊架已安装牢固，各刚性吊架间所有焊缝（冷拉口除外）焊接、热处理完毕并经检验合格。

2）所有支吊架已安装完毕，冷拉口附近吊架的吊杆应预留足够的调整裕量。弹簧支吊架的弹簧应按设计值预压缩并临时固定，不使弹簧承担定值外的荷载。

3）管道坡度方向及坡度应符合设计要求。

（14）安装管道冷拉口所使用的手拉葫芦、千斤顶等须待整个对口焊接和热处理完毕，并经检验合格后方可卸载。

（15）管道安装的允许偏差值如下：

1）标高小于±10mm。

2）水平管道弯曲度小于或等于1.5/1000，且小于或等于20mm。

3）立管铅垂度小于或等于2/1000，且小于或等于15mm。

4）交叉管间距偏差小于10mm。

（16）支吊架安装工作须与管道的安装工作同步进行，管道临时固定应牢固可靠。

（17）管道安装工作如有间断，应及时封闭管口。

（18）管子局部进行弯度校正时，加热温度应控制在管材的下临界温度Ac1（770℃）以下。

（19）管道膨胀指示器应按照设计规定正确装设，在系统水压试验或管道清洗前调整指示在零位。

（20）蠕胀测点安装在监察段和锅炉集汽联箱出口第一个弯管上，且应在管道清洗或系统水压试验前装好，并在投运前进行第一次测量，做好技术记录。

（21）根据设计图纸须在管道上开的孔洞，应在管子焊接前开好，采用机械加工方式，不得用气割开孔。开孔后必须将内部清理干净，不得留有杂物。

（22）旁路管和疏、放水管等的安装应符合设计规定，不得随意变更。

（23）管道焊缝的位置在安装完毕后应及时标明在施工图纸上。

（24）管道不得引弧试验电流或焊接临时支撑物。

（25）在整个管系安装完毕后，应做100%的光谱分析复查，材质不得差错。

（26）焊缝在热处理后应做100%的金属检验（包括光谱分析、硬度检验和无损探伤），如发现有不合格者，应及时处理，直至复检合格。

6. 支吊架的安装

（1）由于管道更换和重新安装，其支吊架应全部更新。

（2）新支吊架在安装前须进行检查，其形式、材质、加工尺寸、加工精度、焊接方式等应符合设计要求；不允许漏焊、欠焊，焊缝及热影响区不允许有裂纹或严重咬边等缺陷，焊接变形应予矫正。

（3）支吊架弹簧的外观及几何尺寸应符合设计要求。

1）应有制造厂家的质量检验合格证明书。

2）表面不应有裂纹、折叠、分层、锈蚀、划痕等缺陷。

3）尺寸偏差应符合设计图纸要求。

4）工作圈数偏差不应超过半圈。

5）在自由状态时，弹簧各圈节距应均匀，其偏差不得超过平均节距的±10%。

6）弹簧两端支撑面与弹簧轴线应垂直，其偏差不得超过自由高度的2%。

（4）管道原支吊架在拆除时，应使其根部结构保持完好，不得损毁，应有专人对所有要继续利用的支吊架根部结构进行仔细、认真地检查，并做详细记录。

（5）管道的刚性吊架应严格按照设计图纸安装。

（6）在平行管道敷设中，其托架可以共用，但吊架的吊杆不得吊装位移方向相反或位移值不等的两条管道。

（7）管道安装使用临时支吊架时，应有明显标记，并不得与正式支吊架位置冲突，在管道安装及水压试验完毕后应予拆除。

（8）支吊架安装若需重新生根固定，在混凝土柱或梁上装设支吊架时，应先将混凝土抹面层凿去，然后固定。

（9）当固定在平台或楼板上的吊架根部妨碍通行时，其顶端应低于抹面的高度。

（10）支吊架生根结构上的孔应采用机械钻孔。

（11）在混凝土基础上用膨胀螺栓固定支吊架的生根时，膨胀螺栓的打入深度应能保证其牢固可靠。

（12）导向支架的滑动面应洁净、平整，活动零件与其支撑件应接触良好，以保证管道能自由膨胀。

（13）所有活动支架的活动部分均应裸露，不应被保温层等覆盖。

（14）管道安装时，应及时进行支吊架的固定和调整工作，支吊架位置应正确，安装应平整、牢固，并与管子接触良好。

（15）在安装支吊架时，其支吊点的偏移方向及尺寸必须符合设计要求。

（16）整定弹簧应按设计要求进行安装，固定销应在管道系统安装、水压试验和保温工作结束后方可拆除，固定销要完整抽出，妥善保管。

（17）恒作用力弹簧吊架应严格按设计要求进行安装、调整。

（18）支吊架在调整后，各连接件的螺杆丝扣必须带紧，锁紧螺母应锁紧，防止松动。

（19）吊架螺栓孔眼和弹簧座孔眼应符合设计要求，孔眼要大于吊杆直径，但差值不超过3mm。

（20）支吊架管道间距应符合设计要求。

（21）从事支吊架安装工作的焊工必须持有相应的合格证。

（22）支吊架安装所需焊接材料的取用应符合规程要求，涉及合金钢部件的焊接时，应及时进行焊前预热和焊后热处理。为防止变形，应注意焊接顺序，在施焊时须注意根部熔合良好，收尾时应填满熔池，焊道排列应整齐美观，防止咬边，焊缝尺寸应符合设计要求。焊接结束后要认真清除焊渣和飞溅，不得在支吊架部件上乱引电弧或试验电流。

（23）管道安装完毕后，应按设计要求逐个核对支吊架的形式、材质、位置和安装尺寸等。

（24）管道投运后受热膨胀，应及时对支吊架进行下列检查和调整：

1）活动支架的位移方向、位移量及导向性能是否符合设计要求。

2）管托有无脱离现象。

3）刚性吊架是否牢固可靠。

4）弹簧支吊架的安装高度与弹簧工作高度是否符合设计要求。

（25）支吊架的安装工作应派专人负责，并且认真做好相应的技术记录。

7. 管道系统的水压试验与清洗

8. 保温

9. 验收

至此，管道的更换工作结束。

（五）管道三通的更换

以某机组锅炉蒸汽管道三通的更换实例介绍。

原三通为铸造三通，存在着较大的安全隐患，全部更换为热压三通。

更换步骤和技术要求：

（1）开工前制定好安全和技术措施，办理好热力机械工作票。

（2）项目负责人向本工作组成员进行作业技术交底，落实检修技术要求和质量标准。

（3）准备好检修工器具：角向磨光机、起吊工具、电焊机等。

（4）将需要更换的三通保温材料拆掉。

（5）用手拉葫芦固定好管道和支吊架，并用钢筋把弹簧吊架的弹簧焊死，以防管道下沉或位移。

（6）记录好三通、管道和吊架的原始位置尺寸，做好标记，以便下料和对口焊接。

（7）切割部位按量好尺寸划线，用气割割下旧三通。

（8）对切割下的旧三通的管道用气割加工焊接坡口，并按焊接坡口形式进行焊口打磨。

（9）新三通在使用前应进行外观检查，其表面要求：无裂纹、缩孔、夹渣、折叠、重皮等缺陷，并进行 100% 光谱分析复查，确定材质是否正确。

（10）三通表面光滑、凹陷深度不超过 1.5mm，且长度不大于 40mm。

（11）按实际所量尺寸，对新三通长短和坡口进行机加工。

（12）管道与三通坡口制成后，对口的端头内外壁 15～25mm 范围内应打磨出金属光泽。

（13）将新三通吊装就位进行对口焊接。

（14）对接管口端面应与管子中心线垂直，其偏斜度不得大于 2mm。

（15）要尽量做到内壁平齐，如有错口，其错口不大于 1mm。

（16）三通、短管在焊接前应将内部清理干净，不得遗留任何杂物，必要时应装设临时封堵。

（17）焊口进行热处理。

（18）热处理完毕，焊口进行金属检验，检查焊口质量和硬度是否符合标准，如不合格，则重新焊接。

（19）恢复管道支吊架原始位置，并对其校正和调整。

（20）经工程技术人员整体验收合格后，再恢复三通所有的保温。

第二节 阀门的检修

阀门是锅炉管路的重要附件，是配装在管道和其他相关设备上，主要用来控制（启闭、调节）工质，即接通或切断流通介质（水、蒸汽、油和空气等）的通路，改变介质的流动方向，调节介质流量和压力，以及保证压力容器和管道的工作压力不超限等。

一、阀门基本知识

（一）阀门的种类

1. 按阀门的用途和作用来分

切断阀类。作用是接通和切断管路内的介质，如球阀、闸阀、截止阀、蝶阀和隔膜阀等。

调节阀类。作用是用来调节介质的流量、压力的参数，如调节阀、节流阀和减压阀等。

止回阀类。作用是防止管路中介质倒流，如止回阀和底阀等。

分流阀类。作用是用来分配、分离或混合管路中的介质，如分配阀、疏水阀等。

安全阀类。作用是在介质压力超过规定值时，用来排放多余介质，保证管路系统及设备安全，如安全阀、事故阀等。

2. 按驱动形式来分

阀门按驱动形式可分为手动阀、动力驱动阀（如电动阀、气动阀）、自动类（此类不需外力驱动，而利用介质本身的能量来使阀门动作，如止回阀、安全阀、自力式减压阀和疏水阀等）。

3. 按公称压力分类

阀门按公称压力可分为真空阀门（工作压力低于标准大气压）、低压阀门（公称压力小于或等于 1.6MPa）、中压阀门（公称压力为 2.5、4.0、6.4MPa）、高压阀门（公称压力为 10~80MPa）、超高压阀门（公称压力大于 100MPa）。

4. 按温度等级分类

阀门按温度等级可分为超低温阀门（工作温度低于 -80℃）、低温阀门（工作温度介于 -40 ~ -80℃）、常温阀门（工作温度高于 -40℃，而低于 120℃）、中温阀门（工作温度高于 120℃，而低于 450℃）、高温阀门（工作温度高于 450℃）。

通常分类法是按照既考虑工作原理和作用，又考虑阀门结构，此为国内通常分类法，可分为闸阀、蝶阀、截止阀、止回阀、旋塞阀、球阀、夹管阀、隔膜阀、柱塞阀等。

（二）阀门的基本参数

阀门是一种通用件，其规格、参数一般以"公称直径"、"公称压力"和"工作温度"来表示。

（1）阀门的公称直径。阀门进出口通道的名义直径叫做阀门的公称直径，用 Dg 表示（或用 DN 表示）单位为毫米（mm）。公称直径是阀门的通流直径系列规范化后的数值，基本上代表了阀门与管道接口处的内径（但不一定是内径的准确数值）。

阀门的公称直径在 GB 1047—2005《管道元件 DN（公称尺寸）的定义和选用》中作了规定，阀门的公称通径系列见表 5-2。

表 5-2 阀门的公称通径系列

<u>3</u>	<u>6</u>	<u>10</u>	<u>15</u>	<u>20</u>	<u>25</u>	<u>32</u>	<u>40</u>	<u>50</u>	<u>65</u>
<u>80</u>	<u>100</u>	125	150	(175)	<u>200</u>	(225)	<u>250</u>	<u>300</u>	350
<u>400</u>	450	<u>500</u>	<u>600</u>	700	<u>800</u>	900	<u>1000</u>	<u>1200</u>	<u>1400</u>
<u>1600</u>	1800	<u>2000</u>	<u>2200</u>	<u>2400</u>	2600	2800	<u>3000</u>	…	…

注 1. 带"—"应优先选用。

　 2. 带括号者仅用于特殊阀门。

（2）阀门的公称压力。阀门的名义压力叫做阀门的公称压力，用 PN 表示，单位为 MPa。公称压力是指阀门在某一规定温度下的允许工作压力，该规定温度是根据阀门的材料来确定的。例如，对于碳钢阀门，其公称压力则是指 200℃时的允许工作压力。金属材料的强度是随着温度升高而降低。因此，当介质温度高于公称压力的规定温度时，选择阀门的公称压力就必须放余量，并限定在材料的容许最高温度下工作。阀门的公称压力在国标 GB 1048—2005《管道元件——DN（公称压力）的定义和选用》中作了规定，阀门的公称压力系列见表 5-3。

表 5-3 阀门的公称压力系列

<u>0.1</u>	<u>0.25</u>	<u>0.4</u>	<u>0.6</u>	<u>1.0</u>	<u>1.6</u>	<u>2.5</u>	<u>4.0</u>	<u>6.3</u>	<u>10</u>
<u>16</u>	20	25	<u>32</u>	42	50	63	80	100	…

注 带"—"为常用数值应优先选用。

（3）阀门的工作压力。工作压力是指阀门在工作状态下的压力，用 p 表示，单位为 MPa。

（4）阀门的试验压力。试验压力是对阀门进行水压试验，来衡量阀门的强度以及严密性时用的压力，一般用 p_S 表示，单位为 MPa。

（5）阀门的工作温度。工作温度是阀门工作时所允许的介质温度。

阀门的工作压力与工作温度的关系：p 字右下角数字为介质最高温度除以 10 的整数。如 p_{54} 表示阀门介质最高温度为 540℃时的工作压力。

阀门的工作温度与相应的最大工作压力变化表简称温压表，见表 5-4。

表 5-4 钢制阀门工作温度、压力表

钢号	基准温度（℃）	工作温度（℃）								
20、25、 ZG20Ⅱ ZG25Ⅱ	200	250	300	350	400	425				
15CrMo ZG20CrMo	200	320	450	490	500	510	515	525	535	454
12Cr1MoV 15Cr1Mo1V ZG20CrMoV ZG15Cr1Mo1V	200	320	450	510	520	530	540	550	560	570

钢号	基准温度（℃）	工作温度（℃）												
1Cr5Mo ZG1Cr5Mo	200	325	390	430	450	470	490	500	510	520	530	540	550	
1Cr18Ni9Ti ZG1Cr18Ni9Ti 1Cr18Ni12Mo2Ti ZG1Cr18Ni12 Mo2Ti	200	300	400	480	520	560	590	610	630	640	660	675	690	700
PN（MPa）	最大工作压力（MPa）													
0.1	0.10	0.09	0.08	0.07	0.06	0.06	0.05	0.05						
0.25	0.25	0.22	0.20	0.18	0.15	0.14	0.12	0.11	0.10	0.09	0.08	0.07	0.06	0.06
0.4	0.39	0.35	0.31	0.27	0.25	0.22	0.20	0.18	0.16	0.14	0.12	0.11	0.10	0.09
0.6	0.59	0.55	0.49	0.40	0.39	0.30	0.31	0.27	0.25	0.22	0.20	0.18	0.16	0.14
1.0	0.98	0.88	0.78	0.69	0.63	0.55	0.49	0.44	0.39	0.35	0.31	0.27	0.25	0.22
1.6	1.57	1.37	1.23	1.08	0.98	0.88	0.78	0.69	0.63	0.55	0.49	0.44	0.39	0.35
2.5	2.45	2.16	1.96	1.76	1.57	1.37	1.23	1.08	0.98	0.88	0.78	0.69	0.63	0.55
4	3.92	3.53	3.14	2.74	2.45	2.16	1.96	1.76	1.57	1.37	1.23	1.08	0.98	0.88
6.3	6.27	5.49	4.90	4.41	3.92	3.53	3.14	2.74	2.45	2.16	1.96	1.76	1.57	1.37
10	9.80	8.82	7.84	6.96	6.27	5.49	4.90	4.41	3.92	3.53	3.14	2.74	2.45	2.16
16	15.68	13.72	12.25	10.98	9.80	8.82	7.84	6.96	6.27	5.49	4.90	4.41	3.92	3.53
20	19.60	17.64	15.68	13.72	12.25	10.98	9.80	8.82	7.84	6.96	6.27	5.49	4.90	4.41
25	24.50	22.05	19.60	17.64	15.68	13.72	12.25	10.98	9.80	8.82	7.84	6.96	6.27	5.49
32	31.36	27.44	24.50	22.05	19.60	17.64	15.68	13.72	12.25	10.98	9.80	8.82	7.84	6.96
42	41.16	37.04	33.93	28.81	25.73	23.15	20.58	18.52	16.46	14.41	12.86	11.53	10.29	9.26
50	49.00	44.10	39.20	35.28	31.36	27.44	24.50	22.05	19.60	17.04	15.68	13.72	12.25	10.96
63	62.72	54.88	49.00	44.10	39.20	35.28	31.36	27.44	24.50	22.05	19.60	17.64	15.63	13.72
80	78.40	69.58	62.72	54.88	49.00	44.10	39.20	35.28	31.36	27.44	24.50	22.05	19.60	17.64
100	98.00	88.20	78.40	69.58	62.72	54.88	49.00	44.10	39.20	35.28	31.36	27.44	24.50	22.05

　　例如：一只 6.3MPa 的碳钢阀门在介质工作温度为 425℃ 的管道上，要知最大工作压力，首先要查表 5-4 中的碳钢栏，找出工作温度为 425℃ 一格往下看，再查公称压力栏中的 6.3MPa 一格往右看，两格交叉处的数字便是这只碳钢阀门的最大工作压力 $P_{42}3.53MPa$。

　　这三个参数是选择阀门时的重要指标。

（三）阀门型号编制

　　中华人民共和国机械行业标准 JB/T 308—2004《阀门型号编制方法》，规定了通用阀门的型号编制、类型代号、驱动方式代号、连接形式代号、结构形式代号、密封面材料代号、阀体材料代号和压力代号的表示方法。阀门型号主要表明阀门的类型、作用、结构、特点及所选用的材料性质等，一般用七个单元组成阀门型号，其排列顺序如下：

| 类型代号 | 传动方式 | 连接方式 | 结构形式 | 密封面或衬里 | 公称压力 | 阀体材料 |

（1）第一单元用汉语拼音字母表示阀门类别，见表5-5。

表5-5　　　　　　　　　　阀门类别表示法

阀门类别	闸阀	截止阀	止回阀	节流阀	球阀	蝶阀
代号	Z	J	H	L	Q	D
阀门类别	隔膜阀	安全阀	调节阀	旋塞阀	减压阀	疏水阀
代号	G	A	T	X	Y	S

（2）第二单元用一位阿拉伯数字表示传动方式，对于手动、手柄、扳手等直接传动或自动阀门无代号表示，见表5-6。

表5-6　　　　　　　　　　阀门传动方式表示法

驱动方式	蜗轮传动	正齿轮传动	伞齿轮传动	气动传动	液压传动	汽—液动传动	电动机传动
代号	3	4	5	6	7	8	9

（3）第三单元用一位阿拉伯数字表示连接方式，见表5-7。

表5-7　　　　　　　　　　阀门连接方式表示法

连接方式	内螺纹	外螺纹	法兰①	法兰	法兰②	焊接	对夹式	卡箍	卡套
代号	1	2	3	4	5	6	7	8	9

① 用于双弹簧安全阀。

② 用于杠杆式安全阀，单弹簧安全阀。

（4）第四单元用一位阿拉伯数字表示结构形式。结构形式因阀门类别不同而异，不同类别的阀门各个数字代表的意义不同。常用阀门结构形式代号见表5-8。

表5-8　　　　　　　　　　常用阀门结构形式代号

闸阀					
结构形式	明杆楔式单闸板	明杆楔式双闸板	明杆平行式双闸板	暗杆楔式单闸板	暗杆楔式双闸板	暗杆平行式双闸板
代号	1	2	4	5	6	8

截止阀（节流阀）					
结构形式	直通式	直角式	直流式	无填料直角式	无填料直通式	压力表计	无填料直流式
代号	1	4	5	6	8	9	0

止回阀				
结构形式	直通式降式（铸造）	立式升降式	直通升降式（锻造）	单瓣旋启式	多瓣旋启式
代号	1	2	3	4	5

（5）第五单元用汉语拼音字母表示密封面或衬里材料，见表5-9。

表5-9　　　　　　　阀门密封面或衬里材料代号

密封面或衬里材料	铜	不锈钢	硬质合金	橡胶	硬橡胶	渗氮钢	密封面由阀体加工	聚四氟乙烯	聚三氟乙烯	聚氯乙烯	酚醛塑料	尼龙	皮革	塑料	巴氏合金	衬胶	衬铅	衬塑料	陶瓷
代号	T	H	Y	X	J	D	W	SA	SB	SC	SD	SN	P	S	B	CJ	CQ	CS	TC

（6）第六单元用公称压力数字直接表示，并用短线与前五单元分开。

（7）第七单元用汉语拼音字母表示阀体材料。对于 PN≤1.6MPa 的灰铸铁阀门或 PN≥2.5MPa 的铸钢阀门及工作温度 $t < 530℃$ 的电站阀门，则省略本单元，见表5-10。

表5-10　　　　　　　阀门阀体材料代号

阀体材料	灰铸铁	可锻铸铁	球墨铸铁	铜合金	铅合金	铝合金
代　　号	Z	K	Q	T	B	L
阀体材料	铬钼合金钢	铬镍钛钢	铬镍钼钛钢	铬钼钒钢	碳钢	硅铁
代　　号	I	P	R	V	C	G

（四）阀门入厂前的验收标准

（1）各类阀门安装前宜进行下列检查。

1）填料用料是否符合设计要求，填装方法是否正确。

2）填料密封处的阀杆有无腐蚀。

3）开关是否灵活，指示是否正确。

4）铸造阀门外观有无明显制造缺陷。

（2）作为闭路元件的阀门（起隔离作用的），安装前必须进行严密性检验，检查阀座与阀芯、阀盖及填料室各结合面的严密性。阀门的严密性试验应按 1.25 倍工作压力的水压进行或按公称压力的 1.1 倍进行。

（3）低压阀门应从每批（同制造厂、同规格、同型号）中按不少于 10%（至少一个）的比例抽查进行严密性试验，若有不合格，再抽查 20%，仍有不合格，则应逐个检查；用于高压管道的阀门应逐个进行严密性检验。

（4）对安全门或公称压力小于或等于 0.6MPa 且公称通径大于或等于 80mm 的阀门，可采用色印对其阀芯密封面进行严密性检查；对公称通径大于或等于 600mm 的大口径焊接阀门，可采用渗油或渗水方法代替水压严密性试验。

（5）阀门进行严密性试验前，严禁结合面上存在油脂等涂料。

（6）阀门进行严密性水压试验的方式应符合制造厂的规定，对截止阀的试验，水应自阀瓣的上方引入；对闸阀的试验，应将阀关闭，对各密封面进行检查。

（7）阀门进行严密性试验合格后，应将阀体腔内积水排除干净，分类妥善保管。

对各种阀门的一般要求：有足够的强度，较小的流动阻力；结构简单可靠；体积紧凑；重量轻；操作方便；检修维护容易等。但对于各种用途不同的阀门又有不同的具体要求，如对于隔绝阀和止回阀，要求关闭严密；对于调节阀要求具有良好的调节特性；对于安全阀要求关闭严密,起跳和回座准确可靠;对于快关阀则要求动作迅速和关闭严密等。

二、常用阀门类型及结构

1. 闸阀

闸阀的阀体内有一平板阀头与流体流动方向垂直,通过加于阀板左右的压力差把阀板压向阀座的一方,而起到切断流体的作用,平板阀头升起时,阀即开启。闸阀密封性能较好,流体阻力小。开启关闭的力矩小,可以从阀杆的升降高度看阀的开度大小(指明杆闸阀)。闸阀结构比较复杂,外形尺寸较大,阀座与阀板间有相对摩擦,易受损伤。闸阀使用的压力温度和通径范围较广(DN50~1800,PN0.1~40.0,$t \leqslant 570℃$)。闸阀一般用于公称直径DN40~1800的管道上,作切断用。在蒸汽管道和大直径供水管道中,由于流动阻力要求小,故多采用闸阀。

闸阀的结构如图5-8和图5-9所示,主要由阀体(阀壳)、阀座、阀杆、阀芯(阀瓣)、阀盖、密封件、操作机构等组成。闸阀从阀杆与阀壳的连接方式上又可分为压力密封(自密封)式和法兰密封式两种,前者用于高压阀门,后者用于低压阀门。图5-8所示为自密封式闸阀的基本结构,阀盖被沉放入阀壳中,阀盖的边缘上有密封环、密封垫圈和四合环。密封环与阀盖的边缘以斜面接触,阀盖被压在压紧圈下,使之压紧密封环和密封垫圈,这一预紧力通过四合环再传到阀壳上。当阀门内部受介质压力时,这一压力由于与螺栓预紧力方向相同而被叠加到阀盖的预紧力上,使密封环受到更大的挤压力,因而产生更牢固的密封作用;内部介质压力越大,这一挤压力也越大,使阀盖更严密,产生自动密封作用,故称为压力密封或自密封。

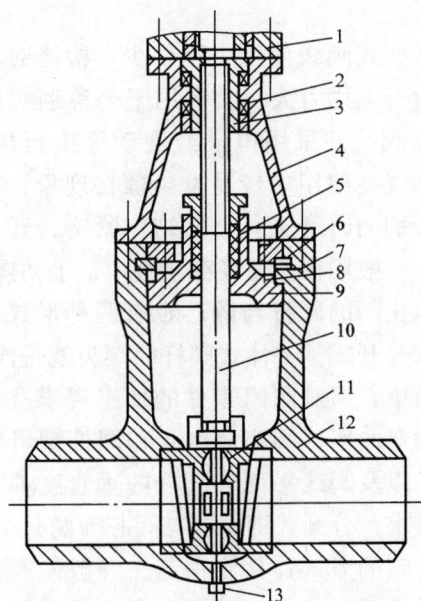

图5-8　自密封式闸阀的基本结构

1—传动装置;2—止推轴承;3—阀杆螺母;
4—框架;5—填料;6—四合环;7—密封垫圈;
8—密封环;9—阀盖;10—阀杆;11—阀芯;
12—阀壳;13—螺塞

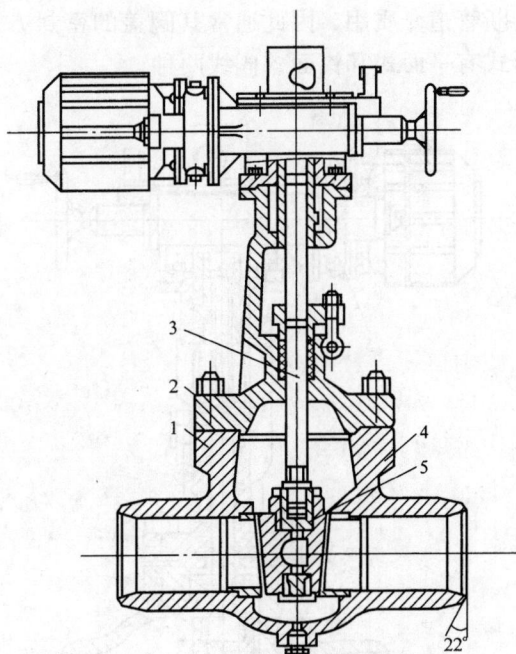

图5-9　法兰密封式闸阀的基本结构

1—阀体;2—阀盖;3—阀杆;4—阀瓣;
5—万向顶

图 5-9 所示为法兰密封式闸阀的基本结构，阀盖与阀壳依靠法兰螺栓的紧力来密封。阀盖与阀壳之间有密封圈，一般用相对较软的材料制作或制成齿形。这种结构的特点是阀内介质的压力与螺栓的紧力方向相反，压力越大，密封性越差，越易泄漏。因此，为了防止泄漏，通常采用较大的螺栓紧力，使之能足以抵消内部介质的压力，因而必须选用较大的螺栓和较厚的法兰，使阀门变得笨重。但由于这种结构比较简单，可用在低压管道上。

闸阀的结构特点是具有两个密封圆盘形成密封面，阀瓣如同一块闸板插在阀座中。工质在闸阀中流过时流向不变，因而流动阻力较小；阀瓣的启闭方向与介质流向垂直，因而启闭力较小。当闸阀全开时，工质不会直接冲刷阀门的密封面，故阀线不易损坏。闸阀只适用于全开或全关，而不适用于调节。在主蒸汽管和大直径给水管中，对于减少管路的流动阻力损失具有很大意义，所以在这些管道中普遍采用闸阀关断用。但在实际使用中，往往是管道直径小于 100mm 时，一般不用闸阀，而采用截止阀。因为小直径闸阀结构相对较复杂，制造和维修难度较大。大型闸阀一般采用电动操作。

在阀门投入前必须用预紧螺栓将其预紧，使其处于工作状态。左瓣为出口侧，右阀瓣为入口侧，左阀瓣特点为圆球形凹槽，右阀瓣特点为圆柱形凹槽。

2. 截止阀

最常用的截止阀为直通式截止阀，利用装在阀杆下面的阀瓣和阀体的突缘部分相配合控制阀门启闭称为截止阀，一般分为手动和电动截止阀两类。截止阀结构简单，制造维修方便，因此应用广泛。但它的流动阻力较大，为了防止堵塞与磨损，不适用于带颗粒或密度大的介质。截止阀的结构如图 5-10 所示。截止阀一般用于口径 DN 为 200mm 以下，主要用来切断管道介质用，因此通常其阀盖的密封方式采用法兰密封式。截止阀密封面（阀线）的形式有平面式和锥面式阀线两种。

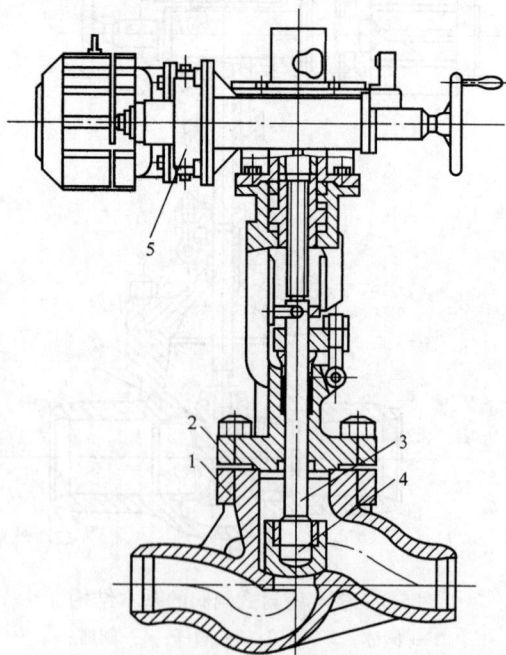

图 5-10　截止阀的结构

1—阀体；2—阀盖；3—阀杆；4—阀芯；5—电动头

平面式阀线使用中擦伤少，检修时易研磨，但开关用力大，大多用于公称通径较大的截止阀，并采用电动或液动等执行机构。锥形阀线在使用中较易发生擦伤现象，检修时需特别的研磨工具，但结构紧凑，开关用力小，一般用在小通径截止阀中，手动操作。

截止阀的阀杆与阀芯也有两种形式：一体式和分开式。一体式阀杆的端头就是阀芯，结构简单，但对阀门零件的加工要求高，如阀杆的弯曲率，阀座、格兰和阀杆螺母的同心度，以及阀线平面与阀杆的垂直度都有较高的要求。分开式即阀杆与阀芯为两只零件，通过一定的方式连接在一起，一般使阀杆与阀芯采用球面接触，当阀杆的弯曲度、阀线平面的垂直度及阀座的同心度不完全符合要求时，采用这种结构具有自动调整作用，能够克服误差，保持阀线的严密性。

直径较大的截止阀阀壳一般做成流线形，

以尽可能减少流动阻力损失。小直径的截止阀通常用来放水、放空气或接压力表等，此时流动阻力的大小并无多大意义，因此其通道的形式以制造工艺简便即可。

一般，截止阀安装时使流通工质由阀芯下面往上流动（低进高出称为正流），这样当阀门关闭时，阀杆处的格兰密封填料不受工质压力和温度的影响，并且在阀门关闭严密的情况下，还可进行填料的更换工作，其缺点是阀门的关闭力较大，关闭后阀线的密封性易受介质的压力作用而产生"松动"现象。因此，有时也使介质由阀芯上面向下流动（高进低出称为倒流），但这样阀门的开启力较大。

Dg10、Dg20、Dg32 手、电动截止阀一般安装于汽水管路作为启闭装置用；Dg50 用于给水、减温水系统及定期排污地沟放水管路上作为启闭装置，截止阀在运行过程中必须处于全开或全关位置，不能作调节阀使用。Dg100 截止阀安装汽水管路上做启闭装置用。

Dg10、Dg20、Dg32 阀门一般采用无中法兰，夹箍和销轴连接，检修易拆卸。阀瓣、阀座密封面均采用硬质合金，具有耐磨、抗擦伤性能良好等特点，密封结构为锥面密封。

Dg50 阀门一般采用中法兰连接，中法兰用齿形或缠绕衬垫密封，阀门拆卸方便，检修时将中法兰螺栓松开即可拆卸阀门。阀门密封面直接用硬质合金堆焊在阀体上，密封面为平面密封，密封面耐磨抗擦伤能力好，阀杆表面进行氮化处理。

Dg100 截止阀一般采用无中法兰压力自紧式密封结构，采用成型的密封圈，靠介质压紧密封圈来达到密封，介质压力越高，密封性能越好。阀座镶焊在阀体上，密封面采用平面密封结构，密封面堆焊硬质合金耐磨抗擦伤能力好，阀杆表面进行氮化处理。

3. 节流阀

节流阀是通过改变通道面积来达到调节压力和流量的。由于阀芯的形状为针形或锥形，因而具有较好的调节性能。

4. 调节阀

调节阀在机组的运行调整中起重要作用，可以用来调节蒸汽、给水或减温水的流量，也可以调节压力。所以，调节阀主要安装在锅炉减温水系统、给水系统及给水大旁路系统中调节流量。

调节阀的调节作用一般都是靠节流原理来实现的，所以其确切的名称应叫节流调节阀，但通常简称为调节阀。

通过阀瓣的旋转或升降改变通道截面积，从而改变流量和压力的阀门叫做调节阀，可分为回转式调节阀和升降式调节阀。

调节阀有三种基本类型：

单级节流调节阀，如图 5-11 所示，也称为针形调节阀。单级节流调节阀是一种球形阀，与截止阀非常相似，只是在阀芯上多出了凸出的曲面部分，通过改变阀杆的轴向位置来改变阀线处的通流面积，以达到调整流量或压力的目的。单级节流调节阀的特点是流体介质仅经过一次节流达到调节目

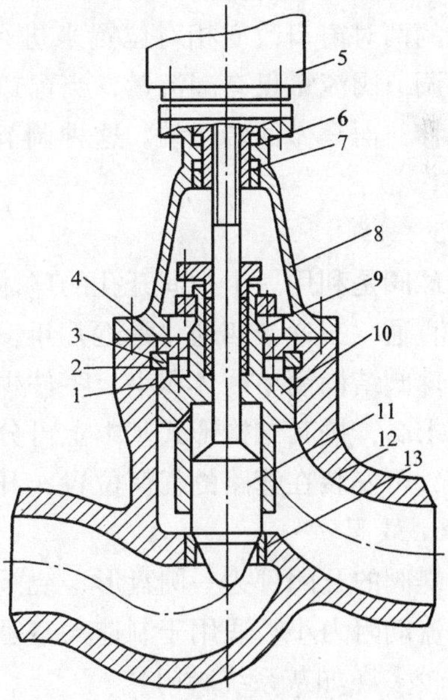

图 5-11　单级节流调节阀

1—密封环；2—垫圈；
3—四合环；4—压盖；
5—传动装置；
6—阀杆螺母；7—止推轴承；8—框架；9—填料；
10—阀盖；11—阀杆；12—阀壳；13—阀壳

的，因而结构简单、紧凑、质量轻、价格便宜，但仅适用于压降较小的管路。

多级节流调节阀，如图 5-12 所示。多级节流调节阀的特点是流体介质要经过 2～5 次节流达到调节的目的，在其阀芯和阀座上具有 2～5 对阀线，调节时阀杆做轴向位移。在管道系统中，这种调节阀前后介质的压降较大，因此调节灵敏度高，适用于较大压降的管路，但结构复杂。

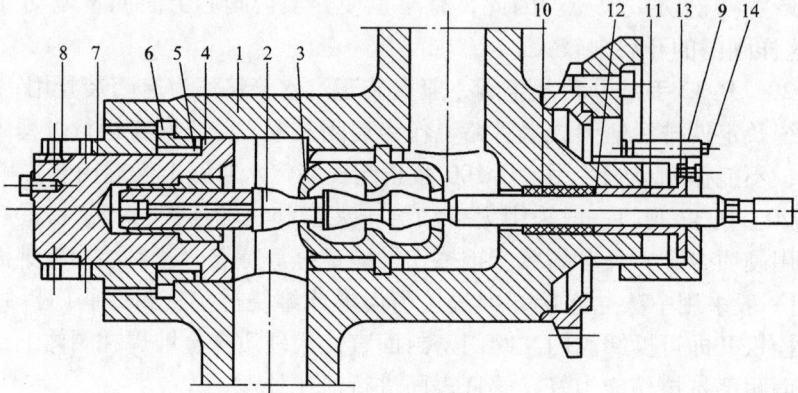

图 5-12　多级节流调节阀

1—阀体；2—阀杆；3—阀座；4—自密封闷头；5—自密封填料圈；6—填料螺栓；
7—压紧螺栓；8—自密封螺母；9—法兰螺母；10—导向垫圈；11—法兰压盖；
12—填料；13—附加环；14—锁紧螺钉

回转式窗口节流调节阀。回转式窗口节流调节阀的特点是利用阀芯与阀座的一对同心圆筒上的两对窗口改变相对位置来进行节流调节，当阀芯上的窗口与阀座上的窗口完全错开时，调节阀流量仅有漏流量，当窗口完全吻合时，调节阀流量最大。在调节时，阀杆不做轴向位移，而只做回转运动。这种调节阀以国产为多，结构较为简单，但调节阀关闭时其漏流量大。

5. 球阀

球阀是利用一个中间开孔的球体作阀芯，靠旋转球体来控制阀的开启和关闭，该阀也可做成直通、三通或四通，是近几年发展较快的阀型之一。

球阀结构简单、体积小、零件少、质量轻、开关迅速、操作方便、流体阻力小、制作精度要求高，按其结构形式基本上可分为浮动球阀和固定球阀两类。球阀在管路中作全开或全关用，可安装在管路的任何位置，开闭靠水平旋转手柄来达到。

6. 蝶阀

蝶阀的开闭件为一圆盘形，绕阀体内一固定轴旋转的阀称为蝶阀。蝶阀结构简单、重量轻、流动阻力小，适用于制造大口径的阀，但由于密封结构及材料的问题，目前用于低压系统的较多（如灰系统阀门）。

7. 旋塞

利用阀杆内所插的中央穿孔的锥形栓塞以控制启闭的阀件称旋塞。旋塞结构简单、外形尺寸小、启闭迅速、操作方便、流动阻力小，可作为分配换向用。旋塞只适宜于低温低压流体作启闭用。

8. 止回阀

止回阀是靠介质本身的力自动开关的阀门，只允许介质单向流动，介质回流时迅速关闭，切断介质流动，起安全保护作用。止回阀按结构可分为升降式、旋启式和蝶式。当介质顺流时，升降式止回阀的阀盘升起，介质按箭头方向流入将阀瓣冲起阀门打开；而介质倒流时，在介质压力作用下迅速的自动的关闭，从而防止流体的倒流。由于止回阀没有传动装置，所以构造较简单。这种止回阀密封性较好，结构简单，但流体阻力较大。旋启式止回阀的摇板是围绕密封面做旋转运动的，介质顺流时，摇板打开；介质倒流时，摇板自行关闭，从而防止流体的倒流。阀瓣相当于活塞，阀瓣上部装有弹簧，当阀瓣升起回落时避免了冲击和振动。这种止回阀一般安装在水平管道上，它的流动阻力小，但密封性能比升降式要差。止回阀主要零件材料见表5-11。

表 5-11　　　　　　　　　　　　止回阀主要零件材料

件名	1	2	3	4	5	6	7	8
名称	阀体	阀盖	阀座	阀瓣	密封圈	四合环	螺栓	连接管
材料	碳钢	碳钢	碳钢	碳钢	石棉盘根	合金钢	合金钢	碳钢

图 5-13 所示结构由件号 1～8 组成，介质按箭头指向流入，将阀瓣冲起，阀门打开；介质回流时，在介质压力作用下阀瓣迅速自动关闭，阀瓣相当于活塞，其下部开小孔，连通管使阀瓣的上腔与阀门连通，在阀瓣升起回落时减小了冲击和振动，并使阀瓣达到全行程。

图 5-14 为另两种形式的止回阀。

9. 减压阀

减压阀是通过调节和节流使进口压力减至某一需要的出口压力，并依靠介质本身的能量，使出口压力自动保持稳定的阀门。减压阀的工作原理主要是通过膜片、弹簧、活塞等敏感元件改变阀瓣和阀座的间隙，使蒸汽、油、空气等达到自动减压的目的。

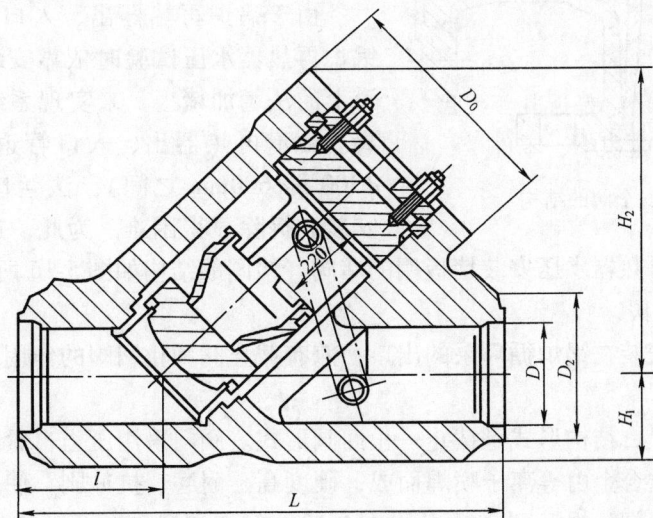

图 5-13　止回阀结构图

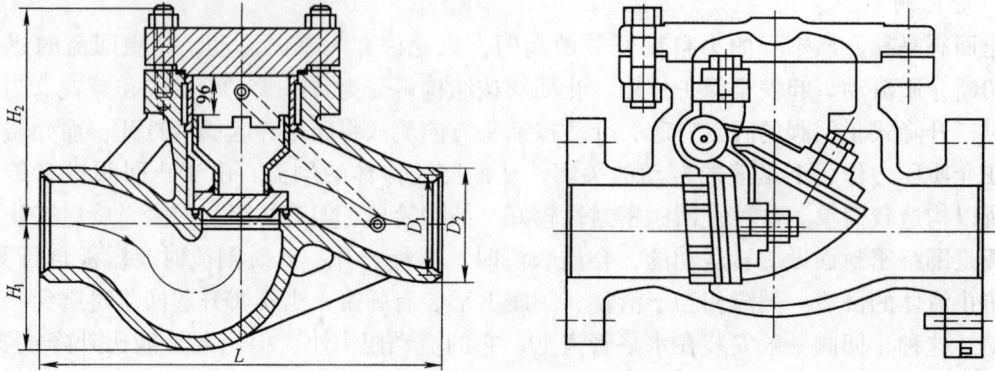

图 5-14　常用止回阀结构示意图

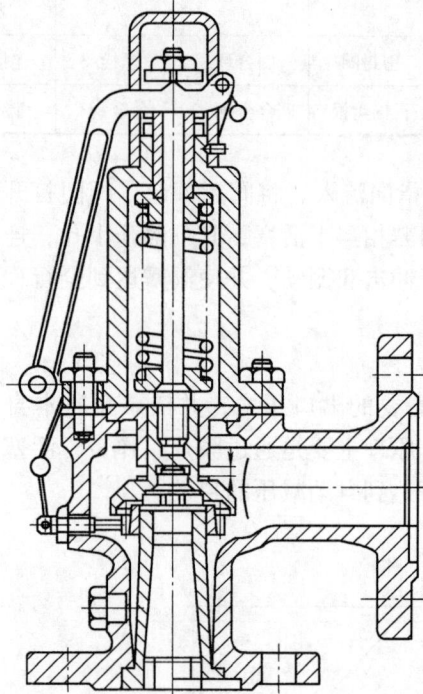

图 5-15　安全阀的结构

10. 安全阀

安全阀是对受内压的管道和容器上起保护作用的阀门，当被保护系统内介质压力超过规定值（安全阀的启座压力）时，安全阀自动开启，排放部分过剩的介质，将压力降低，使设备免遭破坏；当介质压力恢复到规定值（安全阀的回座压力）时，安全阀自动关闭。安全阀的结构如图 5-15 所示。

安全阀的技术发展从排量较小的微启式发展到大排量的全启式，从重锤式发展到杠杆重锤式、弹簧式，继直接作用式之后又出现非直接作用的先导式，经过了漫长的过程。

11. 堵阀

由于锅炉再热器出、入口一般不装设阀门，锅炉再热器水压试验时依靠安装在其出、入口管道上的法兰加堵板，来实现系统与其他设备的隔离。由于再热器出、入口管道管径大（一般在 $\phi300 \sim \phi600mm$ 之间），法兰口径也较大，堵板安装和拆除显得困难。为此，近年来阀门生产厂设计制造了专用于再热器水压安装堵板用的堵阀。堵阀的结构如图 5-16 所示。

12. 炉水泵出口阀

循环泵出口阀安装在锅炉循环泵的出口，兼有截止阀和止回阀的作用，既能关闭，又能防止介质倒流。

阀门为角式布置，结构形式是截止—止回阀形式。阀门采用压力自紧式密封。阀瓣和阀座密封面是钴基硬质合金由等离子喷焊而成，硬度高，耐磨、抗冲刷，使用寿命长。阀门带有位置指示开关。当阀杆提升到全行程的 95% 时，触点接通，泵开始启动，介质从阀瓣下面流入。J67Y−32 型循环泵出口阀主要零件材料及结构见表 5-12 和图 5-17。

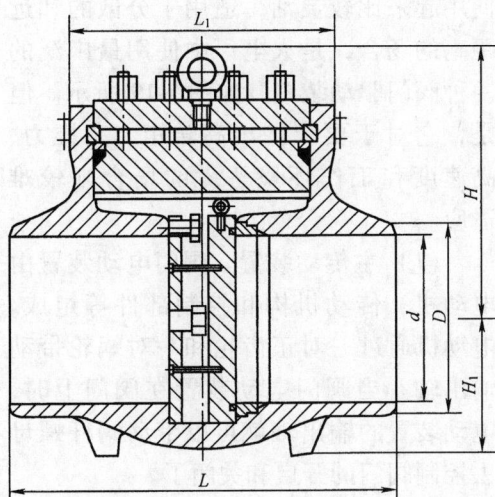

图 5-16　堵阀的结构

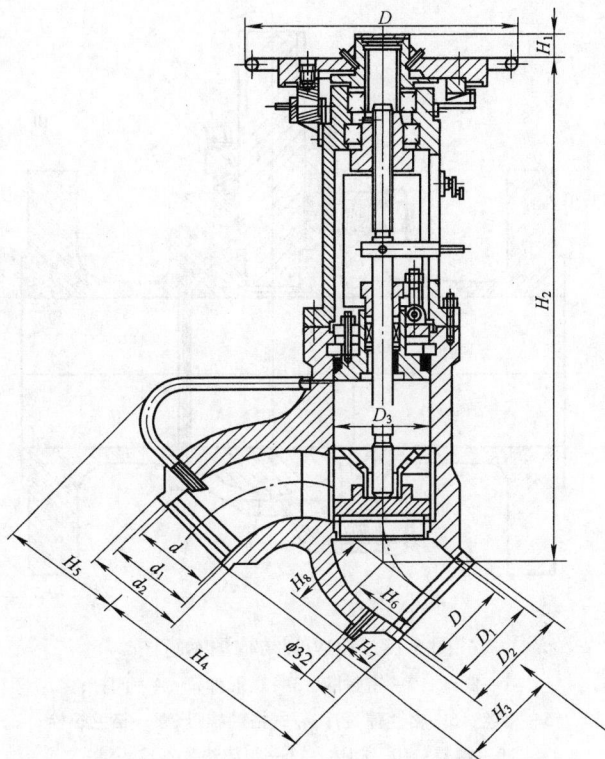

图 5-17　J67Y－32 型循环泵出口阀的结构

表 5-12　　　　　　　　　　　J67Y－32 型循环泵出口阀主要零件材料

零件名称	材　料	零件名称	材　料
阀体	碳钢	密封圈	柔性石墨
阀座	碳钢	四合环	渗氮钢
阀瓣	铬钼钢	阀盖	碳钢
阀杆	渗氮钢	阀杆螺母	铝青铜

13. ERV 阀

目前，大多数锅炉过热器出口安全阀下游布置两只动力泄放阀（ERV）。每套由两只串联的金属密封球阀组成，一道门为手动隔绝阀，二道门为由电信号控制的动力阀。正常运行中一道门开启，二道门关闭（随信号动作），其结构如图 5-18 所示。

三、阀门的驱动装置

对于驱动阀门的执行机构，机械部规定一律称为阀门驱动装置。阀门驱动装置根据使用能源的不同，可分为手动、电动、气动及液动装置。

（一）阀门手动装置

手动阀门即通过人力转动手轮或手柄，完成阀门启闭动作。对于中小口径的阀门（DN＜100mm），一般都是手轮或手柄直接安装在阀杆或阀杆螺母上。电站阀门一般都要求手轮安装在阀杆螺母上，这样在阀门动作时，阀杆只做轴向运动，不产生旋转，这样阀杆阻力和对填料的磨损最小。对于大口径阀门（DN≥100mm），一般都配有减速机构，减速机构

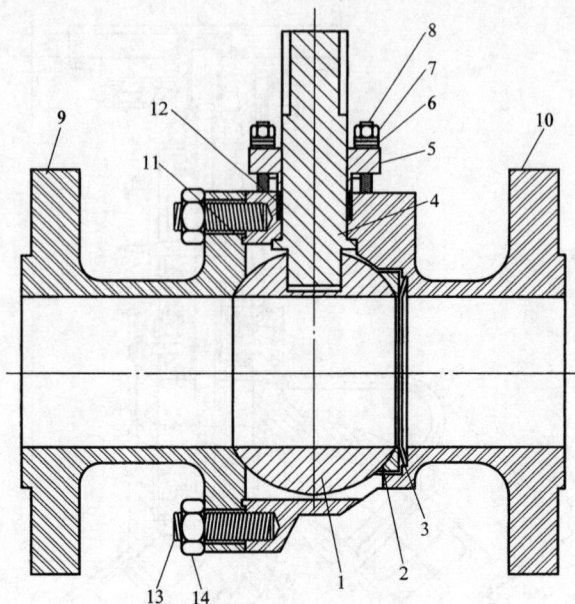

图 5-18　ERV 阀结构图示意图

1—阀球；2—密封圈；3—蝶形弹簧；4—阀杆；
5—格兰；6—格兰弹簧片；7—格兰螺母；8—格兰螺栓；
9—端盖；10—阀体；11—阀体垫片；12—键；
13—阀体螺栓；14—阀体螺母

分为正齿轮减速机构、伞齿轮减速机构和蜗轮蜗杆减速机构。通过使用驱动机构，阀门操作力矩大为减小，操作省力，但操作时间延长。

（二）阀门电动装置

阀门电动装置是由电动机传动的，使用起来比较灵活，适用于分散的和远距离的场合，是火电厂中使用最广泛的一种阀门驱动装置，如图 5-19 所示。但是，它对于要求输出高转矩、高推力、高速度和工作环境恶劣的场合则较难适应。

（1）主传动装置。阀门电动装置由电动机、传动机构和控制部件等组成。电动机通过一对正齿轮和一对蜗轮带动输出轴。当阀门电动装置在阀门上时，电动装置的输出轴就可以带动阀杆螺母去控制阀门的开启和关闭了。

（2）转矩限制机构。为了保证关严阀门，电动装置设有转矩限制机构。开阀方向的转矩弹簧的工作情况和上述过程相似，仅运动方向相反。它是在出现事故性过转矩（阀门被卡住不能开启）时切断电动机的电源的，以保护电动装置。

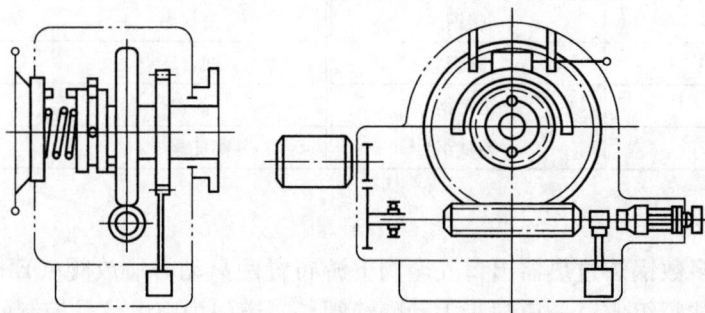

图 5-19　阀门电动装置

（3）行程控制机构。为了保证阀门开启到要求的位置，电动装置设有行程控制机构，行程控制机构是一个多转圈数的角行程开关。输出轴旋转的角行程通过齿轮组送入行程控制机构。当阀门开启的行程（输出轴的转圈数）达到规定值时，行程开关动作，切断电动机的电源。最常见的行程控制机构是计数进位齿轮传动的。

（4）手动/电动切换机构。在电动装置发生故障时，必须依靠人力直接操作阀门。这时可先扳动手柄，使拨叉将输出轴上的离合器与蜗轮脱开并与手轮啮合，然后利用手轮和输出轴直接操作阀门。

（5）电动机。电动装置配用的电动机是专门设计的阀用电动机。

（6）状态显示。电动装置的转矩限制机构和行程控制机构既可以保证准确启闭阀门外，还可以通过其开关触点提供阀门和电动装置工作信息。

（三）阀门气动装置

阀门气动装置使用压缩空气作能源，能适应恶劣的工作环境，也容易实现高推力和高速度的要求。

（1）薄膜式气动装置。结构如图 5-20 所示，由薄膜气室、薄膜、弹簧和推杆组成。薄膜在气压下产生的推力和弹簧的反推力一起加在推杆上，推杆与阀门的阀杆相连。阀门的初始状态靠弹簧压力维持。薄膜上产生的推力必须克服弹簧的压力和阀门的阻力，才能使阀门转换到另一个状态。

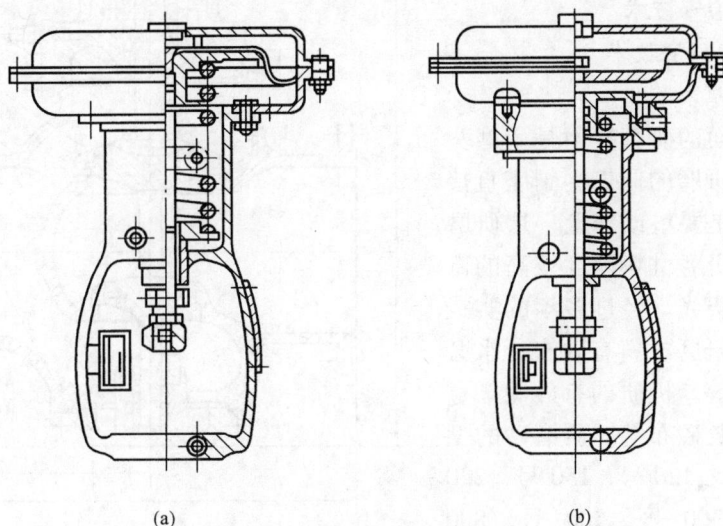

(a)   (b)

图 5-20　薄膜式气动装置的结构

（2）活塞式气动装置。当阀门的工作压差和公称通径较大时，开启和关闭阀门时阀杆所需的推力也很大，这时需要使用具有更大推力的活塞式气动装置，其结构如图 5-21 所示。它由气缸、活塞和推杆即活塞杆所组成，一般不设弹簧。执行机构的活塞杆随着活塞两侧压力差值做无定位的移动，活塞两侧的气室均有进气孔。当向上部气室供气时，活塞向下移动并排出下部气室的空气；相反地，当向下部气室供气时，活塞向上移动并排出上部气室的空气。

（四）阀门液动装置

阀门液动装置适用于高推力和高速度的场合。但是能源的供应较困难，特别是使用压力油作能源时，需要专门的供油装置和特殊的抗燃油。火电厂常用压力水作能源的液动装置。

液动装置适用于高参数、大直径的阀门。液动装置辅

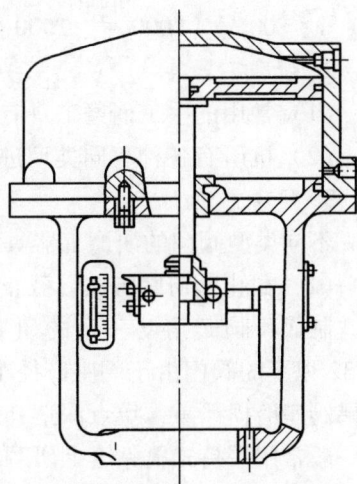

图 5-21　活塞式气动装置的结构

助设备较复杂，还存在着漏油问题。图 5-22 所示为 JT41X – 2.5/4 液动截止阀。

（五）电磁阀

电磁阀是利用电磁原理控制管道中介质流动状态的电动执行机构，所控制的介质可以是气、水或压力油。电磁阀利用电磁产生的吸引力直接带动阀芯或使压力油进入液压缸，推动活塞杆带动阀杆工作。电磁阀通常是按"通"和"位"分类的，如二位三通、三位四通等。

四、阀门检修技术

（一）阀门研磨技术

1. 阀门研磨材料

阀门密封面的研磨并不是研磨头或研磨座和被研磨的阀瓣、阀座直接接触对磨，而是要垫或抹上一层研磨材料，以利用研磨材料硬度很高的微粒将被研磨件磨光。经过多年的实践证明，常用的研磨材料有砂布、水磨砂纸、研磨膏等。机研的有砂轮、金刚砂轮、不干胶砂布等。研磨砂的型号一般有 80 号、120 号、150 号、220号、240 号、300 号、500 号、800号、1000 号、1500 号、2000 号、

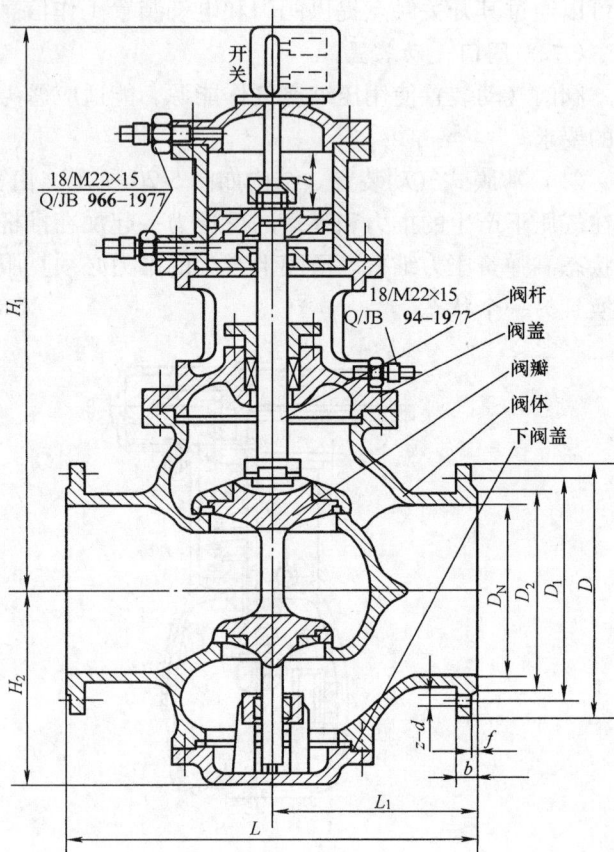

图 5-22　JT41X – 2.5/4 液动截止阀

3000 号、5000 号、6000 号，表示每平方厘米含颗粒数，6000 号最细，砂纸（布）型号有 36 号、50 号、80 号、120 号、180 号、200 号、220 号、240 号、320 号、360 号、400 号、600 号、800 号、1000 号、1500 号以及金相砂纸。

2. 研磨工器具

（1）常用的手工研磨工具有手摇钻、根据不同阀门类型自制的研磨胎具、研磨杆等。

（2）机研有各种不同类型进口、国产的研磨机，如气动研磨机、电动研磨机。

3. 研磨方法

不同类型阀门的研磨工器具和方法各不相同。

（1）截止阀研磨方法。截止阀也称球形阀，对于阀座、阀瓣是锥面的截止阀，用灰口铸铁制成和阀瓣角度一致的研磨胎具，在其上贴上砂布或研磨砂和阀座直接接触对磨。DN32 以下的阀门由于阀座口径小，一律用研磨砂研磨；DN100 以下且 DN32 以上的截止阀，如果阀座磨损严重，坑点深达 0.5mm 以上，先用粗的不干胶砂布贴在胎具上研磨，坑点大的一般常用手持式电钻套上研磨胎具贴上砂布进行研磨，坑点磨掉后再换研磨砂手工研磨。阀瓣先在车床车光，粗糙度达 0.8μm 以上，然后和研磨好的阀座用细研磨砂对研，接触阀线宽达 0.5mm 以上，并且接触的宽度为阀座密封面的 2/3 时符合质量标准。

对于阀座、阀瓣密封面是平面的截止阀，也用灰口铸铁制成研阀座的胎具，先用粗砂布把坑点、沟槽磨掉，然后用砂布由粗到细研磨阀座，把粗纹磨掉，密封面粗糙度达 $1.6\mu m$，最后用细研磨砂把细纹磨掉，密封面粗糙度达 $0.8\mu m$ 以上；对于平面的阀瓣，坑点深 $0.3mm$ 以上的先在车床车光，然后用砂布把车纹去掉，密封面粗糙度达 $0.8\mu m$ 以上。

手研时，手拿研磨杆必须垂直，不能偏斜。制作研磨胎具时，尺寸、角度应与阀门的阀头、阀座一致。

（2）闸阀研磨方法。闸阀的口径一般都在 DN100 以上，安装在大型管道上，闸阀的阀座用研磨机研磨，阀瓣在研磨平台上手研或在磨床上研磨，个别较大的阀瓣也用研磨机研磨，在研磨平台上研磨要检查研磨平台是否平整，合乎要求后再研磨。阀瓣磨损较严重的，先在大型磨床上磨或在车床上精车，然后在平台上手工研磨，一次性完成，达到标准。阀座磨损严重的，先用金刚砂轮研磨，然后用不干胶砂纸贴在研磨盘上，依次由粗到细研磨，最后在研磨盘上点上细研磨砂抛光，密封面粗糙度达到 $0.8\mu m$ 以上。机研时要经常检查研磨机安装是否正确、研磨盘直径和阀座口径是否一致，以防把阀座磨偏。研磨结束后，在阀瓣密封面上均匀地涂上一层薄薄的红丹粉，将阀门临时装配起来，并轻轻关闭阀门，然后再将其复位，阀座面上接触应均匀一致。

（3）安全阀研磨方法。安全阀是锅炉等压力容器的重要部件，安全阀的研磨精确度随着压力的升高而提高，安全阀阀瓣和阀座密封面的研磨胎具是用球墨铸铁制成的内外直径比阀座、阀瓣密封面直径大一定尺寸的圆环。如果阀座密封面坑点大，先用粗砂布研磨把大坑点磨掉，阀瓣密封面在车床上车光，然后用胎具点上研磨砂研磨。研磨时先把胎具点上研磨砂在平台上校平，注意在平台校胎具时，手拿胎具不要在平台一个地方转动而要在整个平台做"8"字转动，使整个平台都接触到，以防因平台校的高低不平。胎具校平后，用清洗剂清洗，然后抹上少许研磨砂、点上几滴机械油放在阀座（瓣）密封面上，用手轻轻转动，不限位进行磨合，不可用太大的力进行磨合，研磨一段时间后手感发沉，这时卸下胎具放在平台上重新校。阀座（瓣）用清洗剂清洗干净，用面巾纸擦干，重新点上研磨砂研磨，研磨砂依次从 800 号、1000 号、1500 号、2000 号、3000 号一直换成 5000 号，最后用 6000 号抛光，一次性完成，阀座（瓣）密封面粗糙度达 $0.05\mu m$ 以上，要求没有一点细纹，如镜面一样。研磨时研磨膏的涂敷及转动力的分配都要均匀，否则会出现密封面两边低、中间高而形成山形。研磨胎具要随时进行研磨、反复校平，研磨完的阀座、阀瓣要用清洗剂清洗干净，用干净的布条包好，放置在安全的地方。

总之，各种阀门的研磨方法基本是一致的，分为粗磨、中磨、细磨。阀门研磨在检修中是很重要的，因此切不可粗心大意，一定要按要求研磨，这样研磨好的阀门才能严密不漏。

（二）密封盘根更换

阀门的盘根是否泄漏与检修、维护的质量有直接关系，阀门盘根严密不漏是实现优质工程的必备条件，因此必须重视盘根的检修与更换，以保证阀门盘根严密不漏，这样不仅现场清洁，而且还可以节约大量的汽水工质。

现在锅炉阀门常用的盘根有高压石棉盘根、石墨盘根以及碳纤维盘根等。由于考虑到环境污染的因素，目前石棉盘根的用量在逐渐减少。

这些盘根都具有一定的弹性，能起密封作用，与阀杆的摩擦小，在温度变化或压力作用下不变形、不变质，工作可靠。

1. 阀杆盘根的更换

更换新填料时，挖旧填料的盘根钩硬度不能超过阀杆的材料硬度，以免阀杆被钩出小槽。盘根的规格要适合，不应使用过细或过粗的石棉盘根，严禁将过大的石棉盘根敲扁使用。石墨盘根的厚度和直径决定于阀杆与填料盒之间的间隙，石墨填料环是成型的，有45°开口的和不开口的，往填料室填加盘根时，填料室底层和顶层各填加一圈石棉盘根，中间填加石墨盘根。填加石棉盘根时，先将填料紧紧地裹在直径等于阀杆直径的金属杆上，用锋利的刀子或扁錾沿45°角把它切开，做成填料环。切割后的填料长短应适宜，放入填料箱内接口处不应有间隙或叠加现象，填加45°切口的石墨盘根时，上一个填料环的接口要同下一个填料环的接口错开120°，这是最常用的一种方法，还有搭接位置相互各错90°，或90°和180°交错使用的方法。阀门换好新填料后，填料压盖要压入填料盒的1/3，以便锅炉点火后或填料泄漏时再紧一次。填料装好后，正式上紧压盖螺栓，把填料压盖压紧，试转阀杆感到有一定的摩擦力时，即认为压盖紧度合适。

2. 阀门自密封室更换填料

现在自密封盘根全部采用石墨成型填料，有些国外阀门采用合金材料制作的钢性自密封环，只有对钢性密封环需要的提紧力特别大时，才能把密封环撑开涨死，以达到密封的目的。填加自密封盘根时，应将阀盖填料槽清理干净，表面应光滑无毛刺、沟痕；阀体内壁应清理干净，无毛刺、沟痕，并将阀盖穿入阀杆在阀体里坐平。盘根要轻拿、轻放，无破损裂纹，装入自密封室内均匀推入。如推不动，应用盘根压圈扣上轻轻均匀敲打，待压圈与阀盖齐平时，装入四合环或六合环，将盘根压圈挡住。阀门框架装上后紧自密封螺栓，阀盖顶起，盘根压紧。待锅炉升压时，自密封盘根又被压紧一次。通常在系统内部达到一定压力时，再紧一遍自密封螺栓，防止压力频繁波动而导致泄漏。

选择钢性自密封环时，它的内径至少要比自密封填料室内径小0.2mm以上，外径至少要比自密封填料室外径大0.2mm，以达到一定的涨力。钢性自密封环都做成45°角斜面，石墨自密封环有的也做成45°角斜面，有的是平面。

（三）阀杆修理

阀杆是阀门的重要零件之一，它承受传动装置的扭矩，将力传递给阀瓣，达到开启、关闭、调节、转向等作用。阀杆不但与传动装置、阀杆螺母、阀瓣相连接，同时还和密封填料、工质相接触，承受工质和密封填料的腐蚀。

高压阀门、阀杆的材料是合金钢，常用材料有40Cr、38CrMoAlA，20CrMo1VIA等。

1. 阀杆校直

阀杆受到工质的冲击、开关过量以及不合理的检修方法都会使阀杆产生弯曲。阀杆弯曲会影响阀门正常运行，使盘根处发生泄漏，加速与阀杆相连接阀件的损坏。通常阀杆弯曲度不能超过1/1000，否则阀杆的弯曲变形可分别采用下列方法矫直：

（1）静压校直法。

（2）冷作校直法。

（3）火焰校直法。弯曲度过大的更换新阀杆。

2. 阀杆表面修理

由于受到填料盘根和工质的腐蚀，阀杆密封面易损坏，可用研磨、镀铬、氮化、淬火等工艺进行修复，并用砂布对表面进行研磨，清除锈垢。如果腐蚀成片且很深、无法修复，则应更换新阀杆。

3. 阀杆连接螺纹修理

检查阀杆上下端螺纹部分是否完整，如有断扣、咬扣等缺陷，应用锉刀修复或将阀杆卡在车床上修理，与阀杆螺母和阀瓣配合应灵活、无卡涩。

（四）密封面修理

（1）阀瓣和阀座的密封面有坑点、沟槽用研磨胎具和研磨机研磨掉。

（2）经长期使用和研磨后，阀座、阀瓣密封面会逐步磨损，尺寸达不到要求，使密封面严密性降低，为此可采用堆焊的方法将其修复。在堆焊前，需将密封面的表面用砂布清理干净，直到发出金属光泽。堆焊可采用"堆547合金焊条"或"钴基合金焊条"，堆焊时先将阀瓣和阀座加热到250～300℃，在堆焊过程中应保持此温度。堆焊完后再把阀瓣和阀座加热到650～700℃，然后降到500～550℃，并保持2～3h，再用保温棉包好慢慢冷却。然后用车床加工到要求尺寸，粗糙度达到0.05～0.8μm，最后研磨使其达到标准，具备组装条件。

五、阀门检修

（一）闸阀检修

1. 自密封闸阀的检修

（1）解体。

1）将阀盖上部框架的固定螺栓拆除，旋下提升阀盖上的螺母，按逆时针方向转动阀杆螺母，使阀门框架脱离阀体，然后用起吊工具将框架吊下，放至合适部位，阀杆螺母部位待解体检查。

2）取出阀体密封六合环处的挡圈，用专用工具将阀盖压下或用铜棒对准阀盖，用大锤击打，使阀盖与六合环处产生间隙，然后将六合环分段取出。最后用起吊工具将阀盖连同阀杆、阀瓣一起吊出阀体，放在检修场地，注意防止损伤阀瓣密封面。

3）清理阀体内部，检查阀座密封面情况，确定检修方法。将解体的阀门用专用盖板或遮盖物盖好，贴好封条。

4）将阀盖上填料箱的铰链螺栓松开，填料压盖松活，将阀杆旋下。

5）将阀瓣框架的上下夹板解体，左、右阀瓣取出，并保管好其内部万向顶及垫片，测量垫片总厚度并做好记录。

（2）各部件修理。

1）闸阀阀座密封面用专用研磨机进行研磨，研磨的同时随时检查阀座是否有裂纹，阀座焊接部分是否击穿。

2）阀瓣密封面可用手工在平台上研磨或用磨床研磨。

3）清理阀盖及自密封填料，除去填料压圈内外壁锈垢，使压圈能顺利套入阀盖上部，便于压紧密封填料。

4）清理阀杆填料箱内盘根，检查其内部填料座圈是否完好，其内孔与阀杆间隙应符合要求，外圈与填料箱内壁应无卡涩。

5）清理填料压盖与压板的锈垢，表面应清洁、完好。压盖内孔与阀杆间隙应符合要求，外壁与填料箱应无卡涩，否则应进行修理。

6）将铰链螺栓松活，检查丝扣部分是否完好，螺母是否完整，用手可否轻旋至螺栓根部，销轴处应转动灵活。

7）清理阀杆表面锈垢，检查有无弯曲，必要时校直。梯形螺纹部分应完好、无断口及损伤。

8）将六合环或四合环清理干净，表面应光滑，平面不得有毛刺或卷边。

9）各紧固螺栓应清理干净，螺母完整且转动灵活，丝扣部分应涂以防锈剂。

10）清理阀杆螺母及内部轴承。

a. 取出阀杆螺母、轴承及盘形弹簧，用清洗剂进行清洗，检查轴承转动是否灵活，盘形弹簧有无裂纹，如有缺陷应处理或更换。

b. 将阀杆螺母清洗干净，检查内部衬套、梯形螺纹是否完好。

c. 将轴承涂以黄油，套入阀杆螺母。盘形弹簧按要求组合，依次进行回装，最后用锁紧螺母锁紧，再用螺钉固定牢固。

（3）组装。

1）将研磨合格的左右阀瓣或单阀瓣装复于阀杆夹圈上，并用上下夹板固定，其内部应放入万向顶或弹簧，根据阀瓣阀座研磨量的多少，增加调节垫片，如果阀瓣磨去的量非常大，造成密封不严，应更换新阀瓣或堆焊阀瓣密封面。

2）将阀杆连同阀瓣一起插入阀座进行试验检查，其阀瓣中心应比阀座中心高，根据口径不同分别高出 3～12mm，并符合质量要求；否则，应调整万向顶处垫片厚度，直到合适为止，并用止退垫封死防脱。

3）将阀体内清理干净，阀座及阀瓣擦净，然后将阀杆连同阀瓣放入阀座内，并装复阀盖。

4）在阀盖自密封部位按要求加装密封填料，填料规格与圈数应符合质量标准，填料上部用压圈压紧，最后用盖板封闭。

5）将六合环或四合环依次装复，并用挡圈涨住防脱，旋紧阀盖提升螺栓的螺母。

6）将填料按要求填满阀杆密封填料室，套入填料压盖及压板，并用铰链螺栓紧好。

7）将阀盖框架装复，旋转上部阀杆螺母使框架落在阀体上，并用连接螺栓紧固防脱。

8）装复阀门电动装置，连接部位顶丝应旋紧防脱，手动试验阀门开关灵活。

9）阀门标示牌清晰、完好、正确，检修记录齐全、清楚并验收合格。

10）管道及阀门保温完整，检修场地清扫干净。

2. 法兰式闸阀检修

（1）解体。

1）将阀门驱动装置卸下，用起吊工具吊下，放至合适部位。

2）用敲击扳手或电动扳手把法兰螺栓全部拆下，把六角螺母用铁丝穿起来，放在一边，将阀盖上填料压板螺栓松开，填料压盖松活。

3）按逆时针方向转动阀杆螺母，连同阀盖一起提起，然后用起吊工具将阀盖吊下，放在检修场地。

4）将阀杆连同阀瓣一起抽出，放在检修场地，卸下阀瓣，保管好其内部万向顶及垫片或弹簧，测量垫片总厚度并做好记录。

5）清理阀体的内部，检查阀座密封面情况，确定检修方法，取下法兰密封垫，检查止口情况，将解体的阀门用专用盖板或遮盖物盖好，贴好封条。

（2）各部件修理。

1）阀座密封面用专用研磨机进行研磨，研磨的同时随时检查阀座是否有裂纹，阀座焊接部分是否击穿，否则应进行更换。

2）阀瓣密封面用磨床研磨，然后放在平台上研平抛光，阀瓣如果磨削量大，阀瓣应进行堆焊或者更换新阀瓣。

3）清理阀杆填料箱内盘根，检查其内部填料座圈是否完好，内孔与阀杆间隙是否符合要求，外圈与填料箱内壁有无卡涩。

4）清理阀杆表面锈垢，检查有无弯曲，必要时校直，梯形螺纹部分应完好，螺纹无断裂及损伤。

5）清理填料压盖与压板的锈垢，表面应清洁、完好，压盖内孔与阀杆间隙应符合要求，外壁与填料箱应无卡涩，否则应进行修理。

6）清理各法兰螺栓并检查是否有裂纹、断口等缺陷，螺母应完整且转动灵活，螺纹部分应涂以防锈剂。

7）清理阀杆螺母及内部轴承，取出阀杆螺母及轴承，用清洗剂清洗，检查轴承转动是否灵活，有缺陷应处理或更换。检查阀杆螺母梯形螺纹是否完好，将轴承涂以黄油，套入阀杆螺母，最后用锁紧螺母锁紧。

（3）组装。

1）将研磨合格的左右阀瓣装复于阀杆上，并用上下夹板固定。

2）将阀杆连同阀瓣一起插入阀座进行试验检查，阀瓣阀座涂上红丹粉，看密封面是否全接触，否则应重新研磨。根据口径不同，阀瓣中心应比阀座中心高出 3～12mm。

3）将阀体内清理干净，阀座及阀瓣擦净，连同阀杆一起装入阀座内。

4）将法兰止口擦干净，放入密封齿形垫或金属缠绕垫，用起吊工具将法兰盖吊起穿入阀杆上，同时放入填料压盖及压板，最后落在阀体上。

5）将紧固螺栓涂上防锈剂，旋上螺母，用敲击扳手或电动扳手将螺母拧紧，并用大锤打牢。

6）将填料按要求填满阀杆密封填料室，并用铰链螺栓紧好。

7）装复阀门电动装置，手动试验阀门开关灵活。

8）阀门标示牌清晰、完好、正确，检修记录齐全、清楚，并验收合格。

9）管道及阀门保温完整、检修场地清扫干净。

3. 电动执行器拆装方法

（1）电动装置拆卸。

1）准备好工具，包括专用工具、起吊工具（如葫芦、钢丝绳等）及有关材料。

2）确认电源切断，外部接线解开。

3）用手轮将阀门轻轻关闭，检查开度指针位置和阀门实际位置是否一致，并做好记录。

4）拆下电动头与阀门的连接螺栓，一边吊起电动装置一边将转换杆换成手动，然后逆时针方向慢慢旋转手轮，便可将电动装置从阀门上拆下。

（2）电动装置安装。

1）起吊电动装置时，要使阀杆螺母或传动内套与阀杆的中心一致。

2）使阀杆螺母与阀杆的螺纹啮合，或电动装置的内套和阀门框架的阀杆螺母直接啮合。

3）顺时针方向旋转手轮，便可将电动装置安装在阀门上。

4）确认电动装置与阀门框架安装面的间隙为零时，再拧入连接螺栓。

5）稍开阀门，将连接螺栓拧紧。

6）调整阀门，确认指针位置和拆卸前一样。

7）用手操作开关阀门，看是否灵活。

8）接上外部电缆，接通电源，重新校验阀门开关位置。

（二）截止阀检修

电动截止阀结构与法兰式闸阀相似，可参照法兰式闸阀的方法检修。此处仅以手动截止阀检修为例，其结构如图 5-23 所示。

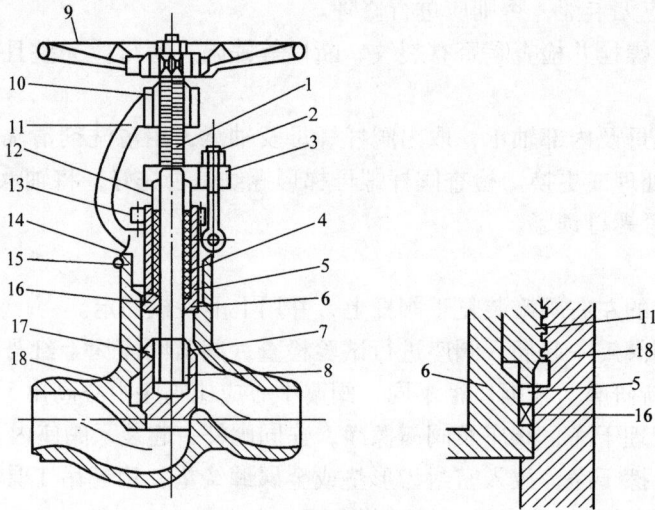

图 5-23　截止阀

1—阀杆；2—活节螺栓；3—填料压板；4—填料；5—阀盖垫圈；6—阀盖；7—阀杆护套；
8—阀瓣；9—手轮；10—轭架套环；11—轭架；12—填料压盖；13—阀盖固定螺母；
14—限位器；15—定位螺栓；16—自密封填料；17—点焊；18—阀体

1. 阀门解体

（1）拆下定位螺栓和限位器，检查阀盖与阀体结合部位有无焊点固定，发现后用锯割或用角向砂轮将焊点除去，同时防止损坏其内部螺纹。

（2）稍开阀门，松开填料压盖。

（3）手动将框架沿逆时针方向旋转，并将阀盖、阀杆、框架周围的组合件从阀体上取出。

（4）拆卸阀杆时，先拆卸手轮，将阀杆一边向顺时针方向转动，一边向下拔出。

（5）从阀杆拆卸阀瓣时，除去防止转动的点焊，将阀瓣止回帽退下，便可卸下。

（6）清理阀体的内部，检查阀座密封面情况，确定检修方法，将解体的阀门用遮盖物盖好。

2. 各部件修理

（1）将阀瓣（锥面或平面）密封面上车床车光并研磨，阀座密封面用专用研磨工具研磨，并仔细检查阀体是否有缺陷。

（2）清理阀杆表面锈垢，检查有无弯曲，必要时校直，阀杆螺纹部分应完好。

（3）清理阀杆填料箱内盘根，清理填料压盖与压板的锈垢，压盖内孔与阀杆间隙应符合要求。

（4）清理阀体连接螺纹，使阀盖框架和阀体旋转灵活自如。

3. 组装

（1）检查阀体内有无异物，将阀体内部擦净。

（2）将阀瓣、阀杆、阀盖装进阀体内，填加填料。

（3）旋紧阀盖框架到垫片为止，紧固阀盖固定螺母，紧填料压盖螺栓，使之密封完好，符合质量要求。

（4）安装手轮，将阀门操纵在关闭状态。

（5）挂好该阀门铭牌，将场地清扫干净。

（三）调节阀检修

1. 柱塞式给水调节阀的检修

（1）解体。拆卸连杆上下法兰螺栓，吊出阀盖、阀芯，并用铁盖将法兰面盖严，用封条封闭，以防杂物落入阀门内。卸掉压兰螺栓，从阀盖上取出压板、压套、横轴、阀芯以及调舌。

（2）检查修理。

1）检查阀芯表面损伤情况，测量阀芯的各部位配合间隙，检查、测量阀杆的弯曲情况，检查、修理阀芯工作面，对磨损及缺陷应做好原始记录。如损坏较严重，应先进行补焊，然后加工到要求规格；如无法修复，则应换新的部件。检查阀芯调孔有无磨损，磨损严重时应更换调孔垫片或焊补、修理调舌。

2）检查阀座结合面有无沟槽、麻点，如有轻微沟槽或麻点，可用专用研具研磨掉。检查上下导向套，若有腐蚀，用砂布擦光磨亮，测量各部位尺寸，做好记录。检查法兰面是否平整，法兰螺栓有无损坏，螺栓应用黑铅粉擦亮。

3）检查、修理调整杆，有无弯曲、磨损，配合是否松动，检查压兰密封圈、压兰套内垫是否光滑，有无磨损及配合间隙是否合乎要求。检查压兰螺栓是否完好，有无变形、裂纹、锈死等现象。

4）检查、修理调舌，如有裂纹，应更换，磨损严重时，可进行焊补修理。

5）测量调舌与阀芯调孔配合间隙。检查阀盖和底盖上口是否平整，有腐蚀沟槽、麻点等缺陷时均应修整。

6）检查阀芯与阀座接触线，涂红丹粉进行压线试验。若有断线或接触线不均，用研磨砂反复对研数次，直到均匀为止。

（3）组装。将调整杆、调舌装至上盖上，装调整杆两端的压兰密封圈，并校正调整杆中心，加盘根。装阀芯，将合适的齿形垫放入。将阀芯、阀座及法兰止口面清理干净，吊装上盖和阀芯。

紧固法兰螺栓，装杠杆，并和有关车间配合，将自动调节装置连杆连接，拨出手轮，用手动开关调节阀，调节动作应灵活。清扫现场。

（4）调整及试验。检修完毕后，和有关车间人员一起做开关校正试验。调节阀投入运行后，和有关车间一起做泄漏量、最大流量和调整性能试验。

（5）检修质量标准。

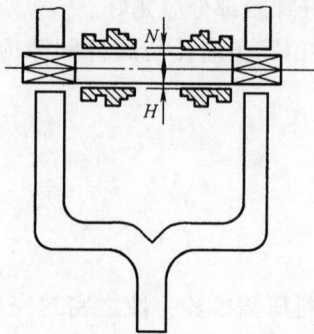

图 5-24　密封圈与调整杆间隙

1）螺栓应完整无损，不得有变形、裂纹、腐蚀情况，拆卸下的螺栓应作记号，并妥善保管。

2）阀芯及调舌的方向不应搞错，并做好记录。阀芯与上下阀座的每边间隙应为 0.12~0.18mm，阀芯与上下定位套的配合间隙也应为 0.12~0.18mm。

3）上下阀座结合面应无沟槽、麻点等缺陷。调整杆应无磨损、点蚀，弯曲不能超过 0.05mm，配合无松动。密封圈与横轴间隙 $N = H = 0.08~0.12mm$，如图 5-24 所示。

4）法兰结合面不得有径向划痕，压兰螺栓应完好，无损坏、锈死现象，丝扣须涂铅粉，调舌与调孔配合间隙为 0.2~0.25mm，阀芯与阀座径向间隙不得大于 0.5mm。

5）调整时做好阀芯行程记录，一次元件开关应与仪表开度一致。全关时泄漏量不得大于最大流量的 5%。

2. 回转式给水调节阀的检修

回转式给水调节阀的检修大致与柱塞式相同。

（1）回转式窗口节流调节阀的解体。

1）旋开拉杆螺母，取下销轴，卸下拉杆。

2）利用敲击扳手旋下阀盖螺母，吊出阀盖和阀杆。

3）取下圆筒阀瓣，并测量阀瓣与阀座的间隙，以备装复。

4）利用敲击扳手旋下后阀盖螺母，卸下后阀盖。

5）检查前后阀座圆筒与阀体焊接情况，如有击穿应补焊。

6）卸下填料压盖，取出阀杆。

（2）回转式窗口节流调节阀各部件修理。

1）用砂布清理圆筒阀瓣内外表面和阀座内表面，无毛刺、划痕、沟槽及磨损，达到光滑无卡涩。

2）圆筒阀瓣与阀座配合间隙在 0.20~0.30mm 之间，椭圆度不得超过 0.15mm，否则应更换新阀瓣。

3）阀座结合处焊口，发现有磨损、开焊、裂纹等缺陷应进行补焊处理。

4）清理法兰螺栓和盘根压盖螺栓，各螺栓螺纹应完好，并涂以防锈剂。

5）检查阀盖及后盖法兰结合面，清除其原衬垫，结合面应清理干净，发现缺陷应进行刮研并用平板找平，使之符合质量要求。

6）对阀盖填料室进行清理，取出旧盘根，并将填料室内壁和压盖座圈用砂布清理干净。盘根座圈与门杆的间隙不超过 0.2mm。

7）清理阀杆表面锈垢，检查阀杆弯曲度，不大于阀杆总长度的 0.1%。

（3）回转式窗口节流调节阀组装。

1）检查阀体内有无异物，并将内部清理干净。

2）将阀瓣擦净后装复于阀体内，转动灵活。

3）将阀杆与阀瓣装配好。

4）将阀体与阀盖法兰结合面清理干净，放入齿形垫片，将阀盖装上并紧固好全部螺栓，紧固时应采用对称紧固方法，并注意保证阀盖处四周间隙均匀。

5）将填料按要求填好，填料压盖紧固后应平整，并留有 1/3 的压紧余隙。

6）确定全开全闭位置，并在阀杆端面做好标记。

7）法兰结合面处放入齿形垫片，螺栓紧固后法兰间隙均匀。

8）装复电动装置和传动连杆等部件。

根据回转式给水调节阀的结构特点，在检查时要注意圆筒形阀芯的椭圆度、粗糙度是否符合要求。阀芯、阀座的接触面须光洁，无毛刺、划痕、沟槽及磨损，其椭圆度均不得超过 0.15mm，阀杆弯曲度最大不得超过 1/1000。阀芯与阀座的配合间隙为 0.2 ~ 0.3mm，如图 5-25 所示。盘根垫圈与门杆的配合间隙不超过 0.2mm，阀杆与阀盖密封圈的配合间隙不超过 0.18mm，阀芯拨槽与拨杆配合间隙不得超过 0.5mm。

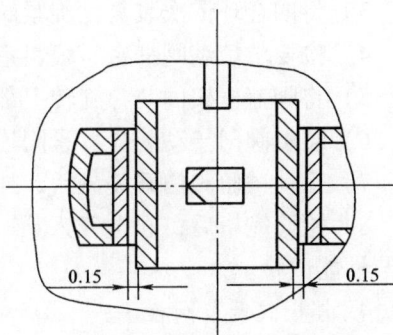

图 5-25　回转式给水调节阀
阀芯与阀座的间隙

在安装时注意这两种调节阀必须垂直安装，阀杆向上，阀体上箭头指示的方向应与介质流向一致。

3. 针形调节阀检修

（1）针形调节阀的解体。

1）用手动稍开阀门，然后将传动装置卸下。

2）松开框架和阀体连接螺栓并松开填料压盖螺栓，顺时针旋转阀杆螺母，将框架提起使之脱离阀杆，用起吊工具吊下，放在检修场地。

3）利用专用工具压下自密封阀盖，使阀盖与四合环接触部位产生间隙，依次取出四合环。

4）重新安上框架，顺时针旋转阀杆螺母，连同阀杆、自密封阀盖一起提起，并用起吊工具吊下，放在检修场地。

5）将阀盖、阀杆、框架分解，旋转阀杆螺母，使阀杆与阀杆螺母分离，然后抽出阀杆。

6）旋下阀杆螺母止动螺母，依次取下轴承、盘形弹簧和阀杆螺母。

（2）针形调节阀各部件的修理。

1）阀杆、阀芯为一体式，检查阀杆锥形密封面有无坑点、沟槽，如有应按原锥度用车床车出新密封面，加工量应限制在最小范围以内。

2）检查阀座密封面有无坑点、沟槽及冲刷腐蚀等缺陷，如有应用专用胎具研磨消除。

3）将处理好的阀座、阀瓣对研，接触阀线应达到锥面的 2/3 以上。

4）检查阀芯部位针形端有无断裂和严重冲刷现象，必要时更换新阀杆。

5）清理阀杆表面锈垢，弯曲度是否符合要求，必要时进行校直或更换，填料结合部位应无明显的腐蚀或划痕现象，否则应进行更换。

6）阀杆梯形螺纹应完好，螺纹无断裂、咬齿等缺陷。

7）清理阀盖及自密封填料，将填料室内外壁等打磨光洁、清理干净。

8）将四合环清理干净，表面应光滑，不得有毛刺或卷边。

9）各紧固螺栓应清理干净，螺母完整且转动灵活，螺纹部分涂上锈防剂。

10）用清洗剂清洗阀杆螺母及内部轴承，然后涂以黄油，套入阀杆螺母，装回框架内，用止动螺母锁紧。

（3）针形调节阀组装。

1）将阀瓣及阀座密封面擦净，然后将阀杆放入阀体内。

2）将阀盖穿入阀杆放入阀体内，填料按要求填入自密封室。

3）将四合环依次装复，旋紧阀盖提升螺栓的螺母。

4）按要求填满阀杆密封填料室，套入填料压盖及压板，并用铰链螺栓紧好。

5）将阀盖框架回装，旋转上部阀杆螺母使框架落在阀体上，并用连接螺栓紧固。

6）装复阀门传动装置，紧固连接螺栓。

7）手动试验阀门开关灵活，挂好阀门标牌，检修场地清扫干净。

8）检修完毕后，和电气人员一起做开关校正试验。投入运行后，和运行人员做漏量、调节性能试验。

4. 挡板式调节阀检修

（1）挡板式调节阀解体。

1）开工作票切断电源，拆掉电源接线，管道水放净。

2）挂好起吊工具，将传动吊好，拆下传动装置与框架连接螺栓，将传动装置吊到一边妥善放好。

3）将阀盖上部框架与阀体螺栓取下，然后按逆时针方向旋转阀杆螺母，使框架与阀杆脱离，然后用起吊工具将整个框架吊下，放置合适场地。

4）将阀杆顶部梯形螺纹衬套固定螺钉或销钉取下，旋下衬套。

5）用专用工具将自密封阀盖压下，使阀瓣与六合环接触部位产生间隙，然后取出六合环挡圈，再分段取出六合环。

6）用专用工具和起吊设备将阀杆连同阀盖、阀芯一起吊出阀体，注意应及时将阀芯挡板取下，防止脱落伤人。

7）检查阀座磨损情况，确定检修方法，并将阀体用盖板盖好，加封条。

8）将阀盖与阀杆解体，填料清理干净，填料座圈取出，连同压板、填料压盖保存好。

（2）挡板式调节阀各部件修理。

1）检查阀座出口孔眼磨损情况，做好检修记录，表面清理干净，孔眼畅通，表面毛刺用砂纸或油石磨光，必要时用研磨机研磨。

2）检查阀瓣挡板密封面，上磨床磨光，如有较深的沟槽，用电焊进行补焊后机加工到原尺寸并用磨床磨光，粗糙度达 Ra0.8 以上。

3）挡板侧面凹槽与阀体内轨道应光滑、牢固、完整，不得有卡涩现象，否则应进行修复。

4）检查阀瓣闸板与阀杆连接凹槽处有无裂纹及损坏，如有应修复处理。

5）阀盖密封部位盘根填料清理干净，填料压圈除去锈垢后打磨干净，压圈套入阀盖密封凸台间隙应符合要求。

6）阀杆密封填料室应进行清理，内壁清理干净，填料压盖及压板清除锈垢，表面清洁，压盖内孔与阀杆间隙应符合要求，否则应进行修理。

7）检查阀盖及阀杆密封部位螺栓的螺纹应无断裂、咬齿等缺陷，螺母螺纹是否旋转灵活，活节螺栓连接轴应能自由活动，各螺栓的螺纹部分应涂以防锈剂。

8）检查阀杆弯曲度，不能大于0.1%，超过标准应校直或更换。

9）清理阀杆表面锈垢，阀杆填料处表面腐蚀麻点不能成片，其深度不能超过0.5mm，否则应更换新阀杆。

10）检查阀杆衬套连接螺纹是否完整，与衬套配合是否光滑、无卡涩，固定部分应装配可靠。

11）将阀杆下端凸台推入闸板凹形连接槽中，应灵活、无卡涩。向下动作应与端部圆形凸台面接触，肩部不得受力。

12）检查阀杆螺母螺纹是否完整，应无断裂、咬齿等现象，否则应进行更换。

13）将轴承及阀杆螺母用清洗剂清洗干净，检查轴承应无锈蚀、裂纹等缺陷，转动无异常声响，如有缺陷应进行修理或更换。

14）清洗盘形弹簧，发现有裂纹和明显变形时应更换。

15）止动螺母的螺纹应完好，凹槽应平整，旋入外壳应灵活，且固定螺钉齐全，封闭后无松动现象。

（3）挡板式调节阀组装。

1）用阀杆凸形挂钩挂好挡板，在阀体中沿轨道放入，检查接触面与孔眼是否贴紧，测量两侧轨道与闸板侧面滑槽的间隙，并做好记录。

2）将密封阀盖套入阀杆，放入阀体中，并按要求加密封填料，最后用填料压圈压紧，上好盖板。

3）将六合环分段依次装复，并用挡圈涨住防脱，旋紧阀盖提升螺栓的螺母。

4）将填料按要求填满阀杆密封室，上部用填料压盖压好，将螺栓拧紧。

5）将阀杆端部梯形螺纹衬套装复，并用盖板或连接螺栓紧固防脱。

6）把阀杆螺母及内部零件装复框架顶部壳体，轴承涂以黄油，盘形弹簧按要求配合，最后将锁紧螺母锁紧，用固定螺钉封死防脱，阀杆螺母间隙应符合要求。

7）用起吊工具吊起阀盖框架，套入阀体上部阀杆，旋转阀杆螺母，使框架与阀体压紧，并用螺栓紧住。

8）装复阀杆行程指示夹板，指示板应贴于阀盖框架上有加工平面的一侧。

9）将阀门电动装置装复，旋紧连接螺栓。

10）手动将阀门关闭，并试验开关是否灵活，挂好阀门标牌，检修场地清扫干净。

11）和电气人员一起定好阀门限位，并联系运行人员操作阀门电动装置，检查开关位置是否准确。

5. 活塞笼罩式调节阀的检修

调节阀的产品类型很多，结构多种多样。例如，目前在电厂锅炉给水、减温水调节阀中使用较大的FISHER阀，结构简单，是高压调节阀的典型代表，主要由阀体、阀盖、阀芯、阀座、笼罩等组成，如图5-26所示。

下面简要介绍此类阀门的检修要求和标准。

（1）解体。拆阀时要标明与阀体法兰相对应的执行机构的连接位置。把执行机构与上阀盖分开；把上阀盖与阀分开；卸开上阀盖和填料函部件后，从阀体上可以拆下阀芯、阀杆及下法兰。必须对所有的部件和零件进行检查，以便决定需要修理和更换的零件。

（2）阀芯、阀座的修理。阀芯和阀座是调节阀最为关键的零件，由于不断受到介质的

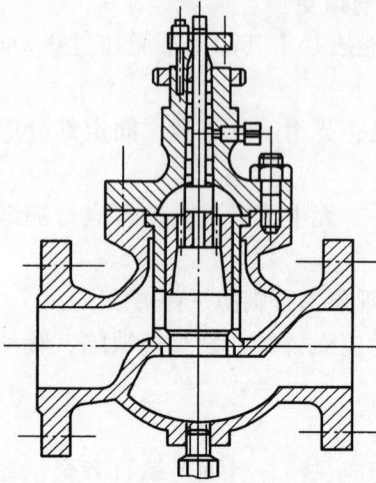

图 5-26　活塞笼罩式调节阀的结构

冲刷、腐蚀和力的反复作用，是最容易损坏和发生故障的零件，它的密封面的情况决定了调节性能的好坏。

用螺纹拧入阀体的阀座环，修理起来要比阀芯更难，因此要慎重确定是否需要更换。小的锈斑和磨损表面，只要能用研磨解决，就不必拆卸下来。如果阀座面已被腐蚀、磨损、拉丝，或者需要改变阀门容量，就非更换不可。

有螺纹的阀座环的拆卸比较困难。在拆卸阀座环之前，要检查阀座环是否已被点焊在阀体上，如果是这样，必须首先除去焊点。松开阀座环时一定要清洗干净，再加些润滑油。拆卸时可利用一个专用的拆卸器，如图 5-27 所示。如果不能用拆卸器，可以利用车床或其他设备才能拆卸阀座环。下面介绍使用拆卸器的方法。

1）把尺寸合适的阀座凸缘棒横放在阀座环上，使棒和阀座的凸缘相接触。

2）插入驱动扳手，在扳手上所放的间隔环要足够，要使压紧夹在阀体法兰的上方露出 6mm 以上的高度。把压紧夹套在驱动扳手上，用六角螺钉（或者用钢阀体的六角螺母）把压紧夹固定在阀体上，但不要拧紧六角螺钉或螺母。

3）利用转棒拧松阀座环。要把阀座环拧开，需要在转棒上突然加力。可在转棒的一端套一根 1～1.5m 长的管子，在套管上施加稳定力的同时，可用锤子敲击另一端，使阀座松开。此外，在压紧夹附近的驱动扳手上可使用一把大管钳。

4）把阀座环拧松之后，交替松开在压紧夹上的法兰螺钉（或螺母），继续拧开阀座环。更换阀座环，或进行修理、加工。

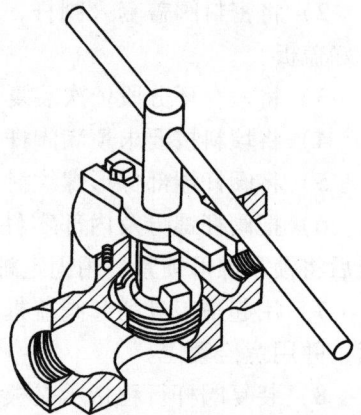

图 5-27　阀座的拆卸

注意，在双座阀的阀体上，一个阀座环大，一个阀座环小。对正作用阀门，在安装大环之前，先在离上阀盖远一些的阀体上安装小阀座环；对反作用阀门，在安装大阀座环之前，先在靠近上阀盖的阀孔上安装小阀座环。

安装时同样要用拆卸器来固定，也可以用车床或其他设备。在拧紧阀座环之后，要把环上多余的密封剂抹干净。可以把阀座环点焊住，避免其松动。

金属阀芯和阀座之间出现少量的泄漏量是允许的，但不能超过规定。如果泄漏量过大，必须用研磨的方法来改善阀芯和阀座表面之间的接触情况。当磨损或裂痕较大时，必须用机械加工的方法才能解决，也就是说，必须用机械加工方法改变阀芯和阀座的倾斜角度，改变密封位置。例如，没有修理前，在阀座环斜边上加工角度为 60°，阀芯的斜边角度为 65°（如图 5-28 所示）；修理后，在阀座环的表面上加工一个新的 60° 斜面，并把阀芯的 65° 斜面改变为 59°（见图 5-28）。这样阀座密封就从阀座环的底部改成阀座环的顶部。

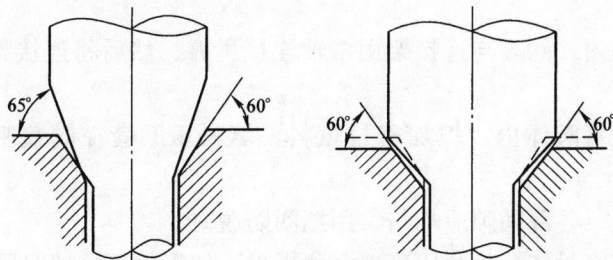

图 5-28　改变阀芯、阀座的密封位置

阀芯和阀座环最后必须手工研磨，才能达到精密配合，研磨和抛光技术比其他检修技术都要高。为了保证质量，阀芯和阀座的对中十分重要，因此，所有的导向装置在研磨之前都要装好。研磨的时候要使用研磨剂。研磨剂的类型很多，粗细也不同。采用优质的研磨剂，或者自己配用一种粒度适中的、含有碳化硅和特殊油剂的混合研磨剂，是非常必要的。研磨剂中还要加入铅白或石墨，以防过大的切割和撕裂。

可以用自制的研磨工具进行研磨，研磨时要一边转动，一边上下活动，研磨 8～10 次之后抬高阀芯并转动 90°，接着进行研磨。粗研磨剂一直使用到阀芯及阀座环的密封边缘上研磨出精细和连续的接触线为止。然后洗掉全部粗研磨剂，再用细研磨剂将阀座密封线抛光。

对于双阀座的阀体，上阀座环往往比下阀座环研磨得快，这样，要不断给下阀座环添加研磨剂和铅白，而对上环只加一些抛光剂。当两个阀座孔中有一个泄漏时，对不漏的阀座环要多加些研磨剂，另一个则多加些抛光剂，这样，把不漏的这一环多研磨掉一些，直到两个阀座环都能同时接触和密封为止。在研磨一个阀座环时，绝对不能让另一个阀座环变干。

（四）止回阀检修

1. 旋启式止回阀检修

（1）旋启式止回阀解体。

1）用专用工具取下盖板，将六合环挡圈取出。

2）用专用工具将阀盖密封体向下压，使六合环与阀盖产生间隙，分段取出六合环。

3）用起吊工具将阀盖密封体吊出阀体。

4）取下连接架的固定销轴，将其阀瓣从连接架上取下，检查密封面情况，确定研磨修理方法。

5）将阀体盖好，贴好封条，各部件要整理好，以免丢失。

（2）旋启式止回阀各部件检查修理。

1）阀体部分应无砂眼、裂纹及冲刷腐蚀等缺陷，发现后应及时补焊处理。

2）阀座密封面用研磨机消除表面坑点、沟槽，密封面粗糙度达 Ra0.8 以上。

3）阀瓣密封面上磨床磨光，粗糙度达 Ra0.8 以上。

4）清理阀盖密封体的密封填料，将填料压圈、六合环表面打磨干净。

5）检查阀盖密封体间隙应符合要求，提升螺母螺纹部分完好，保证灵活好用。

6）阀瓣与定位套全部用砂布打磨干净，除去表面锈垢，配合灵活。

7）固定端销轴应完整、平直，与固定端连接可靠，垂直方向范围内自由抬起和下落时，轴端不应有卡涩现象。

（3）旋启式止回阀组装。

1）将阀瓣置于阀体内，阀瓣与连接架用销轴连接可靠，然后将连接架与阀体内固定端用轴连接。

2）将阀盖密封体放置阀体内，填加密封填料，填料压圈套在阀盖密封部位，将填料压好。

3）六合环分段装复，各部间隙应均匀，用挡圈防脱。

4）将压盖套入阀盖密封体，旋紧压盖上大角螺母，使密封部位填料压紧。

5）检修场地清扫干净。

2. 升降式止回阀（弹簧式止回阀）检修

（1）升降式止回阀解体。

1）卸下阀盖螺栓螺母，将阀盖取下。

2）取出弹簧和阀瓣，检查阀瓣与阀座密封面情况，确定修理方法。

（2）升降式止回阀各部件修理。

1）检查阀体应无砂眼、裂纹等缺陷，如有进行补焊处理。

2）阀座密封面用手工研磨方法，消除表面坑点、沟槽，使密封面粗糙度达 Ra0.8 以上。

3）阀瓣密封面经研磨粗糙度达 Ra0.8 以上。

4）拆下阀盖密封垫片，法兰结合面应清理干净，有麻点、沟槽应进行刮研并用平板找平。

5）清理法兰螺栓，螺纹部分完好，无断裂、咬齿现象，螺母旋合无卡涩。

（3）升降式止回阀组装。

1）将阀体清理干净，阀瓣置于阀座上，放入弹簧。

2）放入法兰密封垫片，将阀盖落在阀体上。

3）紧固好全部螺栓，采用对称紧固方法并保证法兰四周间隙均匀。

4）检修场地清扫干净。

（五）安全阀检修

安全阀是锅炉的安全保护装置。在超临界及以上压力的大型锅炉中，采用较多的是带有外加负载的弹簧式安全阀。

1. 全启式弹簧安全阀特点

弹簧式安全阀按作用原理可分为微启式和全启式两种。微启式主要用于不可压缩的液体介质，它的开启过程是随着介质压力升高成比例地逐渐增大开启高度。介质压力回降较快，阀座、阀瓣结构简单，两者之间不设置为增大开启高度的专门机构。全启式主要用于可压缩的气体或蒸汽，气体或蒸汽介质具有膨胀性，安全阀开启排放时希望迅速增大开启高度，迅速排除剩余介质。因此，在阀座、阀瓣间专门设置增大开启高度的机构。

多年来，安全阀制造厂成功设计了特性很好的双环控制机构，利用喷射气流作用在阀瓣的反冲盘上，扩大喷射气流的反冲作用面积，使气流束改变方向再喷射到阀座上的下盘，从而增大阀瓣的向上推力，迅速增大开启高度。全启式安全阀在开启的初始阶段与微启式基本相同，稳定而均衡。在当介质压力继续上升时开启高度也相应增大，喷射气流作用到更大的双环面积上时，气流束方向改变，反冲力增大，使原均衡开启状态变为不均衡状态，阀瓣急速开启达到最大全开启高度,介质达到最大排放量。阀瓣开启时介质流动示意如图 5-29 所示。

(1)密封面特点。安全阀的性能、质量和使用寿命取决于密封面的工作期限,密封面是全阀最薄弱和最重要的环节。正常状态下作用在阀瓣上的外力是一个定值,随着介质压力的升高,密封面受力强度逐渐变小,到达额定压力时密封面上、下的压差受标准规定已降得很小,要达到安全密封,安全阀与其他类型阀门相比其要求高得多。

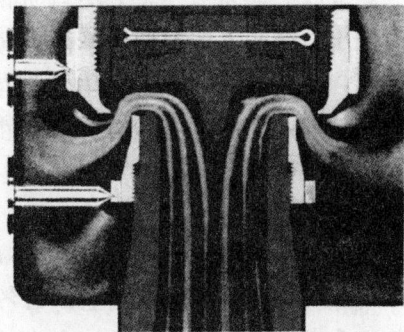

图 5-29　安全阀开启时介质流动示意

安全阀的密封面工作条件极其苛刻。早期泄漏会吹损密封面,受热不匀易引起阀瓣挠曲,装配歪斜、作用外力不对中,密封面不平整均会引起周围密封压力不均匀,易发生泄漏,起座排放时间过长易吹损,回座时不及时截断流动介质或夹带杂质都将会损伤密封面。

要确保安全阀的良好密封,必须从设计、制造、试验和精心维护保养多方面努力。

(2)密封比压及结构。密封比压是密封压紧力与密封面积之比。要使两平面之间达到密封,必须有足够的外力施加在平面上,使两接触平面间的微观不平度产生弹性变形,达到完全接触,它取决于密封面上下的压差、密封面的材质、接触面的状况等因素。

电站锅炉高温、高压安全阀的密封面,要在不大的规定压差下有效密封,必须取用很小的接触面积;当阀前介质压力很低或无压力时,因外力不变,受密封面比压强度限制,需要取用较大的接触面,因而存在矛盾。为了满足高压运行时能使接触面密封,低压或无压时(启动或停炉)密封面比压不超限,设计取用了"弹性阀瓣"结构,即当停炉或启动时在很大的弹簧作用力下压阀瓣,阀瓣产生的弹性变形增大了与阀座的接触面,随着阀前压力的上升,由弹簧压力产生的密封比压减小,阀瓣产生变形随之减小,在额定压力时密封面保持规定压差,从而使矛盾对立得到统一。

电站锅炉安全阀密封面的材料,应有抗侵蚀、耐磨蚀、足够的比压强度和弹性变形能力,还要有良好加工特性研磨配合性能。

(3)阀瓣、阀座结构。阀瓣、阀座和密封结构是安全阀的核心部分,是阀门性能好坏的关键。图 5-30 所示为某大容量锅炉安全阀的结构。

图 5-30　安全阀的结构

阀座与锅炉的安全阀接口管座相连接,内通道设有较长的渐缩段、较短的圆柱段和一个定锥角的扩口组成,以形成刚强的出口喷射流束,主要特征尺寸有入口直径(未示出)、喉口直径、出口直径、密封面外径。阀芯的下端迎流面制成锥体或特种曲线形面,以使合理分叉出口喷射气流,获得良好的开启特性。阀芯内孔中心镶嵌凹球面硬质材料,保持阀杆支顶对中,使密封面受力均匀。

弹性阀瓣套装于阀芯外圆,上端环面与阀芯对应圆环焊接,下端曲线内环槽与舌形屏边构成弹性密封结构,舌形下唇面与阀座密封面接触。在介质压力作用下，舌形上斜面与阀芯下端斜面间存在很小间隙，使接触面更密封。当无压力时，由弹簧外力作用，阀芯下端斜面压紧在舌形内唇边斜面上，弹性间隙消除。此结构可采用较大密封接触面，选择合适的密封比压（取值约在 100MPa），可避免高压与无压时密封面比压相差过大的状况，从而对提高密封可靠性和抵抗回座冲击性有利。

阀芯运动的导向是由导向套固定于阀盖上，连接阀芯的阀套滑动配合在导向套内保持阀芯运动自由。

双环调节机构由上调节环和下调节环组成。上调节环用螺纹连接在导向套外圆上，下调节环用螺纹连接在阀座外圆上。可各自做上、下不同位置的调节，以调整出口气流的喷射偏转角，改变气流反冲作用面的大小，达到调整阀瓣开启和回座压力，获得安全阀良好性能。

2. 安全阀解体检查

（1）提升机构的拆卸：拆手柄销、手柄、叉杆销、叉杆、阀帽、阀杆锁紧销及阀杆螺母。

（2）环整定记录：卸下喷嘴环锁紧螺钉，将它向右旋，记录转过的齿槽数，直至与阀瓣座接触。导向环向右旋，直至喷射管顶部，记录旋转齿槽数。

（3）测量弹簧下部垫圈的底面至法兰顶面的距离并记录尺寸，切割三段比所记录的尺寸长 1/8in 的钢棒（直径至少为 1in）。

（4）拆下阀杆螺母，安装液压千斤顶，提升阀杆。此液压提升装置是一个专用维修工具。液压装置的活塞在伸长之前应处于壳体内，当活塞上的第一道槽与箱体的顶面齐平或低于它时，即是其坐落的位置。拧动阀杆接头，直至其与提升机构组件相连接，连接手动液压泵和软管。用手动液压泵向提升机构组件加压，提升阀杆，这就使活塞向上升带动下部的弹簧垫圈向上压缩弹簧。

（5）在弹簧下垫圈处塞入弹簧垫块，千斤顶泄压。此时，弹簧紧力得到保持，阀杆处于不受力状态。

注意事项：此液压提升装置有一个限定的活塞冲程，如果超过了活塞冲程，活塞上的第二个槽将高于提升支架顶，则带压液体将从自动架的泄流孔中溢出。如果带压液体从泄油孔中流出，但活塞冲程并未超过，此时应检查 O 形环及支撑环是否磨损或伤毁，如有必要则需更换。

（6）当弹簧被加载并且阀被提起约 1/8in 后，在底部弹簧垫圈下间隔 120° 放入三块间隔块，释放泵内压力，拆下提升装置，如图 5-31 所示。

（7）装上阀杆螺母，吊出上阀体。卸下调节环固定螺栓和喷嘴环固定螺栓，拆下阀盖螺母。用合适的起吊装置小心地从阀体中将上部装置垂直地提升出来，当从阀体内将上部装置提出来时，不允许阀杆和其他部件有任何的摇摆动作，任何摇动都可能损坏阀座。

（8）拆下喷嘴环、导向环，拆下阀杆螺母，小心地将各内部部件从弹簧与阀盖中抽出。

安全阀解体后，应对以下部件进行检查：

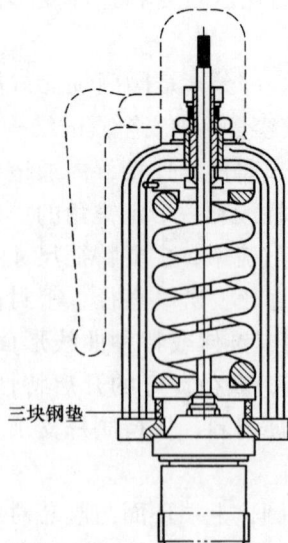

三块钢垫

图 5-31 钢垫加入位置

（1）将压盖螺母、衬套、上下调整环拆下，检查螺纹部位有无损伤，如有损伤应使用锉刀修整，用清洗剂除锈后擦拭干净。

（2）取出上下调整环，彻底清扫螺纹部位。

（3）检查阀座表面有否缺陷，检查内壁有无磨损冲刷引起的壁厚减薄现象。

（4）测量密封面溶焊金属厚度及喷嘴形阀座密封面对阀体上口的不平行度，如超标应对密封面进行研磨校正（溶焊金属厚度不得小于4mm，密封面对阀体止口不平行度不得超过0.03mm）。

（5）检查密封表面至主阀座基准面的高度，如小于标准应对主阀座基准面进行加工。

（6）阀瓣组件检查。

1）目视检查密封面损伤及导向部位是否有擦伤、咬伤、黏合、卡住痕迹，如有应清理，并对导向套和阀瓣外部进行清理。

2）检查与阀杆头部接触面有无裂纹等缺陷。

3）检查密封面磨损情况。

（7）阀杆检查。

1）目视检查阀杆表面是否有咬伤、黏合、卡住的痕迹，如有应清理、修整，如严重时应更换。

2）检查阀杆的不直度，超过标准应修正，无法修正的应更换。

阀杆弯曲度的测量方法如图5-32所示，其值不大于0.05mm。

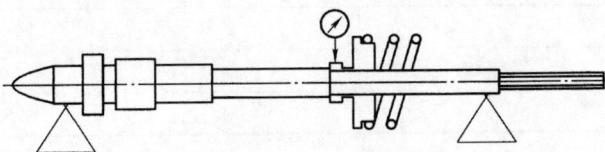

图5-32 阀杆弯曲度的测量方法

3）检查阀杆的磨损情况。磨损不得大于0.1mm，阀杆连接丝扣完好无损，与螺母配合良好，顶部圆弧无磨损，用磁粉检查阀杆头部是否存在裂纹等缺陷，如有应更换。

（8）弹簧检查。

1）对弹簧表面进行外观检查，应光滑无有害的裂纹、伤痕、腐蚀等缺陷。

2）测量弹簧的自由高度应符合要求，两端面平行，且垂直于轴线，垂直度偏差不大于2mm。

3）弹簧压缩后能恢复自由高度。

4）弹簧座无裂纹及其他缺陷。

5）弹簧与弹簧座接触应平稳，接触不良时应对研修正。

6）弹簧表面总面积的50%以上有腐蚀应更换。

7）检查挡环与下弹簧座是否接触圆滑，以挡套与阀杆能够自由行程为准，接触不好时应对研。

3. 全启式弹簧安全阀的检修

（1）密封面的研磨。如果该密封面受损，或划痕大于0.000 002 3in时应选用厂家提供的专用研磨工具并配以专用的砂纸和研磨剂进行研磨修复。

1）研磨工具箱，如图 5-33 所示。

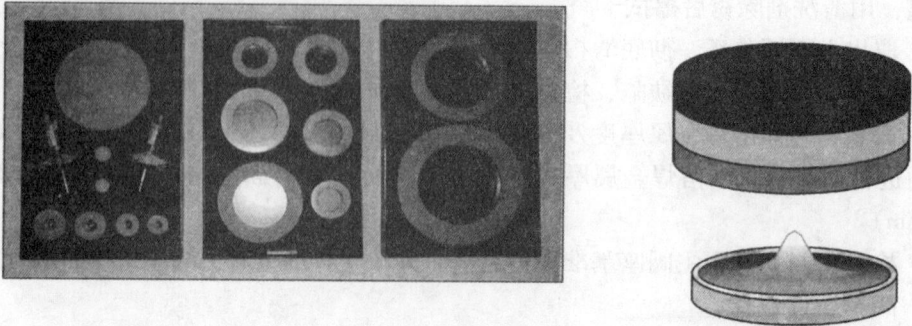

图 5-33 研磨工具箱

a. 研磨块。研磨块正反两面均可使用，一面由特制的铜质材料组成，另一面由特制的铸铁构成，这两面各占研磨块厚度的 5/16，剩下中间的 3/8 厚度则由铝制成。在校验研磨块时和在使用后为了修复其平直度，应使用一块研磨块修复平台，来修理研磨块。

b. 研磨块修复平台。它也是由特种牌号并退过火的铸铁制成的，上表面经过机械加工和研磨，并开槽分成很多小方格，来修理研磨块。

c. 研磨剂，见表 5-13。

表 5-13   研 磨 剂

编　　号	1	2	3
磨料种类	研磨剂	研磨剂	研磨砂纸
粒度（μm）	3	14	60、120、180、320

2）研磨步骤。

a. 研磨要求。

（a）绝对不要用阀瓣对着喷嘴研磨。

（b）可使用旋转研磨方法，不是 Z 字和 8 字，研磨一定时间后，应该变换方向后再继续研磨。

（c）选择所需要的研磨块，首先以较快的速度研磨然后趋于正常，最后进行抛光。

（d）铸铁层只能使用 14μm 粒度的研磨剂，铜层只能使用 3μm 粒度的抛光剂。

（e）使用研磨剂后，要经常在平板上修复，检验修复研磨面，保证其平整度和光洁度，修复方法为研磨。

b. 粗磨。

（a）选择合适的研磨块，保证研磨块和被研磨面清洁。

（b）根据密封面损伤情况，选用不同型号的砂纸进行研磨。

（c）研磨量变少应更换砂纸，更换砂纸时研磨面应清理干净。

（d）粗糙研磨消除缺陷后，选用粒度等级为 320 的砂纸继续研磨，消除粗糙纹路。

c. 细磨。

（a）揭去砂纸，用工业清洗剂清理研磨块和被研磨面。

（b）选用少剂量的 14μm 粒度的研磨剂均匀涂在研磨块的铸铁层表面。

（c）研磨过程中经常将研磨块旋转90°或者旋转在90°方向上。

（d）经过大约一分钟研磨后，检查清理被研磨面，更换研磨剂继续研磨直至被研磨面洁净。

（e）应当注意：研磨剂的磨削是很快的，因此研磨块必须定时校验，以确保研磨块是平滑的。

（f）研磨完毕选用工业清洗剂清理研磨块和被研磨面。

d. 抛光。选用研磨块铜层表面和3μm粒度的研磨剂，重复细磨步骤，直至密封面粗糙度不大于0.2（注：决不允许将14μm的研磨剂涂抹到铜质层上）。

e. 研磨块的修复。研磨块在使用后，两面需要进行再磨光处理，方法是把研磨块放到专用修复平板上，以"8"字形、"Z"字形研磨至合格。

（2）检修质量标准。

1）阀体。

a. 无砂眼、裂纹及气孔，内外壁清理干净。发现有缺陷应及时处理。

b. 排气法兰面无明显沟槽及冲刷现象，如有腐蚀冲刷不得超过原壁厚的1/3。

c. 阀体上部与阀盖接触部位应打磨干净，并能与阀盖配合严密。

d. 螺纹窥视、调整及疏水畅通无损，并能与配件灵活咬合。

2）阀杆。

a. 阀杆表面光洁、无锈垢及其他腐蚀冲刷现象，锈蚀深度不大于0.1mm。

b. 阀杆不得弯曲，最大弯曲不应大于0.05mm，否则须进行校直或更换。

c. 阀杆肩部球面应光滑、清洁，形成一明显光亮的带形承载面。

d. 阀杆全部螺纹及销孔应完好、畅通。

e. 阀杆端部连接部位应牢固灵活。

3）喷射器与支撑架。

a. 内圆不变形，外圆表面应光滑。

b. 外部螺纹完好无损。

4）阀盖。

a. 表面无腐蚀冲刷和裂纹现象。

b. 与阀体接触部位应平整无沟槽。

c. 检查排汽口无堵塞现象。

5）密封面。

a. 阀盘与阀座密封面应无任何细小麻点、沟槽，研磨后光洁平整，无划痕，且全圈亮如镜面，光洁度在▽11以上。

b. 密封面宽度应占全圈宽度的3/4以上，且保持在中间部分为最佳状态。喷嘴和阀瓣密封面高度最小尺寸见说明书。

（3）检查并校正阀瓣座与其套筒间隙。

a. 将阀杆组件立在干净的平面上，确认阀杆的端部能在阀芯的支撑面上自由转动。

b. 旋下阀瓣套筒直至与阀瓣座接触。

c. 逆时针旋转阀瓣套筒，建立适当的间隙。

（4）安全阀的组装，如图5-34所示。

1）用耐高温防锈涂料润滑下列各部件的安装位置：

a. 阀体螺栓。

b. 导向环及喷嘴环锁紧螺钉。

c. 喷嘴环安装位置。

d. 导向环安装位置。

e. 阀杆与弹簧下垫圈的接触位置。

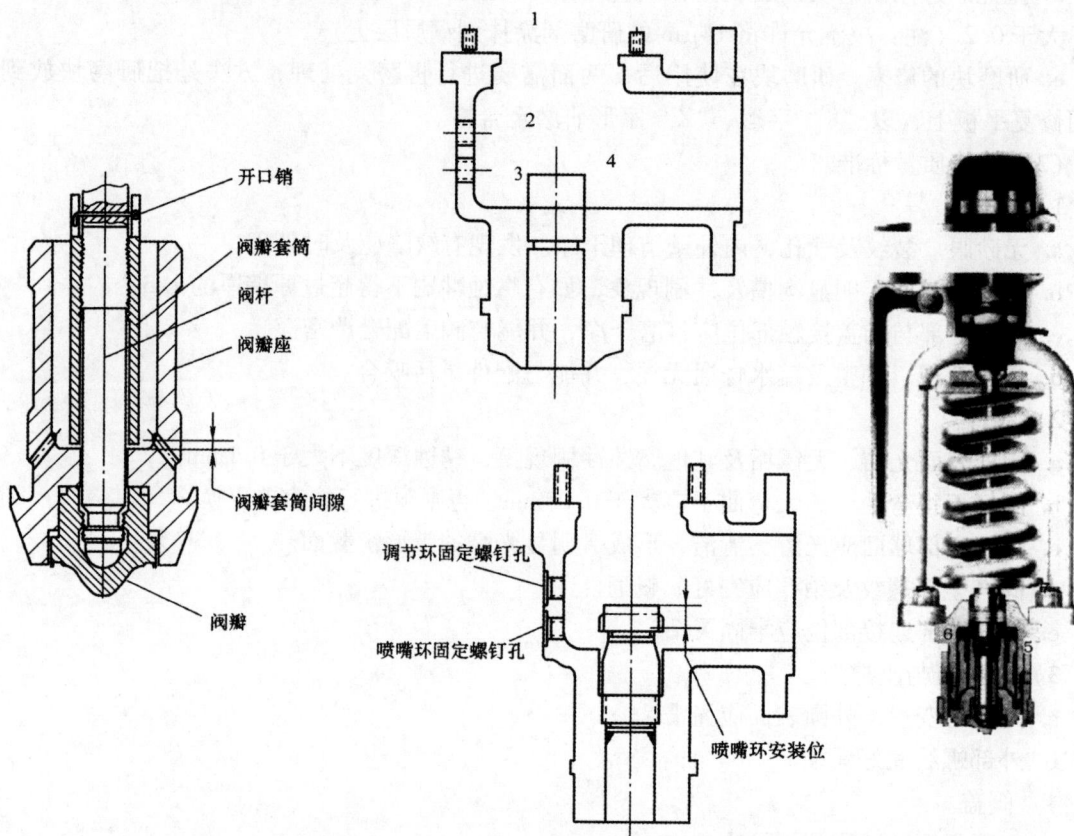

图 5-34　安全阀组装图

1—阀体螺栓；2、3—导向环及喷嘴环锁紧螺钉；4—喷嘴环安装位置；
5—阀瓣位置；6—导向环安装位置；7—阀杆与弹簧下垫圈的接触位置

2）保持弹簧压缩状态的阀门组装。

a. 安装喷嘴环。

b. 导向环与导向座的安装，如图 5-35 所示。

3）吊装上阀体。

a. 上阀体应正对喷嘴并竖直缓慢放入阀体，放入后不允许晃动阀杆和其他部件，否则可能导致密封面受损（HE 系列安全阀阀杆上装有活塞及活塞卡环，活塞安装时其上密封槽应朝下）。

b. 上阀体标记号应与下阀体标记号相对应。

c. 检查阀盖是否与导向座贴合。

4）锁紧阀体螺栓。按照图 5-36 所示数字顺序均匀锁紧阀体螺栓。

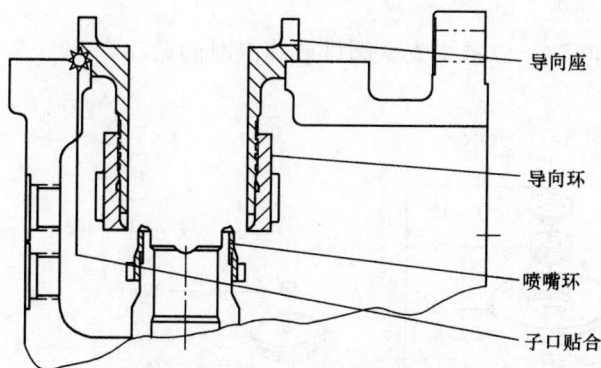

图 5-35　导向环与导向座的安装图

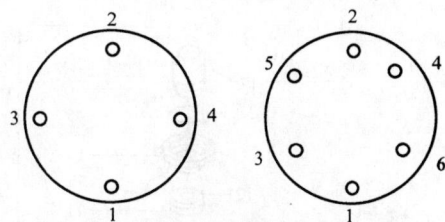

图 5-36　阀体顺序标示图

5）卸下弹簧垫圈下的垫块并使弹簧力加载至喷嘴上。

a. 拆下阀杆螺母，将液压千斤顶安装至阀体上部。

b. 利用液压工具提升阀杆，直至垫块松动。

c. 调整喷嘴环直至其顶部边缘低于喷嘴密封面。将螺钉旋具放入喷嘴环固定螺钉孔内，左旋（顺时针方向）喷嘴环直至其顶部低于喷嘴密封面，其位置可由下螺栓孔观察。

d. 取出弹簧下垫圈的垫块，缓慢打开液压千斤顶泄压阀，放下阀杆组件。

e. 卸下液压千斤顶，此时弹簧力已加载至喷嘴上。

6）喷嘴环的调节。

a. 喷嘴环的调节。将喷嘴环调至齐平位置。右旋（逆时针方向）喷嘴环，直至与阀瓣座接触。

b. 调整喷嘴环。根据上阀体刻印的调整齿数，调整喷嘴环。

7）导向环的调节。

a. HE 系列安全阀导向环的调节。

（a）将导向环调至基准位置。用螺钉旋具右旋（逆时针方向）导向环，直至旋不动为止。

（b）根据上阀体刻印的调整齿数，调整导向环。

注：GR 一般为"－"值，根据刻印在上阀体上的 GR 数值，以基准位置为基础，向下调整齿数即可。

b. HCI 系列安全阀导向环的调节。

（a）将导向环调至平齐状态。

（b）根据阀体刻印的调整齿数，调整导向环。

注：如果 GR 为"＋"值，则应以齐平位置为基准向上调节，反之，若为"－"值，应以齐平位置为基准向下调节

（5）恢复阀体外围部件。

1）安装调整环锁紧螺钉。注：调整环锁紧螺钉的顶部应嵌入调整环齿槽中。

2）恢复阀杆螺母，阀帽，叉杆及手柄。注：保证阀杆螺母与阀杆之间有 1/16in 的间隙。

（6）排汽管与滴水盘。

1）疏水管应畅通，必要时可进行吹扫检查。

2）发现主阀排汽管道有裂纹及严重腐蚀应更换。

3）排汽管支吊架应牢固可靠，无松动现象。

4）滴水盘须与排气管道有一定的横向间隙，以减少安全阀排放蒸汽时的振动。

4. 圆筒形弹簧式安全阀的检修

（1）安全阀的解体。安全阀的解体如图 5-37 所示。

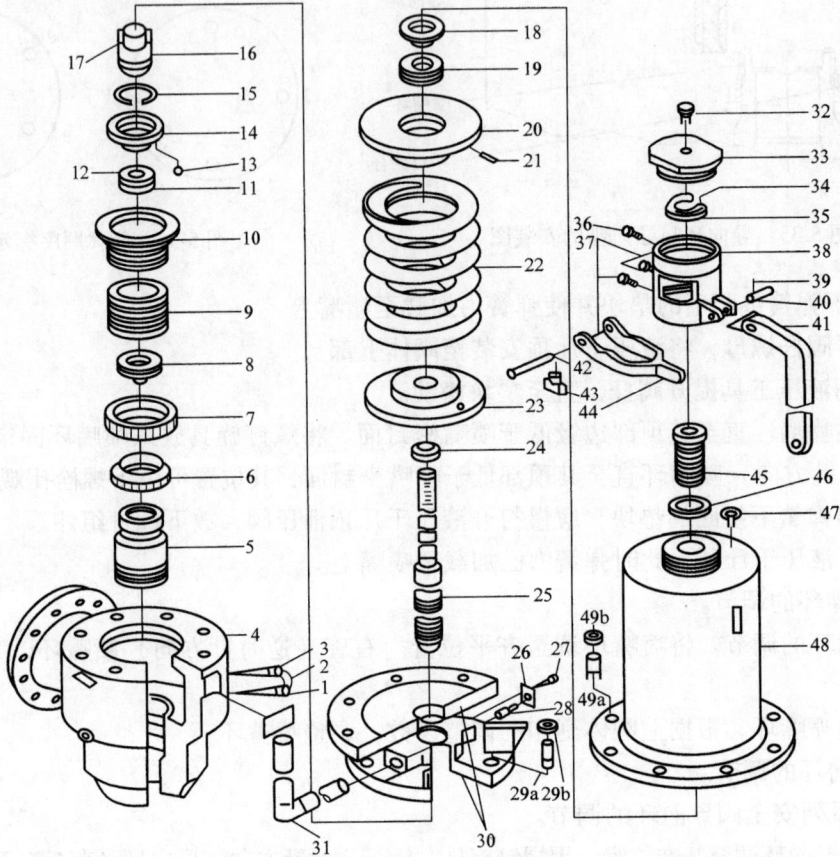

图 5-37 安全阀分解

1—下部调整环锁紧螺钉；2—止动钢丝；3—上部调整环锁紧螺钉；4—阀体；5—阀座；6—下部调整环；

7—上部调整环；8—阀瓣；9—阀瓣圆筒部；10—阀导；11—阀杆定位螺母；12—开口销；13—销钉；

14—定位盘；15—垫圈；16—阀杆定位套；17—开口销；18—轴承盖；19—轴承；20—弹簧压板；

21—定位锁；22—弹簧；23—弹簧座；24—轴承座套；25—阀杆；26—螺栓限位垫片；

27—调整螺栓；28—固定螺栓；29a—法兰紧固螺栓；29b—法兰紧固螺母；

30—弹簧压盖法兰；31—疏水管；32—丝堵；33—端盖；34—开口销；

35—止动螺母；36—止动螺钉；37—止动螺钉；38—帽盖；

39—铅封；40—销钉；41—杠杆；42—销钉；43—锁；

44—叉杆；45—弹簧调整螺栓；46—固定螺母；

47—起吊环；48—弹簧压盖；49a—法兰紧固螺栓；

49b—法兰紧固螺母

1）拆下铅封，拔下销钉，将上部杠杆从帽盖上取下。

2）松开止动螺钉，将帽盖连同下部一起取出，同时将插入止动螺母的开口销取下来，从阀杆取下固定螺母。

3）取下止转用的定位销。

4）在弹簧调整螺栓保持固定的状态下，卸下弹簧压盖。

5）将弹簧压板在轴承装入的状态下，向上方取出，放在没有灰尘等物的清洁场所。

6）将弹簧从阀杆上端方向取出。

7）从阀杆的上部方向取出弹簧座。

8）卸下弹簧压盖法兰紧固螺母，将弹簧压盖法兰从阀杆上端抽出。

9）只要将阀杆向上拉出，便可将阀瓣和阀瓣圆筒部一起拔出，此时取出来的阀瓣是经过非常精密的加工而制成的部件。操作时要特别注意保护，不要使阀瓣受伤，在阀瓣圆筒部将阀瓣提升起来的同时，向左转动便可以从阀杆上取下来，进而还可以在这种状态下，将阀瓣暗筒部取出来。

10）取下上部调整环用的销。

11）将阀导和上部调整环一起从阀体中取出，并在这个状态下，给两者的相关位置打上标记，在测定阀体杆的轴向总高度以后，将两者分解开。

12）取下下部调整环用的销。

13）在取下下部调整环以前，先将其和阀座的相对位置打上标记，并测定到阀座面的槽口数后再将其取出。

（2）安全阀各部件检查和修理。

1）拆下各零部件，清理好，并用清洗剂清洗，然后放在安全的地方以防丢失。

2）检修阀体内部，阀座通道是否有裂纹等缺陷。

3）检查阀杆是否弯曲，上车床用千分表检查，如有弯曲，应校平，并把阀杆悬吊放置。

4）检查阀瓣、阀座表面是否有裂纹、沟槽等缺陷，如果有裂纹应上车床精车后，研磨。研磨后密封面粗糙度达 Ra0.05 以上。

（3）安全阀组装。圆筒形弹簧式安全阀排汽管的安装如图 5-38 所示，按解体时对有关数据进行测量，并在相关位置打上标记进行组装。

1）组装与解体的顺序相反，并认真核对测量数据和位置标记。

2）组装时，要使阀瓣圆筒和固定螺母之间的轴向间隙为 0.6~0.8mm。

3）阀体内清理干净，不要有异物掉入，阀座和阀瓣周围要特别干净，密封面不能受伤。

4）在阀杆上组装了阀瓣圆筒部和固定螺母以后，将阀杆轻轻向右转一转，以确定螺纹的旋向。

5）紧固法兰盖的螺母，一定要交替对称缓慢地拧紧，要特别注意，决不可以单面紧固。

6）确保阀杆上部的固定螺母和上

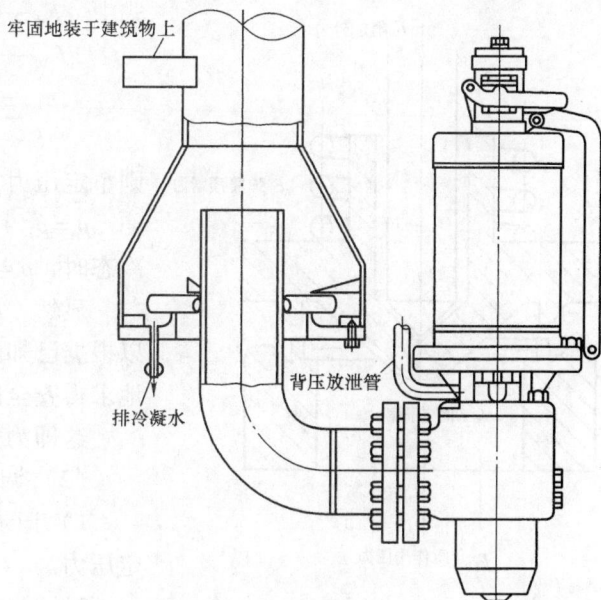

图 5-38 圆筒形弹簧式安全阀排汽管的安装

部杆之间的间隙。

7）确定好上部和下部调整环的位置，特别是下部调整环。在将阀瓣顶起的时候，下部调整环容易造成泄漏等故障。

5. 安全阀的校验（热态调试）

锅炉安装和大修完毕及安全阀经检修后，都应校验安全阀的整定压力，一般采用现场校验。

电站安全阀的现场校验方法一般采用在线热态试验，可分为专门仪器（安全阀在线定压仪）校验和升压实跳校验，升压实跳校验由于工作环境恶劣，起跳次数多，会带来密封面损坏噪声污染和校验时的安全性问题。

纯机械弹簧式安全阀及碟形弹簧安全阀可用安全阀在线定压仪进行校验调整，校验调整可以在机组启动或带负荷运行过程中（一般在 60% ~ 80% 额定压力下）进行。

首次经安全阀在线定压仪调整后的安全阀，应对最低起跳值的安全阀进行实际起跳复核，经复核，误差在 DL/T 959—2005《电站锅炉安全阀应用导则》规定整定压力偏差以内时，其他使用安全阀在线定压仪校验的安全阀可不必做实跳试验。

（1）工作原理。弹簧安全阀的开启、关闭动作是依靠其进口端的介质压力变化和弹簧预紧力来使阀芯自动开启及关闭。当介质压力（内压）升高到提升力比弹簧预紧力大时，阀芯克服弹簧预紧力自动开启，泄放多余的介质，使内压下降，又由于弹簧力的作用，当内压降至安全值时，阀芯自动关闭，泄放停止。

根据这个原理，在线（又称热态）测量或调整安全阀时，如果由外部提供一个向上的附加力，则当介质压力与这个附加力的总和刚刚克服弹簧预紧力时，阀芯同样也会开启，甚至在没有介质作用的离线（又称冷态）条件下，单独由外部附加力克服弹簧预紧力时，阀芯也可开启，图 5-39 清楚地表示了这种力的平衡关系。

很明显，阀芯开启的条件为

$$F_\mathrm{T} = F_\mathrm{W} + p_\mathrm{L} \times S$$

式中　F_T——弹簧预紧力；

F_W——外部附加力；

p_L——介质作用压力；

S——安全阀密封面面积。

则整定压力 p 为

$$p = p_\mathrm{L} + p_\mathrm{W}/S$$

冷态时，$p = F_\mathrm{W}/S$。

显然，如果能够准确地测定附加外力 F_W，就可以根据已知的阀芯面积 S 和系统工作压力，很容易地求得安全阀的整定压力 p。

这即为安全阀在线测试技术的设计依据和原理。

（2）调试前期准备。

1）记录阀门铭牌参数，查明安全阀型号及设定压力。

2）检查阀门密封性。

3）根据阀门型号，通过查表选择合适的阀杆

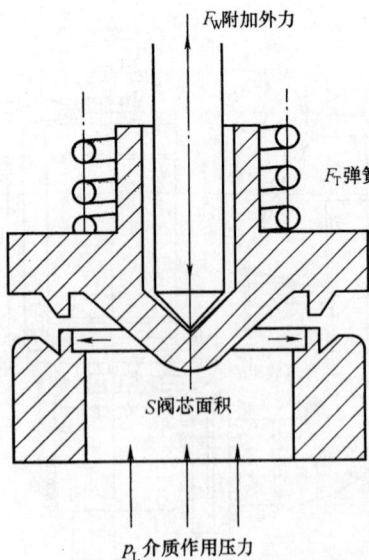

图 5-39　安全阀受力分析

连接器。

4）确认系统压力已升至安全阀整定压力的 65%~80%，且压力无波动或波动很小。系统压力读数应使用0.4级以上的压力表。

5）调试现场通信畅通。

（3）静态调试。

1）缓慢操作液压泵组件，对阀杆施加提升力，直至听到阀门开启声音。

2）立即记下压力表读数，同时开启液压泵泄压阀。

3）查表计算安全阀的整定压力及误差。

（4）调整弹簧紧力，如图5-40所示。

1）松开调节螺栓锁紧螺母。

2）查表计算调节螺栓的调整量。

（5）校验调整值。重复以上步骤校验安全阀的整定压力。

（6）喷嘴环与导向环的调节。

1）实际启跳。

a. 除准备试跳的安全阀外，处于同一系统上的安全阀都应用压紧装置锁死，防止误动作。

b. 人员远离安全阀，做好安全措施。

c. 专人读表，记录安全阀启跳值与回座压力，计算回座比，见表5-14和表5-15。

回座比 = （启跳压力 - 回座压力）/设定压力

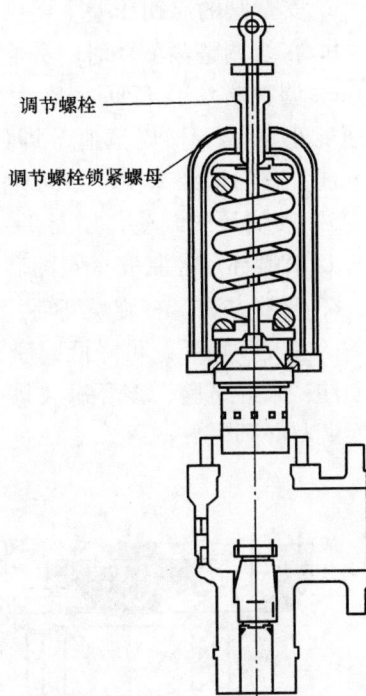

图5-40 调整弹簧紧力方法

表5-14 整定压力值

最大启闭压差	整定压力 p_s （MPa）	最大启闭压差	整定压力 p_s （MPa）
6%p_s	$1.724 < p_s \leq 2.586$	4%p_s	$6.895 < p_s$
0.103	$2.069 < p_s \leq 6.895$		

表5-15 不同位置超压试验值

安装位置		超座压力	
汽包锅炉的汽包或过热器出口	汽包锅炉工作压力 $p < 5.98$MPa	控制安全阀	1.04 倍工作压力
		工作安全阀	1.06 倍工作压力
	汽包锅炉工作压力 $p > 5.88$MPa	控制安全阀	1.05 倍工作压力
		工作安全阀	1.08 倍工作压力
直流锅炉的过热器出口		控制安全阀	1.08 倍工作压力
		工作安全阀	1.10 倍工作压力
再热器			1.10 倍工作压力
启动分离器			1.10 倍工作压力

2）导向环的调整，如图5-41所示。

　　a. 安全阀的启闭压差主要由导向环控制。

　　b. 在线调整调节环时，务必用压紧装置锁死安全阀，防止安全阀误动作。

　　c. 调整方法：若回座比大于 ASME 规范值，即回座压力偏低，应左旋导向环。若回座比小于 ASME 规范值，即回座压力偏高，应右旋导向环。

　　注：阀门未经试验，导向环每次的调整量不得超过 10 个齿。每次调整必须做好记录。

　　3）喷嘴环的调整，如图 5-42 所示。

　　a. 喷嘴环可控制安全阀的启跳动作，同时可以调节回座压力。

　　b. 调整方法：右旋喷嘴环，可造成一个很强的启跳动作，同时提升回座力，减小启闭压差。左旋喷嘴环，可降低回座压力，增大启闭压差。

　　注：未经试验，该环每次只可调整 1 个齿。左旋喷嘴环过多，可能会导致预泄或频跳。每次调整必须做好记录。

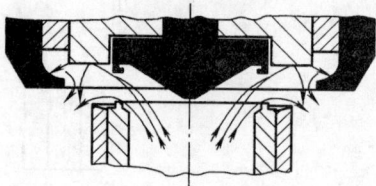

图 5-41　导向环的调整　　　　　　图 5-42　喷嘴环的调整

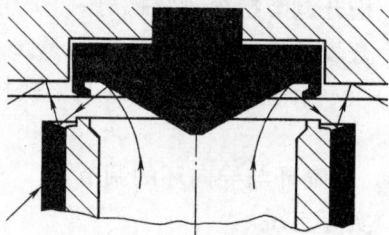

　　4）恢复安全阀外围部件。

　　a. 回装阀帽，若调整调节环，还须安装调节环锁紧螺钉。

　　b. 将安全阀调节环锁紧螺钉用铅封封好。

　　5）整理调试报告。

　　（六）ERV 阀的检修

　　锅炉在过热器出口安全阀下游布置两只动力泄放阀（ERV），如图 5-43 所示，下面介绍 CROSBY 公司的产品 EAL721N24BWDPEZ。每套泄放阀由两只串联的金属密封球阀组成，一道门为手动隔绝阀，二道门为由电信号控制的动力阀。正常运行中一道门开启，二道门关闭（随信号动作）。

　　除了特别声明的以外，顺时针方向转动关闭阀门，逆时针方向转动打开阀门。阀门的齿轮箱以及气动、电动和液动执行机构上有箭头指示阀门开关状态。对手柄操作的阀门，手柄的指向即是阀门密封球体中排放孔的方向。手柄与阀门轴线平行，阀门开启；手柄与阀门轴线垂直，阀门关闭。对于所有阀门，阀杆键槽的方向与密封球体中排放孔的方向也是一致的。一般来说，开/关状态指示标记在手柄、齿轮箱、执行机构和操作机构上都可以找到。

　　请注意，沿阀杆按入口在下、出口在上的方向看，阀杆和端盖上的标记全部在阀杆的左方，该位置说明阀门处于关闭状态。图 5-42 中还显示了密封球体上标记的位置。为了保证事先对磨好的环状密封带能被准确地确认，在密封球体上的开槽处上方有一个标记。该标记与阀杆和端盖上的标记成 90°角。因此，采取上述的方法观察，两个标记在左侧（阀杆和端盖），另外还有一个标记在远离观察者的地方。所以，在装配阀门的时候，一定要把阀杆和端盖上的标记对齐，同时将密封球上的标记与阀门端盖对正。这三个标记可以清楚地指示阀门处于关的状态。

1. 阀门解体

（1）将阀门置于关闭状态。

（2）拆卸之前将各部零件的放置方向做标记，特别要注意密封球的方向。可以在非密封面处做标记，刻在零件上的标记不会损坏该零件，这样做是为了确保在清洗零件时标记不会被清除。

注意：密封球和端盖的密封面是手工研磨的，这种"手工对磨的配合"是不可以互换的。

（3）拆下执行机构（包括支架、定位柱、导向套和所有定位部件）。避免使用锤子一类的工具和过大的外力。

（4）拆下阀体上的螺母，将阀体和端盖分开，然后拆下阀体的密封垫/密封件。端盖尾部使用法兰或夹具的阀门的顶端要向下放置。将密封球的方向做标记。拆下密封球并保护好，不要受损伤。

（5）拆下端盖的螺母，拆下弹簧垫圈和端盖。

（6）拆下阀杆。要先将阀杆推入阀体，然后将它从阀腔内拿出。

（7）使用夹子一类的工具拆出阀杆密封环。

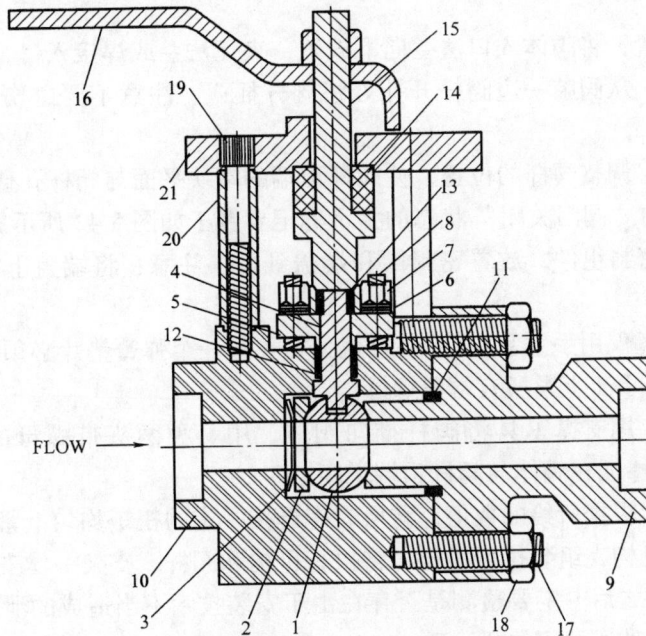

图 5-43　ERV 阀的结构

1—阀球；2—密封圈；3—蝶形弹簧；4—阀杆；5—格兰；6—格兰弹簧片；7—格兰螺母；
8—格兰螺栓；9—端盖；10—阀体；11—阀体垫片；12—盘根；13—键；14—推力轴承；
15—驱动套筒；16—手柄；17—阀体螺栓；18—阀体螺母；19—叉架螺栓；
20—叉架柱；21—叉架盘

2. 清理检查

（1）检查所有部件并对损伤或必须更换的部件作记录。所有的零件，不论是新的或需修理的,都需要经过清洗和去油,以便重新组装。

注意:千万不可使用喷砂处理。这样会对零件造成极为严重的损坏。

(2) 检查阀杆,无变形、腐蚀、磨损,阀杆密封圈必须更换。

(3) 阀体密封圈/密封件必须更换。

(4) 蝶形弹簧如果变形或高度低于规定中所列出的数值则必须更换。

注意:由于弹簧的设计不同,其高度降低所带来的弹簧力损失是不同的。

(5) 根据损伤的不同,可以采用以下方法检查密封球和密封面。

1) 如果没有可见的损伤,可以将密封球和对应的密封面对磨。最终使用 3 号($3\mu m$)的金刚砂研磨膏抛光。在研磨时,密封球应该沿 8 字形移动,同时与之相配的密封件应放置在旋转台上以 48km/h 的速度转动。如果没有合适的旋转台,将配对密封件放置在一个平整、干净的工作台上,并在研磨过程中经常转动工作台。为了验证密封面相配程度,需要对研磨好的密封面进行特定的真空试验。密封球和与其相对的密封面在相配合之前必须彻底清洁并擦干。研磨良好的密封配合必须能够保持 20~28mm/Hg,5min 内无明显下降。

2) 如果已研磨好的密封面没有通过上述试验,密封面必须重新加工,重新做表面硬化和重新研磨。请注意,在设计阀门端盖密封面的时候已经把再加工余量考虑在内了。

(6) 检查其他部件,如端盖、阀体螺栓、螺母、弹簧等有无损坏或变形。

3. 组装

(1) 阀体的放置,将阀体入口法兰向下放置,夹住法兰或焊接入口,使阀腔向上。

(2) 安装阀杆,从阀腔一边阀杆开孔处将阀杆插入,注意不要碰伤任何密封表面和结合面。

(3) 对正阀杆,调整阀杆的位置,使阀杆顶端的端块平面与阀杆孔壁保持平行。

注意:阀杆顶端"阀门关闭"状态的指示标记要置于如图 5-42 所示阀杆左侧的位置。

(4) 安装阀杆密封组件,放置密封圈和端盖到位。注意:将端盖上的方向指示标记指向左边。

(5) 安装螺母(仅用手上紧),安装端盖弹簧。每一个弹簧垫片必须与和它相邻的另外一个垫片相对放置,手工上紧所有端盖螺母。

(6) 阀杆定位,用支撑工具将阀杆推向阀体,用一种两头带螺母的螺栓或软质材料(塑料或黄铜)的短棒插在阀体与阀杆顶端之间。

(7) 端盖定位,根据所给的数值,将所有螺母按一定的扭矩均匀上紧。

(8) 安装执行机构,组装执行机构,将执行机构和阀杆、支架一体安装。

注意:安装完毕之后一定要检测是否存在由于安装技术不当造成的泄漏。将执行机构上的关闭限位设置到与球阀关闭位置一致。

(9) 阀杆和密封件最终定位,开关阀门若干次并重新上紧端盖螺栓。

(10) 拆除阀杆定位工具。

(11) 测量装配尺寸。

1) 密封件可压缩高度。

a. 将端盖向上放置阀门。将密封圈小心地与阀体顶部平台平行放置。

b. 将端盖小心地放置在阀体和密封圈的顶部,所有的部件都要是水平的。

c. 检查阀体与端盖的间隙(密封件可压缩高度)。如果间隙超出公差要求,则要使用超出尺寸范围的阀体。

2）大口径阀门锁定间隙的测量。

a. 将进气端密封圈密封面向上放入阀腔，使密封面朝向端盖的方向。

b. 将密封球放置到位，使阀杆头处于正确位置。

c. 将端盖小心地放置到位并将其与阀体对正。测量锁定间隙的大小（在没有弹簧时的密封面与密封球面的间隙）。注：如果因为空间太小而无法测量该间隙，则采用另外一种方式。

3）蝶形弹簧可压缩尺寸。

a. 测量蝶形弹簧的高度。检测弹簧高度是否适用。如果该尺寸超出标准，则用新弹簧替代。

注：一些弹簧在第一次使用和设定之后多少总有一些变形，高度会略有下降。建议每次解体都要更换弹簧。

b. 拆下端盖及密封球和进气端密封圈。

c. 将蝶形弹簧开口较大一端向下放入阀体。

d. 将进气端密封圈弧形密封面向上轻轻地放在阀体内，使其略微离开蝶形弹簧。

e. 将密封球标记向上放在进气端密封圈上。

f. 轻轻地将端盖放在阀体上，将端盖上紧时要确保它始终与阀体顶面平行。

g. 使用塞规测量端盖与阀体顶面之间的间隙。为了使测量准确，使用两个塞规呈180°放置，将两个测量数据取平均值，与规定的数据比较。

4. 阀门最终装配

（1）拆下端盖并放入阀体密封垫和密封圈。

（2）再次检查密封球、阀体和端盖的密封表面，确保这些表面上没有损伤。

（3）更换所有受损的阀体螺栓。

（4）安置新的阀体密封圈，确保密封圈的上表面与阀体上端面平行。

（5）将端盖放置到位并将螺栓上紧。确保端盖的端面和阀体顶部的端面对齐。这有利于获得正确的螺纹预紧力。均匀上紧螺栓和螺母，观察阀体密封垫被均匀压缩。按对角线方式逐步上紧螺栓，直到端盖和阀体的平面互相接触为止。注意：每次每个螺母不可下旋超过1/4圈。仔细观察确保两个平面最终良好接触。如果没有做到这一点将导致阀体密封不严。

（6）人工开关几次阀门以确保其动作正常。

（7）将阀门设置在开的位置。

（七）炉水循环泵出口阀的检修

1. 准备工作

（1）确信阀体内和与其相连接的管道内没有工作压力。

（2）准备出拆卸和装配阀门的工作场地，在堆放时不能使零件损坏。

（3）准备好必要的工具和量具。

2. 阀门解体

（1）拆卸并吊走执行机构，拆前做好连接记号。

（2）拿掉分离式导向板螺栓，移走导向板；拆支架连接螺栓，取下支架。

（3）取下盘根压盖螺母，取下盘根压盖和压板。

（4）拆卸自密封锁紧螺栓，取下阀帽压盖及垫圈、护环。

（5）用工具将自密封阀盖压下，使阀盖与四合环之间产生间隙，然后按顺序取出四合环。

（6）用起吊工具将阀杆连同阀帽一起吊出阀体。若不便起吊或起吊操作困难时，可复装支架及执行机构，不断开启阀门，用阀杆将阀帽一起带出阀体。

（7）取出阀杆，取下软钢密封环及压环，清除盘根。

（8）取出阀瓣。

3. 阀门检查

（1）检查阀体内壁应光滑、牢固完整，阀瓣导向架不得有卡涩现象。

（2）检查阀杆弯曲度是否符合要求，其弯曲度大于规定标准的应进行校直或更换。

（3）清理阀杆表面锈垢，检查表面腐蚀是否大于规定标准。

（4）检查阀杆及螺母梯形螺纹，应无卡涩，螺母转动灵活自由。

（5）检查盘根室光滑无损伤，盘根压盖及压板平整无缺陷。

（6）检查阀座及阀瓣密封面的磨损及冲刷情况。

（7）表面清理干净，检查焊口是否完好。

（8）检查软钢密封环所对应的阀帽及阀体密封面是否光洁完整，有无划痕、冲刷等缺陷。

（9）轴承及衬套部分用煤油清洗干净，检查轴承应无锈蚀、裂纹等缺陷，转动无异声。

4. 阀门检修

（1）阀门密封面的研磨，阀瓣可用手工或研磨机具进行研磨，如表面有较深的麻坑、沟槽，可用车床或磨床进行加工，找平后进行抛光。

（2）填料密封更换，阀盖密封部位盘根填料应清理干净，自密封填料压圈除去锈垢，并打磨干净，压圈套入阀盖，密封凸台间隙应符合要求。

（3）阀杆密封填料室应进行清理，内壁打磨干净，填料压兰及压板应除去锈垢，表面清洁，压兰内孔与阀杆、外径与填料室间隙应符合要求。

（4）将压兰铰接螺栓松活，检查丝扣部分应完好，螺母完好，可用手旋至螺栓根部，销轴处转动灵活。

（5）将密封填料按次序装入填料函，逐圈压实后上紧压兰螺栓。

5. 检修质量标准

（1）阀体应无裂纹、砂眼、冲刷严重等缺陷。阀体出入口管道畅通，无杂物。阀体与阀盖连接螺纹保持完好，能轻松旋至螺纹底部。

（2）阀杆弯曲度不应超过 $0.1 \sim 0.25mm$，椭圆度不应超过 $0.02 \sim 0.05mm$，表面锈蚀，磨损深度不超过 $0.1 \sim 0.2mm$，阀杆螺纹完好，阀杆螺母梯形螺纹应完好，磨损不应大于原齿厚的 $1/3$，与螺纹套筒配合灵活，不符合上述要求应进行更换。

（3）阀瓣及阀座密封面不得有可见麻点、沟槽，全圈光亮，表面光洁度在 $\nabla 9$ 以下，两密封面的接触痕迹应是闭合完整的曲线。

（4）软钢密封环的使用寿命为 5 年，新密封圈内密封面锥度应与阀帽密封面锥度吻合，外密封面直径与阀体内径差应小于 $0.04mm$，表面光洁度在 $\nabla 9$ 以下，圆度与阀体内径一致。

（5）密封环压环应表面光洁，高度一致，无变形；四合环高度相同，上下表面光滑。

（6）轴承应无锈蚀、裂纹等缺陷，转动无异声，螺栓、螺母、螺纹应完好，配合要适当，螺母手旋可至螺栓底部。

（7）铰接螺栓拧紧后，压板应保持平整，阀杆、压盖、填料室三者的间隙均匀，填料压盖压入填料室应为其高度尺寸的1/3，且不小于3mm。填料座圈间隙为0.1~0.2mm，填料压盖外壁与填料室间隙为0.2~0.3mm，最大不超过0.5mm。

（8）填料接口角度为30°或45°，每相邻两圈填料接口处应错开90°~180°，填料放入填料室长短应适宜，不应有间隙或叠加现象，加好盘根后应手动旋转阀杆，阀杆应操作灵活，用力正常，无卡阻现象。

6. 阀门回装

（1）各零部件清理干净，特别是软钢密封环及其对应密封面必须保持洁净，若有异物则极易引起泄漏。

（2）各螺栓和螺母的螺纹部分及螺母表面涂防咬合剂。

（3）按与解体相反的顺序解体阀门。

（4）在紧固自密封紧固螺栓时，交替在对称方向逐个拧紧螺栓和螺母，直至所有螺栓受力均匀，达到要求值，无局部拧紧或局部松弛现象。

（八）阀门的调试

阀门的调试主要就是进行电动执行机构的调整，其电动装置的调整方法如下：

1. 准备工作

电动装置全部安装工作完成后，将手动/电动切换机构切到手动侧。用手轮操作开启和关闭阀门，检查电动机与阀门开、关方向是否一致，开度指示变化与手操作方向是否一致、是否同步。开关应灵活，无卡涩，并将阀门放至中间位置。

2. 电动试操作

检查电气控制回路接线，应正确，绝缘良好。将手动、电动切换机构切到电动位置，送上电源，电动操作向开或关方向试开一次，其方向正确，动作灵敏可靠，工作平稳无异声，并用手拨动相应的行程或转矩开关，在开或关方向均能正确切断控制电路，使电动机停转。

3. 调整开向行程开关

调整转矩、行程开关前，必须检查开度指示器上电位器是否已脱开，以免损坏（可把电位器轴上齿轮的紧定螺栓松开，手操阀门至全开后，再回关0.5~1.5圈，作为电动装置的全开位置，以防温度变化及电动机惯性使阀门卡死）。对于计数式的行程控制机构，调整时应先拧下控制机构中部的闭锁螺栓，或用螺钉旋具将顶杆推进并转90°，使主动齿轮和控制机构的计数齿轮脱开，然后按箭头指示方向，旋转控制机构开关方向的调整轴，直到凸轮弹性压板使微动开关动作为止。最后退出控制机构中部的闭锁螺栓，使主动齿轮和控制计数齿轮重新咬合。用螺钉旋具稍许转动调整轴，用电动稍关几圈，然后再打开，视开向行程动作是否符合要求，如不符合，应按上述程序重新调整，每调一齿（个位齿轮），输出角度变化不大于9°，在开向行程开关调好以后，将阀门先关，后用电动打开，再手动开完，记下预留圈数，并反复试操几次正确无误。调整时，一般控制阀门开向为全行程的90%左右。

对不同结构的行程控制机构，应按照各自的整定方法进行整定。总的原则是阀门停止在指定的全开位置，整定行程控制机构，使开启方向的行程开关刚刚动作。有的行程控制机构，当行程超过上限时会造成零件的损坏。在整定这类行程控制机构时，应先使控制机构与主传动机构脱开，再用手动操作使阀门全开。

4. 调整关向行程开关

在整定阀门关闭方向的行程开关时，首先必须明确控制阀门关闭的定位方式，表 5-16 列出了某制造厂生产的阀门、电动装置关闭位置的定位方式。

表 5-16　　　　　　　　　　　　阀门、电动装置关闭位置的定位方式

阀门种类	控制方法		阀门种类	控制方法	
	关向	开向		关向	开向
自密封（闸线）	行程	行程	密封蝶阀	转矩	行程
强制密封（闸线）	转矩	行程	非密封蝶阀	行程	行程
截止阀	转矩	行程	球阀	行程	行程

由表 5-16 可看出，大多数阀门关闭位置的定位方式是按转矩定位的，即阀门的全关位置是阀门操作转矩达到规定值的位置。这类转矩定位的阀门控制电路是靠转矩开关来切断的，这时阀门关闭方向的行程开关主要用来闭锁控制电路和提供阀位信号。在一般情况下，这类阀门关闭方向行程开关的动作位置，可以定在阀门全关后再开启 1~2 圈处。

有的阀门关闭位置是按阀门行程定位的，即阀门的全关位置是阀位达到规定值的位置。这类行程定位的阀门控制电路是靠行程开关来切断的，这时阀门关闭方向的行程开关应整定在阀门的全关位置。

调整关阀方向行程开关的方法和调整开阀方向行程开关的方法是相同的，即首先将阀门手动操作到规定的位置，然后整定行程控制机构，使关阀方向行程开关刚好动作。

用电动操作阀门反复开启和关闭，检查电动阀门的工作，应平稳、灵活。对按行程定位的阀门，在开启和关闭的操作中，转矩开关不应动作。

对按转矩定位的阀门，在关闭过程中，关闭方向的行程开关应先动作，然后转矩开关再动作，并切断控制电路。

5. 调整开度指示器、远传装置和附加行程开关

开度位置指示器和远传装置的调整主要是定上、下限和方向，也就是对正阀门全开和全关位置。阀位、远传装置调整，必须与装在控制盘上的位置指示表一起进行。调整前，应先校正指示表的机械零位，并合通阀位、远传装置的电源。调整时，先将阀门操作到全关位置，再调整位置指示器，使它的指针正好指在全关位置。调整阀位、远传电路中的调整电阻（或电位器在零位上，并使电位器轴上的齿轮与开度轴上的齿轮啮合，拧紧电位器轴上的紧定螺栓即可），使盘上的阀位指示表正好指在全关位置（零位）。然后，再操作，使阀门开启，检查位置指示器和盘上的阀位指示表指针移动方向，应与阀门操作方向一致并保持同步。当阀门全开时，调整相应的部件，使位置指示器正好指示阀门在全开时的位置。调整阀位、远传电路中的调整电阻（或电位器），使盘上阀位指示表正好指示阀在全开位置。调整附加行程开关时，必须首先明确要求开关动作的位置，调整操作阀门，使它停在要求开关动作的位置，然后再调整附加行程开关，使之合通或断开。

6. 调整转矩开关或机械保护装置

调整转矩开关或机械保护装置，必须在转矩试验台上或按照随产品提供的转矩特性曲线或数据进行。首先调整关方向转矩（旋转转矩弹簧或拨动力矩指示值），从小转矩值开始，

逐渐增大转矩值，直到阀门关严为止。调整开方向转矩，应根据已调好的关方向转矩值增大1.5倍以上，即为开方向的转矩值，这是在空载无介质压力下调整的。在有压力、温度时应注意其能否关严，如关不严则要适当增加转矩值，以能关严、打得开为准。但有时缺乏数据和曲线，需现场调整时宜谨慎从事。先将关阀方向的转矩调到较小值，然后用电动关闭阀门。当转矩开关动作切除电源后，将电动切为手动，用手动检查阀位的关紧程度。如果阀门能用手动继续关闭，则应进一步提高转矩开关的整定值，并用同样方法检查阀门的关紧程度，直到阀门电动关严，用手动不能再继续关，但又能用手动开启时为止，即可认为转矩开关在关阀方向已经调整好。然后参考关阀方向转矩开关整定值，去整定开阀方向转矩开关的整定值，使其值大于关阀方向的值，以保证能打开、关严阀门。因冷、热态时转矩会有差别，故在正常工作的压力、温度下，整定转矩开关更能适应工作状态。虽然此法可满足要求，但有一定的盲目性，为此可采用简易方法来粗略测量转矩开关的动作转矩值。如有的电动装置在手动、电动切换机构切到手动时，转矩限制机械仍然参加传动工作，且手动操作时同样可使转矩限制机构动作，所以可利用手动操作机构（手轮）来粗略地测量动作转矩值。

（九）阀门常见缺陷及其处理

1. 阀门密封面的缺陷处理

（1）堆焊。阀头和阀座密封面经长期使用和研磨，密封面逐渐磨损，严密性降低，可用堆焊的办法将其修复。这种方法具有节约贵重金属，连接可靠，适应阀门工况条件广，使用寿命长等优点。堆焊的方法有电弧焊、气焊、等离子弧焊、埋弧自动堆焊等。电厂检修中最常用的方法是手工堆焊。

1）不锈钢品类的堆焊材料已普遍用于中高压阀门密封面的堆焊。这里所说的不锈钢焊材不包括铬13不锈钢类。为了叙述的方便，也将堆567焊条归在此类。

堆焊处表面和堆焊槽要粗车或喷砂除氧化皮，堆焊处不允许有任何缺陷和脏物，并将原密封面和渗氮层彻底清除，见本体光泽后方可堆焊。焊条的选择一般应符合原密封面材质。常用的不锈钢堆焊焊条的牌号、性能及用途见表5-17。

表5-17　　　　　　　　常用的不锈钢堆焊焊条的牌号、性能及用途

牌号	药皮类型	焊接电流	焊缝主要成分及硬度	主要用途	焊接措施
堆532	钛钙型	交直流	Cr18Ni8Mo3V HB≥170	用于堆焊中压阀门密封面，有一定的耐磨、耐蚀、耐高温性能	焊条经250℃左右烘焙1h
堆537					
堆547	低氢型	直流反接	Crl8Ni8Si5 HB=270~320	用于堆焊工作温度在570℃以下的高压锅炉阀门密封面，具有良好的抗擦伤、耐腐蚀、抗氧化等性能	焊条经250℃左右烘焙1h，一般碳素钢不预热，大件、其他钢材要一定温度预热。焊层为3~4层为宜
堆547钼			Crl8Ni8Si5Mo HRC≥37	用于工作温度低于600℃高压阀门密封面，具有良好的抗擦伤、抗冲蚀、抗热疲劳性能，堆焊金属时效强化效果显著	焊条经250℃左右烘焙1h，堆焊大件、深孔小口径截止阀体或其他钢材时，需预热缓冷或热处理，连续施焊3~4层

也有的阀门密封面是用 18-8 型不锈钢，堆焊焊条选用一般的奥 112、奥 117。为了防止热裂纹和晶间腐蚀，采用直流反接、短弧、快速焊、小电流，不应有跳弧、断弧、反复补焊等不正常操作。用 18-8 型不锈钢堆焊密封面，操作工艺简单，不易产生裂纹，但其硬度低，不适合作闸阀密封面。

2）铬 13 不锈钢材的堆焊。铬 13 属于马氏体不锈钢，在中高压阀门上应用较广泛，常用牌号有 1Cr13、2Cr13、3Cr13 等。堆焊处表面的要求与前相同，选用焊条尽量符合原密封面材质，铬 13 堆焊常用焊条的牌号、性能及用途见表 5-18，这类焊条常用来堆焊 510℃ 以下、0.6～16MPa 的铸钢为本体的密封面。

表 5-18   铬 13 堆焊常用焊条的牌号、性能及用途

牌号	药皮类型	焊接电流	焊缝主要成分及硬度	主要用途	焊接措施
堆 502	钛钙型	交直流	1Cr13 HRC≥40	用于堆焊工作温度在 450℃ 以下的中压阀门等，堆焊层具有空淬特性	焊条经 150℃ 左右烘焙 1h，焊件焊前预热 300℃ 以上，焊后不需热处理。加热 750～800℃，软化加工后，再加热 950～1000℃，空冷或油淬后重新硬化。焊接工艺良好
堆 507	低氧型	直流反接			焊条经 250℃ 左右烘焙 1h 时。其他与上相同
堆 507 钼	低氢型	直流反接	1Cr13Mo HRC≥38	用于堆焊 510℃ 以下的中温高压截止阀、闸阀密封面应将本焊条与堆 577 配合使用，能获得良好的抗擦伤性能	焊条经 250℃ 左右烘焙 1h，焊件不需预热和焊后处理
堆 507 钼铌	低氢型	直流反接	1Cr13MoNi HRC≥40	用于堆焊 450℃ 以下的中、低压阀门密封面，具有良好的抗氧化和抗裂纹性能	
堆 512	钛钙型	交直流	2Cr13 HRC≥45	用于堆焊过热蒸汽用的阀件，其硬度耐磨性比堆 502 高，较难加工，堆焊层有空淬特性	焊件经 150℃ 左右烘焙 1h，焊前预热 300℃ 以上，不需热处理。可在 750～800℃ 遇火软化，加工后再经 950～1000℃ 空冷或油淬，重新硬化
堆 517	低氢型	直流反接	2Cr13 HRC≥45		250℃ 左右烘焙 1h。其他同上
堆 527	低氢型	直流反接	3Cr13 HRC＝40～49		焊条经 250℃ 左右烘焙 1h，焊件焊前预热 350℃ 以上

3）钴基硬质合金的堆焊。钴基硬质合金的主要成分是钴、铬、钨、碳，具有良好的耐腐抗蚀性能，常用作 650℃ 高温高压阀门的密封面。

在检修中最常用的钴基硬质合金堆焊方法是氧—乙炔堆焊法，这种方法熔深较浅，质量好，节约贵重合金，设备简单，使用方便，但效率较低。

堆焊 35 号、Cr5Mo、15CrMo、20CrMo 以及 18－8 型不锈钢等材质的阀门，堆焊表面的清理要求如前所述，堆焊前要预热，堆焊时焊件要保持温度一致，焊后要缓冷，表 5-19 为钴基硬质合金堆焊前预热及热处理规范。

表 5-19   钴基硬质合金堆焊前预热及热处理规范

焊件材料	预热温度（℃）	焊后热处理
普通低碳钢小件	不预热	空冷
普通碳钢大件，高碳钢及低合金钢小件	350～450	置于砂或石棉灰中缓冷
高碳钢、低合金钢大件、铸钢部件	500～600	焊后在 600℃炉中均热 30min 后，炉冷
18－8 型不锈钢	600～650	焊后于 860℃炉中保温 4h，以 40℃/h 速度冷至 700℃后，再以 20℃/h 速度炉冷或石棉中缓冷
铬 13 类不锈钢	600～650	焊后于 800～850℃炉中，每 25mm 厚保温 1h 后，以 40℃/h 速度炉冷

氧—乙炔堆焊操作时，应调试好火焰，焰心与中焰长度比为 1∶3，即"三倍乙炔过剩焰"，这种碳化焰温度低，对碳合金元素烧损最小，能造成焊件表面渗碳和堆焊熔池极小的良好条件。堆焊过程中应随时注意调整火焰比。为了保证火焰的稳定，最好单独使用乙炔瓶和氧气瓶。堆焊时要严格按照操作规范操作，换焊丝时火焰不能离开熔池，收口火焰离开要慢，以免焊层产生裂纹和疏松组织。焊前对焊丝进行 800℃保温 2h 的脱氢处理。堆焊含钛阀体金属应打底层过渡。堆焊时注意火焰对熔池浮渣的操作及对焊渣的清除，以免堆焊层产生气孔、翻泡、夹渣等缺陷。

钴基硬质合金堆焊也可采用电弧堆焊或等离子弧粉末堆焊法。

（2）堆焊缺陷的预防。阀门密封面的手工堆焊操作工艺复杂，要求严格，焊前应针对施焊件制定技术措施，做好充分的准备，才能保证堆焊质量，不出现各种各样的缺陷。

1）裂纹的预防。堆焊前要制作适当的堆焊槽，堆焊槽的宽度比密封面宽，棱角处呈圆弧，严格清除原堆焊层和渗氮层，堆焊槽上的油污、缺陷要认真清除干净。对刚性大、大堆焊件、中碳钢及淬硬倾向高的低合金钢，要进行整体或合理的局部预热，以消除和减少堆焊产生的应力。堆焊时要采用过渡层，用奥氏体不锈钢等塑性好的焊条打底，以防止堆焊层出现裂纹和剥离。堆焊最好在室内进行，避免穿堂风，并尽量避免连续多层堆焊，防止焊件过热，焊后应缓冷。有的堆焊层焊后应立即进行热处理，如用堆 547 钼焊条堆焊 15Cr1Mo1V 后，需立即进行 680～750℃高温回火，以改善淬硬组织，降低热影响区的硬度。对于一般不锈钢、低碳钢等塑性好的堆焊件，可以不用焊前预热、焊后热处理。

2）气孔和夹渣的预防。气孔和夹渣对阀门密封面是十分不利的，在堆焊时应尽量防止气孔和夹渣的出现，要求焊接时严格按照操作规范、规程，正确选用焊条、焊丝和焊粉，按规定烘焙焊条。堆焊时，应电流适中，速度恰当，每层焊完后都应认真清除焊渣，并检查是否存在焊接缺陷，严格把关。

3）变形的预防。为了减少变形，应尽可能地减少施焊过程中的热影响区，严格按照对称焊法及跳焊法等焊法的顺序进行；采用较小的电流、较细的焊条、层间冷却办法；也可采用必要的夹具和支撑，增大刚度。

4）硬度。为了保证堆焊层的硬度达到设计要求，在堆焊过程中应采用冲淡率小的工艺方法。当采用手工电弧堆焊时，宜采用短弧小电流。对有淬硬倾向的焊材（如堆507、堆547），可用适当的热处理措施来提高堆焊层的硬度。

（3）密封面的黏接铆合。在修理中低压阀门密封面中，经常会遇到密封面上有较深的凹坑和堆焊气孔，用研磨和其他方法难以修复，可采用黏接铆合修复工艺。

1）根据缺陷的最大直径选用钻头，把缺陷钻削掉，孔深应大于2mm。选用与密封面材料相同或相似的销钉，其硬度等于或略小于密封面硬度，直径等于钻头的直径，销钉长度应比孔深高2mm以上。

2）孔钻完后，清除孔中的切屑和毛刺，销钉和孔进行除油和化学处理，在孔内灌满胶黏剂。胶黏剂应根据阀门的介质、温度、材料选用。

3）销钉插入孔中，用小手锤的球面敲击销钉头部中心部位，使销钉胀接在孔中，产生过盈配合。用小锉修平销钉然后研磨。敲击和锉修过程中，应采取相应的措施，以免损伤密封面。

2. 阀门主要部件的缺陷处理

（1）阀体和阀盖的焊补。由于运行中温度变化或制造过程中的缺陷，高压阀门的阀体和阀盖上可能产生砂眼或裂纹，如不及时修补，危险性很大。

修补裂缝之前，应在裂缝方向前几毫米处钻止裂孔，孔要钻穿，以防裂纹继续扩大。然后用砂轮把裂纹或砂眼磨去或用錾子剔去，打磨坡口，坡口的形式视本体缺陷和厚度而定。壁厚的以打双坡口为好，打双坡口不方便时，可打U形坡口。焊补时，应严格遵守操作规范，一般焊补碳钢小型阀门时可以不预热，但对大而厚的碳钢阀门、合金钢阀门，不论大小，补焊前都要进行预热，预热温度要根据材质具体选择。焊接时要特别注意施焊方法，焊后要放到石棉灰内缓冷，并做1.25倍工作压力的超压试验。

（2）阀杆及其修理。阀杆是阀门的重要零件之一，它承受传动装置的扭矩，将力传递给关闭件，达到开启、关闭、调节、换向等目的。阀杆除与传动装置相连接外，还与阀杆螺母、关闭件相连接，有的还与轴承直接连接，形成阀门的完整传动系统。

1）阀杆常用材质。阀杆在阀门的开关过程中不仅是运动件、受力件，还是密封件，受到介质的冲击和腐蚀，与填料摩擦，因此在选用阀杆材料时，必须保证在规定的温度下，有足够的强度，良好的冲击韧性、抗擦伤性及耐腐蚀性。阀杆又是易损件，材料的机械加工性能和热处理性能也是要注意的，电厂常用的阀杆材料如下：

铜合金，一般选用牌号为QA19-2、HP659-1-1，适用于$PN \leqslant 1.6MPa$、$t \leqslant 200℃$的低压阀门。

碳素钢，一般选用A5、35号钢，需氮化处理，适用于$PN \leqslant 2.5MPa$的中低压阀门。A5钢的适用温度不能超过300℃。35号钢的适用温度不能超过450℃。但碳钢氮化制成的阀杆不耐腐蚀。

合金钢，一般选用40Cr、38CrMoA1A、20CrMo1V1A等材料。40Cr经镀铬处理后，适用于$PN \leqslant 32MPa$、$t \leqslant 450℃$的汽水、石油等介质；38CrMoA1A经氮化处理后，适用于$PN \leqslant 10MPa$、$t \leqslant 540℃$的汽水、油介质；20CrMo1V1A经氮化处理后适用于$PN \leqslant 14MPa$、$t \leqslant 570℃$的汽水、油介质。

2）阀杆的矫直。阀杆经常受到的介质的冲击、传动中的扭曲、关闭过程中压紧力的作用以及不正常的碰损而弯曲。阀杆弯曲会影响阀门正常操作，使填料处产生泄漏，加快阀杆与其他阀件的磨损。阀杆的弯曲变形可采用以下几种方法矫直修理：

a. 静压矫直法。通常在专用的矫直台上进行。先用千分表测出阀杆弯曲部位及弯曲值，再调整 V 形块的位置，把阀杆最大弯曲点放在两只 V 形块中间，并使最大弯曲点朝上，向下施加力，如图 5-44 所示，以矫正弯曲变形。

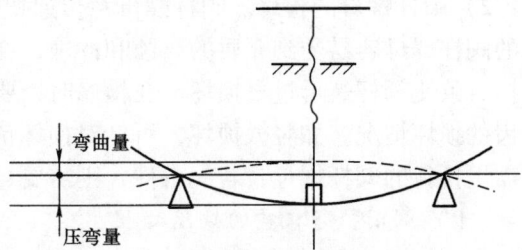

图 5-44　静压矫直

b. 冷作矫直法。冷作矫直的着力点正好与静压矫直相反，它是用圆锤、尖锤或用圆弧工具敲击阀杆弯曲的凹侧表面，使其产生塑性变形。受压的金属层挤压伸展，对相邻金属产生推力作用，弯曲的阀杆在变形层的应力作用下得到矫直。冷作矫直不降低零件的疲劳强度，矫直精度易控制，稳定性好，但矫直的弯曲量一般不超过 0.5mm。弯曲量过大，应先静压矫直，再冷作矫直。矫直完毕后，可用细砂纸打磨锤击部位或用抛光膏抛光。

c. 火焰矫直法。与静压矫直一样，在阀杆弯曲部分的最高点，用气焊的中性焰快速加热到 450℃ 以上，然后快冷，使其弯曲轴线恢复到原有直线形状。需要注意的是，如把阀杆直径全部加热透，则起不到矫直的作用；阀杆镀铬处理过，则要防止镀铬层脱落，热处理过的阀杆加热温度不宜超过 500 ~ 550℃。

3）阀杆表面缺陷的修理。阀杆在使用中还易产生腐蚀和磨损。阀杆密封面损坏后，可用研磨、镀铬、氮化、淬火等工艺进行修复。研磨可参照动密封面的研磨方法，常用的研具如图 5-45 所示。表面处理可参照有关工艺进行。如阀杆损坏严重，无法修复，可制作新阀杆或购置备件进行更换。

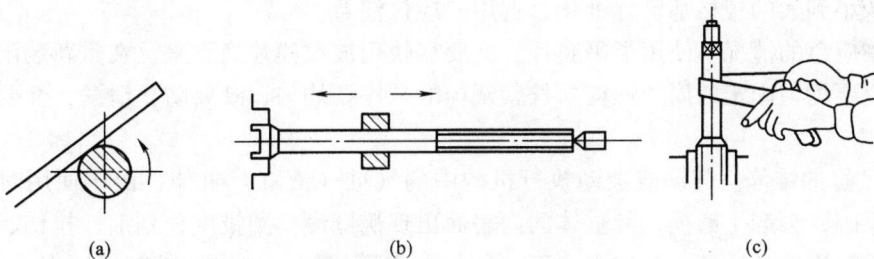

(a)　　　　　　　(b)　　　　　　　(c)

图 5-45　常用的研具

（3）阀杆螺母及其检修。

1）阀杆螺母的材料。阀杆螺母与阀杆以螺纹相配合，直接承受阀杆的轴向力，而且处于与支架等阀件的摩擦之中。因此阀杆螺母要有一定的强度，摩擦系数小，不锈蚀，不与阀杆咬死等性能。阀杆螺母常用材料如下：

铜合金。铜合金不生锈，摩擦系数小，有一定的强韧性，是阀杆螺母普遍采用的材料。ZHMn58 – 2 – 2 铸黄铜适用于 PN ≤ 1.6MPa 的低压阀门；ZQAl9 – 4 无锡青铜适用于 PN ≤ 6.4MPa 的中压阀门；ZHAl66 – 6 – 3 – 2 铸黄铜适用于 PN > 6.4MPa 的高压阀门。

钢。电动阀门的阀杆螺母需要较高的硬度，在不导致螺纹咬死的条件下，常选用 35 号、

40 号优质碳素钢。在选用时，应遵守阀杆螺母硬度低于阀杆硬度的原则，以免产生过早磨损和咬死的现象。

2）阀杆螺母的检修。阀杆螺母系传递扭矩的阀件，它除了承受较大的关闭力外，在阀内的阀杆螺母容易受到介质的腐蚀和冲蚀，在阀外的阀杆螺母容易受到大气的侵蚀、灰尘的磨损，致使阀杆螺母过早损坏。在检修时，要注意阀杆螺母的梯形内螺纹、键槽、滑动面及爪齿的损坏情况。如轻微损坏，可针对损坏情况进行相应的处理；如果阀杆螺母损坏严重，则需更换新的阀杆螺母，若无备件，则需要自己加工配制。

（十）阀门执行机构的缺陷处理

1. 气动执行机构的缺陷处理

（1）膜片的维修。当阀门被隔离而不再受到压力时，要尽可能把主弹簧的各种压缩件松开。对一些角行程阀门，由于外部弹簧膜片执行机构不可调，弹簧的起始压缩量在生产过程中已调好，因此更换膜片时不必松开。执行机构的膜片室上盖一打开，就可以取出膜片并更换新膜片。对反作用的气动执行机构，要把膜头组件拆开之后才能更换膜片。

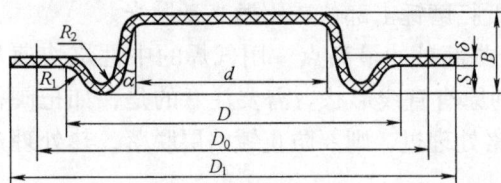

图 5-46 波纹膜片

大多数弹簧—膜片气动执行机构都使用模压的波纹膜片。如图 5-46 所示，膜片的圆角 R_2 的波形、深度为 S 的波纹和行程 L 存在以下关系：$S = (0.4 \sim 1.0)L$，行程大时，S 应适当取小值。波纹膜片安装方便，在阀门的全行程范围内有比较均匀的有效面积，和平膜片相比，还能得到较大的行程和较好的线性度。

膜片如果损坏、破裂、磨损、老化，都应该更换。要选用耐油、耐酸碱、耐温度变化的材料，橡胶膜片的种类很多，我国一般都用丁腈橡胶 – 26，中间夹层是锦纶 – 6 的 n 支丝织物。膜片从小到大的规格都已标准化，选用时应该注意。

如果在应急的情况下使用了平膜片，就要尽快用波纹膜片换下来。在重新装配膜片室上盖时，一定要均匀固定四周的螺栓，拧紧螺栓的顺序要均匀，既要防止泄漏，又要防止压坏膜片。

（2）气缸的维修。气动或液动执行机构中的气缸（液缸）缸体，由于使用时间长或装配不当等原因，会产生磨损，使缸体的内表面出现椭圆度、圆锥度、划痕、拉伤、结瘤等缺陷。较严重时影响活塞环和缸体内表面的密封，需要修理。缸体如果破损厉害，则应更换。如果只是磨损或小毛病，则可维修。维修的方法如下：

1）手工研磨。对缸体轻微的划痕和擦伤等毛病，先用煤油擦洗干净，用半圆形油石在圆周方向打磨，然后用细砂纸蘸柴油在周围研磨，直至肉眼再也看不出毛病为止。研磨之后，要清洗气缸。

2）机械磨削。如果内表面的缺陷较严重，可直接用机械方法进行磨削或研磨，使其恢复原来的光洁度和精度。

3）镀层处理。缸体电镀能恢复其原来尺寸，一般都镀铬，也可用其他材料。电镀之前要把缸体内表面的缺陷消除，要清除其原有的镀层（如果有）。电镀之后还要进行研磨或抛光。

4）镶套法。如果气缸的内表面已严重损坏，上述考虑的方法都不能解决，则可以再镶嵌一个套。就是加工一个薄壁套镶入到缸体中。不过，缸体如果太薄，就不能进行。套筒太薄时，压配之后有变形，因此内孔还要进行加工和耐压试验。

（3）活塞的维修。活塞和缸体内表面在不良的工作条件下（例如活塞杆弯曲，润滑不良，有砂尘）都会造成磨损，在外力的作用下活塞也可能产生局部断裂。维修方法如下：

1）局部修理。对局部断裂部分，可以用焊接或黏接加螺钉等方法来修复。

2）表面喷涂。活塞磨损后外径变小，或由于缸体内表面镗大而使活塞与缸体之间间隙偏大。如果无法更换活塞，可以用二硫化钼—环氧树脂制成膜剂进行喷涂，以恢复或增大活塞的外径尺寸。这种合成物质的合成膜，干涸之后耐磨经久，方法简单。在喷涂之前应将活塞的非喷涂部分（槽、孔）包好塞紧，只用喷枪喷涂外径圆柱表面部分，喷一层晾干一层，直至所需的尺寸。涂层越薄结合越牢，厚度不要超过0.8mm。晾干后放入烘箱，升温2h至130～150℃，保温2h，再随炉温降至室温，最后用外圆磨床把活塞研磨到所要求的尺寸。

3）镶套修理。当活塞与气缸（液缸）之间的间隙过大或活塞断裂时，可在其外表面镶套修复。可以局部镶套，也可以整体镶套。镶套时可采用黏接、压配或其他机械方法，但最后尺寸及技术要求都要符合标准。

2. 电动执行机构的缺陷处理

电动执行机构机械部分主要是减速箱，而减速箱主要由齿轮和蜗轮组成，这些零件由于长期使用或使用不当而产生断裂或磨损，下面主要介绍齿轮和蜗轮的修理方法。

（1）翻面使用法。如果齿轮和蜗轮是单面磨损，而结构又对称，修理时只要把齿轮、蜗轮翻个面，把未磨损面当成主工作面即可。

（2）换位使用法。角行程阀门（球阀、蝶阀等）的开关角度范围多数为90°，作为传动件的蜗轮齿（或齿轮齿）就只有1/4～1/2的部位磨损最大，在修理时可把蜗轮（或齿轮）掉换90°～180°位置，让未磨损的轮齿参与啮合。蜗杆的长度较长，如果部分齿面磨损厉害，不影响结构，也可适当调整位置，不让磨损面参与啮合。

（3）断齿修复法，如图5-47所示。由于材料质量或热处理、加工、外力作用等原因，个别轮齿容易断裂或脱落。可设法把这个轮齿补上，当然，脱落齿数不能多。采用的修复方法有黏齿法、焊齿法、栽桩堆焊法。修理时，一般都要把损坏的轮齿除掉，再加工成燕尾槽，用和原齿轮相同的材料制成新齿，借助样板把新齿黏接或焊接。如果用栽桩堆焊法，先在断齿上钻孔攻丝，拧上几个螺钉桩，再在断齿处堆焊出新齿。必须注意，在修复过程中要防止损坏其他轮齿。修复之后的新牙要加工成与原齿一样的渐开线齿形，还要防止齿轮受热退火。

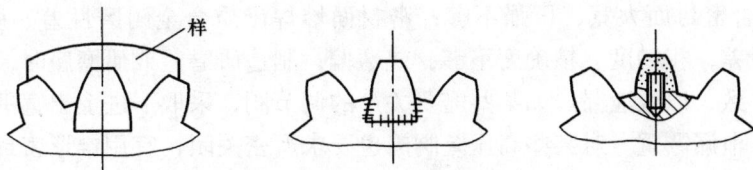

图5-47　轮齿的修复

（4）磨损齿面修复法。齿面如果磨损严重或有点蚀破坏，可用堆焊法修复。把磨损面清理干净，除去氧化层、渗碳层之后，用单边堆焊法，根据齿形，从根部到顶部，首尾相接，在齿面焊2～4层，齿顶焊一层。要防止齿轮变形。焊接完成后，进行退火处理，然后按精度要求进行机械加工。

（十一）阀门常见故障的分析与处理

1. 阀门密封失效的分析处理

阀门泄漏是阀门最常见的故障，有外部泄漏和内部泄漏两种。检修中应针对不同的泄漏原因和情况，采取相应的措施来预防和消除泄漏。

（1）阀门外部泄漏。

1）阀体泄漏。阀体浇铸质量差，有砂眼、气孔，甚至有很多砂包、裂纹。一般水压时，泄漏不会明显显示出来，在启动调试和运行中经冷、热交变后就暴露出来，现场对此只能采取挖补和淘汰法解决。为防止泄漏，应改进阀门，提高制造质量和加强检验。最好的解决办法是将阀体改为模锻焊接阀门，这样不仅可防止泄漏，而且可减少废品，节省金属，同时阀壳减薄后对热疲劳、热变形有利；可延长使用寿命。

2）密封泄漏。密封圈寿命短，阀盖自密封泄漏多，原因如下：

a. 密封圈质量差，橡胶组成成分多，石棉纤维短，金属丝不是镍基不锈钢的，易老化，失去弹性，冷、热变化后就难再用。

b. 阀壳内壁疏松，未加不锈钢镀层，容易产生斑点腐蚀，修刮时粗糙度、公差不易做到精确，所以更易泄漏吹损，造成恶性循环。对温度高于450℃的不锈钢自密封结构，其加工精确度、间隙、接触角的正确性要求高，否则密封圈的弹性小，变形不合适时，易失去密封作用。此种结构阀门横装时，冷、热变化后密封圈与阀壳会有偏心，冷态无压力下缺乏密封性，泄漏更为严重。

c. 填料盒泄漏，目前阀杆处盘根都是剪切接头，因此装配工艺松紧程度对泄漏关系很大。如现场既无紧度标准，又缺乏合适的力矩扳手，因而安装检修人员为使阀门不漏，往往把填料盒压盖过于压紧，造成盘根在冷热变化后很快失去弹性。有的填料压盖螺栓难以热紧，有的两旁螺孔开豁，松紧螺栓时曾发生压盖弹出事故，以致高压热态不敢紧盘根。同时有的在使用中盘根质量差、已老化，检修时未及时更换或补充盘根，造成泄漏的也不少。这时可以采用有自密封的V形盘根，在尺寸允许时，可把盘根分为上、下两段，中间加填料，可接轴封或打入润滑剂，也可加装弹簧，使盘根保持弹性，减少泄漏，延长寿命。

（2）阀门内部阀瓣与阀座结合面泄漏原因分析。

1）由于安装检修时管系内存有残渣、杂物，化学清洗留有死角，某些管段未经彻底冲洗，或在冲洗中应拆除的阀芯未拆、不该装的阀门装了，以致脏物卡涩，卡坏结合面或冲坏阀门造成泄漏，尤其在启动初期损坏阀门结合面的较多。

2）阀门结合密封面太宽、压强不够；密封面堆焊硬质合金耐磨性差、质量差、龟裂；密封面研磨质量差，粗糙度、精确度不够，或磨偏；制造研磨差或研磨座时，尺寸角度与原阀头、阀座不一致，以致泄漏。如某些需要关严的调节阀，采取下进上出宽平面密封，缺乏足够的密封力，泄漏严重。对某些高压差阀门也要求严密关闭，宜用锥形密封，阀座、阀芯采用不同的圆锥角，形成线接触，产生很大压强。

3）密封面也常常是节流吹损面，寿命较短，焊接式高压阀门缺更换阀座、车磨密封面的专用工具，或公用系统阀门隔离停下的机会少，阀门泄漏后得不到及时修理，而吹损严重，以致恶性循环，泄漏严重。

4）采用电动装置规格不合适，调整不当，以致不能保证阀门关严，如电动闸阀及上进下出电动截止阀。应该在有压力时能起自密封作用，但因目前使用的电动机都是无电气制动的普通电动机，关到限制位置后受惯性惰走，同时受到流体压力作用和热态时热膨胀影响等。当用行程开关限位时，如用电动关闭，总留有一定的空隙，以免卡坏阀门，如不用手动操作再关，就难以保证严密。有的电动头调整不当，空行程留得过大或过小，前者关后泄漏，后者则关得过紧，不易打开，还易卡坏结合面。有的电动装置选择不当，质量差，执行机构力矩不足，高压差时很难关，更不能保证关严等。

5）操作不注意或不得法，使本可关严的隔绝门结合面吹损，如启动系统有时由于调节阀不灵，采用隔离门作调节阀用，而造成吹损，关不严。如串联阀门未严格按先开一道门再开第二道门，先关第二道门后关第一道门的程序，也往往造成两阀门均吹损泄漏等。

2. 阀门动作失效的分析处理

阀门动作失效的原因主要有两类，一类为阀门的启闭件故障，另一类为执行机构故障。

（1）阀门启闭件故障原因分析与处理。当阀门动作失效是由启闭件故障引起时，启闭件的故障可能是阀杆与阀杆螺母或填料函等的配合不良引起，原因如下：

1）阀杆或阀杆螺母的螺纹损坏，造成乱扣卡死或划扣松脱，阀杆螺母应使用适当的材质，螺纹的精度和表面粗糙度符合要求，螺母与阀杆配合间隙符合标准。

2）阀杆弯曲，应校直阀杆。

3）阀杆与其导向部件配合间隙不符合要求，同心度不良，应校直阀杆或调整通心度。

4）阀杆外圈的部件装配不良，如填料压盖、填料密封环等偏斜卡住阀杆，应重新装配。

（2）阀门执行机构故障原因与处理。

1）减速机构的齿轮、蜗轮和蜗杆传动不灵活。

a. 传动部件装配不正确，轴承与轴套间隙过小，应使机构装配合理，间隙适当。

b. 传动机构组成的零件加工精度低，齿面不清洁有异物、润滑差或被磨损等，应在装配前检查部件质量，齿轮齿面磨损或断齿应进行修复或更换，保证良好的润滑。

c. 传动部位的定位螺栓、卡圈、胀圈或键、销损坏，应保证装配正确。

2）电气部件故障。

a. 因连接工作时间过久，电源电压过低，电动装置的转矩限制机构整定不当或失灵，使电动机过载，或因接触不良或线头脱落而缺相，因受潮、绝缘不良而短路等，造成电动机损坏。使用中，电动机连接工作时间一般不宜超过 10 ~ 15min，电源电压要调整到正常值。转矩限制机构整定值要正确，对传动机构动作不灵应修理、调整，其开关损坏应更换。

b. 行程开关整定不正确，行程开关失灵，使阀门打不开，关不严。应重新调整行程开关的位置，使阀门能正常开闭，行程开关损坏应更换。

c. 转矩限制机构失灵，造成阀门损坏等事故。转矩限制机构失灵是很危险的故障，应定期对该机构进行检查和修理，转矩开关损坏应及时更换，同时加强电动机的过载保护的检查。

d. 信号指示系统失灵或者指示信号与阀杆动作不相符时，应调整电动装置，注意电动装置的电动、手动方向一致，并使阀门实际开闭状态与信号指示相符。

e. 磁阀电磁传动失灵，线圈过载或绝缘不良而烧毁，电线脱落或接头不良，零件松动或异物卡住，介质浸入圈内，电线接头应牢固，电磁传动内部构件应安装正确、牢固，电磁传动部分的密封应良好。

3. 安全阀故障的原因分析与处理

安全阀故障时，可根据不同情况，采取相应的措施。

（1）安全阀泄漏。

1）判断依据。

a. 疏水盘内是否有蒸汽或积水。

b. 排汽管是否温度过高。

c. 消声器是否有蒸汽冒出。

d. 检查阀门各疏水管的温度，判断疏水母管上有无其他阀门返回的蒸汽，以免造成误判。

e. 运行压力是否过高。

2）处理办法。

a. 拉起安全阀手柄，吹扫密封面的杂质。

b. 若依旧泄漏，用压紧装置锁死安全阀，停炉后检修。

（2）安全阀频跳。

1）危害。

a. 导向平面由于反复高频摩擦造成表面划伤或局部材料疲劳实效。

b. 密封面由于高频碰撞造成损伤。

c. 由于高频振颤造成弹簧失效。

d. 由频跳所带来的阀门及管道振颤可能会破坏焊接材料和系统上其他设备。

e. 由于安全阀在频跳时无法达到需要的排放量，系统压力有可能继续升压并超过最大允许工作压力。

2）故障分析。

a. 系统压力在通过阀门与系统之间的连接管时压力下降超过3%。当阀门处于关闭状态时，阀门入口处的压力是相对稳定的。阀门入口压力与系统压力相同。当系统压力达到安全阀的起跳压力时，阀门迅速打开并开始泄压。但是由于阀门与系统之间的连接管设计不当，造成连接管内局部压力下降过快超过3%，是阀门入口处压力迅速下降到回座压力而导致阀门关闭。因此安全阀开启后没有达到完全排放，系统压力仍然很高，所以阀门会再次起跳并重复上述过程，即发生频跳。

b. 阀门的调节环位置设置不当。如果喷嘴环的位置过低或导向环的位置过高，则阀门起跳后蒸汽的作用力无法在阀瓣座和调节环所构成的空间内产生足够的托举力，阀门不能保持排放状态，从而导致阀门迅速回座。但是系统压力仍然保持较高水平，因此回座后阀门会很快再次起跳。

c. 安全阀的额定排量远远大于所需排量。由于所选的安全阀的喉径面积远远大于所需，安全阀排量过大导致压力容器内局部压力下降过快，而系统本身的超压状态没有得到缓解，使安全阀不得不再次起跳。

（3）安全阀拒跳故障分析。

1）阀门整定压力过高。

2）阀门内落入大量杂质，从而使阀瓣座和导套间卡死或摩擦力过大。

3）弹簧之间夹入杂物使弹簧无法被正常压缩。

4）阀门安装不当，使阀门垂直度超过极限范围（正负两度），从而使阀杆组件在起跳过程中受阻。

5）排气管道没有被可靠支撑或由于管道受热膨胀产生移位，从而对阀体产生扭转力，导致阀体内机构发生偏心而卡死。

（4）阀门不回座或回座比过大的故障分析。

1）阀门上下调整环的位置设置不当。

2）排气管道设计不当造成排气不畅，由于排气管道过小、拐弯过多或被堵塞，使排放的蒸汽无法迅速排出而在排气管和阀体内积累，这时背压会作用在阀门内部机构上并产生抑制阀门关闭的趋势。

3）阀门内落入大量杂质，从而使阀瓣座和导套之间卡死后摩擦力过大。

4）弹簧之间夹入杂物，从而使弹簧被正常压缩后无法恢复。

5）由于对阀门排放时的排放反力计算不足，从而在排放时阀体受力扭曲损坏内部零件导致卡死。

6）阀杆螺母（位于阀杆顶端）的定位销脱落。在阀门排放时，振动使该螺母下滑使阀杆组件回落受阻。

7）由于弹簧压紧螺栓的锁紧螺母松脱，在阀门排放时，振动弹簧压紧螺栓松动上滑导致阀门的设定起跳值不断减小。

8）阀门安装不当，使阀门垂直度超过极限范围（正负两度），从而使阀杆组件在回落过程中受阻。

9）阀门的密封面中有杂质，造成阀门无法正常关闭。

10）锁紧螺母没有锁紧，管道振动下环向上运动，上平面高于密封面，阀门回座时无法密封。

第三节 吹灰器的检修

锅炉吹灰器主要有蒸汽吹灰器、脉冲吹灰器、次声波吹灰器，我国当前使用较多的是蒸汽吹灰器。锅炉的吹灰系统由蒸汽系统、吹灰器和吹灰程序控制盘组成。蒸汽吹灰器按工作行程可分为长、短两种；长吹灰器布置在过热器、再热器、省煤器等部位；短吹灰器布置在水冷壁四周。本节主要介绍 IR－3D 型短吹灰器和 IK－525 型长吹灰器。

一、IR－3D 型短吹灰器

1. 基本结构

IR－3D 型吹灰器，主要用来吹扫炉膛水冷壁，它的螺纹管在行进中可以旋转360°，并有一个凸轮控制，对预先设定的部位进行吹扫。该型吹灰器主要由外壳、电动机、齿轮箱、提升阀、进气管、枪管（旋转管）等部件组成，其结构如图 5-48 所示。

2. 工作原理

电源接通，吹灰器启动，大齿轮顺时针转动，螺纹管伸出，凸轮部件前移。凸轮法兰上的导向槽卡在导向杆内移动，防止螺纹管和凸轮的转动。当螺纹管前进到前极限限位时，凸轮脱开导向杆和弹簧定位的棘爪，螺纹管、凸轮和喷嘴顺时针转动，吹灰过程开始。固定在法兰上的凸轮环面触及启动臂打开吹灰器介质阀门，按照预定圈数吹灰。吹灰完成预定圈数后，控制系统使电动机反转，大齿轮逆时针方向转动，螺纹管和凸轮也逆时针方向转动，当凸轮上的导向槽导入弹簧定位棘爪后，作用于蒸汽阀阀杆上的顶力消失，于是在复位弹簧力及残余蒸汽压力作用下阀门立即关闭，蒸汽被切断。棘爪阻止了凸轮的继续转动，使螺纹管和凸轮沿着导向杆回到了起始位置。螺纹管回到起始位置后，凸轮上的导向槽脱开导向杆继续逆时针旋转，螺纹管前端的定位环防止螺纹管继续后退。

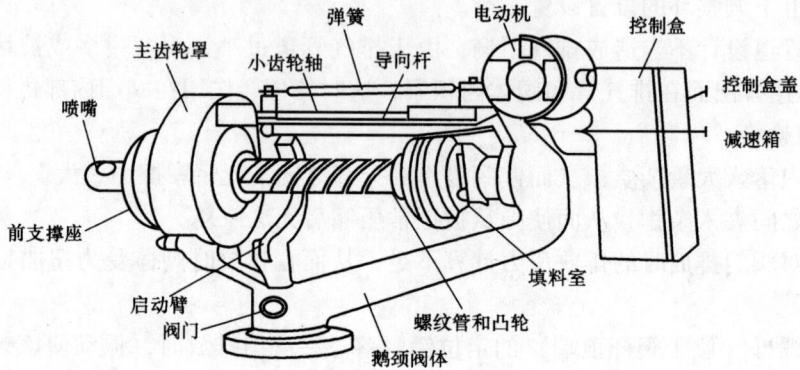

图 5-48　IR - 3D 型吹灰器的结构

3. 检修工序

（1）吹灰器从炉上拆下。

1）切断吹灰工质及电源。

2）卸下吹灰器外罩。

3）用手拉葫芦将吹灰器吊在吹灰器上面的钢梁上。

4）拆下枪管轴承外壳。

5）取出电动执行机构与机械连接销。

6）抽出电动执行机构，将其完全脱离吹灰器机械部分。

7）卸下吹灰器入口法兰螺栓。

8）拆下吹灰器与炉墙连接螺栓。

9）将剩下机械部分向炉外平移，使吹灰喷嘴完全抽出炉外。

10）用手拉葫芦将吹灰器缓慢放到平台。

（2）拆卸提升阀。

1）将吹灰器从炉上卸下。

2）取下连接拐臂与凸轮连接销钉。

3）卸下阀门弹簧轭架销钉，取下轭架。

4）取出阀门弹簧座圈及弹簧。

5）拆下提升阀盘根压盖螺母。

6）取出盘根压盖及盘根。

7）抽出提升阀杆及阀瓣。

8）检查阀瓣及阀座结合面，标准应无麻点及划痕。阀杆弯曲度不应超过 0.1～0.5mm。

（3）更换进汽管盘根。

1）切断吹灰工质和电源。

2）手动盘车将枪管向前移动以获得工作空间。

3）卸下盘根压盖螺母。

4）将盘根压盖向后移动以获得工作空间。

5）用盘根钩子取出盘根。

6）将填料室和盘根压盖清除干净。

7）重新回装盘根时，前后第一圈用石棉盘根，中间均用石墨盘根，相邻两面开口应错开 90°~120°。

8）回装盘根压盖，拧紧压盖螺母，盘根压盖应至少有 1/3 的紧压间隙。

9）将吹灰器手动盘车到全缩位置，手动盘车前，必须切断电源，避免吹灰器反转伤人。

（4）更换吹灰喷嘴。

1）切断吹灰工质及电源。

2）将吹灰器从炉上拆下。

3）拆下枪管轴承支架螺栓及轴承。

4）卸下拐臂及凸轮。

5）用盘根钩子取出盘根。

6）将进汽管从枪管中抽出。

7）检查枪管及喷嘴，若需要则更换。

8）回装时按上述相反顺序进行。

9）更换喷嘴，喷口中心线到炉水冷壁间的距离应在 38~40mm 之间，喷口应朝下。

（5）更换凸轮。

1）将吹灰器处于全缩位置。

2）切断吹灰工质及电源。

3）拆下吹灰器外罩。

4）拆下固定凸轮螺栓，取下凸轮。

5）检查凸轮磨损情况，若磨损严重应更换。

6）将凸轮回装在吹灰器上。

7）转吹灰器一个行程。

8）合格后回装吹灰外罩。

（6）提升阀研磨。

1）从吹灰器上拆下提升阀并解体。

2）将阀体、阀瓣放在专用支架上进行研磨。

3）将研磨膏均匀涂在专用的研磨胎具上进行研磨。

4）研磨时将力垂直向下作用在磨具上，旋转磨具方向，应交替进行。

5）每研磨 5min 时，将结合面研磨膏擦干净，进行检查若不合格需重新研磨，直到合格为止，其标准密封结合面粗糙度应达 $0.4\mu m$ 以上。

6）研磨结束后，用清洗剂清洗，再用面巾纸将结合面擦拭干净。

7）研磨时应平稳，不能晃动和歪斜，避免结合面被研偏。

（7）吹灰压力设定。

1）检查吹灰器在全缩位置，提升阀在全关位置。

2）卸下装压力表丝堵，安上压力表。

3）接通吹灰器电源和吹介质进行试转，此时由专人监视压力表读数。

4）若压力不合格，再将吹灰器调至停止工作位置。

5）卸下防松销，用螺钉旋具拨动压力控制盘来调整压力，其方法是顺时针拨动为降压，逆时针为升压。

6）装回防松销并拧紧，重新送汽试压。

7）若吹灰压力仍不合格就按上述 4）、5）、6）顺序再调整压力，直至合格为止。

8）取下压力表，回装丝堵并拧紧。

（8）拆轴承组件。

1）将吹灰器从炉上拆下。

2）卸下凸轮及导向杆。

3）拆下提升阀拐臂。

4）拆下轴承外罩。

5）取下枪管两个滑块。

6）卸下轴承内外卡簧。

7）拆下主动齿轮。

8）取出轴承，若有损坏应更换。

9）回装按拆卸相反顺序进行。

（9）吹灰器检查。

1）检查各轴承、油封等油位正常，并无渗漏现象。

2）阀门拐臂、拉杆各连接轴灵活好用。

3）检查凸轮开口正确，切入导向杆并平行滑动。

4）检查提升阀弹簧，无卡涩现象并行程到位。

5）吹灰器行程限位开关位置正确。

6）就地试验启、停按钮灵活好用。

7）冷态试验各旋转部位，应无异声及卡涩现象，运行正常。

8）热态试验，各法兰结合面应无渗漏现象。

9）吹灰时间和吹灰行程正确。

4. 常见故障及处理方法

IR－3D 型吹灰器常见故障及处理方法见表 5-20。

表 5-20　　　　　　　　　　**IR－3D 型吹灰器常见故障及处理方法**

现　　象	原　　因	处　　理
吹灰器卡住或不能运行	（1）大、小齿轮卡。 （2）枪管卡在墙箱中。 （3）棘抓黏住，不能抠在凸轮法兰的槽内。 （4）连接齿轮和轴承组件传动销断裂。 （5）电动机和减速齿轮之间传动键断裂	（1）检查大、小齿轮及传动装置，若必要应更换。 （2）解体检查墙箱内有无卡涩物。 （3）检查导向杆组件，重新调整凸轮开口，必要时更换。 （4）更换传动销。 （5）更换传动键

续表

现　象	原　因	处　理
驱动过负荷	(1) 阀杆卡在导向组件中。 (2) 管阀支撑不正确扭力传给吹灰器	(1) 拆开提升阀并检查阀杆，若损坏应更换。 (2) 重新布置管阀支架
吹灰介质无法切断	(1) 提升阀杆黏在导杆上。 (2) 阀瓣与阀杆脱开。 (3) 阀轭或弹簧损坏。 (4) 阀杆上阀盘松动	(1) 拆开提升阀，检查阀杆若有损坏应更换。 (2) 拆开提升阀，重新上好阀瓣，并锁好止动销。 (3) 更换阀轭和弹簧。 (4) 拆卸提升阀，检查阀盘基如有必要应更换
炉管磨损或挡板冲蚀	(1) 吹灰压力太高。 (2) 吹灰介质中水分过高。 (3) 吹灰时间过长	(1) 重新设定压力。 (2) 提高吹灰介质温度。 (3) 缩短吹扫时间

二、长伸缩型吹灰器（IK – 555 型及 IK – 525EL 型）

1. 基本构造

该吹灰器主要由大梁、齿轮箱、行走箱、吹灰管、阀门、开阀机构、前部托轮组及炉墙接口箱等组成，如图 5-49 所示。主要用于吹扫锅炉上部过热器、再热器和锅炉尾部竖井内低温段过热器、再热器、省煤器上的积灰和结渣。

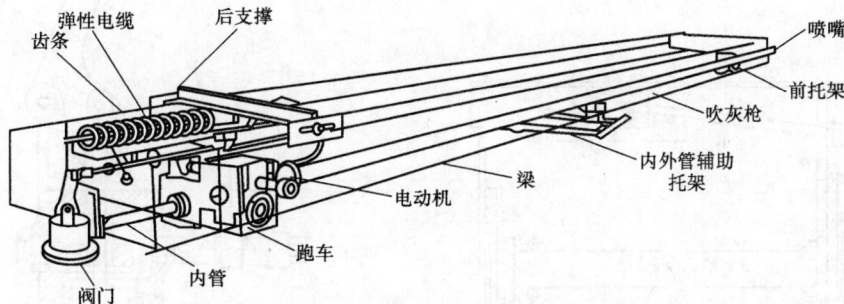

图 5-49　IK – 555 型吹灰器

2. 工作原理

当电源接通，跑车带着内托管托架沿工字梁向前移动，吹灰枪和跑车拴接在一起，向前旋转前进。当吹灰枪进入烟道一定距离后，吹灰器阀门自动打开，吹灰开始。跑车继续将吹灰枪旋转前进并吹灰，直至达到前端极限。当跑车触及前端行程开关时，电动机反转，使跑车、托架引导吹灰器枪管与前进时不同的吹灰轨迹后退，边后退边旋转，边继续吹灰。当吹灰枪喷头退到距炉墙一定距离时，蒸汽阀门自动关闭，吹灰停止，跑车退到起始位置，触及后端行程开关，吹灰枪停止行走。吹灰完成一次吹灰过程。

吹灰枪吹灰时，一边前进（或后退），一边旋转，做螺旋运动，喷头上的两只喷嘴按以上叙述的沿螺旋线轨迹，将两股蒸汽射向对流受热面。

3. 检修工序

（1）将提升阀从吹灰器上拆下。

1）切断吹灰器电源，防止装置自动投入运行。

2）切断吹灰工质供应。

3）拆下吹灰器单向阀，见图5-50。

4）取下提升阀拐臂销钉，卸下螺母及拐臂轴。

5）卸下提升阀出入口法兰螺栓（拆卸入口法兰螺栓前，应检查蒸汽管支吊架是否牢固，否则应做好安全措施再拆卸）。

6）从吹灰器上取下提升阀。

7）回装时按拆卸相反顺序进行。

（2）提升阀解体。

1）从吹灰器上取下提阀。

2）取下轭架开口销，抽出销钉。

3）取出拐臂销钉及拐臂。

4）取下阀门弹簧，取出轭架。

5）取下弹簧，卸下盘根压盖螺母。

6）取出盘根压盖及密封盘根。

7）抽出阀杆及阀瓣。

8）检查阀座、阀瓣结合面，其标准结合面应无麻点及划痕；阀杆弯曲不应超过0.1mm，见图5-51。

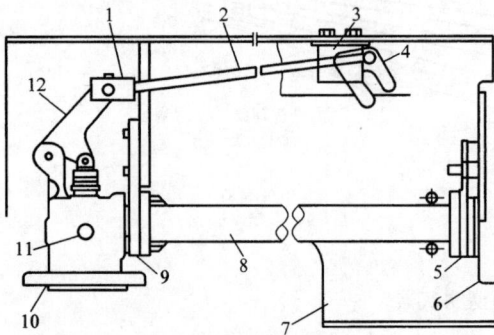

图 5-50 提升阀位置

1—滑块；2—拐臂；3—旋转组件；4—凸轮组件；
5—填料压盖；6—小车组件；7—梁；8—进汽管；
9—安装托架；10—提升阀；11—压力锁定销；
12—阀门拐臂

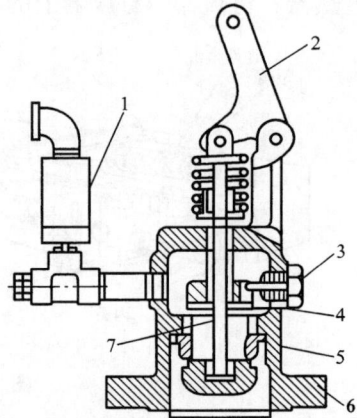

图 5-51 提升阀结构

1—单向阀；2—拐臂；3—锁定销；
4—压力控制盘；5—阀座；6—阀体；
7—阀杆组件

（3）更换提升阀盘根。

1）切断吹灰介质及电源。

2）抽出提升阀拐臂销钉，卸下拐臂。

3）卸下轭架，取下弹簧。

4）拆下盘根压盖螺母，取出盘根。

5）将填料室和盘根压盖清扫干净。

6）重新加装密封盘根，其标准是上、下第一圈是石棉盘根，中间均是石墨盘根，盘根压盖至少应有 1/3 的紧压间隙。

7）回装时按拆卸相反顺序进行。

（4）更换进汽管盘根。

1）切断吹灰工质及电源。

2）手动盘车将小车向前移动一段距离（移动的距离到不妨碍工作即可）。

3）卸下盘根压盖螺母，将压盖移开。

4）用专用盘根钩子取出旧盘根。

5）将填料室及盘根压盖清除干净。

6）重新加装密封盘根，里外第一圈应用石棉盘根，其余均用石墨盘根，相邻两圈开口应错开 90°~120°。

7）回装盘根压盖，拧紧压盖螺母，盘根压盖至少应有 1/3 的紧压间隙。

8）将小车手动盘车（手动盘车前必须切断电源，避免小车反转摇把伤人），调到全缩位置。

9）进行试转。

（5）提升阀研磨。

1）提升阀从吹灰器卸下并解体。

2）将阀体和阀瓣放在专用支架上进行研磨。

3）将研磨膏均匀涂在专用的研磨胎具上，研磨时旋转方向应交替进行，并应平稳，不能晃动或歪斜，避免将结合面研偏。

4）每研磨 5min 时，将结合面研磨膏擦拭干净，进行检查。若不合格，则重新研磨，直至合格为止，标准结合面粗糙度应达 Ra0.4 以上。

5）研磨结束后用清洗剂清洗，再用面巾纸将结合面擦拭干净。

（6）枪管及进汽管拆卸。

1）切断吹灰介质及电源。

2）将小车调至全缩位置。

3）用手拉葫芦将枪管吊起，此时应防止枪管进汽管抽出小车后在炉墙处损坏。

4）卸下枪管毂法兰螺栓，并将法兰移开。

5）取出连接枪毂键销及止动螺母。

6）向前移动枪管，直至使枪毂退出小车外边。

7）手动盘车将小车向前移动，以获得工作空间。

8）用盘根钩子取出进汽管盘根。

9）卸下吹灰器出口法兰（方形法兰）螺栓。

10）拆下进汽管夹板螺栓，将夹板前移。

11）取下进汽管与夹板连接键。

12）先向前移动进汽管，然后卸下止动螺母。

13）继续向前移动进汽管，直至完全脱离小车为止。

14）将枪管从炉内抽出。

15）回装时按拆卸相反顺序进行。

（7）小车从吹灰器上卸下。

1）切断吹灰介质及电源。

2）将小车调到完全缩进位置。

3）将枪管和进汽管拆下并完全脱离小车。

4）拔下电动机电缆插头。

5）卸下伸缩电缆支架。

6）拆下小车限位开关撞击杆。

7）卸下吹灰器外壳检修盖板。

8）用手拉葫芦将小车吊好。

9）拆下为小车落地检修的轨道。

10）用手拉葫芦缓慢放下小车。

11）回装小车时按其拆卸的相反顺序进行。

（8）拆卸小车一级齿轮组。

1）卸下小车底部放油阀，将油完全放尽。

2）将小车从吹灰器卸下。

3）卸下固定电动机螺母及防松垫圈。

4）从小车上拆下固定电动机螺栓，拆下电动机和密封垫。

5）拆卸齿轮箱内六角螺栓，解体箱体。

6）拆下轴承组件挡圈及键，并移动正齿轮。

7）检查齿轮，若有磨损或损坏，应更换。

8）用润滑油脂涂在齿轮上。

9）按拆卸相反顺序回装。

10）拧紧放油阀，重新给小车加油。

（9）拆卸正齿轮及组件。

1）拆下小车滚子和小齿轮。

2）卸下固定轴承防松垫圈。

3）抽出轴与齿轮连接键销，取下齿轮。

4）取下齿轮轴承挡圈，此时不要把挡圈弄变形。

5）检查齿轮、轴及其他组件，若有损坏应更换。

6）将推荐的润滑脂涂在齿牙上。

7）回装轴和齿轮时将键槽朝上定位。

8）回装时按拆卸相反顺序进行。

（10）吹灰压力设定。

1）检查吹灰器在全缩位置，提升阀全关位置。

2）卸下装压力表丝堵，装上压力表。

3）接上吹灰器电源和介质进行试转，此时应由专人监视压力表读数。

4）若吹灰压力不合格，再将吹灰器调到试转前状态。

5）卸下防松销，用螺钉旋母拨动压力控制盘来调整吹灰压力，顺时针拨动为降压，逆时针为升压。

6）装回防松销并拧紧，送汽试压。

7）若压力还不合格，按上述4）、5）、6）顺序再调整压力，直到合格为止。

8）取下压力表，再用丝堵封好。

（11）吹灰器检查。

1）检查各轴承、油封等油位是否正常，有无渗漏现象。

2）阀门拐臂、拉杆各组件连接轴灵活好用。

3）检查凸轮组件"鸭嘴"开口位置是否正确。

4）检查提升阀弹簧有无卡涩现象，行程是否到位。

5）吹灰器各行程限位开关位置是否正确。

6）就地试验启停按钮是否灵活好用。

7）冷态试转各旋转部位，应无异声及卡涩现象，运行正常。

8）热态试转，法兰及各结合面有无渗漏现象。

9）吹灰时间、吹灰行程是否正确。

4. 常见故障及处理方法

IK – 525B 型吹灰器的常见故障及处理方法见表5-21。

表 5-21　　　　　　　　　　　　IK – 525B 型吹灰器的常见故障及处理方法

现　　象	原　　因	处　　理
吹灰器卡住 或不能前进	（1）前滚轮没有正确设定。 （2）枪管在炉墙内结垢。 （3）管在炉内结垢。 （4）墙箱内有细铁屑或污垢。 （5）进汽管填料太紧。 （6）小齿轮卡在齿条上。 （7）阀杆抱死在阀套中。 （8）管道支撑不对	（1）重新找正滚轮。 （2）检查炉墙内有无卡涩物。 （3）调整吹灰器安装角。 （4）用压缩空气吹扫。 （5）调整填料盖。 （6）检查齿条平直度，清洁小齿轮齿牙。 （7）拆下提升阀并检查阀杆，若有损伤应更换。 （8）检查管道，必要时重新敷设
吹灰器不会停	（1）限位开关拖机杠杆松动。 （2）限位开关卡住	（1）拧紧拖机杠杆。 （2）清除卡物或更换开关
吹灰介质无法切断	（1）提升阀杆黏在套中。 （2）阀瓣和杆阀脱开。 （3）阀轭架或弹簧损坏。 （4）阀杆上阀盘松动。 （5）操作销损坏。 （6）伞形齿轮断	（1）拆开提升阀检查阀杆，若有损坏应更换。 （2）拆卸提升阀，重新上好阀瓣并锁好锁销。 （3）更换阀轭架或弹簧。 （4）拆卸提升阀，必要时更换新盘。 （5）更换操作销。 （6）解体齿轮箱，更换伞形齿轮
炉管磨损或 挡板冲蚀	（1）吹灰压力太高。 （2）吹灰介质中水分过高	（1）重新设定吹灰蒸汽压力。 （2）提高吹灰介质温度

三、检修质量标准

1. 提升阀

（1）阀座和阀瓣密封结合面应无腐蚀、划痕现象，粗糙度应达 Ra0.8 以上。

（2）阀杆螺纹应无拉毛、滑扣现象，弯曲度不超过总长的 1/1000，椭圆度不大于 0.05mm。

（3）阀体、阀盖应无裂纹和砂眼，阀体、阀盖结合面应无损伤和径向沟痕现象。

（4）螺栓、螺母丝扣完整无损，无拉毛、变形现象。

（5）阀杆密封盘根里外第一圈用石墨盘根，中间均用石棉盘根。相邻两圈开口应错开 90°~120°。

2. 喷嘴

（1）喷嘴中心线到水冷壁表面距离应符合要求。

（2）喷嘴完好，喷口不变形应符合设计要求。

（3）喷嘴应与水冷壁表面垂直。

（4）停止工作时喷口方向朝下。

3. 喷管

（1）内管表面应光洁，无划痕、损伤，管内无堵塞。

（2）外管各支点焊缝无脱焊和裂纹。

（3）内外管弯曲度符合使用要求。

4. 减速箱

（1）各齿轮配件应无裂纹、缺损等现象。

（2）齿轮、蜗轮磨损不得超过原厚度的 20%。

（3）齿轮啮合接触面不得小于 70%。

（4）轴承内外套、滚珠架、滚珠应均无裂纹、麻点、重皮等现象。

（5）轴承内套与轴不能产生滑动。

（6）减速箱润滑油、润滑脂应符合质量标准，油位（润滑油）、油量（润滑脂）应符合规定标准。

5. 调试与验收

（1）吹灰器进退动作灵活、旋转方向是否正确、工作行程是否正确。

（2）提升阀弹簧有无卡涩现象，弹簧工作行程是否到位。

（3）行程限位开关是否灵活好用。

（4）提升阀开关执行机构应灵活好用。

（5）各法兰结合面应无泄漏现象。

（6）电动机超负荷保护和吹灰超时间保护动作是否正确。

四、吹灰器运行及维护

（1）吹灰器投入运行后，就地巡检人员要检查吹灰器工作情况，发现吹灰器故障立即通知主值班员停止吹灰。及时联系检修人员将故障吹灰器手动摇出（吹灰器卡住后严禁停止蒸汽，避免吹灰器烧弯无法取出扩大故障）。

（2）值班员定期检查吹灰器程序执行情况，发现程序执行错误或停止执行吹灰情况时，应及时联系热控人员进行处理。

（3）吹灰器投入后运行人员要加强锅炉燃烧调整，保持较高炉膛负压，避免炉膛正压。

（4）锅炉吹灰时，加强对冷灰斗检查，发现掉大焦影响捞渣机运行时应及时联系主值班员停止锅炉吹灰，故障处理后再进行吹灰。

（5）锅炉吹灰时，注意检查吹灰器拉线电缆安全，发现拉线电缆移动受阻要及时停止该吹灰器运行，联系热工人员及时处理。

（6）定期对吹灰器齿轮和齿条进行注油维护，避免齿轮及齿条损坏。

（7）定期更换密封填料，避免填料不严密发生吹灰器漏汽，损坏拉绳电缆和发生人员伤害事故。

（8）发现疏水门、总门内漏要及时处理（如果不能在机组运行中处理的，要做好处理准备，利用停机机会及时处理）。

（9）定期检查电气控制回路，及时发现问题进行处理。

（10）定期检验吹灰器吹灰角度是否正常，避免因吹灰角度不符合要求而吹损受热面。

（11）利用停机机会，检查吹灰器吹灰区域受热面外观是否有损伤部位，如发现问题应及时组织有关技术人员进行分析，查找原因，采取相应对策。

第四节 支吊架的检修

一、支吊架作用

（1）承受管道的自重荷载，包括管子、管件、阀件的重量，管道内部工质重量及管道外层保温材料重量等全部重量，对每个单一的支架或吊架而言，是该支吊点管道所分配给的那一部分重量荷载。

（2）增强管道的抗变形刚度，使水平挠度（水平管垂弧）和振动得到控制。

（3）以支吊架限位作用控制与引导管线热位移的大小和方向（弹性支吊架无此作用）。

（4）对管道流动工质的冲击力、激振力、排气反作用力以及由设备传递的振动、风力、地震等起缓冲减振作用。

（5）控制由管道施加给设备接口的荷重和热位移推力和力矩，以保护设备的安全运行。

（6）承受管道冷拉施加的力和力矩。

二、支吊架型式的分类

1. 固定支架

固定支架是一种承重支架，如图 5-52 所示，它对承重点管线有全方位的限位作用，用于管道中不允许有任何位移的部位。除承重外，固定支架还要承受管道各向热位移推力和力矩，这就要求固定支架本身具有充足的强度和刚性的结构。固定支架的生根部位应牢固、可靠，固定支架是管道热胀补偿设计计算原点，是管道内压和外力作用产生叠加应力的部位。

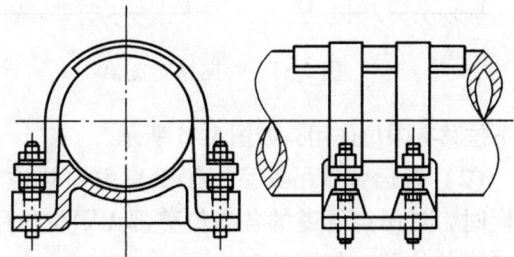

图 5-52 管夹固定支架

2. 活动支架

活动支架也称滑动支架，如图 5-53 所示，多用于水平管线靠近弯头的部位。它是承受管道自重的一个支撑点，它只对管线的一个方向有限位作用，而对管线其他两个方向的热位移不限位。

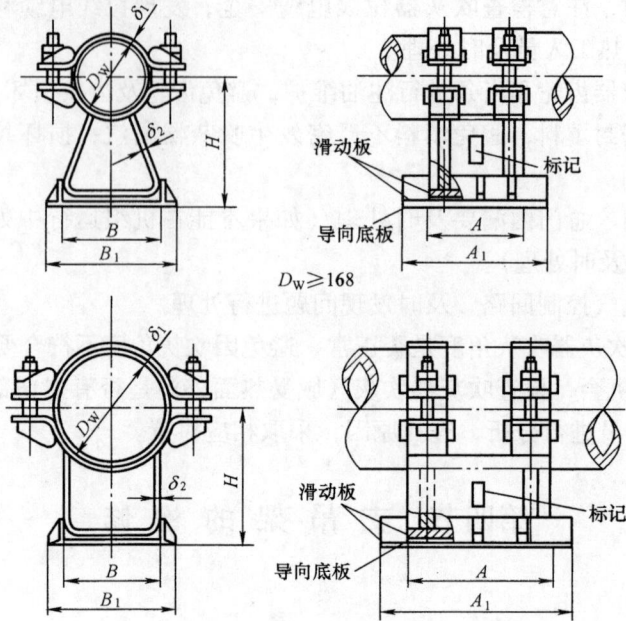

$D_W \geqslant 168$

图 5-53　滑动支架

3. 导向支架

导向支架也称导向滑动支架，如图 5-54 所示，是管道应用最为广泛的一种支架。它同样是管道自重的一个支撑点，它对管道有两个方向的限位作用，能引导管道在导轨方向（轴线方向）自由热位移，起到稳定管线的重要作用。

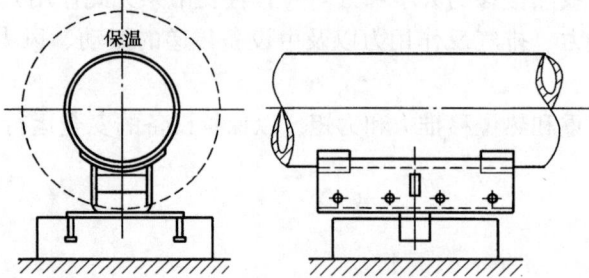

图 5-54　管夹导向支架

4. 吊架

（1）刚性吊架。刚性吊架用于常温管道，热管道无垂直热位移和此种热位移值很微小的管道吊点，允许该吊点管道有少量的水平方向位移，而对管道的向下位移有限位作用，如图 5-55 所示。

（2）普通弹簧吊架。用于垂直方向热位移和少量水平方向位移的管道吊点，它在承重的同时，对吊点管道的各向位移都无限位作用。弹簧吊架使管道在尽可能长的吊杆拉吊下可以自由热位移，如图 5-56 所示。

（3）恒力弹簧吊架。此种性能优越的吊架用于管道垂直热位移值偏大或需限制吊荷变化的吊点，它不直接以弹簧承重，有比较复杂的结构。它不限制吊点管道的热位移，并且在管道很大的垂直热位移范围内，吊架始终承受基本不变的荷载，并因其承载有近似恒定值而得名，如图 5-57 所示。

（4）限位支吊架。限位支吊架不以承载为目的，而是限制管道限位支吊点在某一个方向热位移的专用支吊架。它有稳定管线和控制管线热位移的重要作用，在大型机组的高压管系中都使用此种限位支吊架。

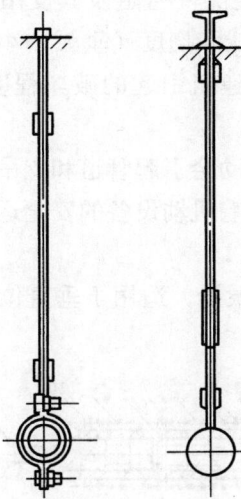

图 5-55 刚性吊架

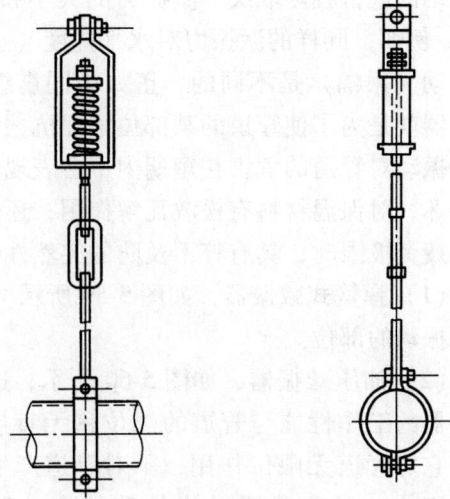

图 5-56 弹簧吊架

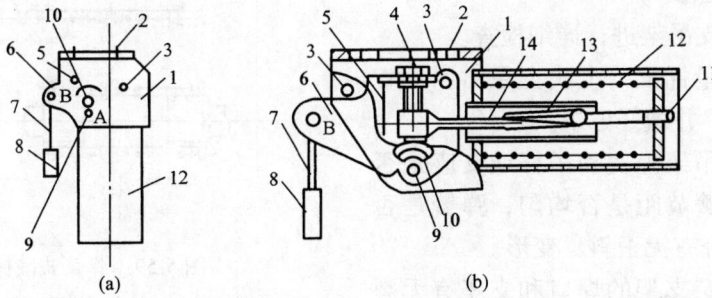

图 5-57 恒力弹簧吊架结构

（a）LH 型；（b）PH 型

1—固定外壳；2—外壳固定螺栓；3—内壳定位孔；4—荷重调整器；5—调荷指示器；
6—转动内壳；7—吊杆；8—花篮螺栓；9—转动轴；10—位置指示器；11—弹簧杆；
12—弹簧；13—导向套；14—连杆

（5）恒力承重支吊架。恒力承重支吊架是一种无弹簧的恒力支吊架，其结构与原理直观简明。它很像我国的杆称，从它的水平横梁一端承重，另一端配重（平衡锤），横梁的中部设有可转动的支点（支轴），支点固定在生根件上，支点两边因杠杆作用形成两个平衡力矩（力×力臂＝重×重臂）。在吊点垂直位移的范围内，提供近似恒定的管道荷重支撑力，如图 5-58 所示。

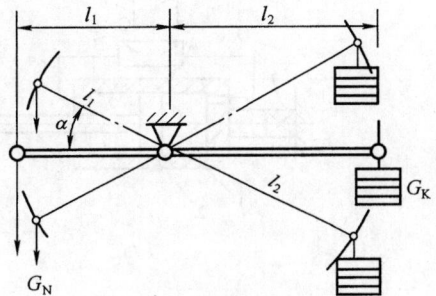

图 5-58 恒力承重吊架原理

5. 减振器

减振器是以减小管道某部位的振动为专用的特殊支吊架，用于管线上可能产生强振或易于激发振动的部位。

振动是一种交变动载荷，它主要来源于管道内部工质的特殊形式的运动。这种工质引起的振动的危害程度取决于激振力的大小和管道自身的抗振性能（管道及其支吊架的结构特性）。例如，同样的激振力对水平挠度（水平垂弧）大的管线和挠度（垂弧）小的管线引起的振动（振幅）是不同的，正如像同震级的地震对各高层建筑引起的破坏程度不同一样，减振器就是为了使管道的某部位增强抗振性能的装置。

振动对管道的危害在短期内不会表现出来，但长期的振动会引起管道和支吊架材料的疲劳损坏，对保温材料有松散瓦解作用，还会由其传递作用影响机动设备的安全运行。当材料超过疲劳极限时，具有猝不及防的突然性破坏。

（1）弹簧式减振器，如图 5-59 所示，是一种机械式减振器，适用于垂直位移较小的管道有振动的部位。

（2）油压减振器，如图 5-60 所示，这种减振器的工作性能与管道的热位移无直接关系，它对管道无限位作用，不对管道产生附加作用力，可用于管道热位移较大的防振部位。

三、支吊架检修

（1）对所有支吊架进行详细检查。

（2）根据测量标准与上次记录对照检查支吊架移动情况，并做好记录。

（3）检查支吊架弹簧和吊杆或支座是否有裂纹，吊架弹簧节距是否均匀，弹簧是否有压扁现象，吊杆有无歪斜、变形。

（4）检查固定支架的焊口和支座有无裂纹和移位现象。

（5）检查导向支架的膨胀间隙有无杂物影响管道自由膨胀。

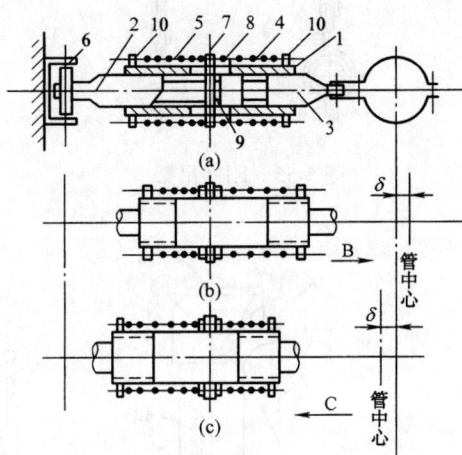

图 5-59 弹簧式减振器

（a）平衡位置；（b）振动方向 B；（c）振动方向 C
1—外套；2、3—内管；4、5—弹簧；6—万向接头；
7—固定销；8—固定环；
9—外套槽孔；10—调整螺母

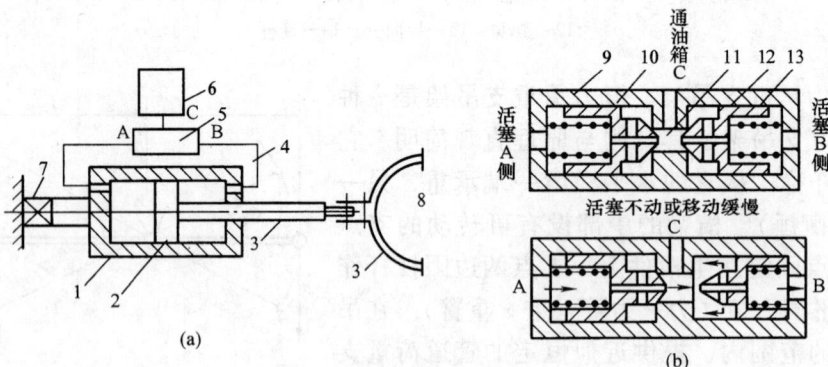

图 5-60 油压减振器及其节流阀

（a）安装图；（b）活塞结构

1—油缸；2—活塞；3—活塞杆；4—油管；5—节流阀；6—油箱；7—万向接头；
8—管道；9—外壳；10—弹簧；11—喷嘴；12—通油孔；13—阀芯

（6）管道膨胀指示器是否回到原来的位置，如没有应找出原因。

（7）更换新弹簧时，应根据管子受热、压缩等情况确定弹簧压缩量。

1）管子受热压缩量增加，弹簧冷态压缩量不超过允许负荷的 50%，运行中不超过 90%。

2）管子受热压缩量减少，弹簧冷态压缩量应大于允许负荷的 50%。

（8）对有缺陷的支吊架进行检修，修理前应把弹簧位置、吊架长度等做好记录，修好后使其恢复原状，拆开支吊架以前应用起吊工具或其他方法把管子固定好，以防下沉或移位。

（9）更换支吊架时应注意不能用错钢材，如蒸汽管道支吊架的包箍要用合金钢，不能用错。

（10）热态时应注意观察支吊架的工作情况，热胀是否顺畅，弹簧是否压扁，管道是否剧烈振动，做好记录，以便冷态时修理。

第六章

炉墙、保温及密封检修

第一节 炉墙的检修

一、炉墙作用及性能

使锅炉燃烧室（包括炉顶、炉底）和尾部烟道等区域的火焰及高温烟气与外界隔开的围墙，称为炉墙。

在火力发电厂，锅炉的炉墙是必不可少的，是锅炉的重要组成部分之一。炉墙的作用主要有两方面：一是把锅炉燃烧室和烟道与外界隔开，即将炉内的高温区域与外界隔离开，以避免冷空气漏入和阻挡烟气外泄；二是隔绝锅炉中的热量，尽量减少热量散失到外界，保证锅炉外壁温度低于 50～60℃。所以要求炉墙应具有密封、耐热和绝热作用。

炉墙的工作环境非常恶劣，长期处在高温环境中。由于锅炉正常运行时炉膛内是负压，外侧气压高于炉膛内气压，为了防止冷空气进入炉内，要求炉墙必须具有很好的严密性。因此，炉墙应满足以下几方面的要求。

1. 良好的耐热性能

炉墙设置的耐热层，用来抵抗高温火焰的烘烤和烟气的冲刷，因此，耐热层材料必须具有较高的耐热性能、很高的机械强度、较高的密度以及很好的传热性能，以防温差过大引起变形甚至破坏。另外，材料的化学特性必须具有防化学侵蚀的性能。

2. 良好的绝热性能

为了阻止炉内的热量散发到炉外，炉墙必须设置绝热层。绝热层材料的使用温度必须与使用部位的温度相适应，低的传热性能，并且应有足够的绝热层厚度，以保证炉墙外表面温度不超过 50℃。绝热材料的密度要小且有一定的强度，一般要求硬质制品的密度不大于 220kg/m³，软质制品的密度不大于 150kg/m³。炉墙热流量不大于 290W/m²。

3. 良好的密封性能

炉墙不严密，漏进冷空气将影响锅炉燃烧，增大风机电耗，降低锅炉效率，在正压状态下漏出飞灰、烟气，则增加热损失，污染环境，甚至危及运行人员及设备的安全。为了保证炉膛火焰和烟气不泄漏到炉膛外，同时防止冷空气进入炉膛内，要求炉墙密封性能必须良好。

4. 良好的膨胀性能

由于炉墙也具有热胀冷缩性能，当炉墙由自然温度迅速升高到工作温度时，墙体便会膨胀，产生很大的应力，影响锅炉安全。因此，要求炉墙具有足够的膨胀余地，以抵消膨胀产生的应力，从而使炉墙免遭损坏。

5. 足够的强度

考虑到炉墙在运行中承受的各种力，如自重、管内介质及结焦等引起的应力、可能爆燃产生的冲击力、运行压力脉动引起的振动等，因此，炉墙必须具有足够的强度。

一般，耐高温的材料绝热性能差，而绝热性能好的材料，常又不能承受太高的温度。为了满足对炉墙的要求，一般将炉墙分为内衬墙和外层墙两层，由不同的材料组成。内衬墙即向火面的墙，直接与烟气接触，接受高温辐射，因此，采用耐火材料；外层墙起隔热和密封作用，因此，采用绝热性能好，但只能承受较低温度的保温材料。

当前大容量机组锅炉炉墙的基本结构为膜式壁或烟风道外敷设耐热保温材料，由保温钉、自锁压板和铁丝网固定在管子或烟风道上，外表面再敷设波形外护板。与火焰或高温烟气直接接触的部分，如门孔和穿墙管处等，内层向火面用耐火浇注料打底。

二、炉墙结构形式及应用

随着锅炉制造技术的改进和机组容量的增大，根据炉墙的承受方式及单位面积的质量不同，炉墙的结构形式主要有三种：重型炉墙、轻型炉墙和敷管式炉墙。现代大型锅炉上主要使用的是敷管式炉墙。

敷管式炉墙是目前大型锅炉主要采用的炉墙结构形式，它具有超轻型的特点，其重量均匀分布并固定在受热面管子上。敷管式炉墙的耐火层有两种：一种是当锅炉受热面为有间隙的密布光管或鳍片管时，耐火层由耐火混凝土组成，厚度一般为半个管径；另一种是受热面为膜式壁或受热面后有整片钢板遮挡缝隙时，不再另设耐火层，而由钢板取代耐火混凝土层。

三、炉墙材料及其特性

炉墙材料主要包括耐火材料和保温材料。耐火材料主要是指热力设备上能够抵抗高温作用的无机非金属建筑材料，其性能指标主要有耐火度、气孔率、热稳定性、残余收缩率、热导率和抗焦性能。耐火材料按其化学成分可分为酸性（主要成分是氧化硅，如硅砖、石英岩）、碱性（主要成分是氧化镁，如镁砖、白云石）、中性（主要成分是氧化铝、氧化铬，如黏土砖、铬砖）三大类，锅炉一般采用的是中性材料。

现代锅炉的炉墙材料及其特性见表 6-1 ~ 表 6-7。

表 6-1   **复合氧化铝砖特性参数**

密度 （kg/m³）	使用温度（℃）	热导率 [W/(m·℃)]	渣球含量
200 ~ 220	1000	0.045 ~ 0.068	≤12%

表 6-2   **高温玻璃棉板特性参数**

密度 （kg/m³）	使用温度 （℃）	热导率 [W/(m·℃)]	纤维长度 （cm）	纤维平均直径 （μm）	燃烧性能	热荷重收缩 温度（℃）
48	538	$\lambda = 0.03 + 0.000\,17\,t_{cp}$	15 ~ 25	≤6	不燃	≥400

表 6-3   **不定型隔热耐火材料特性参数**

密度 （kg/m³）	最高使用温度 （℃）	热导率 [W/(m·℃)]	耐压强度 （MPa）
≤400	700	≤0.13（350℃时）	≥0.5

表 6-4   **硅酸铝耐火纤维毡特性参数**

密度 （kg/m³）	使用温度 （℃）	热导率 [W/(m·℃)]	含湿率	加热线收缩率	渣球含量	抗拉强度 （kPa）
192	1000	0.153（500℃时）	≤1%	≤4%	≤12%	≥20

表6-5　　　　　　　　　　　高铝质耐火浇注料特性参数

密度（kg/m³）	烘干耐压强度（MPa）	烘干抗折强度（MPa）	烧后耐压强度（MPa）	热振稳定性	烧后线变化率	热导率500℃（W/m·℃）	可塑性指数（%）	耐火度（℃）	Al₂O₃含量	Fe₂O₃等杂质
≥2400	≥25（110℃×24h）	≥5（110℃×24h）	≥30（800℃×24h）	≥15（900℃×3h，水冷）	≥±2%（1300保温3h）	0.7～0.8	15～40	≥1750	≥82%	≤5%

表6-6　　　　　　　　　　微膨胀耐火可塑料特性参数

密度（kg/m³）	烘干耐压强度（MPa）	烘干抗折强度（MPa）	烧后耐压强度（MPa）	烧后抗折强度（MPa）	烧后线变化率	耐火度（℃）	Al₂O₃含量	可塑性指数
≥2300	≥25（110℃×24h）	≥6（110℃×24h）	≥30（1200℃×3h）	≥10（1200℃×3h）	+2%～3.5%（1200℃×3h，水冷）	≥1670	≥50%	15%～40%

表6-7　　　　　　　　　　　普 通 抹 面 特 性 参 数

密度（kg/m³）	最高使用温度（℃）	热导率[W/(m·℃)]	烧失量（包括有机物和可燃物）	抹面层干燥后外观	抗压强度（kPa）
≤800	≥100	≤0.2（25℃时）	<12%	无裂缝、不脱落	≥0.8

四、炉墙检修一般规定

（1）拆下的炉墙外护板应妥善保管，以备继续使用。

（2）被检修的炉墙，其工作面必须彻底清理干净，不得有灰垢、残留物和锈蚀等。

（3）需要在膜式壁和炉顶管上焊接的固定件及密封件，必须在锅炉水压试验前完成。

（4）检修前应仔细检查各部炉墙及各部密封的状况，将漏点和缺陷及时消除。

五、敷管式炉墙的检修

敷管式炉墙根据锅炉水冷壁的型式不同，可分为密立光管式炉墙和膜式壁炉墙，如图6-1所示。

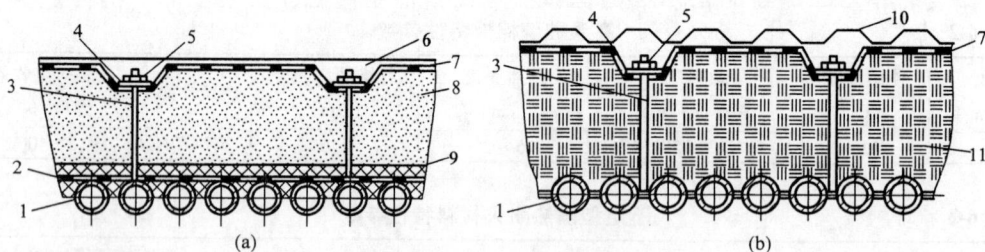

图6-1　敷管式炉墙结构

（a）密立光管式炉墙；（b）膜式壁炉墙

1—水冷壁；2—钢板网；3—支撑钩钉；4—压板；5—螺母；6—抹面层；
7—钢板网；8—绝热层；9—耐热层；10—波形护板；11—硅酸铝毡

1. 密立光管式炉墙的检修

当受热面由光管组成时，由于管子之间有缝隙，故有火焰和烟气通过，敷管式炉墙由耐火混凝土层、绝热材料层、抹面层或金属罩壳组成。耐火混凝土层是通过点焊在管面或鳍片上的方格网作骨架而固定的，一般采用矾土水泥耐火混凝土作为耐火层。由于耐火混凝土层比较薄，厚度一般仅为半个管径，很容易损坏，所以，一般在耐火层施工完后敷设一层薄铁板将耐火层裹在里面，起到保护耐火层的作用，称为内护板。这样保温层用的钩钉可直接焊在内护板上，非常方便。如果没有内护板，钩钉只能焊在管面上，很容易损坏受热面管子，而且一般的焊工不能胜任此项工作，只能由高压焊工来完成。所以，增设内护板是非常必要的。在施工保温层前应先焊保温钩钉，要求每平米不少于 8 个。保温层材料可用软质材料，也可用硬质材料，一般选用软质材料，通常用硅酸铝毡或岩棉单一材料保温，也可采用复合保温结构。用岩棉保温时，当厚度超过 80mm 时应分层保温，第二层应将第一层的缝压住。用硅酸铝毡保温时，应将内护板表面清理干净，使粘贴更加牢固，粘贴前要均匀涂抹高温黏结剂，厚度为 2mm 左右，粘贴时用手轻轻拍打，使其粘贴严密，要求同层错缝，层间压缝。保温层施工完后，紧贴保温层铺设一层铁丝网，互搭长度不得小于 20mm，将压板穿入销钉并将销钉折弯 90° 固定铁丝网。铁丝网的端边可用 φ6mm 钢筋压焊于刚性梁的翼缘上，并将其拉紧，平展无皱。用灰浆抹面保护，厚度为 20～30mm，要求光滑、平整、无裂纹。为了美观，可在抹面层干燥后，粘贴一层玻璃丝布，要求平整无褶皱。最后按要求涂色。

2. 膜式壁炉墙的检修

受热面为膜式壁或背面用钢板全密封的光管的管间无火焰、烟气通过，可取消耐火层，可直接敷设保温层，钩钉直接焊在管子的鳍片上。

敷管式炉墙一般采用螺栓作为钩钉，便于检修时的拆装，可重复使用，既经济又方便。一般螺栓的数量每平米不少于 8 个，在人孔门、看火孔门的周围应适当加密。在保温时应根据受热面的温度选择不同的保温材料，一般在 350℃ 以下时，可选用岩棉制品作为保温层；在 350℃ 以上时，可采用复合保温结构，即内层用耐热温度较高的硅酸铝毡，外层用耐热温度较低的岩棉板，这样的保温结构比较经济。保温前，应将硅酸铝毡剪成条状，均匀涂抹高温黏结剂，将膜式壁外侧的管间空隙填满，与管排表面平齐。即使炉墙内层采用硅酸铝定型嵌管制品，也应与壁面紧密结合，以防止对流散热。在刚性梁与膜式壁之间的区域内，按设计要求应填满硅酸铝毡，并压实，使其与壁面和角部的保温层结合严密。对于单一材料的炉墙保温层，如采用单面金属网矿棉缝毡时，内层的网面应向管壁，最外层的网面应向外护板，并对其施加 10%～20% 的压缩量，缝毡之间要紧固平整。如保温层加衬铝箔时，应尽量不损坏铝箔。保温层采用复合结构时，其内层应粘贴厚度为 40～60mm 的硅酸铝毡或其定型的嵌管制品，外层采用岩棉板敷设时，应翘头挤压对接严密。炉膛四角、燃烧器壳体及各门、孔周围的内外保温层均应采用硅酸铝毡。粘贴硅酸铝毡应采用层铺法，即第一层粘贴完后，再进行下一层的粘贴，涂抹黏结剂应均匀完整，厚度为 2mm 左右，粘贴时要求同层错缝，层间压缝，并用手轻轻拍打使其粘贴严密。紧贴保温层铺设一层钢板网，并将压板穿入螺杆用螺母拧紧。炉墙的厚度应按管内的工质温度而定，厚度允许误差为 ±10mm，应尽量保持在正值内。恢复外护板时，应保持其固定构件的完好性，下端应和挡板用自攻螺栓连接，上端应按设计留有滑动间隙。锅炉四角的外护板也应有活动接口。刚性梁上设计有防雨罩时，应与外护板同时安装。要求加工外护板时，应使用专业工具剪切，不得用气割或切割机切割，恢复完毕的外护板应平整、美观，各门、孔周围及外护板的搭接处不得露保温层。

第二节 管道及设备的保温

一、保温的作用

保温的主要作用是保持载热体内工质的额定参数，减少散热损失，提高机组运行的热效率。同时，还有利于安全生产和改善环境卫生。

发电厂锅炉设备有许多热力管道，在管道内流动的有高温蒸汽和高温水，工质的温度都非常高，这些高温蒸汽和高温水在管道中流动时，不可避免地要通过金属管壁和保温层向周围空气散热，这样就造成了热量损失，同时又降低了流体的温度，很不经济。根据计算，当周围的空气温度为 20℃ 时，温度为 260℃ 的热流体，在一根直径为 216mm 的管道内流动时，如果不加保温层，每平方米表面在每小时内散热量约为 12 230kJ，相当于半公斤优质原煤的发热量，如果在管道上包以 70mm 厚的岩棉保温层且工艺符合要求时，散热量即可减到 470kJ，比不加保温层时散热量降低了 95%，大大提高了经济性。可见管道和设备保温的重要。

二、保温的范围

根据《电力工业技术管理法规》要求，介质温度高于 50℃ 的管道、设备及其法兰、阀门等附件，均应保温。空气温度为 25℃ 时，保温层表面应不超过 50℃。布置在室外的管道，其介质高于 60℃ 的也应保温。因此，对不同管道及设备规定的保温体外表面计算温度见表 6-8。

表 6-8   空气温度为 25℃ 时保温体外表面的计算温度

管道设备及介质 t_j（℃）	$100 \leq t_j < 250$	$250 \leq t_j < 400$	$400 \leq t_j < 510$	烟道及排烟设备	燃油管道
保温体表面的计算温度 t_w（℃）	35	40	45	45	35

（1）对于锅炉，下列设备及管道必须按不同要求进行保温。

1）蒸汽管、给水管、排污管、汽包、过热器联箱等热力管道设备。

2）制、送粉管道及系统。

3）全部燃油管道及设备。

4）周围空气温度等于或低于 0℃ 时的低温水管及附件。

5）工作人员可能接触到的高度范围内的排汽管道。

6）介质温度大于 0℃，但低于空气温度，在湿度较大的地方也应考虑保温（或刷漆）以防腐蚀。

（2）下列管道可不保温。

1）管道上的空气门、温度计、压力表等仪器的连接管。

2）设备或管道上的铭牌、试验测点。

3）需做水压试验、漏风试验的设备、管道，在未试验合格之前。

三、保温的结构

在通常情况下，保温体由两层组成。第一层为主保温层，平常所说的保温层厚度实际上就是指主保温层的厚度；第二层即覆盖层，又叫抹面保护层，主要起防火、防潮、防水渗透的作用，同时又起密封、美观、装饰作用。为了保护抹面层，可在其外包裹一层玻璃丝布，并刷上规定的油漆颜色或在其外包裹镀锌铁皮。根据不同的场合，也可省去抹面层而用镀锌铁板或铝板包裹。保温体结构如图6-2所示。

四、支撑构件设置

为了将保温层牢固地固定在设备和管道上，使其在长期运行中不脱落、不下沉，必须同时设置支撑构件和紧固构件。构件的形状和尺寸必须根据设备或管道的外形制作，并根据所用保温材料的特性布置。

（1）管径在$\phi630mm$以下的垂直和倾斜角度大于45°的管道应采用集中分段支撑。支撑托架有焊接托架和抱箍托架两种，如图6-3所示。一般每隔2000~3000mm设置一组托架，在阀门、法兰等管件的上方应设置托架，但其位置不得影响螺栓的拆装。支撑托架宜采用低碳钢或型钢制作，托块的数量应根据管径大小，按4、6、8块布置，最大间距不得超过150mm，其承载面的宽度要小于保温层厚度20mm左右。工质温度在450℃以下时，可使用焊接托架，工质温度在450℃以上时或不允许焊接的管道，均应采用抱箍托架，并与管壁之间加设隔热垫。

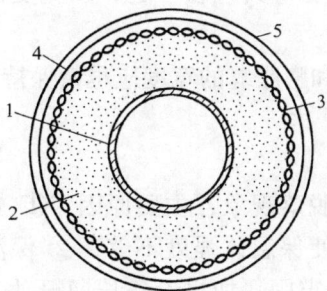

图6-2 保温体结构

1—热力管道；2—主保温层；3—铁丝网；

4—抹面保护层；5—镀锌铁板

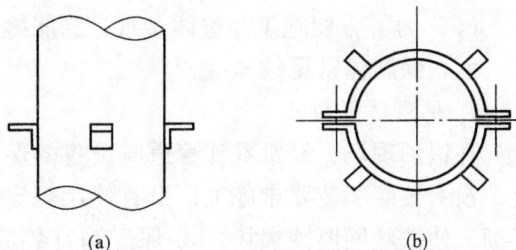

图6-3 支撑托架型式

（a）焊接托架；（b）抱箍托架

（2）更大直径的管道和平壁应采用均匀分散支撑固定。支撑件一般采用$\phi6mm$钢筋制作，支撑钩钉的形式有两种，如图6-4所示。图6-4（a）所示形式的钩钉适合绑扎岩棉板和硅酸铝毡等软质制品的保温材料；图6-4（b）所示形式的钩钉适合绑扎保温砖和珍珠岩板等硬质制品的保温材料。保温前直接将支撑钩钉焊在管道或设备上，要求排列整齐，每平方米不少于8个，在设备底部可适当加密。

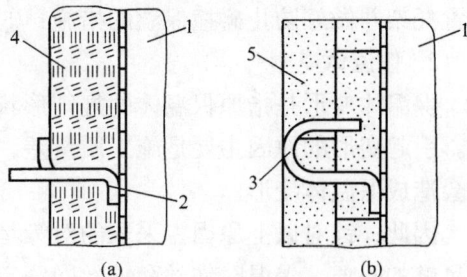

五、膨胀缝设置

火力发电厂中锅炉的热力设备和管道长期处在热状态下，必然导致设备和管道的热膨胀，并产生位移。这样，就会由于热膨胀位移而使保温体遭到损坏，产生保温体开裂或脱落等现象。所

图6-4 分散支撑构件

（a）适合绑扎软质品的保温材料；

（b）适合绑扎硬质品的保温材料

1—设备外壁；2—L形钩钉；3—S形钩钉；

4—软质保温材料；5—硬质保温材料

以，在保温体中必须正确地留出膨胀间隙，以防保温体遭到损坏。

（1）一般每隔 3000~4000mm 设置一道膨胀缝，其宽度为 20~30mm，缝内用硅酸铝棉填满压实，膨胀缝的外面应设置单独的保护罩。垂直管道应设置在支撑托架的下面，水平管道的两个固定支吊架之间，至少设置一道膨胀缝。

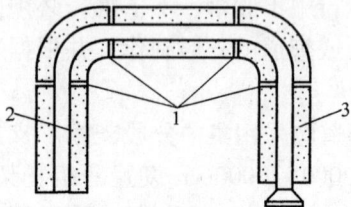

图 6-5　弯头处的膨胀缝
1—膨胀缝；2—管道；3—保温层

（2）分层敷设的保温体，内外层的膨胀缝应错开，错开的间距不应大于 100mm。

（3）管道弯头处的热膨胀值最大，因此，必须按要求正确合理地设置膨胀缝。在管道弯头两端的直管段上，应各设置一道膨胀缝。管径大于 300mm 的高温管道，在弯头的中间应加设一道膨胀缝，如图 6-5 所示。

（4）遇有阻碍保温体通过的地方，如管道支吊架、横梁、走台、栏杆、支撑构件及其他管道、墙板等，必须按管道膨胀位移方向，在主保温层或抹面层中留出大于热位移膨胀值 10~20mm 的间隙。

（5）相互交叉或并列的管道，应分别进行保温，不可将其包在一起，以免受热膨胀损坏保温体。

（6）为了方便施工和整体美观，膨胀缝之间的距离和膨胀缝的宽度应尽量保持一致。

六、保温体常见故障

1. 保温体开裂或脱落

在锅炉现场，经常看到管道或设备的保温开裂甚至脱落现象，主要原因：① 施工质量差，没有按照工艺要求施工，没有使用规定的材料，会使保温体强度不够；② 保温体经常受潮，使铁丝网腐蚀损坏；③ 保温钩钉数量少或焊接不牢固，加之设备长期振动，使钩钉开焊；④ 托架的位置不合理或焊接不牢固；⑤ 没有预留或没有按要求预留膨胀缝；⑥ 起重吊装时人为破坏。

针对以上原因，应采取的防范措施为：① 在施工过程中要严格按照工艺要求进行施工，不允许违反施工工艺和规定的材料，确保施工质量；② 经常保持保温体干燥，以防铁丝网腐蚀；③ 钩钉数量要足够且焊接牢固，对于振动处的保温要采取有效的减振措施；④ 合理布置托架并做好防止碰撞保温的措施；⑤ 做好日常维护工作，发现隐患及时处理。

2. 保温体变形

保温体变形是指原保温体的规则形状变为不规则的形状，长期下去就会造成保温体的损坏。引起变形的原因主要是施工质量差，膨胀间隙不足，保温铁丝网松弛；另外，人为因素也会造成保温体变形。

因此，针对以上原因，采取的对策是严把施工质量关，按要求在各部位留出膨胀缝，并有足够的间隙，保温时铁丝和铁丝网一定要紧固，禁止在保温体上坐立、行走或存放重物。

3. 保温体内部有空穴

在锅炉现场，经常发现某些部位保温体抹面层完好无损而外表面温度却不正常的升高，拆开保温体发现主保温层已经散失。此类故障的原因主要是由于采用了珍珠岩制品保温，加之管道或设备长期振动，使管壁与珍珠岩制品摩擦，造成珍珠岩制品粉碎。针对以上原因，采取的对策是采用合理的防振结构或选用软质制品进行保温。

七、保温检修基本原则

1. 保温施工应具备的条件

（1）需要保温的管道及设备应安装完毕，并经严密性试验合格。

（2）预保温的管道及设备已采取预留焊缝或对焊缝做过处理或试验等措施。

（3）管道或设备表面上的灰尘、油垢、铁锈等杂物已清除干净。如设计规定涂刷防锈剂时，在防腐剂完全干燥后方可施工。

2. 保温检修的基本要求

（1）经过检修的保温，外形整洁美观，具有一定的机械强度，在外力的作用下，不致破坏；外表面的温度符合设计要求。

（2）保温材料及其制品的安全使用温度，应符合 DL/T 776—2001《火力发电厂保温材料技术条件》的规定。

（3）保温材料应选用不燃类（A）级，并符合环保要求。

（4）对保温材料密度的要求：硬质制品不大于 220kg/m³；矿纤半硬质制品不大于200kg/m³；矿纤软质制品不大于 150kg/m³。

（5）当保温体外表面温度为 50℃时，保温材料的热导率应符合：工质温度为 450～600℃时，热导率不允许超过 0.10W/（m·℃）；工质温度小于 450℃时，热导率不允许超过0.09W/（m·℃）。

（6）保温层的厚度大于 80mm 时，应分层保温，每层厚度应大致相等。内外层的缝要错开，不得有通缝，其搭接长度不宜小于 50mm，层间和缝间不得有空穴。

（7）应符合保温层的设计厚度，特别是高温设备与管道，如果没有考虑其结构及环境因素等影响的校正值，则保温层厚度应比设计值增加 20%。

（8）保温层厚度的允许值偏差：硬质制品为 -10～+5mm；矿纤半硬质和软质制品为±10mm。

（9）恢复好的保护层应完整无缺，具有整体防水功能，确实起到保护保温层的作用。

八、保温检修

1. 圆形管道直管段的保温

发电厂中多数管道为圆形管道，圆管道的保温非常普遍，目前，圆管道的保温材料及保温方法很多。

（1）用定型管壳保温。如珍珠岩瓦、岩棉套管、硅酸铝管壳等，具体方法：将管道表面清理干净；将预先准备好的半圆形管壳错列套在管道上，将缝对严，用 16 号镀锌铁线并成双股进行绑扎，每组管壳上至少绑扎两道铁线，用保温钩将其拧紧并嵌入制品中，以防扎伤；按此方法直至保温完毕。要求保温层厚度均匀一致，绑扎牢固无松动现象，不得有管壁暴露在外。紧贴保温层敷设一层铁丝网，接头处搭接 20mm 左右，每隔 100mm 用保温钩将搭接处的铁丝网拧紧连接牢固。抹面层厚度一般为 20～30mm，采用"两遍操作，一次成活"的工艺，即第一遍为粗抹，厚度为总厚度的 2/3，并盖住铁丝网；第二遍为精抹，厚度为总厚度的 1/3，等第一遍抹面凝固稍干后进行，要压实、压光、平整、无裂纹。待抹面保护层完全干燥后，缠绕一层玻璃丝布，压边宽度为 100mm 左右，要求紧绷、平整、无褶皱，然后均匀涂抹乳白胶，干燥后按要求涂色，也可省去抹面保护层，而用镀锌铁板或铝板包裹，它是目前普遍采用的工艺。定型管壳保温结构如图 6～6 所示。

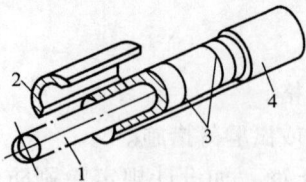

图 6-6　定型管壳保温结构

1—热力管道；2—定型管壳；

3—镀锌铁丝；4—保护层

（2）用硅酸铝毡保温。首先应将管道清理干净，然后将硅酸铝毡均匀涂抹高温黏结剂，并依次粘贴在管道上，并用手轻轻拍打，使其粘贴严密。要求按层次粘贴，即每层粘贴完后，再进行下一层的粘贴，层与层之间必须交错，压缝不得有通缝，块与块之间的缝隙必须对严。紧贴保温层敷设一层铁丝网并紧固，然后进行抹面，缠绕玻璃丝布、涂色，也可省去抹面保护层，而用镀锌铁板或铝板包裹。

（3）用硅藻土保温砖保温。在绑扎第一圈时，按一圈所用的砖数，用锯锯出 1/2 数量的半截砖块，与整块砖间隔布置成一圈，用镀锌铁线绑扎牢固，每块砖上不少于两道铁线，按此方法直至保温完毕，缝隙内必须用硅酸铝棉填满压实，这样可增强保温效果。紧贴保温层敷设铁丝网，用灰浆抹面，缠绕玻璃丝布、涂色。

2. 圆管道弯头保温

（1）当弯头的管径及弯曲半径较小时，可用定型管壳将弯头保温成直角。首先，将定型管壳的一端锯成 45°角，有两种锯法，如图 6-7 所示。然后按图 6-8 所示进行绑扎，外弯处的空间用硅酸铝棉填满，其他同直管段保温。小弯头保温结构如图 6-8 所示。

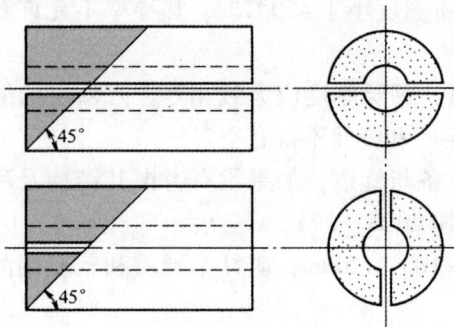

图 6-7　截锯法

（阴影部分为截去部分）

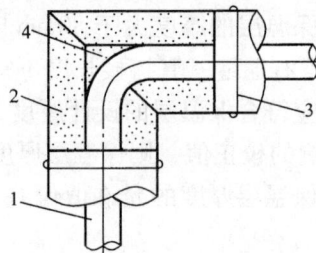

图 6-8　小弯头保温结构

1—热力管道；2—定型管壳；

3—镀锌铁丝；4—硅酸铝棉

（2）当弯头的管径较大，其弯曲半径也较大时，不宜用定型管壳保温。目前，最常用、最方便的方法是用硅酸铝毡粘贴保温，方法同直管段的保温。

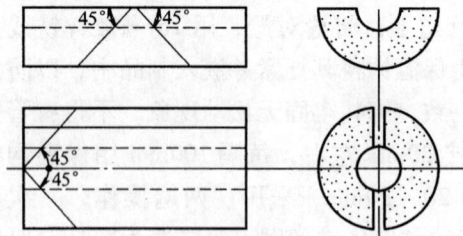

图 6-9　截锯法

（阴影部分为截去部分）

3. 三通保温

除可以用硅酸铝毡粘贴保温外，还可以用定型管壳保温。首先，将 4 块半圆形管壳的一端锯成 45°角，如图 6-9 所示。然后，按图 6-10 所示进行绑扎，其他同直管段保温。

4. 法兰保温

发电厂中许多管道和设备都装有法兰，其中有些法兰需要经常拆卸和检修，因此其保温层结构必须便于拆卸和修复。另外，要在直管段保温结束后进行法兰的保温。一般采用定型管壳进行保温，两侧直管段的保温与法兰间距的预留应便于法兰螺栓的拆装，法兰处用硅酸铝棉填满压实，与管道保温层平齐。然后，选择一组内径与管道保温层外径相等的管壳将法兰包裹起来，用铁线绑扎牢固。最后，用镀锌铁板或铝板包裹，以保护保温层，其保温结构如图 6-11 所示。

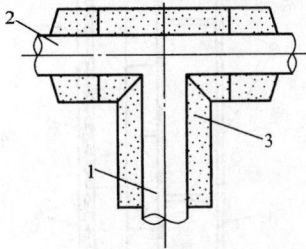

图 6-10 三通保温结构
1—支管道；2—母管道；3—定型管壳

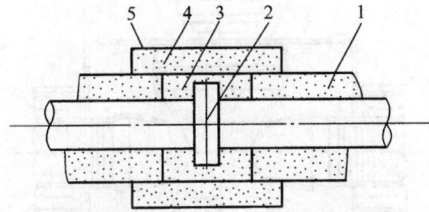

图 6-11 管道法兰保温结构
1—管道保温层；2—法兰；3—硅酸铝棉；
4—定型管壳；5—铁线

5. 阀门保温

锅炉管道上安装有许多阀门，大多数为焊接阀门。由于阀门经常进行检修，所以，阀门应单独进行保温，以便拆卸和修复。同法兰的保温一样，等管道保温结束后进行。首先根据阀门的大小制作一个拆装方便的铁皮盒，然后将铁皮盒罩在阀门上，盒内用硅酸铝棉填满压实，铁皮盒与两侧管道保温接触的缝隙用绝热纤维绳缠绕严密，其保温结构如图 6-12 所示。

6. 平壁设备保温

（1）对于无振动或微振动平壁保温，可直接将保温材料贴于壁面进行保温。首先将要保温的平壁清理干净，按要求焊接钩钉及承重托架。钩钉的形式可根据所选用的保温材料而定，当用软质制品保温时，如硅酸铝毡、岩棉板等，可选用 L 形钩钉；当用硬质制品保温时，如硅藻土保温砖、珍珠岩板等，可选用 S 形钩钉。钩钉要从棱角焊起，再在平面内焊接。在较大立面的底部必须焊接托架，用来承托立面保温层的重量，同时也方便底面保温的绑扎。

当用软质制品保温时，先将软质制品穿插在 L 形钩钉上并紧贴壁面，用铁线缠绕在钩钉上，初步固定保温层，一般采用"对角线"绑扎法。紧贴保温层敷设铁丝网，并与铁线拧紧，将压板穿入钩钉并折弯 90°固定保温层。最后进行抹面或安装金属板。

当用硬质制品保温时，在立面的 S 形钩钉上先挂上一些铁丝束，做到一边挂一边绑扎，两根作为一股，每一个钩上挂四股。采用对角线连接法，当对角线两股铁丝串联在一起时，再用钢筋钩钉将其拧紧，然后挂上一层铁丝网并拧紧，最后用绝热灰浆抹面或安装金属板。

（2）振动较大的平壁面的保温。在锅炉的烟风系统上装有各种风机，这些风机以及与风机相连接的进出口管道，在运行时，始终处于振动状态。因此，在用硬质制品保温时，就不能将硬质制品直接贴于壁进行保温，而必须采取减振措施，即在风机外壳及进出口管道的加固肋板上焊接 ϕ6mm 的钢筋网格，网格的尺寸为 150mm×150mm，钢筋网格平面必须与风机外壳及进出口管道外壁保持有一定的间隙，而不能将钢筋网格紧贴风机外壳及进出口管道壁面上。为了施工方便，一般将钢筋直接搭在肋板上进行焊接，硬质制品的保温材料就绑扎在这样的钢筋网格上，其方法同无振动平壁的保温，如图 6-13 所示。

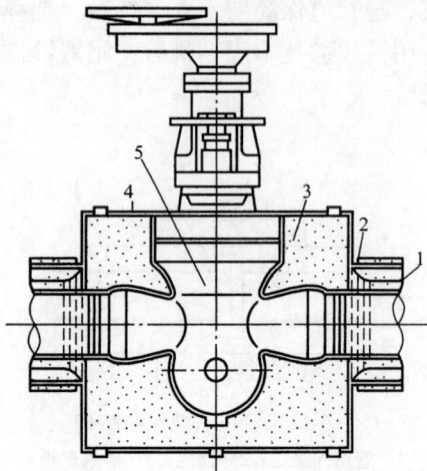

图 6-12 焊接阀门的保温结构
1—管道保温层；2—绝热纤维绳；
3—硅酸铝棉；4—铁皮壳；5—阀门体

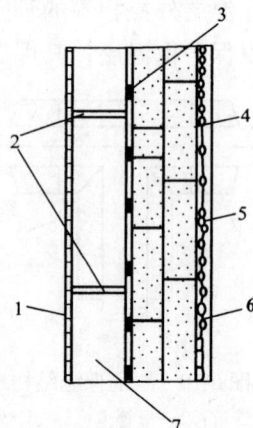

图 6-13 振动较大设备用硬
质制品保温时的结构
1—设备外壁；2—加固肋板；3—钢筋网格；
4—硬质保温材料；5—铁丝网；
6—抹面层；7—空气层

当用软质制品保温材料保温时，就不必焊钢筋网格，保温层可直接贴于风机外壳及进出口管道外壁面上，方法与无振动平壁保温相同。目前，多采用软质制品保温材料进行保温。

第三节 炉顶密封、保温检修

由于锅炉在负压状态下运行，冷空气会从炉墙不严密处进入炉内，从而降低炉膛温度，增加燃煤量，降低锅炉效率，同时还会使烟气量增加，对流传热增强，使对流过热器管壁超温，甚至爆管，造成很大的经济损失。在烟气量增大的同时，吸风机的负荷也随之增大，电耗增大，降低经济性。在正压工况下则烟气向外泄漏，污染环境，造成散热损失。因此必须对锅炉各部位进行严格的密封。

根据锅炉结构，炉顶可分为有罩炉顶和无罩炉顶。因此，以下按此两种情况介绍炉顶的密封及保温检修。

一、有罩炉顶的密封检修

1. 顶棚管金属密封的检查与修复

（1）停炉后，根据顶棚积灰情况，找出密封构件的泄漏点，不易发现时，可做风压试验进行检查。试验压力按锅炉运行规程的规定，如不明确时，可按高于炉膛工作压力0.5kPa进行正压试验，找到漏点后应进行补焊处理。

（2）金属密封构件变形或烧损严重的，应割掉。再将穿墙管根部梳形板和顶棚管上的间断鳍片，按原设计补焊齐全，将损坏的耐火层清理干净，并重新浇筑耐火层，厚度应与原耐火层平齐，如图6-14所示。

（3）当出现炉膛区域顶棚管的刚度不够不需改动导致管排弯曲、下沉的现象时，应在两道垂直端板之间的管排上加焊扁钢带，以增强顶棚管的整体刚度。

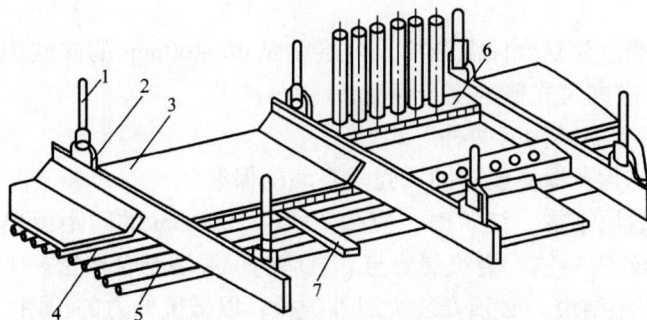

图 6-14　顶棚管金属密封结构

1—吊杆；2—垂直端板；3—密封板；4—耐火层；5—顶棚管；

6—穿墙管密封构件；7—加强钢带

（4）运行多年的锅炉，过热器和再热器穿墙管处的密封构件极易发生泄漏，如经多次补焊效果不佳，可用耐火和保温材料按下列工艺进行加强密封：

1）在穿墙管排区域，距管壁 100mm 左右，用 5mm×100mm 的扁钢组焊接成框格式密封槽。

2）在槽内的密封构件表面，粘贴厚 40～60mm 的硅酸铝毡，同时，用硅酸铝棉将管排的空隙填满压实。

3）再在硅酸铝毡上捣制 50～60mm 厚的耐火可塑料。

4）最后，用抹面材料与槽缘找平、抹光、压平。

2. 伸出前墙顶棚管膨胀节密封的检查与修复

（1）膨胀节变形不大，漏点不多时，进行补焊即可。

（2）膨胀节变形较大，泄漏严重时，则应在原膨胀节外部再增加一层薄板多波形外套。两膨胀节之间应留有 40～100mm 的空隙，并在其中填满硅酸铝棉。

3. 高温过热器和高温再热器管系的保温

（1）为了保持热密封罩内 400℃ 左右的设计温度，超过 510℃ 的联箱管系应敷设保温层，其余联箱管系均呈裸露状态。

（2）高温过热器和高温再热器联箱及其管排可用硅酸铝毡粘贴保温，保温层厚度为 80～100mm，并在其外紧固不锈钢丝网，然后进行抹面。

4. 炉顶热密封罩的密封保温

（1）热密封罩的壳体不得有泄漏、裂缝、变形等缺陷，否则应修复或补焊严密。

（2）检查罩壳底部框架与膜式壁之间的外密封装置，应达到下列要求：

1）对于金属密封，不得开裂、腐蚀，对起不到热补偿作用的结构，应修整或更换。

2）对于非金属密封，不应烧损、老化、变质，否则应予以更换。

3）对于设计不够完善的密封，应加以改进，并保证其严密性。

（3）在罩壳外壁敷设保温时的要求。

1）仔细检查固定保温的钩钉是否损坏或缺少，如需修整或补焊钩钉，则每平米不少于 8 个钩钉。

2）罩壳为波形板时，应用裁剪好的硅酸铝条涂抹黏结剂，粘贴于波形板槽内，使其平整。

3）罩壳的垂直墙应为复合保温结构，内层粘贴 40～60mm 的硅酸铝毡，外层采用岩棉板进行敷设，具体要求同膜式壁的复合保温。

（4）罩壳的顶部保温结构有两种形式。

1）复合保温的结构及保温要求同罩壳垂直墙的保温。

2）轻质隔热浇筑层结构，浇筑时，应按 2000～3000mm 的间距留出纵横膨胀缝，并在缝内夹以 40mm 厚的硅酸铝毡。浇筑层要与垂直墙的保温层结合严密。

（5）罩壳顶部保温结束后必须安装金属外护板，以抵抗外力的作用。

（6）罩壳内底部通道的保温，应采用硬质制品或浇制轻质隔热浇筑料，但必须与膜式壁保温相互连接，而且，必须增加抹面层，以防人为损坏保温层。

（7）外护板的恢复要求同膜式壁外护板的恢复。

（8）在罩壳内壁敷设保温及铁丝网的注意事项。

1）钩钉补焊及布置方式同膜式壁的要求。但钩钉和压板的材质，均应采用耐热钢或不锈钢。

2）罩壳垂直墙采用复合保温结构时，应先敷设岩棉板，再敷设硅酸铝毡，使硅酸铝毡设置在热面层。其他要求同在罩壳外部垂直墙的保温。

3）罩壳顶部墙也应为复合保温结构，工艺要求同垂直墙的保温，但钩钉应适当加密，每一层都应用压板锁定压紧，以防保温层下沉、脱落。

4）铁丝网应采用不锈钢丝网。

（9）管道、吊杆穿过罩壳处的密封检修。

1）检查管道、吊杆穿过罩壳处的密封，如因结构不良而引起泄漏时，应改进为双层套筒或膨胀节套筒的密封方式，其内部用硅酸铝棉填满压实。

2）汽包两端和下降管穿过罩壳的密封结构应严密不漏，并不得影响它们之间的相对膨胀。

二、无罩炉顶的密封检修

（一）有内护板炉顶耐火层密封检修

对于不设置热密封罩的结构，虽然也有金属密封，但是结构不完善，泄漏现象经常发生，漏点也比较明显。根据运行时炉顶的泄漏，以及停炉后顶棚积灰情况，找出泄漏点，在检修时，针对泄漏点加以密封并改进密封工艺。

1. 顶棚管的两个前角处的密封

顶棚弯管与前角侧壁连接的密封板漏焊或开焊时，可进行补焊处理。泄漏严重或经常泄漏时，应将密封结构改进为护板式包封罩。

2. 顶棚弯管与前壁交接处密封

将顶棚弯管与前壁搭接的梳形板移焊于弯管排的上部。在梳形板与管壁表面先垫一层 20mm 厚的硅酸铝毡，再浇制 100mm 厚的耐火可塑料，上面用硅酸铝棉填充压实，然后，按设计用密封板焊接严密。

3. 顶棚管与两侧壁交接处密封

将原设计的密封斜板改进为补偿能力较大的折角弯板。方法同"顶棚弯管与前壁交接处的密封"。

4. 高温过热器和高温再热器管排两端密封

由于高温过热器和高温再热器管排的两端与侧壁的间距非常狭窄，密封构件不易焊严，同样改进为局部护板式包封罩。密封方式同"顶棚弯管与前壁交接处的密封"。

5. 炉顶包封罩式密封

运行多年和泄漏严重的炉顶，除对穿墙管密封构件进行补焊外，可将以上四个部位进行整体密封，即增装通长的护板式包封罩，外侧护板生根于管壁的梳形板上，里侧护板焊在炉顶内护板或顶棚管的鳍片上，包封罩的上端焊在联箱预设的垫块上。整个包封罩应设计成具有足够补偿能力的膨胀结构，罩内用硅酸铝棉填满压实。顶棚管与侧墙的包封密封罩如图 6-15 所示。

(二) 无内护板炉顶耐火层密封检修

1. 炉顶通道耐火层密封

（1）在漏点处将损坏的耐火层清理干净，露出顶棚管，四周边缘修成台阶形。

（2）在顶棚管上及周边铺设 20mm 厚的硅酸铝毡，敷设耐热钢筋网。

（3）用高耐料浇制耐火层，振捣严密平整，厚度高出原耐火层 80mm 左右。顶棚局部密封结构如图 6-16 所示。

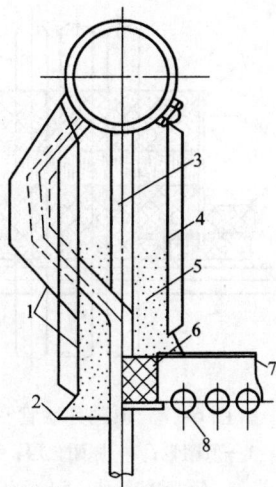

图 6-15　顶棚管与侧墙
的包封密封罩
1—外密封罩；2—梳形板；3—侧墙管；
4—里侧密封罩；5—硅酸铝棉；
6—耐火层；7—内护板；8—顶棚管

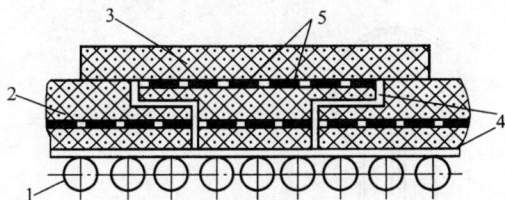

图 6-16　顶棚局部密封结构
1—顶棚管；2—原耐火层；
3—高耐料；4—硅酸铝毡；5—钢筋网格

2. 顶棚穿墙管处密封

穿墙管处的密封非常困难，因此应重点强化密封。将穿墙管根部的耐火层清理干净，四周边缘修成台阶形。在顶棚管上铺设 20mm 的硅酸铝毡，在穿墙管根部粘贴 5mm 厚的硅酸铝毡，将穿墙管包裹起来，留出膨胀间隙。根据管束的尺寸制作密封盒，将密封盒罩在管束上。用高耐料浇制耐火层，厚度要超出原耐火层 80mm 左右。在密封盒内新浇筑的耐火层上粘贴 100mm 厚的硅酸铝毡，将管间缝隙粘严，再用高温耐火料浇制，将密封盒内的硅酸铝毡压实压严，起到强化密封的作用。顶棚穿墙管密封结构如图 6-17 所示。

3. 顶棚"十字缝"密封

双炉膛布置的锅炉，其炉膛分界处的双面水冷壁与顶棚管形成一道"十字缝"，由于此处的缝隙比较宽，而且很长，加之水冷壁的膨胀量很大，密封比较困难，所以应重点进行密封。可采用复合密封工艺，首先进行水平密封，将"十字缝"处的水冷壁及联箱粘贴 20mm 硅酸铝毡，预留膨胀间隙；然后用高耐料浇制耐火层，厚度与原耐火层平齐，完成一次密封；最后用硅酸铝毡将水冷壁及联箱粘贴严密，再用高耐料浇制密封罩，将其包裹起来。双炉膛顶棚分界处"十字缝"密封结构如图 6-18 所示。

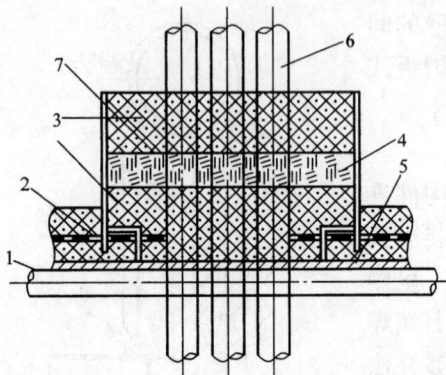

图 6-17　顶棚穿墙管密封结构

1—顶棚管；2—原耐火层；3—高耐料；

4—硅酸铝毡；5—钢筋网格；

6—穿墙管；7—密封盒

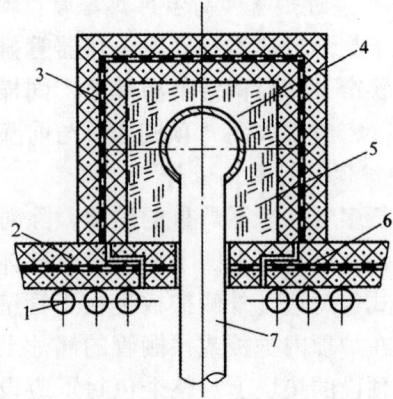

图 6-18　双炉膛顶棚分界处"十字缝"密封结构

1—顶棚管；2—顶棚耐火层；3—密封罩；

4—双面水冷壁上联箱；5—硅酸铝毡；

6—钢筋网格；7—双面水冷壁

4. 顶棚管与水冷壁交界处密封

顶棚管与水冷壁的膨胀量都很大，而且膨胀方向不同，在密封检修时，应采用活动连接结构，并留有足够的膨胀间隙。间隙内用硅酸铝棉填满压实，然后在缝隙上面铺设 20mm 的硅酸铝毡，用高耐料浇制混凝土压盖，厚度为 150mm 左右，将缝隙盖住。值得注意的是，必须将缝隙内的杂物全部清理干净后，才可进行以上施工，以免影响密封效果。顶棚管与水冷壁交界处的密封结构如图 6-19 所示。

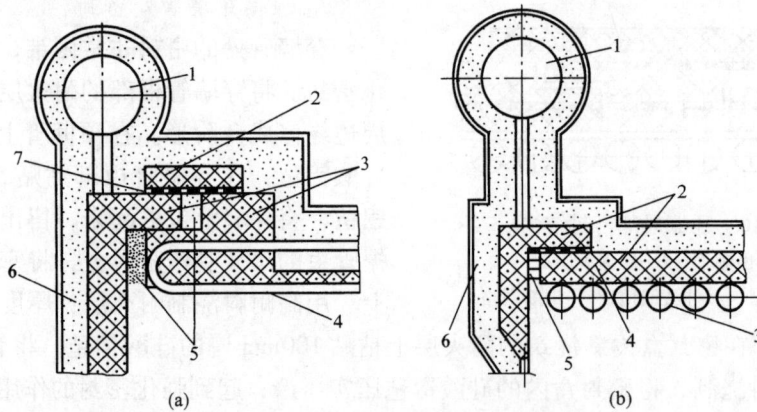

图 6-19　顶棚管与水冷壁交界处的密封结构

（a）与前水冷壁交接处的密封；（b）与侧水冷壁交接处的密封

1—水冷壁上联箱；2—耐火混凝土压盖；3—耐火混凝土；4—顶棚管；

5—硅酸铝毡；6—保温层；7—硅酸铝毡

（三）炉顶保温

1. 炉顶通道保温

正常检修时，内护板下的耐火层与保温层一般不宜变动。如炉顶表面温度过高，可拆除原保温层，重新用硅酸铝毡粘贴保温，或采用复合保温结构，炉膛顶部区域应适当加厚，最好采用硬质保温材料进行保温，以防人为损坏。保温方法同无振动平壁保温。

2. 炉顶各部联箱及管排保温

由于炉顶没有热密封罩,所以炉顶的各部联箱及管排均应敷设保温层,可使用硅酸铝毡保温。高温过热器和高温再热器的保温层厚度应比设计值至少增加 20%。保温方法同有罩炉顶联箱及管排的保温。

3. 高温汽水连接管保温

高温汽水连接管道的保温应在联箱保温之前进行,用硅酸铝毡粘贴保温,也可用硅酸铝管壳保温。保温方法同圆管道的保温。

炉顶保温全部结束后,紧贴保温层敷设一层铁丝网,互相连接并紧固平整,统一进行抹面,形成一个整体。

第四节　常用耐热材料和保温材料的特点

一、常用耐热材料特点

1. 耐火混凝土

耐火混凝土是用适当颗粒大小的骨料加适当配比的胶结材料和水,调制成糊状混合浆,再经浇筑于模型中养护而成的一种能承受高温的特制混凝土,主要用来代替复杂部位的砌砖和作为新型炉墙的内衬。耐火混凝土的成分为骨料和黏结料,它的骨料颗粒较大而黏塑性较差,施工时必须用模板,浇筑时需进行捣固,不能用涂抹和喷浆的方法。耐火混凝土根据所用黏结材料的不同可分为几种,目前在大型锅炉中使用较多的是矾土水泥耐火混凝土及耐热水泥混凝土,它们的主要配比和性能见表 6-9。

表 6-9 耐火混凝土配比及性能指标

名称	配比主要性能				使用范围
	成分	质量百分比（%）	密度（N/m³）	耐急冷急热次数	
矾土水泥耐热混凝土	（1）矾土水泥。 （2）矾土粉。 （3）矾土骨料 （粒度为 0～9mm）	20 5 75	19 620 22 563	20～25	长期工作温度为 1000～1200℃,可用于炉顶、包墙管、省煤器、框架护板等处
耐热水泥混凝土	（1）耐火水泥。 （2）矾土骨料 （粒度为 0～9mm）	25 75	19 620 22 563	20	长期工作温度可达 1400～1500℃,可用于燃烧器喷口、门孔等温度较高处

2. 耐火砖

锅炉常用的耐火砖是由耐火黏土烧结而成的,有普通型耐火砖和轻质耐火砖两种。炉墙常用的是普通型耐火砖,它的耐热温度比较高,耐冲刷,强度大,传热性能好,施工和检修都非常方便,常用于框架式炉墙的耐火层,但由于它的密度比较大,当墙体超过一定高度时,必须采取承重结构。轻质耐火砖,它的质量比普通型耐火砖轻很多,其他性能两者比较接近,但轻质耐火砖价格较贵,一般不采用。锅炉炉墙用耐火砖化学成分及特性指标见表 6-10。

表 6-10　　　　　　　　　　锅炉炉墙用耐火砖化学成分及特性指标

名称	成分（%）			标准砖尺寸（mm）	密度（N/m³）	热导率[W/(cm·℃)]	20℃时的抗压强度（MPa）	抗渣性	适用条件
	Al_2O_3	SiO_2	Cao、Mgo 和 Fe_2O_3 等						
耐火黏土耐火砖	30~40	50~65	<5	250×123×65　230×113×65	17 658~19 620	0.7+0.000 64t	8~15	良好	炉膛及烟道的高温炉墙小于1300℃
轻质耐火砖					3924	$t=600℃$时$\lambda=0.23$		良好	同上

3. 耐火塑料

耐火塑料是将不同的粉状耐火材料加黏结物调和而成的一种耐火混合物。它的主要作用是用来防止火焰、烟气和液体灰渣等同受热面及其他金属结构表面直接接触，减少设备内外温度差和侵蚀的影响。耐火塑料的组成成分也分骨料和黏结料，主要有五种，它们可以采用浇筑、涂抹和喷射等方法施工，用于水冷壁的覆盖层、卫燃带、炉墙的耐火层、冷灰斗等处，施工方便。目前，最常用的是矾土水泥耐火塑料，使用时须按规定进行养护，值得注意的是不能与硅酸盐水泥混用。

4. GINC 高耐料

该产品为新型耐热材料，耐高温、耐磨、耐冲刷，强度高，抗冲击热振性好，整体强度好，易施工，使用温度为1400℃，密度为23 520N/m³，是目前较好的耐热密封材料。由于该耐火材料凝固速度非常快，一般在10min左右即可凝固，所以在使用前必须做好准备工作，以免造成浪费，浇筑时要连续浇灌，一次完成，不允许中断。目前，多用于锅炉的顶棚及过热器墙等高温区域。

二、常用保温材料特点

1. 保温混凝土

保温混凝土具有较高的耐热温度，并能使炉墙保温层致密，多用在耐火混凝土后作保温层。

保温混凝土用于炉墙的保温层，施工时采用浇筑工艺，它的特点是施工速度快，墙体严密，强度大，整体性好，保温混凝土的配比有四种类型，它们的配比性能见表6-11。

表 6-11　　　　　　　　　　保温混凝土配比及性能指标

种类	配比（组成）	主要性能				使用范围
		密度（N/m³）	抗压强度（MPa）	热导率[W/(m·℃)]	使用温度（℃）	
1	（1）500号硅酸盐水泥15%~25%。（2）5~6级松散石棉15%。（3）硅藻土制品碎料60%~70%（15mm为25%，5~10mm为50%，5mm以下为25%）	7840~9800			<600	框架式炉墙绝热层及炉顶棚绝热层

种类	配比（组成）	主要性能				使用范围
		密度（N/m³）	抗压强度（MPa）	热导率[W/(m·℃)]	使用温度（℃）	
2	（1）500号矾土水泥35%。 （2）硅藻土制品碎料65%（3～4mm为15%，2～3mm为50%，1～2mm为20%，1mm以下为15%）	7840～9800			＜900	框架式炉墙绝热层及炉顶棚绝热层
3	（1）矾土水泥29%。 （2）硅藻土制品碎料65%（1.2～5mm为40%，1.2mm以下为30%）。 （3）硅石64%（1.25mm为45%，0.3～1.2mm为40%，0.3mm以下为15%）	7840～9800			1450～1500	

2. 珍珠岩制品

珍珠岩是一种酸性含水火山玻璃质熔岩，因具有珍珠裂隙结构而得名。

珍珠岩制品是以膨胀珍珠岩为骨料，配以胶结剂，经搅拌、干燥、熔烧或者蒸养而制成一定形状的珍珠岩制品，具有热阻高，耐温、耐冷，化学热稳定性好的特点。珍珠岩制品有磷酸盐珍珠岩、水玻璃珍珠岩和水泥珍珠岩三种。常用的是水泥珍珠岩制品，有珍珠岩板和珍珠岩瓦两种，用于敷管式炉墙的保温层和尾部烟道的保温及管道的保温。使用时应注意其使用温度，它的密度很小，热导率低，可减轻保温体的质量，但强度差，容易破损，施工时应注意，以免造成浪费。它的性能见表6-12。

表6-12　　　　　　　　　　常用保温材料配比和性能指标

名称	配比（组成）	主要性能				使用范围
		密度（N/m³）	抗压强度（MPa）	热导率[W/(m·℃)]	使用温度（℃）	
水泥珍珠岩制品	（1）密度小于1000N/m³的膨胀珍珠岩为10.8份（体积）。 （2）600号硅酸盐水泥为1份。 （3）水3.25份	3434～3924	0.5～1.0	0.58～0.087	≤600	锅炉炉墙主保温层及管道保温层
硅藻土保温砖		6860		0.65	＜900	用于锅炉热力管道及炉墙
岩棉制品	玄武岩	980		0.2	＜600	用于锅炉热力管道、烟道及炉墙
硅酸铝制品		1764		0.15	＜1100	用于锅炉热力管道、烟道、炉墙

3. 硅藻土保温砖

硅藻土是一种黄灰色或绿灰色的沉积岩石，气孔率高达85%。它可直接用做黏结保温制品的泥浆，但一般是与其他保温材料一起调和以少量胶结剂焙烧或热压成保温砖。

保温砖常用于框架式炉墙的保温层，也可用于管道保温，密度比较大，热导率高，保温性能不好，但它的强度较高，施工和检修都比较方便，且价格低，所以应用较多，它的性能如表6-12。

4. 岩棉制品

岩棉制品主要有岩棉板和岩棉管壳两种。岩棉板用于敷管式炉墙的保温层和尾部烟道保温，岩棉管壳用于管道的保温，由于它的热导率小，密度轻，保温性能好，施工方便，所以得到广泛应用。它的性能见表6-12。

5. 硅酸铝制品

硅酸铝制品具有重量轻、热导率低、热容量小特点，并有吸声、过滤好的性能，是近年来广泛采用的一种新型高效能保温隔热材料。它可制成不同形状的制品，使用方便，不受任何条件局限，一般工作温度可达1000℃，高铝的可达1400℃。

硅酸铝制品主要有硅酸铝毡和硅酸铝管壳两种，是一种比较好的保温材料，可长期使用于1100℃以下的环境中。目前，常用的是硅酸铝纤维毡，它的热导率低、密度小，保温性能好，且耐热温度高，具有耐热和保温的双重作用，常用于温度较高的顶棚保温和主蒸汽管道保温。它的性能见表6-12。

参 考 文 献

［1］ 山西省电力工业局．锅炉设备检修初级工、中级工、高级工．北京：中国电力出版社，1997.

［2］ 华东六省—市电机工程（电力）学会．600MW 火力发电机组培训教材．锅炉设备及其系统．北京：中国电力出版社，2001.

［3］ 郭延秋．大型火电机组检修实用技术丛书．锅炉分册．北京：中国电力出版社，2003.

［4］ 程文祥，刘爱忠．电厂锅炉安装与检修．北京：中国电力出版社，2000.

［5］ 唐续坤，韩小山．火力发电厂锅炉辅机检修．北京：水利电力出版社，1988.

［6］ 朱宝山．锅炉安装手册．北京：中国电力出版社，2001.

［7］ 叶江明．火电厂锅炉原理及设备．北京：中国电力出版社，2005.

［8］ 冯俊凯，沈幼庭．锅炉原理及计算．2 版．北京：科学出版社，1998.